騒音規制の手引き
［第3版］

騒音規制法逐条解説／関連資料集

公益社団法人 日本騒音制御工学会 編

技報堂出版

書籍のコピー，スキャン，デジタル化等による複製は，
著作権法上での例外を除き禁じられています。

第3版刊行にあたって

　昭和43年に騒音規制法が制定されてから半世紀が過ぎ、昭和から平成、そして新たな年号へと時は流れ、急速な変化が起きています。高度経済成長期に問題となった激甚公害は法令による規制の甲斐あって改善が図られましたが、過去には想定されていなかった再生可能エネルギーから発生する騒音など発生源やライフスタイルの多様化は新たな公害をもたらし騒音苦情は減少するまでには至っていません。

　これまで騒音による影響は人体に蓄積しないといわれてきましたが、国内外の長期暴露に対する健康影響調査から一定以上の大きさの騒音暴露は睡眠に影響を与え、心疾患のリスクを高めるなど新たな知見も増えてきています。

　そして住民の多様なニーズに対し地域の状況にあった効率的な行政を果たすために、平成11年には国から地方への権限移譲が実施されました。法令に反しない限り、自治体自らの判断で事務を進められることが可能となり、地域住民との話し合い中で行政改革に取り組む動きも出てきています。

　本書は騒音規制法制定後から数次の改正過程における逐条解釈、環境基準に関する審議会答申などの関連資料を掲載しています。このような社会の変革の中にあって、本書が騒音公害の規制実務、環境影響評価や地域の事情に応じた運用等の検討など幅広く活用されるように願っています。

　なお、本書初版より今次改訂に至る間、一貫してその出版企画、編集、執筆に心血を注がれた末岡伸一氏には、2017年8月、不帰の客となられました。

　ご冥福をお祈りしつつ、本書を、敬愛する故 末岡伸一氏に捧げます。

2019年3月

公益社団法人日本騒音制御工学会
環境騒音振動行政分科会　主査
門屋 真希子

改訂にあたって

　昭和 43 年に騒音規制法が制定されてから、かなりの期間が経ちましたが、依然として騒音の苦情や騒音にかかる訴訟が多く生じております。環境省の最新の騒音規制法施行状況調査によれば、騒音苦情は全国で約 16 000 件にのぼっており、前年よりも増加しております。さらに、工場等の総届出が約 207 000 件、建設作業の届出件数も 1 年間で約 68 000 件になっております。これは、国民のより良い環境を望む意識のほか、次々と新たな騒音源が生じていることにほかなりません。

　本書『騒音規制の手引き』の初版は 2002 年 10 月に発刊され 4 年を経過しましたが、おかげさまで多くの方からご好評を得ることができました。この初版の発行以来、細かな法令等の改正もありましたが、慣れ親しんだ精密騒音計や普通騒音計の規格が廃止されサウンドレベルメータとして規格化されるなど、騒音の技術的事項が大きく改訂されました。そこで、改訂版として規定修正のほか、全般的に見直しをさせていただき、あわせて、古い資料も掲載してほしいとの読者からの要望もあり、若干の資料追加いたしました。

　我が国における騒音規制は、明治時代の条例規制から数えれば 100 年以上になり、騒音規制法としての歴史も約 40 年になろうとしております。一つの法律が大きな改正もなく、これだけ長い間適用されてきたことは、法律として優れた体系であるとも言えますが、今後ともこれで十分かは、別の問題であります。その意味で、最新の状況に照らして、今後のあり方を不断に考えていかなければならず、本書が行政部門や事業者など現実に騒音規制法に関わっている方のみならず、騒音に係る環境対策の変遷について研究されている方や興味をもっておられる方の参考になればと考えております。

　また、最近新聞紙上などで大量退職時代が話題になっておりますが、騒音規制法の創成期からこれらの業務に従事されていた団塊の世代以前の方も現役を離れつつあり、解説や資料の整備・提供が求められております。騒音問題は、現在な

お新しい課題を現代社会につきつけており、決して過去の公害問題ではありません。騒音規制法についても、立法主旨を踏まえて今後のあり方を考えて行く必要があります。さらに、国内規格の国際整合化やEUにおける騒音対策の進捗など、国際的状況に十分目を向けていかなければなりません。このような背景から、我が国においても、国際的な騒音政策に関する関心も高まってきており、各国の施策検討の資料としても、本書を活用いただきたく思っております。

　環境省においても、最新の知見に基づき、法令のあり方や騒音政策の検討が継続的に実施されております。本書を参考に騒音政策や今後のあり方について多くの方々に興味をもっていただければ、筆者としては望外の喜びであります。本書が広く、多くの方々に活用されることを願っております。

2006年10月

東京都環境科学研究所

末岡　伸一

はじめに

　昭和43年に騒音規制法が施行されてから、34年が経過しました。
　この法律は、工場及び事業場における事業活動や建設工事に伴って発生する騒音について必要な規制を行うとともに、自動車騒音に関する許容限度を定めること等によって、国民の生活環境を保全することを主目的とするものです。
　騒音は、有害化学物質のように蓄積することはありませんが、日常生活への妨害や睡眠妨害をもたらすことから被害の訴えはむしろ深刻であり、寄せられる苦情の件数も公害苦情の中で常に上位を占めています。
　騒音規制法は、指定地域制をとっていること、特定施設、特定建設作業について届出制をとっており年間10万件近い届出があること、自動車騒音の常時監視が規定されていることなどから、寄せられる苦情の多さと相まって、現場での法の運用において法文の解釈上の疑義が生じる機会も多くなっております。
　騒音規制法は昭和43年の制定以来、内容の整備・充実のためにいくたびか改正されており、また、この間に発せられた通知・通達や審議会答申等も膨大な量にのぼっております。
　本書は、騒音規制法を逐条的に解説するとともに、環境基準やこれらの通知・通達等の主要な関連資料を収集・整理したものであります。
　本書が、騒音防止行政に携わる皆様のみならず、騒音測定や防止技術などの関係者の皆様、研究者の皆様などに幅広く活用されることを願っております。

2002年10月

環境省環境管理局 大気生活環境室長
上河原 献二

第1章　総説 1

1.1 騒音規制の歴史 1
 1.1.1　騒音公害　*1*
 1.1.2　戦前の騒音規制　*2*
 1.1.3　戦後の騒音規制　*3*
1.2 騒音規制法の制定経過 5
 1.2.1　騒音規制法の制定　*5*
 1.2.2　公害国会における改正　*9*
 1.2.3　環境庁設置に伴う改正　*13*
 1.2.4　都道府県知事の事務の委任と移譲　*13*
 1.2.5　建設作業騒音の測定法の改正　*14*
 1.2.6　規制対象の追加　*16*
 1.2.7　地方分権等に伴う改正　*16*
 1.2.8　改革関係法施行法による改正　*17*
 1.2.9　要請限度の改正　*18*
 1.2.10　市への事務移譲　*18*
1.3 騒音規制法の概要 20
 1.3.1　騒音規制法の体系　*20*
 1.3.2　騒音を規制する地域　*20*
 1.3.3　工場等の騒音に関する規制　*22*
 1.3.4　建設作業騒音に関する規制　*23*
 1.3.5　自動車騒音に関する規制　*23*
 1.3.6　地方公共団体による規制　*24*

第2章　騒音規制法解説 27

- **2.1** 逐条解説 27
  - 第1章　総則　*27*
    - 第1条（目的）　*27*
    - 第2条（定義）　*34*
    - 第3条（地域の指定）　*42*
  - 第2章　特定工場等に関する規制　*47*
    - 第4条（規制基準の設定）　*47*
    - 第5条（規制基準の遵守義務）　*56*
    - 第6条（特定施設の設置の届出）　*57*
    - 第7条（経過措置）　*63*
    - 第8条（特定施設の数等の変更の届出）　*66*
    - 第9条（計画変更勧告）　*70*
    - 第10条（氏名の変更等の届出）　*74*
    - 第11条（承継）　*76*
    - 第12条（改善勧告及び改善命令）　*78*
    - 第13条（小規模の事業者に対する配慮）　*84*
  - 第3章　特定建設作業に関する規制　*86*
    - 第14条（特定建設作業の実施の届出）　*86*
    - 第15条（改善勧告及び改善命令）　*92*
  - 第4章　自動車騒音に係る許容限度等　*100*
    - 第16条（許容限度）　*100*
    - 第17条（測定に基づく要請及び意見）　*106*
    - 第18条（常時監視）　*110*
    - 第19条（公表）　*112*
    - 第19条の2（環境大臣の指示）　*114*
  - 第5章　雑則　*115*

　　　　第 20 条（報告及び検査）　*115*

　　　　第 21 条（電気工作物等に係る取扱い）　*118*

　　　　第 21 条の 2（騒音の測定）　*124*

　　　　第 22 条（関係行政機関の協力）　*126*

　　　　第 23 条（国の援助）　*128*

　　　　第 24 条（研究の推進等）　*130*

　　　　第 24 条の 2（権限の委任）　*131*

　　　　第 25 条（政令で定める町村の長による事務の処理）　*132*

　　　　第 26 条（事務の区分）　*134*

　　　　第 27 条（条例との関係）　*135*

　　　　第 28 条（深夜騒音等の規制）　*138*

　　第 6 章　罰則　*142*

　　　　第 29 条　*142*

　　　　第 30 条　*144*

　　　　第 31 条　*145*

　　　　第 32 条　*146*

　　　　第 33 条　*147*

2.2　特定施設と特定建設作業 *148*

　　2.2.1　特定施設　*148*

　　2.2.2　特定建設作業　*166*

2.3　騒音規制法についての補足説明 *171*

2.4　条例等による規制 *187*

　　2.4.1　法対象以外の施設・作業の追加　*187*

　　2.4.2　別の見知からの規制　*188*

　　2.4.3　条例独自で行う規制　*189*

　　2.4.4　生活騒音　*191*

　　2.4.5　生活騒音以外の近隣騒音　*198*

　　2.4.6　その他騒音に関わる条例（警察部署所管）　*199*

第3章　環境基準等解説 203

3.1　環境基本法と環境基準 203
　　3.1.1　環境基本法　*203*
　　3.1.2　騒音に関係する環境基準　*204*
3.2　騒音に係る環境基準 206
　　3.2.1　旧基準　*206*
　　3.2.2　新環境基準　*210*
3.3　航空機騒音に係る環境基準 217
　　3.3.1　旧基準　*217*
　　3.3.2　小規模飛行場の暫定指針（廃止）　*221*
　　3.3.3　環境基準　*223*
3.4　鉄道騒音に係る環境基準 228
　　3.4.1　新幹線鉄道騒音に係る環境基準　*228*
　　3.4.2　在来鉄道の新設又は大規模改良に際しての騒音対策の指針　*231*
3.5　環境基準についての補足説明 *233*

第4章　騒音の測定 245

4.1　騒音の基礎知識 245
　　4.1.1　音の性質　*245*
　　4.1.2　デシベル　*252*
　　4.1.3　音の評価　*254*
　　4.1.4　騒音　*256*
4.2　騒音の測定方法 *260*

4.2.1　検討すべき事項　*260*
　　　4.2.2　測定機器　*265*
　　　4.2.3　騒音の測定手法　*275*
　　　4.2.4　建物の音響特性　*283*
　4.3　騒音の防止対策 ………………………………………………………… *286*
　　　4.3.1　対策の基本　*286*
　　　4.3.2　工場騒音の防止対策　*286*
　　　4.3.3　建設作業騒音の防止対策　*288*
　　　4.3.4　自動車騒音の防止対策　*291*
　4.4　低周波音 ………………………………………………………………… *293*
　4.5　騒音に係る規格 ………………………………………………………… *296*
　　　4.5.1　国際規格と国内規格　*296*
　　　4.5.2　主なISO規格　*297*
　　　4.5.3　主なIEC規格　*298*
　　　4.5.4　主なEC指令　*299*
　　　4.5.3　主な日本工業規格　*299*

資料編 ……………………………………………………………… *303*

　審議会答申等 ………………………………………………………………… *303*
　　§1　騒音の評価手法等の在り方について（答申）
　　　　（平10・5・22/中央環境審議会）　*489*
　　§2　騒音の評価手法等の在り方について（報告）
　　　　（平10・5・22/中央環境審議会騒音振動部会騒音評価手法等専門委員会）　*316*
　　§3　騒音の評価手法等の在り方について（報告　別紙）
　　　　（平10・5・22/中央環境審議会騒音振動部会騒音評価手法等専門委員会）　*331*

§4 環境保全上緊急を要する航空機騒音対策について当面の措置を講ずる場合における指針について
（昭46・12・27/中央公害対策審議会）　*347*

§5 航空機騒音に係る環境基準の設定について（答申）
（昭48・12・6/中央公害対策審議会）　*349*

§6 航空機騒音に関する環境基準について（報告）
（昭48・4・12/中央公害対策審議会騒音振動部会特殊騒音専門委員会）　*353*

§7 環境保全上緊急を要する新幹線騒音対策について当面の措置を講ずる場合における指針について
（昭47・12・19/中央公害対策審議会）　*361*

§8 新幹線鉄道騒音に係る環境基準の設定について（答申）
（昭50・6・28/中央公害対策審議会）　*363*

§9 「新幹線鉄道騒音に係る環境基準の設定について（答申）」に関する附帯決議
（昭50・6・28/中央公害対策審議会）　*366*

§10 新幹線鉄道騒音に係る環境基準について（報告）
（昭50・3・29/中央公害対策審議会騒音振動部会特殊騒音専門委員会）　*369*

§11 新幹線鉄道騒音に係る環境基準設定の基礎となる指針の根拠等について（特殊騒音専門委員会報告添付資料）
（昭50・3・29/中央公害対策審議会騒音振動部会特殊騒音専門委員会）　*373*

§12 騒音の評価手法等の在り方について（自動車騒音の要請限度）（答申）
（平11・10・6/中央環境審議会）　*391*

§13 騒音の評価手法等の在り方について（自動車騒音の要請限度）（報告）
（平11・10・6/中央環境審議会騒音振動部会騒音評価手法等専門委員会）　*394*

§14 騒音の評価手法等の在り方について（自動車騒音の要請限度）（報告　別紙）
（平11・10・6/中央環境審議会騒音振動部会騒音評価手法等専門委員会）　*400*

§15 今後の自動車騒音低減対策のあり方について（総合的施策）（答申）
（平7・3・31/中央環境審議会）　*406*

§16 今後の自動車騒音低減対策のあり方について（総合的施策）（報告）
（平7・3・22/中央環境審議会交通公害部会道路交通騒音対策専門委員会）　*414*

§17 今後の自動車騒音低減対策のあり方について(総合的施策)(資料)
　　　(平7・3・22/中央環境審議会交通公害部会道路交通騒音対策専門委員会)　*425*

§18 騒音に係る環境基準の設定について(第1次答申)
　　　(昭45・12・25/生活環境審議会)　*444*

§19 今後の自動車騒音低減対策のあり方について(自動車単体対策関係)(答申)
　　　(平7・2・28/中環審第40号)　*448*

§20 今後の自動車騒音低減対策のあり方について(自動車単体対策関係)(報告)
　　　(平7・2・16/中央環境審議会騒音振動部会自動車騒音専門委員会)　*451*

§21 環境保全の観点から望ましい交通施設の構造及びその周辺の土地利用を実現するための方策について
　　　(昭57・12・24/中央公害対策審議会交通公害部会土地利用専門委員会報告)　*459*

§22 風力発電施設から発生する騒音に関する指針について
　　　(平29・5・26/環境省水・大気環境局長)　*497*

―凡例―
(1) 本書においては、横書きに統一して記述する考え方から、法令文についてもすべて横書きに変換して記述してある。よって、一部を除いて漢数字は算用数字に変換してあり、「第十二条」が「第12条」のように記述されている。
(2) 横書きに変換した結果、原典において「上欄、下欄」として示された表などは、適宜配置を変更してあるが、本文の記述においては、原典のまま上欄、下欄と記述した。
(3) 資料編については、容量の関係で抄録としたり一部を略したものもある。

第1章　総説

1.1　騒音規制の歴史

1.1.1　騒音公害

　騒音は、工場・事業場騒音、建設作業騒音、自動車や鉄道等の交通騒音、飲食店営業などの深夜騒音、商業宣伝などの拡声機騒音、空調機やペットなどによる近隣騒音、マンションなど集合住宅内の生活騒音、オートバイなどの暴走族による騒音、さらに音の暴力ともいえる暴騒音など幅広く存在している。

　この騒音は、大気汚染や水質汚濁とは異なり、物理的性質から生活環境に及ぼす影響範囲はかなり限定されており、直接に人の健康を損なうことは、きわめて稀であるという性格をもっている。そのため、騒音は、市民生活を送るうえである程度は受忍すべき必要悪であるという考え方をもたらし、従来は多少の「うるささ」「やかましさ」というものは黙認される傾向にあった。その騒音が、公害問題として取り上げられるようになったのは、近隣の問題にとどまらず、相当範囲にわたり住民の生活環境を損なうものとして登場してきたからにほかならない。

　騒音については、戦前においても、苦情、陳情等が生じており、近隣の迷惑行為の一つとしては認識されていたが、現代的な意味での公害という概念はうすかった。また、大都市などでは第二次世界大戦前から生活騒音や工場等の騒音について法令による規制が行われてきたが、比較的早くから行われてきたが、全国的に実施されてきたわけではなかった。さらに、第二次世界大戦後は、工場騒音や交通騒音は、戦後復興や都市の繁栄の象徴と見られる場合さえあった。

　しかし昭和30年代に入ると、住居と近接して設置された工場や自動車のクラクション音などの騒音の現状は、目に余るようになってきた。また、比較的小規

模な町工場が多い我が国の実情からは、騒音苦情が生じていながら、経済的負担等のため騒音防止の対策が容易に行われなかった面もあった。このようななかで、騒音問題については、国が直接行う施策の対象とはされず、地方公共団体において独自に騒音防止に係る条例が制定され、規制の措置などが講じられていた。これは、騒音問題が地域住民ときわめて密接な関係にあり、地方公共団体で対処する課題と考えられていたことによる。

しかしながら、経済の発展とともに、都市の驚異的な発展や工業地帯の拡張等により、都市生活の快適さは次第に失われ、住宅と工場との混在、高速道路等の拡大、新幹線鉄道の整備、大型航空機の登場などにより、市民生活は、工場騒音、建設作業騒音、交通騒音など各種の騒音にとり囲まれるようになってきた。

ここに、騒音問題は、生活環境の保全の面から国としての重要な課題として認識されるようになり、従来のような「受忍すべきもの」ではなく、市民生活を維持するうえで、その防止を図っていくべきものとなった。すなわち、各地方公共団体の課題から、市民の生活環境を損なう公害問題のひとつとして、国が積極的な対策を打ち立て規制を加えるべき全国的な課題となったのである。

なお、公害に関する苦情、陳情数をみると、騒音は他の公害に比べて一定程度あり、依然としてその傾向は変わっていない。このことは、住民の権利意識の高まりが背景にあるほか、低い周波数の騒音を始め発生源が多様的に拡大しており、今なお、騒音が住民の日常生活にとって大きな障害となっていることを示すものと考えられている。

1.1.2　戦前の騒音規制

明治維新後、新政府は、全国の治安の改善などに努めていたが、明治5年11月に警察官による風紀の取締りとして、東京に「違式詿違條例」を定めた。この治安取締りの所管については紆余曲折があったが、東京警視本署で所管することになり、騒音については、明治11年に「第七拾四條　街上ニ於テ高聲ニ唱歌スル者但歌舞營業ノ者ハ此限ニアラス、第七拾五條　夜間十二時後歌舞音曲又ハ喧啾シテ他ノ安眠ヲ妨クル者」が「詿違罪目」として定められており、各地でも同様の規程が定められていった。このように、我が国では大都市を中心に明治の始めから、夜間12時以降の静穏を求めるという騒音規制が実施されていたのである。

この前述の内容を含めて、明治期から現在につながる騒音規制を概観すると、

①一般生活騒音の規制、②工場事業場の規制、という大きな二つの流れがある。

このうち、一般生活騒音については、迷惑行為防止の視点から、前述のとおり違式詿違條例の詿違罪として規制されたが、旧刑法の制定により「違警罪」として整理されている。その後、自由民権運動の高まりから、明治22年になり「大日本帝国憲法」が制定され、刑法も全面的に改正されることになり、従来の違警罪は、内務省令の「警察犯處罰令」に改正されている。

この内務省令では「公衆ノ自由ニ交通シ得ル場所ニ於テ喧噪シ、横臥シ又は泥酔シテ徘徊シタル者」は、「三十日未満ノ拘留又ハ二十圓未満ノ科料ニ處ス」とされ警察官による取締りが実施された。その後、第二次世界大戦をはさんで、新憲法にふさわしく改正するとして、警察犯處罰令は「軽犯罪法」として衣替えしており、現在の「静穏妨害罪」に受け継がれている。

一方、工場や蒸気機関の規制も、明治の初期から警察への出願と許可という規制方式が大都市では採用されていた。この許可においては、周囲の騒音について考慮し許可すべきであるとされ、終戦時まで種々の改正を経ながら、工場等の規制が条例により実施された。一方、国においても、労働安全や周囲への影響防止など工場全般の取締りについて、工場側の強い反対にあいながらも、明治44年に「工場法」として成立し、大工場に対する規制は「……公益ヲ害セサル為必要ナル設備ヲ為スヘシ」と周囲への影響配慮を求めている。このように法律と条例により届出という事前規制が実施されおり、「騒響、震動ヲ發スル虞アリト認ムルトキ」は、工場の設置を許可しないとされていた。この工場等に関する規制は、第二次世界大戦後の都道府県の工場公害防止条例に受け継がれていく。

1.1.3　戦後の騒音規制

戦後の騒音規制も戦前からの流れを受けて、一般騒音に対する騒音防止条例と工場事業場を対象とする工場公害防止条例がいくつかの地方公共団体で制定され、公害防止の基本的な規制体系が作られることになった。

このうち一般騒音への対処は、衣替えした軽犯罪法の「静穏妨害罪」だけでは不十分であることは、軽犯罪法の制定当初から想定されていた。さらに、昭和25年ごろから経済の回復に伴い騒音苦情が増加し始め、自動車クラクション、ラジオ、拡声器による商業宣伝放送など、都市部における騒音は、目に余る状態にまで達していた。このような状況から、都市部の地方公共団体を中心に、騒音防止

条例がつぎつぎと制定されることになり、学校周辺や夜間の静穏、拡声器や深夜営業騒音の規制、自動車運転者の義務等が定められた。

一方、工場等の取締りは、第二次世界大戦後の混乱期を経て、戦時体制で弱体化した工場公害対策として、いくつかの都道府県において工場公害防止条例として規制が開始されている。これらの工場公害防止条例は、届出という事前の規制に重点を置いており、工場外の人または物への騒音振動等による障害の防止を求めていた。事後の規制については、騒音測定技術が未発達な時代でもあり、「著シク騒音又ハ振動ヲ発シ……」た場合は所要の措置を命ずるという抽象的な規定にすぎなかった。しかしながら、このような抽象的な規定では、「著しい」の内容を明確にできないという弱みがあったが、昭和40年ごろになると騒音計などの技術が発展し、その後、数値基準による規制が開始されている。

このように、戦後の騒音規制は、地方公共団体の条例により行われてきたが、昭和40年代の高度成長期に入ると、産業の規模や内容が以前とは比べものにならないほど高度化し、騒音問題をはじめ、公害問題は大きな社会問題となってきた。国においても一定の騒音規制は講じられてきたが、騒音対策という統一的な観点から行われてきたものではなく、住民の生活環境を保全するためには必ずしも十分なものではなかった。

しかしながら、公害に対する世論の高まりを背景に、国としても、騒音対策の体系化に責任をもって、積極的に対処すべきであるとの考え方となった。そこで、「公害対策基本法」による環境基準設定や「騒音規制法」の制定が順次行われ、騒音問題も公害のひとつとして、国の重要な課題と位置づけられることになった。

このようにして、現在の騒音規制の体系が創られ、すべての都道府県においても公害防止条例の制定が求められることになり、条例制定や条例改正など一連の整備が行われ、「法と条例による規制」という今日の体制が完成するに至った。

なお現在では、この騒音規制法はナショナルミニマムと考えられており、地方公共団体においては、地域の特性に応じた騒音対策の推進が求められている。

1.2 騒音規制法の制定経過
1.2.1 騒音規制法の制定

　昭和43年に制定された「騒音規制法」は、従来、地方公共団体の規制に委ねていた騒音対策を、国として積極的に取り組むものとして検討されてきた。また当時、公害対策の重要な柱と考えられた「公害対策基本法」や環境基準についての検討状況に配慮しつつ、騒音規制のありかたが議論されており、これにより我が国の公害対策の基本が定められている。

（1）公害対策基本法

　昭和30年代後半から、我が国の経済発展は目ざましいものがあり、国民の生活水準の上昇は著しいものがあった。その反面、公害防止に係る公共投資、適正な工場立地や土地利用規制、事業者の公害防止投資などの不十分さにより、公害が国民の健康及び生活環境を脅かすようになってきた。これらのことから、政府は、昭和39年3月に総理府に公害対策推進連絡協議会を設置し、昭和40年9月には、厚生大臣の諮問機関として公害審査会を設置することになった。この公害審査会において公害問題の基本的事項について検討を行うこととされ、昭和41年10月、厚生大臣に対し答申が行われた。この答申を受けて、厚生省は、昭和41年11月に「公害対策基本法（仮称）試案要綱」を作成し、公害対策推進連絡協議会に提出した。この公害対策推進連絡協議会において、さらに検討が加えられて、公害対策基本法の政府案が作成され、国会に提出された。国会では、慎重な審議のうえ一部修正が行われて「公害対策基本法（昭和42年8月3日法律第132号）」として公布施行された。

　この公害対策基本法は、大きな社会問題となってきた公害問題に対処するうえで基本となる理念、政府のとるべき施策のあり方を明らかにしたもので、これにより公害対策が体系的に進められることになった。従来の個々の公害対策に代えて、政府の統合的な公害対策が踏み出されたもので、国民の生活環境の保全を使命とする国の立場から、地方公共団体の条例による規制のみに委ねることなく、みずから責任をもって公害に対処することとなった。

　公害対策基本法では、公害対策の理念を国民の健康の保護と生活環境の保全におき、施策の対象としての騒音、振動など7つの公害（典型7公害）を取り上げ、環境基準を設定し、排出等に関する規制の措置を講ずるよう規定しており、我が国の公害対策の基本が明らかにされている。公害のうち、騒音は大気汚染などに

比べて地域的な性格が強いものの、経済発展や自動車交通の増加により我が国全体としての大きな課題となってきたことから、公害対策基本法に基づき、規制基準等の設定や一元的な騒音対策を進めることとなり、「騒音規制法」が制定されることになった。

その後、公害対策基本法は、第64回臨時国会（いわゆる公害国会）において改正が行われたが、この公害国会では、昭和45年12月に公害関係14法案が一括して可決成立している。さらに、引き続き昭和45年12月から開催された第65回通常国会においても、公害関係6法案が可決成立している。この公害国会における改正により、公害対策基本法は、①目的規定を改正して「経済との調和条項」を削除し政府の公害対策に取り組む積極姿勢を示す、②土壌の汚染を公害の定義に追加する、③水質汚濁に温熱排水や水底の底質など水質以外の状態を含むものとするなどの改正が実施されている。

さらに、平成5年11月には、地球環境保全等に関する国際協力など、より多くの環境に係る課題に対処するため、「公害対策基本法」から「環境基本法」として生まれ変わっており、現在の騒音規制法の根拠は、この環境基本法となっている。

(2) 騒音規制法

「騒音規制法」制定以前にも、国においては一定の騒音対策がとられていたが、主たる対策は、地方公共団体の騒音防止条例や公害防止条例によっていた。各地方公共団体は、地域の実情に応じた騒音問題解決の実績を積んでいたが、規制方法、規制基準、規制対象等とも多様な状況にあった。

しかし、騒音問題が各都市地域に共通の社会問題となってきたことから、国においても、責任をもって積極的に対処し、統一的な対策を整備する必要が生じていた。このようななかで、前述の「公害対策基本法」制定の動きをうけて、騒音の規制についての検討が進み、昭和42年12月8日、厚生省から「騒音規制法（仮称）案要綱」が発表され、ただちに関係各省間における検討が開始されている。なお、この要綱の要旨は、次のようになっている。

1　工場騒音の規制

(1) 住居の環境その他、人の生活環境について静穏の保持を必要とする地域を指定地域として指定し、住居地域及び病院、学校等の周辺区域における工場または事業場の騒音発生施設の設置は許可を、その他の地域における設

置は届出を要することとする。
(2) 指定地域においてその地域の態様に応じて騒音の規制基準を定め、前項の施設についてこれを遵守させるものとする。

2 建設騒音の規制

住居地域及び学校、病院等の周辺区域における特定の建設工事は許可を要することとし、これらの特定建設工事が周辺の静穏を著しく損なう場合は、工事の実施方法について変更等を指示することができるものとする。

3 自動車騒音防止のための協力要請等

住居地域及び病院、学校等の周辺区域における自動車騒音防止について協力を求めること等により、交通騒音対策の堆進を図る。

4 新幹線、高速道路周辺の騒音対策

新幹線、高速道路周辺の建物買取請求を認める。

5 条例による規制

街頭放送、商業放送等については、従来どおり、条例による規制ができるものとする。

この騒音規制法案については、各方面ともその必要性を認識しつつ、多くの議論が行われた。例えば新幹線、高速道路周辺の騒音対策は、技術的にも時期尚早ではないか、規制の手段として施設の許可制を採用することは行き過ぎではないか、等々の意見があり調整は難航した。しかし、公害対策会議において騒音規制法案を国会に提出する旨の決定が行われ、生活環境審議会及び中央公害対策審議会の了承のもとに、昭和43年3月2日に「騒音規制法案大綱」が閣議決定された。同年3月26日、「騒音規制法案」が閣議決定され、翌27日に大気汚染防止法案とともに開会中の第58国会に提出された。

国会においては、昭和43年5月10日の衆議院産業公害対策特別委員会で一部修正し、次の附帯決議を附して可決され、同年5月14日の衆議院本会議においても委員会修正どおり可決された。

騒音規制法案に対する附帯決議

昭和43年5月10日
衆議院産業公害対策特別委員会

政府は、本法施行にあたり、次の事項について措置を講ずべきである。
1. 飛行場騒音については、早急に対策の強化を図ること。
1. 交通機関等の騒音対策について特に意を用い、国においても充分考慮すること。
1. 市街地の交通騒音対策について、これを強化し、かつ、必要に応じ関係法の整備を図るとともに、深夜騒音について地方公共団体の指導の強化を図ること。
1. 本法施行の際、すでに施行されている条例については、その地域の実情を尊重し、適切な運営指導を行なうこと。

引き続き昭和43年5月22日、参議院産業公害及び交通対策特別委員会においても、次の附帯決議を附して可決され、同年5月24日参議院本会議で可決成立した。

騒音規制法案に対する附帯決議

昭和43年5月22日
参議院産業公害及び交通対策特別委員会

政府は、本法施行にあたり、次の事項について措置を講ずべきである。
1. 飛行場騒音について、早急に対策の強化を図ること。
1. 交通機関等の騒音に係る公害について、その防止技術に関する研究を促進し、早急に騒音の防止に必要な措置を講ずること。
1. 市街地の交通騒音対策について、これを強化し、かつ、必要に応じ、関係法の整備を図るとともに、深夜騒音について地方公共団体の指導の強化を図ること。
1. 住宅と工場の混在地区の工場の移転を促進するために、工場団地の造成に努めること。
1. 本法施行の際、すでに施行されている条例については、その地域の実情を尊重し、適切な運営指導を行なうこと。

このような経過により、工場等の騒音規制、建設作業騒音の規制を内容とする騒音規制法が制定され、昭和43年6月10日法律第98号をもって公布され、昭和43年12月1日から施行された。ここに、国の直接の規制が行われていなかった騒音問題も、地域的な課題から全国的な課題とされ、国として対策強化が行われることになった。

なお、公害対策基本法には、騒音について法的規制を講ずることが明示されており、騒音規制法は、公害対策基本法（平成5年11月環境基本法に引き継がれた。）の実施法と位置づけられている。

(3) 環境基準と規制基準の関係

騒音規制法は、公害対策基本法に基づく「騒音に係る環境基準」の設定作業と平行しながら検討されており、環境基準との関係が常に論議になっていた。そこでは、騒音規制法は、環境基準を達成するための諸対策の一つであり、常に環境基準の達成状況を見ながら規制のあり方を見直す必要があるとされていた。

例えば、市町村は、環境基準の測定結果等から住民の生活環境を保全する必要により、都道府県知事の定めた規制基準に対して、主務大臣の定める範囲において規制強化（特別基準）を行うことができると関連づけられており、昭和43年第58回国会での厚生省公害部長は、次のように答弁している。

> 私どもといたしましては、この第4条の第2項にあります特別の排出基準をきめることができる地域という問題の一つの目安といたしまして、環境基準をこえまたはこえるおそれがあるというような地域については、きびしい基準を適用することを、実はこの第2項で考えておったわけでございます。

なお、現時点においては、環境基準の類型指定地域と騒音規制法の規制地域の指定が一致していない都道府県があるが、環境基準と騒音規制は相互に関係して考えられており、このことから、本来同一の地域を指定すべきものと考えられている。

また、平成12年4月から施行された自動車騒音の常時監視においては、環境基準の測定評価手法が準用されており、これは環境基準の達成に向けて、常時監視の結果が活用されるべきものであることを明らかにしたものである。

さらに、平成13年4月から施行された自動車騒音の要請限度についての改正では、評価量、地域区分、時間の区分に環境基準の方式をそのまま使用しており、騒音規制法の運用においては、常に環境基準を意識した運用が求められている。

1.2.2　公害国会における改正

昭和45年の第64回臨時国会と、続いて開催された第65回通常国会は、我が国の公害対策上特記すべき国会であり、両国会で計20本の公害関係法が成立している。この法令整備により現在の我が国の環境対策の骨格がつくられており、昭和43年に制定された騒音規制法も大幅な改正が行われている。

(1) 改正の経過

騒音の規制は、前述のような背景と経緯のもとに制定された騒音規制法と条例により、都市部の市街地を中心に工場騒音及び建設作業騒音の規制が実施されて

きた。しかし、その後の経済社会の発展により都市部以外の地域においても工場騒音や建設作業騒音による生活環境の悪化の問題が次第に増大するとともに、制定当初の騒音規制法の対象外であった自動車騒音の問題が全国各地に拡大し、深刻な課題として登場してきた。

このような状況や昭和45年12月に改正された公害対策基本法の趣旨に即して、住民の生活環境を保全する施策を強化するため、規制地域の拡大、自動車騒音規制の追加など、騒音規制法の改正が行われた。このための「騒音規制法の一部を改正する法律」(昭和45年法律第135号)が、昭和45年11月27日閣議決定を経て第64回臨時国会(いわゆる公害国会)に提出され、12月10日衆議院を、12月19日参議院を、次に示す附帯決議を附して可決成立、12月25日に公布された。

騒音規制法の一部を改正する法律案に対する附帯決議

昭和45年12月10日
衆議院産業公害対策特別委員会

1 鉄道軌道特に、新幹線による騒音については、今後鉄道営業法等関係法令中に騒音防止を図るべき旨を明らかにするようその改正を図る外、騒音の発生及び防止方法に関する技術的研究開発を更に積極的に推進強化し、その成果をもとにして、関係法令等において、軌道、構造物、車両等各般にわたって騒音防止のための規制を講ずる等適切な措置をとること。
2 航空機騒音対策については、「防衛施設周辺の整備等に関する法律」及び「公共用飛行場周辺における航空機騒音による障害の防止等に関する法律」に基づく施策を積極的に進めるほか、特に民間航空については騒音の小さい航空機の採用に努力するとともに、ローカル空港における対策も進めること。
3 電気工作物及びガス工作物の騒音については、電気事業法及びガス事業法に基づく監督を厳しく実施するとともに、地方公共団体との連絡を密にし、その騒音規制に遺憾なきを期すること。

右決議する。

騒音規制法の一部を改正する法律案に対する附帯決議

昭和45年12月18日
参議院公害対策特別委員会

政府は、本法施行にあたり、左記事項につき適切な措置を講ずべきである。
1　鉄道、軌道、とくに新幹線による騒音について、その防止方法に関する技術的研究開発の積極的な推進強化と、関係法令における規制を講ずること。
2　航空機騒音対策について、騒音の小さい航空機の採用に努力するとともに、ローカル空港における対策も進めること。
3　電気工作及びガス工作物の騒音について、電気事業法及びガス事業法に基づく監督を厳しく実施するとともに、地方公共団体との連絡を密にし、その騒音規制に遺憾なきを期すること。

右決議する。

（2）目的規定の改正

　制定当初の公害対策基本法に、公害対策と産業の健全な発展との調和に関する規定、いわゆる「経済との調和」が目的として記されていることに対する強い批判が出されており、第64回国会においてこの規定が削除されることになった。このことから、同様の目的を掲げていた騒音規制法の目的規定の該当部分が削除されることになった。あわせて、新たに導入されることになった自動車騒音についての許容限度など、自動車騒音に対する規制を行うものであることが目的規定に追加された。

（3）規制地域の範囲の拡大

　騒音の指定地域は、「特別区及び市の市街地（町村の市街地でこれに隣接するものを含む。）並びにその周辺の住居が集合している地域で住民の生活環境を保全する必要があると認める地域」とされ、おおむね人口10万人以上の都市について、工場騒音を規制する地域とされていた。しかし建設作業騒音については、「工場騒音の規制に係る指定地域のうち、住居の環境が良好である地域等とくに騒音の防止を図る必要がある区域」とされ、工場等の規制地域の一部を建設作業騒音の規制区域として指定すると定められていた。
　しかしながら、経済の発展とともに町村の区域においても工場騒音等を規制すべき地域が増加してきた。そこで、生活環境を保全すべきすべての地域である「住居の集合している地域、病院または学校の周辺の地域その他の騒音を防止することにより住民の生活環境を保全する必要があると認める地域」を指定しなければならないと改められ、規制地域の範囲の拡大が行われた。また、建設作業騒音についても、建設工事の増加や作業の機械化により騒音の被害が増えたことから、工場騒音の規制地域の一部を建設作業騒音の規制地域としていた従来の二本立て

の指定制を廃止し、工場騒音の規制地域に統合している。さらに、工場騒音の規制と同様に、建設作業騒音についても地域の特性に応じて時間の区分と区域の区分ごとに定めるものと改められた。

(4) 自動車騒音に係る規制

　従前の騒音規制法には、対策技術の未発達や道路事情の悪さなどから自動車騒音対策の規定は設けられていなかった。しかしながら、自動車交通の拡大とともに自動車騒音の地域住民に与える影響は深刻なものとなり、自動車騒音の防止対策を推進することとなった。そこで運輸大臣は、自動車騒音の大きさの許容限度を定めるとともに、「道路運送車両法」に基づく命令で、自動車騒音に係る規制に関し必要な事項を定める場合には、この許容限度が確保されるように考慮しなければならないとされた。また、自動車には、原動機付自転車を追加しており、許容限度を定めるときは、厚生大臣の意見を聴かなければならないものとされた。

　また、都道府県知事は、指定地域について騒音の大きさを測定した場合において、いわゆる要請限度を超えていることにより道路の周辺の生活環境が著しく損なわれると認めるときは、都道府県公安委員会に対し、「道路交通法」の規定による措置をとるべきことを要請すべきものとした。さらに、必要があると認めるときは、当該道路の部分の構造の改善その他自動車騒音の大きさの減少に資する事項に関し、道路管理者または関係行政機関の長に意見を述べることもできるものとされた。

　なお、この要請の意味については、昭和45年第64回国会の山中国務大臣の答弁において、次のように述べられている。

> 要請は、その要請する根拠をもって、すなわち要請された大臣が所管しておるプロパーの法律においてとるべき措置をとることを要請するのですから、原則は、その要請に沿って措置がとられなければならないという考え方があるわけです。そしてもしそれがとられない場合には、先ほど申しましたが、なぜとれないのかの理由を当事者にも、あるいは、一般国民にも納得のできる明らかな理由でなければ、とられない場合はないということがあるわけですから、要請というものは、普通の場合とは違う相当な背景があるのだということを申し上げておきたいと思います。

(5) 電気工作物またはガス工作物である特定施設の取扱い

　従来は、「電気事業法」が適用される電気工作物、または「ガス事業法」が適用されるガス工作物である特定施設を設置する工場・事業場については、公共性が

高いことと通商産業大臣による一元的な規制がとられていることから、都道府県知事は、法律上の権限を有しない取扱いとされていた。

これに対し、発生する騒音により当該地域の生活環境が損なわれると認めるときは、都道府県知事は、通商産業大臣に対し、電気事業法またはガス事業法の関係規定による措置をとるべきことを要請することができるものと改正され、報告の徴取及び立入検査も行うことができることとなった。また、通商産業大臣は、電気工作物またはガス工作物である特定施設について、許可もしくは認可の申請または届出があったときは、該当する事項を、都道府県知事に通知し、都道府県知事の要請があった場合において講じた措置を通知しなければならないものと規定された。

(6) 騒音の測定

騒音防止対策の積極的推進を図るため、都道府県知事は、指定地域について騒音の大きさを測定するとの規定が追加された。この測定結果により、自動車騒音に係る要請や意見に係る事務を行うことになった。なお、生活環境の保全のうえで、自動車騒音とともに重要な問題となりつつあった航空機騒音や鉄道騒音については、自動車騒音のように騒音の大きさの許容限度を設定することは、この法改正の段階では、技術的に難しい問題があること、交通制限などの措置を講ずることも公共性がきわめて強い交通機関であるため実際問題としてとり難いこと等により、改正の対象とはされなかった。

1.2.3 環境庁設置に伴う改正

従来は、公害問題の所管は厚生省とされていたが、公害問題の高まりに合わせて、公害対策の一元的な推進を図るため「環境庁」が設立されることになり、「環境庁設置法（昭和46年5月31日法律第88号）」が制定された。この環境庁設置法は、昭和46年7月1日から施行され、環境基準の制定や騒音規制法の所管も環境庁に一元的に移管され、主務大臣（厚生大臣、農林大臣、通商産業大臣、運輸大臣及び建設大臣とされていた。）について、環境庁長官に改めるほか、自動車騒音の許容限度の設定についても環境庁長官の権限に改めるなどの改正が行われた。

1.2.4 都道府県知事の事務の委任と移譲

規制地域の指定等の事務は、都道府県知事に属する事務とされていたが、「騒音

規制法施行令等の一部を改正する政令（昭和61年3月11日政令第22号）」が昭和61年3月に施行されて、機関委任事務の合理化を図る一環として、「地方自治法」第252条の19に規定する「指定都市」については、地域指定等の都道府県知事の権限に属する事務を指定都市の長に委任されることとなった。

また、前項と同様に、騒音規制法を改正する政令（平成6年12月21日政令第298号）が平成6年12月に施行されて、指定都市と同様に地方自治法第252条の22に規定する「中核市」についても、地域指定等の都道府県知事の権限に属する事務が委任された。

なお、後述するが、地方分権に係る一連の法令改正のなかで、騒音規制法施行令を改正する政令（平成11年9月24日政令第283号）が平成11年9月に施行され、指定都市、中核市に続いて地方自治法第252条の26の3に規定する「特例市」の長にも都道府県知事の権限に属する事務の一部が移譲されている。さらにその後、平成11年12月3日の騒音規制法施行令の改正により、施行令に列記する市町村の長にも都道府県知事の権限に属する事務の一部が移譲され、平成12年4月1日に施行されている。

さらに、「地域の自主性及び自立性を高めるための改革の推進を図るための関係法律（平成23年法律第105号）」により、すべての市に都道府県知事の権限に属する事務の一部が委譲された。

1.2.5　建設作業騒音の測定法の改正

騒音規制法施行後、工場・事業場に係る騒音の苦情等が件数、割合とも大幅に減少してきているのに対して、建設作業騒音に係る苦情等は、件数、割合とも改善が見られず、むしろ増加の傾向があった。そこには、より良い生活環境を求める住民意識の変化もあり、十分な騒音公害の防止、実効ある規制等を図るため、昭和43年に設定された建設作業騒音の基準の改正が昭和63年11月に行われ、平成元年4月1日に施行された。この改正の要点は下記のとおりである。

①音量に関する基準

音量に関する基準として、従来は、「特定建設作業騒音の敷地の境界線から30 mの地点において」となっていたものを「敷地の境界線において」と改め、敷地境界から30 m以内の騒音被害に対しても的確に対処することとした。また、「（特定建設作業の種類に応じ）85〜75ホンを超える大きさのものでないこと」を「（特定

建設作業の種類にかかわらず一律に）85 ホンを超える大きさのものでないこと」と改めた。これは、この値を超えるとほとんどの住民が情緒的影響を訴えること、これ以上厳しい値は現在の技術水準等からみて対応困難なことから定められた。

②作業時刻に関する基準

　従来は、地域により作業時刻が異なる規定であったが、「（特定建設作業の種類にかかわらず一律に）午後7時から翌日の午前7時までの時間内において行われる特定建設作業に伴って発生するものでないこと」と改めた。この作業時刻については、午後7時から午前7時までは、多くの住民が静穏を必要とする睡眠の時間帯であること、音量基準を一律基準へと改正しており作業時刻について区別を設ける理由に乏しいことなどにより改正されたものである。

③作業期間に関する基準

　空気圧縮機、コンクリートプラントについて、従来は「1月の期間を超えないこと」と例外的に規定されていたのを、「（特定建設作業の種類にかかわらず一律に）連続6日を超えて行われる特定建設作業に伴って行われるものでないこと」に改めた。これは、音量基準を作業の種類にかかわらず一律としたことに伴い、作業期間に関しても、長期にわたって連続的に騒音が発生することを防止する趣旨で、作業の種類にかかわらず一律に連続6日を超えないこととするのが合理的であると判断したためである。

④基準の適用について

　従来は、「第1号の基準（音量に関する基準）は、特定建設作業の作業時間の変更に係る基準としては適用しない」とされていたのを「第3号の規制の時間（10時間または14時間）未満4時間以上の時間において短縮させることを妨げない」ことと改正された。これは、音量に関する基準を超えた場合には、一義的には騒音の防止の方法を講ずるべきであるが、それによって生活環境が著しく損なわれる事態の除去が困難である場合には、住民の生活環境への影響を軽減するために、作業時間の短縮という対処も勧告、命令し得るとするのが適当であると考えられるためである。

　これらの改正により、建築作業騒音に係る基準がより有効に機能するとともに、騒音の測定が容易になり、音量基準に適合しない場合の勧告、命令について効果的な対応が可能となった。また、特定建設作業の低騒音化及び代替工法への移行などが促進されることが期待された。

1.2.6　規制対象の追加

　特定施設及び特定建設作業については、騒音規制法の制定から年数を経ることにより、未規制施設や建設作業についての見直しが求められるようになってきた。そこで、平成8年7月に中央環境審議会へ「騒音規制法の規制対象施設の在り方について」の諮問が行われ、これについての答申を受けて、平成8年12月に、特定施設として切断機（といしを用いるものに限る。）、特定建設作業としてバックホウを使用する作業、トラクターショベルを使用する作業、ブルドーザーを使用する作業、の1施設3作業が規制対象として追加された。

　この背景としては、騒音規制法の対象となる特定施設等が、昭和40年代は、おおむね苦情全体の1/2をカバーしていたが、最近は、全体の1/4を占めるに過ぎなくなったとの認識があった。なお、この規制対象の追加において、トラクターショベル、バックホウ、ブルドーザーについては、建設省指定の低騒音型建設機械が、環境庁長官の定めるものとして規制対象から除外された。この低騒音型建設機械の除外は、この建設省規程において国際的な音響パワーレベルが採用されたことを考慮して、低騒音型建設機械の使用を促すインセンティブな手法として取り入れたものである。

1.2.7　地方分権等に伴う改正

　平成11年7月16日に「地方分権の推進を計るための関係法律の整備等に関する法律」が成立し、平成12年4月1日に施行されている。この法律により、地方公共団体の事務は、自治事務と法定受託事務に再編され、国と地方公共団体の関係が大きく変化することになった。この法律により、騒音規制法も地方分権に係る改正が行われるとともに、自動車騒音の常時監視が追加されており、その概要は次のとおりである。

(1) 機関委任事務の廃止

　地方分権に伴う一連の改正であり、従来の機関委任事務が廃止され、都道府県知事の市町村長への機関委任事務などは、市町村長の自治事務と変更された。また、いわゆる通達による行政が廃止されたため、国または都道府県による一連の「関与」の仕組みが新たに定められたが、当然、この関与は地方の主体性の点から最低限のものでなければならないとされている。

これにより、市町村長への機関委任事務とされていた特定施設等の届出、改善勧告や命令などの事務が市町村長の自治事務と改正された。なお、後述の法第18条の自動車騒音常時監視が法定受託事務に整理されている。
（2）自動車騒音の常時監視

　幹線道路沿道における自動車騒音は、国民の関心も高く騒音対策の重要な課題となっていた。さらに、平成7年7月7日に一般国道43号及び阪神高速道路に係る訴訟において、国及び道路管理者に責任があったとして損害賠償を命じる最高裁判所の判決があった。

　これらのことから、一連の自動車騒音対策の強化が行われ、騒音規制法に大気汚染防止法等と同様に常時監視の規定が置かれることになった。すなわち、自動車騒音の常時監視、国への報告や結果公表が、都道府県等の法定受託事務とされ、国の定めた「処理基準」により事務が行われることとなった。
（3）特例市の長等への事務移譲

　前述のとおり、指定都市、中核市に続くものとして、地方自治法第252条の26の3に定める特例市についても、地域指定の事務等の都道府県知事の権限に属する事務が、特例市の長に移譲されることとなった。

1.2.8　改革関係法施行法による改正

　行政組織の改革を行う改革関連法については、「中央省庁等改革関係法施行法」により平成13年1月6日に施行された。これにより省庁再編が行われ、環境庁も「環境省」へ移行し、環境庁長官は、環境大臣、総理府令、主務省令は、環境省令と変更になっている。
（1）主務大臣の改正

　環境省の設置に伴い主務大臣は環境大臣とされたほか、省庁名の変更に伴い関係規程について所要の改正が実施された。また、従来は総理府令となっていた規則については、すべて環境省令と改称されている。
（2）鉱山、電気工作物及びガス工作物の規制

　当初の騒音規制法では、鉱山、電気工作物、ガス工作物については、この法の対象外とされていたが、昭和45年の改正により、電気工作物、ガス工作物に環境主管部門が一定の関与を行うことに改正されている。

　さらに、騒音規制など地域の環境保全に係る事務は、環境主管部門で一元的に

取り扱うのが望ましいとの考え方から、鉱山、電気工作物及びガス工作物の取扱いを統一する改正が行われた。この改正は、平成13年1月6日から施行され、届出等を除き、これらの施設に対する指導についても、市町村長の自治事務として行うようになった。

1.2.9　要請限度の改正

いわゆる自動車騒音の要請限度の評価量を等価騒音レベルに改正するほか、道路に面する地域に適用される「騒音に係る環境基準」に要請限度の区分等を整合させる改正が行われた。従来の「騒音規制法第17条第1項の規定に基づく指定地域内における自動車騒音の限度を定める命令（昭和46年6月23日総理府・厚生省令第3号）」を廃止して「騒音規制法第17条第1項の規定に基づく指定地域内における自動車騒音の限度を定める総理府令（平成12年3月2日総理府令第15号）」を制定し、平成12年4月1日に施行された。

この要請限度の改正は、「騒音に係る環境基準」の評価量の等価騒音レベル（L_{Aeq}）への改定に続いて実施された改正で、その特徴は、①評価量に L_{Aeq} を採用、②地域の区分等を環境基準に整合、③騒音の大きさは環境基準値に $+10\,\mathrm{dB}$ を基本、④測定日数は3日となっている。

従来は、曖昧に処理されてきた面もある環境基準と要請限度の関係が、区域の区分、時間の区分、評価量などで整合が図られた。また、要請限度は、発生源側に係る騒音レベルであるとして、原則として道路端で騒音レベルを測定するものとし、受音点側の騒音レベルを評価する環境基準の評価とは、異なる点が明確にされている。

1.2.10　市への事務移譲

騒音規制法においては、第3条の地域の指定、第4条の規制基準の設定、第18条の常時監視、第19条の公表等の事務については、広域的見知から実施すべきものとして都道府県知事の事務として本法は制定された。その後、地方自治の推進に合わせて、地方自治法に定める指定都市、中核市、特例市、施行令に定める市町村の長に順次委任されてきた。さらに、一連の地方分権のながれのなかで、「地域の自主性及び自立性を高めるための改革の推進を図るための関係法律の整備に関する法律〈平成23年法律第105号）」、すなわち第二次一括法（平成23年8月

30日）により、振動規制法、悪臭防止法と同様に都道府県知事の事務がすべての市長の事務に改正された。これにより市においては、規制地域の指定や基準の設定から、具体的な規制事務等まで一貫して実施することになった。

1.3 騒音規制法の概要
1.3.1 騒音規制法の体系

騒音規制法は、工場等における騒音の規制、建設工事に伴って発生する騒音の規制、自動車騒音に係る要請限度等を定めることにより、国民の生活環境を保全し、健康の保護に資することを目的としている。さらに、環境基本法の理念である政府の目標として定められた騒音についての環境基準を達成するための一つの対策であり、地域住民からの苦情や相談等に適切に対処するためにも活用されるものである。この騒音規制法の規定を体系的に整理したものが**図 1.1** 騒音規制法の体系図である。

騒音規制法の施行に関しては、騒音規制法施行令、騒音規制法施行規則、特定工場等において発生する騒音の規制に関する基準、特定建設作業に伴って発生する騒音の規制に関する基準、自動車騒音の大きさの許容限度、騒音規制法第17条第1項の規定に基づく指定地域内における自動車騒音の限度を定める省令などが定められている。

1.3.2 騒音を規制する地域

騒音規制法による規制は、生活環境を保全する観点から、住居が集合している地域、病院または学校の周辺地域、その他の騒音を防止することにより住民の生活環境を保全する必要がある地域である「指定地域」に適用される。この指定地域は、工場騒音の規制、建設作業騒音の規制、自動車騒音の要請限度等のいずれも同一地域について適用される。一般に公害の規制は全国一律に適用されるが、騒音の影響は発生源の近隣に限られる場合が多く、地域的な課題であることから生活実態のない地域などを指定する意味がなく、都道府県知事、市長及び特別区の区長（以下、都道府県知事等）が地域を指定する「地域指定方式」が採用されている。具体的には、都道府県知事等は、指定地域を告示するほか、特定工場等からの騒音、特定建設作業からの騒音、自動車騒音に係る要請限度、それぞれについて区域の区分を告示することになっている。

なお、騒音規制法が適用されて市町村長の具体的な事務が発生するのは、都道府県知事が指定地域を告示することにより顕在化するという方式をとっており、事務処理について特別の手続きが取られるわけではない。

この地域指定において、しばしば都市計画上の用途地域との関係が指摘される

1.3 騒音規制法の概要　21

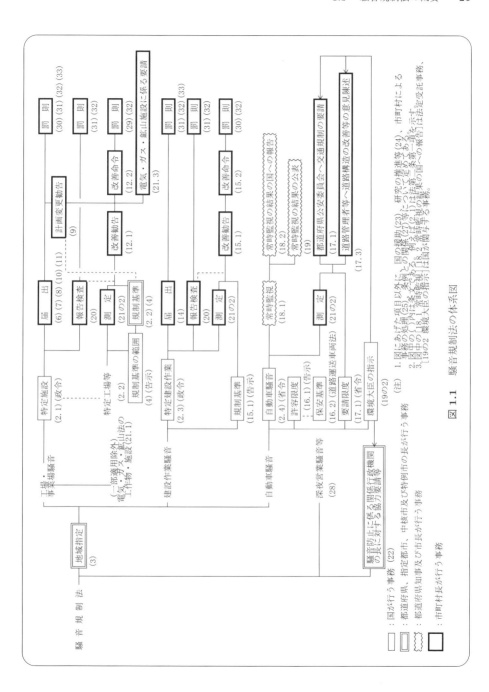

図 1.1　騒音規制法の体系図

が、これは絶対的なものではなく、用途地域の定めがない場合であっても、指定する場合もあるし、逆もあり得る。用途地域は、地域指定において原則として考慮する事項であり、法の趣旨にのっとり、生活環境を保全すべき地域かどうか、当該市町村長の意見を聴いて判断するものとされている。

1.3.3　工場等の騒音に関する規制

　工場等の騒音規制は、政令で定める「特定施設」（この特定施設を設置した工場または事業場を「特定工場等」という。）を指定地域内に設置する者に対して規制している。具体的な規制は、特定施設の設置前に必要な手続き等である事前規制と、特定工場等が設置された後に適用される事後規制に区分される。

　この事前規制としては、工場等に係る必要事項について市町村長に届出を行うとされており、この届出に対して、市町村長は規制基準に適合しないことにより周辺の生活環境が損なわれると認めるときは、事前に騒音防止の方法等について必要な計画変更勧告を行うとされている。

　事後規制としては、特定工場等を設置している者は、規制基準を遵守することが定められており、市町村長は規制基準に適合しないことにより周辺の生活環境が損なわれると認めるときは、改善勧告及び改善命令を行うとされている。なお、騒音規制法は、大気汚染防止法等とは異なり、規制基準の違反について直ちに罰則を適用するものでなく、その事態の除去に必要な騒音の防止の方法等についての改善勧告を行うことができるとされている。この改善勧告が実現されない場合には改善命令を発し、この改善命令に従わないと罰則が適用される方式を採用している。また、規制基準とは、あくまでも特定工場等に対して適用されるもので、特定施設以外の施設や場内の荷下ろしや車両により発生している騒音についても騒音規制法の対象となる。これは、建設作業騒音の規制が、特定建設作業の騒音のみを対象としているのとは大きく異なっている。

　ここで特定施設とは、著しい騒音を発生する施設をいい、金属加工機械以下11種の施設が指定されている。この選定基準の1つとして、騒音の大きさが屋内設置は1m離れて80dB以上、屋外設置は70dB以上等とされている。また、切断機（といしを用いるものに限る）については、平成8年12月の改正により3つの特定建設作業ともども追加されたものである。

　その他の規定として、我が国にはいわゆる町工場等が多いことから、小規模事

業者に対する配慮が定められている。また、市町村長は、この法の施行に必要な限度において、設置者に必要な事項の報告を求めるほか、職員に特定工場等への立入り検査をさせることができるとされている。

1.3.4　建設作業騒音に関する規制

　建設作業騒音の規制は、指定地域内において政令で定める「特定建設作業」を伴う建設工事を施工しようとする者に対して適用されており、工場等の規制と同様に事前規制と事後規制に区分される。なお、特定建設作業の規制区域は、住居系地域等の一号区域とその他の二号区域に区分されており、その規制内容は、騒音の大きさのみならず作業時間等も含めて規制されている。

　この事前規制としては、特定建設作業を含む建設工事を施工しようとする者は、当該建設作業の実施の届出を行うとされており、この届出者は元請け業者とされている。工場等の騒音規制と異なっている点としては、事前規制に計画変更勧告の規定がない点があるが、これは、建設作業が一時的なものであり、騒音防止対策の標準化が困難であるとの考えによる。

　事後規制としては、特定建設作業に伴って発生する騒音が、規制基準に適合しないことにより、その周辺の生活環境が著しく損なわれると認める場合には、その事態の除去に必要な騒音の防止の方法等についての改善勧告を行うことができるとされている。この改善勧告が実現されない場合には改善命令を発し、この改善命令に従わないと罰則が適用される方式を採用している。

　特定建設作業としては、くい打機等を使用する作業をはじめ 8 作業が指定されている。選定基準は騒音の大きさが 10 m 離れて 80 dB 以上とされており、これ以下であれば敷地境界における騒音の基準（85 dB）が守られるとの考え方によるものである。

　工場等の規制と同様に市町村長は、法施行に必要な限度において、工事の施工者に対し、必要な事項の報告を求めるほか、職員に立入検査をさせることができるとされている。

1.3.5　自動車騒音に関する規制

　自動車騒音に関しては、制定当初の騒音規制法では、規制対象とされていなかったが、昭和 45 年のいわゆる「公害国会」において、「許容限度」と「要請限度」に

係る規定が追加されている。さらに、平成11年には、一般国道43号及び阪神高速道路に係る訴訟における最高裁判所判決を契機とする自動車騒音対策の一層の強化対策として、「自動車騒音の常時監視」が追加されている。なお、騒音規制法では、規制対象が自動車騒音と記述されており、大型・小型特殊を除く自動車、原動機付自転車が対象であり、すべての道路上の交通機関等から生じる道路交通騒音や道路に面する地域の環境基準の評価対象とは異なっている。

　自動車騒音の規制としては、単体規制として個々の自動車の騒音の大きさについての許容限度が定められている。この許容限度は、自動車が一定の条件で運行する場合の騒音の大きさの限度として環境大臣が定めるもので、国土交通大臣は、許容限度が確保されるように「道路運送車両の保安基準」を定めて、具体的な規制が実施されている。現在は、新車と使用過程車に区分し、定常走行騒音、近接排気騒音、加速走行騒音、の3つの方法による基準値が定められている。

　許容限度が単体に対する規制であるのに対し、道路という施設への規制としては、いわゆる要請限度が定められている。これは、市町村長が交通管理者（都道府県公安委員会）への「道路交通法」による交通規制の措置の要請と道路管理者（国や都道府県の道路部局）への当該道路の部分の構造の改善等についての意見に係る基準として定められている。平成12年4月の改正では、要請限度と環境基準の関連の整合を図る措置がとられており、環境基準の類型区分に対応させた要請限度の地域区分や基準値に改められている。

　自動車騒音の常時監視は、大気汚染防止法等と同様に、常時監視の義務を都道府県知事等に課したもので、自動車騒音の監視を適切に実施してその結果を公表するものである。なお、騒音規制法第21条の2には「騒音の測定」が規定されているが、これは要請限度等に係る測定を意味しており、市町村長の自治事務である。

1.3.6　地方公共団体による規制

　騒音問題は、各種の公害問題のうちでも大気汚染、水質汚濁に比べ、きわめて地域性の強いものであるところから、騒音規制法の制定以前から地方公共団体が条例を制定し、その地域の実態に即した規制の措置を講じてきている。これらのことをふまえて、騒音規制法は、これらの地方公共団体による規制を国として整備強化したものとなっており、過去及び将来の地方公共団体の地域の実情に応じた規制の努力を無にしないよう十分に配慮している。さらに、その地域の実情に

即した規制が望ましい深夜騒音や拡声機騒音などは、騒音規制法の対象とはされていない。

　地方公共団体による具体的な規制としては、指定地域内に設置され規制対象となっている特定工場等を含めて、その地域の自然的、社会的条件に応じて、「騒音規制法とは別の見地」すなわち騒音の大きさに係る見地以外の見地から、条例で必要な規制を定めることができるとされている。これは、従前からの地方公共団体で行われてきた騒音規制等に配慮したものであり、一見、騒音規制法に基づく措置と類似した措置であっても、目的が異なる場合には、条例で必要な規制を行うことは差し支えないとされている。

　また、指定地域内に設置される特定工場等以外の工場もしくは事業場、または指定地域内において行われる特定建設作業以外の建設作業については、当然にも地方公共団体は条例で必要な規制を定めることができる。具体的には、特定施設以外の施設、特定建設作業以外の建設作業、騒音規制法の指定地域以外での規制であり、俗に横だし規制等と呼ばれている。

　さらに、飲食店営業等に係る深夜における騒音、拡声機を使用する放送に係る騒音などの規制については、地方公共団体が、住民の生活環境を保全するため必要があると認めるときは、条例で規制を行うべきとされている。騒音規制法には、深夜騒音等の規制は、当該地域の自然的、社会的条件に応じて、営業時間を制限すること等により必要な措置を条例により講ずるようにしなければならないと規定されている。この規定自体は、入念規定にすぎないが、騒音に係る苦情等の実態からみて各地方公共団体による規制を国が強く求めたものと解されている。

第 2 章　騒音規制法解説

2.1　逐条解説

第 1 章　総則

第 1 条（目的）
　この法律は、①<u>工場及び事業場における事業活動</u>並びに②<u>建設工事に伴って発生する</u>③<u>相当範囲にわたる</u>④<u>騒音</u>について⑤<u>必要な規制を行なう</u>とともに、自動車騒音に係る許容限度を定めること等により、⑥<u>生活環境を保全</u>し、⑦<u>国民の健康の保護に資する</u>ことを目的とする。

　　　　　　　　　　　　　　　　　（昭 45 法 108・昭 45 法 135・一部改正）

〈趣　旨〉
1　本法の目的
　本条は、工場騒音及び建設作業騒音について必要な規制を行うとともに、自動車騒音に係る許容限度を定めること等により、生活環境を保全し、国民の健康の保護に資する旨の本法の目的を明らかにしたものである。
　本法には、工場騒音及び建設作業騒音の規制、並びに自動車騒音に係る許容限度の設定等のほかに、飲食店営業などに係る深夜騒音、拡声機を使用する放送に係る騒音等の規制についても定めているが、深夜騒音などの規制については、入念規定として地方公共団体の姿勢を示しているものであり、直接本法において規

制する趣旨のものではないことから、本条の目的規定には、特段にうたわれてはいない。

2 本法の対象となる騒音

騒音を発生源別にみると、概ね次のように分類することができる。
(1) 工場騒音：機械プレスなど、工場・事業場における事業活動に伴う騒音。
(2) 建設作業騒音：くい打機など建設作業に伴う騒音。
(3) 交通騒音：交通機関に伴い発生する騒音。例えば、幹線道路周辺における自動車騒音、新幹線や在来鉄道による騒音、離着陸に伴う飛行場周辺の航空機騒音等。
(4) 深夜騒音：飲食店、深夜スナック、ボーリング場、バッティングセンター、水泳プール場、カラオケボックス等から発生する深夜の騒音、ガソリンスタンドに出入りする車による深夜営業騒音等。
(5) 拡声機騒音：街頭宣伝等で使用される拡声機による騒音。
(6) その他の騒音：例えば、空調機器騒音、音響機器騒音、ペット騒音、マンションの居室における近隣騒音、上記のいずれにも該当しない騒音。

本法は、これらの騒音のうち工場や事業場における事業活動に伴って発生する工場騒音、建設作業に伴って発生する建設作業騒音及び自動車の運行に伴って発生する自動車騒音をとりあげ、規制等の措置を講じている。なお、これらの騒音を本法でとりあげたのは、とりわけ国民の生活環境に多大な影響を与えていると考えられたからである。

工場については、狭い国土に多くの人口をかかえ、しかも高度な経済発展をみている我が国においては、常に騒音が問題となってきた。さらに、土地の適正利用に対する配慮不足などの事情とあいまって、住居と工場の混在を許すこととなり、また開放的な生活が営まれること等もあり、全国的に工場騒音による問題を発生させている。とりわけ工場騒音は、同一場所に定着して継続的に騒音を発生させる点で、周辺住民の生活環境に与える影響はきわめて大きい。

建設作業騒音については、国民の産業活動がきわめて活発な我が国においては、全国いたるところで建設作業が進められ、騒音が常に課題となってきた。さらに、工場騒音のように一定の広さの敷地が存在するとはかぎらず、住居に近接して行われる建設工事も多くみられる。この建設作業自体は一時的なものではあっても、騒音の大きさが著しいだけに、全国に共通して生活環境を阻害する公害問題となっ

ている。

　自動車騒音については、昭和45年の改正により規定が追加されたもので、当時は、自動車保有台数の急増により幹線道路を中心として交通量の増大や大型貨物車の出現などにより、自動車騒音が大きな問題となっていた。このことから、自動車騒音による生活環境への影響は、都市部のみならず全国的に共通する課題となり、規制の対象とされたもので、自動車騒音は、現在においても深刻な騒音問題となっている。

　このような各騒音源ごとの事情に加えて、工場騒音、建設作業騒音及び自動車騒音は、技術的にも制度的にも規制等の手段が確立していると考えられたので、対象にとりあげられた。なお、本法は、我が国のナショナルミニマムと考えられており、地方公共団体における騒音規制の状況等を勘案しながら、必要な改正を行うとされている。

　また、交通騒音のうち鉄道とくに新幹線による騒音については、土地利用の問題、防止技術の開発、車両や軌道構造の問題など幾多の解決を要する問題との関連もあって、規制の面からだけでなく総合的対策としてさらに検討することとされている。

　航空機騒音については、法制定当時の騒音の防止技術に限界があったことなどの事情もあり、差し当たり、「公共用飛行場周辺における航空機騒音による障害の防止等に関する法律（昭和42年8月1日施行）」による防音工事助成等の障害防止措置、「防衛施設周辺の整備等に関する法律（昭和41年7月26日施行）」による障害防止措置に委ねることとされ、本法の対象とはされなかった。なお、防衛施設周辺の整備等に関する法律は全面改正され、防衛施設周辺の生活環境の整備等に関する法律が、昭和49年6月27日に公布されている。

　その後、鉄道騒音及び航空機騒音については、暫定的にとるべき指針などが示された後、昭和48年12月27日に航空機騒音について、昭和50年7月29日に新幹線鉄道騒音についての環境基準がそれぞれ告示され、平成2年9月13日には、「小規模飛行場環境保全暫定指針」（航空機騒音に係る環境基準の改正により廃止）、平成7年12月20日には、「在来鉄道の新設又は大規模改良に際しての騒音対策の指針」が示されてこれらの交通騒音対策が推進されている。

　深夜騒音や拡声機騒音については、地域によって様々な態様をもつ問題である。このことから全国共通の問題としてとりあげるよりは、地方公共団体がその地域

の実情に応じて規制を行っていくことにより、より適切に騒音対策が図られるという趣旨から、本法の対象とはされなかったものである。ただし、これらの騒音に対する地方公共団体の規制を促す意味から、これら騒音についての入念規定が騒音規制法のなかに設けられている。

上述の騒音のほかに、街頭宣伝車等による拡声機を利用した騒音で、暴騒音と呼ばれる区分があるが、これらは、「音の暴力」といえるもので、一般的な騒音規制から分離して、「国会議事堂等周辺地域及び外国公館等周辺地域の静穏の保持に関する法律（昭和63年12月8日法律第90号）」や各都道府県の暴騒音規制条例により、公安委員会所管として取締りが実施されている。また、暴走族やローリング族によるバイク等の騒音も地域住民に多大な被害を与えているが、これらについては、道路交通法の共同危険行為として取り締りが行われており、一部地方公共団体では、暴走族等根絶の条例も制定されている。

〈解　説〉
① 「工場及び事業場における事業活動」

工場又は事業場の定義については、本法では別段の定めをしていないが、一般的にいって継続的に一定の業務のために使用される場所を指すものと解される。工場及び事業場の区分についても本法では明らかではないが、一般通念では「工場」とは、物の製造または加工を行うところであり、「事業場」とはそれ以外のところをいうものといえる。ただし、本法では「工場及び事業場における事業活動に伴って発生する騒音」であるかどうかが問題となるものであって、工場であるか事業場であるかは、さしたる問題ではない。

本法の対象となるのは、「工場及び事業場」という場所的概念と「事業活動」が結びつくことが必要である。この場合、事業活動は、単に営利を目的とするものに限定することなく、国、地方公共団体、公団・公社等の公的機関の活動も含めて広い意味に解される。いわば、一定の業務のために使用されるすべての場所を意味しており、大学、官庁、研究所、ビルなどを含めて広く解釈されている。

建設作業の現場は、例えば事業場での建物増築工事など、事業場のなかに観念的に含まれることもあるが、そこで使用される建設機械は、特定施設としての指定を行わないこととしているので、実際上、工場騒音という概念からの規制は及ばず、建設作業騒音としての規制を受けることになる。

(建築工事)

(1)	土木一式工事		(15)	板金工事
(2)	建築一式工事		(16)	ガラス工事
(3)	大工工事		(17)	塗装工事
(4)	左官工事		(18)	防水工事
(5)	とび・土工・コンクリート工事		(19)	内装仕上工事
(6)	石工事		(20)	機械器具設置工事
(7)	屋根工事		(21)	熱絶縁工事
(8)	電気工事		(22)	電気通信工事
(9)	管工事		(23)	造園工事
(10)	タイル・れんが・ブロック工事		(24)	さく井工事
(11)	鋼構造物工事		(25)	建具工事
(12)	鉄筋工事		(26)	水道施設工事
(13)	舗装工事		(27)	消防施設工事
(14)	しゅんせつ工事		(28)	清掃施設工事
			(29)	解体工事

② 「建設工事」

　本法において「建設工事」についての定義は、特段に設けられていないが、建設工事とはおおむね、建設業法第2条に定める建設工事を指すものと解して差し支えない。すなわち同条では、建設工事とは、土木建築に関する工事として、上表のように掲げてある。

③ 「相当範囲にわたる」

　本法の対象となるのは、工場・事業場における事業活動並びに建設工事に伴って発生する一切の騒音ではなく、「相当範囲にわたる騒音」である。騒音問題は、騒音の性質上ごく近隣にとどまる程度の場合も多く、騒音を公害として法律でとりあげ規制を加えるには、単に近隣的なものにとどまる場合については除くという趣旨から、環境基本法（旧公害対策基本法）第2条の定義規定における「相当範囲」にならい、本法でも同様の規定を設けている。

　しかし、前述したように、騒音問題は大気汚染などとは異なり、もともと近隣関係的な性格のものであるため、いかなるものを相当範囲にわたる騒音というかについては、実際上はなかなか判定に苦しむところである。したがって、この問題は、個々のケースについて行政判例的に積み重ねて解決していくことになる。

　ただし、この場合に注意すべき点は、騒音の性質自体が近隣的なものでありな

がら、現実に沢山の人々が騒音に悩まされており、その結果から本法の誕生をみるに至ったことなどを十分に考慮して、本法を運用する必要があるということである。相当範囲をあまりに狭義に解釈して、現実に発生している多くの騒音問題が本法の対象外であるというようなことでは、せっかくの騒音規制法が意味のないものになりかねないし、このことは、少なくとも環境基本法なり本法の精神には添わないものというべきであろう。

④「騒音」

本法においては、騒音についての特段の定義規定はないが、一般通念と同様と考えて差し支えない。すなわち、「不必要で不快な音」であり、このうち音量の大きい音が規制の対象となる。

⑤「必要な規制」

工場騒音の規制に関しては、地域の指定（第3条）、規制基準の設定（第4条）、特定施設の届出等（第6条～第8条・第10条）、計画変更の勧告（第9条）、改善勧告及び改善命令（第12条）、その他特定施設を設置する工場・事業場に対する立入検査権及び報告徴収権（第20条）について本法に定めている。

また、建設作業騒音の規制に関しては、地域の指定（第3条）、特定建設作業の実施の届出（第14条）、改善勧告及び改善命令（第15条）、その他特定建設作業を伴う建設工事の場所に対する立入検査権及び報告徴収権（第20条）について定められている。

⑥「生活環境」

本法に、生活環境についての特定の定義規定はないが、環境基本法第2条第3項においては、常識的な意味における人の生活環境のほか、人の生活に密接な関係のある財産並びに人の生活に密接な関係のある動植物及びその生育環境を含んだものを生活環境と定義している。本法は、環境基本法の実施法であるとの性格から、当然にも同一の生活環境を意味するものと解されている。

しかし実務上は、夜間に安眠ができない、日常生活において会話が邪魔される等のことが生じないよう、人の生活環境を保全することが主たる目的であり、動植物の生育環境の保全、例えば騒音によって鶏が卵をうまなくなる、乳牛の乳量が減少する、オオタカの営巣に影響するなどの事態を防止することについては、人の生活環境の保全を図ることを通じて、つまり人の生活環境の保全を図るため厳しい騒音規制がなされる結果として現実的には保全されることとなる。

また、生活環境は、国民の健康と併記されているが、騒音問題においては、例えば難聴というようなことがらが健康上の問題とされているのに対し、安眠できない、いらいらして仕事がはかどらない、勉強ができない、また会話が十分できない等というようなことがらが生活環境上の問題と整理されている。

すなわち、規制基準は、著しい騒音で生じる難聴という事態を防止する基準というよりも、生活環境上の安眠妨害の防止等の基準であり、この基準のほうが、むしろ厳しい基準となる。いいかえれば規制基準は、生活環境を保全するためにはより厳しいものでなければならないということで、このことが大気汚染や水質汚濁の問題と異なる点である。したがって、生活環境の保全の見地から十分な規制を行うならば、当然に人の健康の保護も図られることになるわけである。

本法においては、このような趣旨から、法による規制目的として、まず生活環境の保全をうたい、併せて国民の健康の保護に資することをうたっている。

⑦「国民の健康の保護に資する」^{注1)}

騒音の問題は、主として通常の生活環境上の問題であり、高騒音の労働環境のものとは異なっている。一般の住民の生活環境の場においては、難聴というような人の健康に直接影響を及ぼすような著しい騒音が発生するような事態は、一般にはあまり考えられない。しかし、前述したように、生活環境の保全は、結果的に人の健康の保護につながる問題であり、本法は、この意味において騒音の規制が国民の健康の保護に資するものである旨を宣明したもので、この国民の健康の保護に資する旨の規定は、本法制定の国会審議において修正追加されたものである。

なお、本条の読み方については、「騒音について必要な規制を行うことにより、生活環境を保全し、」及び「騒音について必要な規制を行うことにより、国民の健康の保護に資する」ものであって、「生活環境を保全し、その結果国民の健康の保護に資する」ものではないことに留意する必要がある。生活環境を保全することと国民の健康の保護に資することの両方が本法の目的であることは当然のことである。

注1) 「1.2 騒音規制法の制定経過」を参照

> **第 2 条（定義）**
>   この法律において「①特定施設」とは、工場又は事業場に②設置される施設のうち、③著しい騒音を発生する施設であつて政令で定めるものをいう。
> 2　この法律において「④規制基準」とは、⑤特定施設を設置する工場又は事業場（以下「特定工場等」という。）において発生する騒音の特定工場等の⑥敷地の境界線における大きさの許容限度をいう。
> 3　この法律において「⑦特定建設作業」とは、建設工事として行なわれる作業のうち、⑧著しい騒音を発生する作業であつて政令で定めるものをいう。
> 4　この法律において「⑨自動車騒音」とは、自動車（道路運送車両法（昭和26 年法律第 185 号）第 2 条第 2 項に規定する⑩自動車であつて環境省令で定めるもの及び同条第 3 項に規定する原動機付自転車をいう。以下同じ。）の運行に伴い発生する騒音をいう。
>
> （昭 45 法 135・昭 46 法 88・平 11 法 160・一部改正）

〈趣　旨〉

　騒音の発生源は種々あるが、本法はそれらのすべてを対象として規制しようとするものではなく、そのうちで著しい騒音を発生する施設（特定施設）を設置する工場・事業場の騒音、著しい騒音を発生する建設作業（特定建設作業）の騒音、自動車の騒音を対象に規制し、住民の生活環境の保全を図ろうとするものである。

　本条は、本法における特定施設及び特定建設作業並びに自動車騒音について定義するとともに、規制基準の定義を定めたものである。

〈解　説〉

①「特定施設」

　本法は、工場騒音の規制を工場・事業場単位に行うこととしているが、規制の対象となる工場・事業場であるかを著しい騒音を発生する施設を設置しているかどうかで判断することとしている。この工場又は事業場に設置される施設のうち、著しい騒音を発生する施設であって政令で定めるものを「特定施設」と呼ぶこととしている。すなわち、特定施設というのは、規制の対象となる工場・事業場の判断の基準になるものである。

② 「設置される施設」

本法で対象とする特定施設は、騒音を発生する機械一般ではなく、工場又は事業場に設置されるもののみを対象としており、台座に固定されていない移動式のものは除かれる。これは、工場・事業所騒音の規制が同一場所に定着して騒音を発生することにより、周辺の生活環境に大きな影響を及ぼすことを防ぐことを直接の狙いとしていることによる。

ただし、移動式のものでも著しい騒音を発生するものもあるが、移動式のものは、生活環境の場に与える影響は、設置される施設ほどに大きくはないと一般的には考えられ、対象から除かれている。

なお、移動し得るもので台座が固定されているものは「設置される施設」に含まれ、特定施設になり得る。また、船舶又は車両に設置する施設は、工場又は事業場に設置されるものに該当しないので特定施設に含まれない。

③ 「著しい騒音を発生する施設であつて政令で定めるもの」

著しい騒音を発生するとして、政令[注2]で11種の特定施設が定められており、この規定の基準とされたものは、騒音の大きさが①主として屋内に設置されるものは、1m離れて80dB以上、②主として屋外に設置されるものは、1m離れて70dB以上であって、この音の大きさを基本として、地方公共団体の条例が対象としているもの、苦情、要望等の対象になることが多いもの等の要素を加味することとされている。また、政令で定める特定施設は、今後の実態調査、機械の開発・改良などに応じて逐次改正していく方針がとられており、平成11年7月に、金属加工機械として切断機（といしを用いるものに限る。）が追加されている。なお、政令では、次表の施設が特定施設として掲げられている。

④ 「規制基準」

本法は、法第4条第1項により、工場・事業場に特定施設を設置する者が遵守すべき基準を規制基準として都道府県知事が定めることとしており、特定工場等の敷地の境界線における騒音の大きさの許容限度として定められている。この規制基準の内容は「音の大きさ」であり、その大きさの計量単位は、計量法（平成4年法律第51号）別表第2によってdB（デシベル）とされている。

なお、特定工場に適用される規制基準は、当該工場等が所在する区域に係る規制基準が適用される。

[注2] 「騒音規制法施行令」を参照

(特定施設)

1 金属加工機械
 イ 圧延機械(原動機の定格出力の合計が 22.5 kW 以上のものに限る。)
 ロ 製管機械
 ハ ベンディングマシン(ロール式のものであって、原動機の定格出力が 3.75 kW 以上のものに限る。)
 ニ 液圧プレス(矯正プレスを除く。)
 ホ 機械プレス(呼び加圧能力が 294 kN 以上のものに限る。)
 ヘ せん断機(原動機の定格出力が 3.75 kW 以上のものに限る。)
 ト 鍛造機
 チ ワイヤーフォーミングマシン
 リ ブラスト(タンブラスト以外のものであつて、密閉式のものを除く。)
 ヌ タンブラー
 ル 切断機(といしを用いるものに限る。)
2 空気圧縮機及び送風機(原動機の定格出力が 7.5 kW 以上のものに限る。)
3 土石用又は鉱物用の破砕機、摩砕機、ふるい及び分級機(原動機の定格出力が 7.5 kW 以上のものに限る。)
4 織機(原動機を用いるものに限る。)
5 建設用資材製造機械
 イ コンクリートプラント(気ほうコンクリートプラントを除き、混練機の混練容量が 0.45 m³ 以上のものに限る。)
 ロ アスファルトプラント(混練機の混練容量が 200 kg 以上のものに限る。)
6 穀物用製粉機(ロール式のものであつて、原動機の定格出力が 7.5 kW 以上のものに限る。)
7 木材加工機械
 イ ドラムバーカー
 ロ チッパー(原動機の定格出力が 2.25 kW 以上のものに限る。)
 ハ 砕木機
 ニ 帯のこ盤(製材用のものにあつては原動機の定格出力が 15 kW 以上のもの、木工用のものにあつては原動機の定格出力が 2.25 kW 以上のものに限る。)
 ホ 丸のこ盤(製材用のものにあつては原動機の定格出力が 15 kW 以上のもの、木工用のものにあつては原動機の定格出力が 2.25 kW 以上のものに限る。)
 ヘ かんな盤(原動機の定格出力が 2.25 kW 以上のものに限る。)
8 抄紙機
9 印刷機械(原動機を用いるものに限る。)
10 合成樹脂用射出成形機
11 鋳型造型機(ジョルト式のものに限る。)

⑤「特定施設を設置する工場又は事業場(以下「特定工場等」という。)において発生する騒音」

 本法における工場騒音の規制は、工場・事業場単位に行われる。特定施設ごとではなく、工場・事業場単位でとらえるのは、騒音の規制がもともと被害者である住民サイドにたって行われるものであり、住民の側からみれば工場や事業場の外に伝わってくる騒音が問題であることによる。この外に出てくる騒音は、工場

や事業場の敷地の広さ、防音装置の有無、建屋の配置、塀その他の遮へい物の有無などの種々の条件によって異なってくることになる。

　特定施設から発生する騒音がいくら大きくても、敷地が広大であり、かつ各種の遮へい物などによって遮られるならば、工場の敷地外での騒音は小さくなる。さらに、騒音は、その性質上距離による減衰があり、発生源と受音点の距離を考慮しないで、工場や事業場内で発生する騒音の大きさを論じてみてもあまり意味がないことになる。一般に騒音レベルは、音源からの距離が2倍になるごとに6dBずつ減少し、この距離による減衰は、騒音対策上で常に考慮される事項である。

　一方、特定施設という考え方が意味がないかというとそうではない。騒音を規制する以上は対象の特定が必要であり、すべての工場を対象とすることは、法令の運用上から考えて合理的でない。特に騒音レベルには数学的な単純加算が成り立たず、例えば60dBの騒音を2つ合わせても120dBにならず、63dBとなる性質をもっており、60dBと50dBの騒音のように10dB以上の差があれば合計した値は、ほぼ大きいほうの値である60dBとなる性質をもっている。このことから、著しい騒音を発生する施設を基準に規制対象を定めることには意義がある。

　また、「特定工場等」というのは、特定施設を設置する工場又は事業場をいうものであって、本法の規制の対象となる工場又は事業場を指す。この場合「等」とは、事業場をいうものであり、特定工場及び特定事業場を一緒にして特定工場等と表現している。

　⑥「敷地の境界線における大きさの許容限度」

　規制基準は、特定工場等の敷地の境界線における騒音の大きさの許容限度をいうものであり、その測定[注3]は、「特定工場等において発生する騒音の規制に関する基準」第1条第1項の表の備考3により、「計量法」第71条の条件に合格した騒音計を用いて行うこととされている。すなわち、特定工場等において発生する騒音が規制基準に適合しているかどうかは、特定工場等の敷地の境界線上において、騒音計を用いて測定した騒音レベルの値が、都道府県知事が法第4条の規定により区域の区分及び時間の区分ごとに定めた基準値を超えているかどうかで判断するわけである。この場合、騒音計の周波数補正回路（周波数重み付け特性）はA特性を用いることが前記基準により定められている。

　測定の方法は、前記基準の第1条第1項の表の備考4により、「当分の間、日本

[注3]　「4.2　騒音の測定方法」を参照

工業規格 Z 8731 に定める騒音レベル測定方法」によるものとされている。なお、当分の間としているのは、前記の日本工業規格が本法による騒音規制とは無関係に定められたものであるために、必ずしも本法の施行に十分とはいえないので、必要に応じ本法の趣旨に即した測定方法を定める必要があるからである。

　また、騒音の測定場所は、敷地の境界線であればどこでもよいというわけではなく、生活環境保全の見地から住居に最も近い場所で、騒音の最も大きい場所が原則となる。敷地境界に遮音壁が設置されている場合は、原則として塀の上で測定評価することになるが、いくらすぐれた遮音効果をもつ遮音塀をつくっても無意味な対策になるわけで、当然に工場等の塀の外側でも測定評価するなど、測定の位置、つまり高低等についてはケースバイケースで合理的に判断する必要がある。

　測定により得られた測定結果から、当該特定工場等の騒音の大きさがいくらかを決定することになるが、騒音レベルは、音源により種々の波形で変動しており、大きさの決定法を定める必要がある。そこで、前記の特定工場等の基準[注4]の第1条第1項の表の備考4においては、騒音の発生の態様を4つに分類し、それぞれ騒音の大きさを決定する方法を定めている。

⑦「特定建設作業」

　本法の規制の対象となる建設作業は、工場騒音における特定施設と同様、建設作業一般ではなく、建設工事として行われる作業のうち著しい騒音を発生する作業のみに限られている。これを本法では、特定建設作業と称している。

　建設作業騒音の規制の対象を建設機械でとらえず、「作業」でとらえたのは、建設機械は使用は一時的なものであり、しかも場所的に移動することが多く、特定施設の設置のように永続的なものではないため「設置」の概念でとらえることは適当でないからである。また建設作業騒音の場合は、工場騒音のように特定施設の設置自体が騒音を発生させるわけではなく、特定の建設工事に伴って特定の建設機械を用いて作業を行うことによって騒音を発生させることが問題となるので、あくまでも作業が中心となっている。

　また、建設作業騒音の規制の対象を「建設工事」として把握する考え方もあるが、建設工事は、個々の建設作業の組み合せによって構成されており、それぞれの著しい騒音を発生する作業を把握して規制すれば十分であるとの判断から、現行法ではこのような考え方を採っていない。

[注4] 「特定工場等において発生する騒音の規制に関する基準」を参照

⑧「著しい騒音を発生する作業であつて政令で定めるもの」

本法が対象とするのは、建設作業一般ではなく、著しい騒音を発生する作業であることは、騒音規制の趣旨からして当然のことであるが、「著しい騒音」というのはいかなる程度の騒音をいうのかとなると、なかなか判断が難しい。施行令において特定建設作業を定める現在の基準は、騒音の大きさが発生源から10m離れたところで80dB以上であるとされている。

これは、工場騒音における特定施設の選定基準より穏やかであるが、建設作業騒音の場合は、作業現場の敷地を広くするとか、建屋の配置をかえるというような防止策は建設作業の業態からいって困難であり、騒音防止の手段も限定的であること、さらに作業期間が一時的でかつその期間の後再び同一場所において反復的に発生することがないと考えられるというような理由による。

法制定当初においては、10m離れた地点でおおむね85dBが特定建設作業を定める基準とされ、5種の作業を政令で定めていたが、その後、未規制の建設作業に係る苦情の割合が増えてきたことなどから、新たな選定基準として10m離れたところで80dB以上という音の大きさ以外に、当該建設作業に係る苦情件数が多いこと、当該建設作業の件数が全国的にみて多いこと等の基準を総合的に勘案するとされた。これにより、平成12年には、3作業が追加されているが、使用する建設機械の定格出力ごとの騒音レベルを調査し、定格出力に基づくすそ切りを行っている。さらに、建設省（現国土交通省）の低騒音型建設機械指定制度による低騒音型建設機械の導入等の技術的な動向を踏まえ、騒音の大きさが相当程度低減されるものとして環境大臣が指定するものについては、規制対象から除くこととされている。

なお、政令[注5]では、次に掲げるような8つの建設作業が特定建設作業として定められているが、これらに相当する建設作業であっても、その作業が作業を開始した日に終わるような場合には、騒音による被害も一時的なものであり、余程のことがないかぎり生活環境の保全が確保されないとは考えられないので、特定建設作業自体から除いている。

この「作業を開始した日」に終わるものといえば、例えば午後2時にはじめて深夜12時前までに終了するようなものがあり、例えば午後11時から翌朝の午前2時にかかるものは規定に適合せず、特定建設作業の実施の届出等の手続きをと

[注5] 「騒音規制法施行令」を参照

る必要が生ずる。

(特定建設作業)
1　くい打機（もんけんを除く。）、くい抜機又はくい打くい抜機（圧入式くい打くい抜機を除く。）を使用する作業（くい打機をアースオーガーと併用する作業を除く。）
2　びょう打機を使用する作業
3　さく岩機を使用する作業（作業地点が連続的に移動する作業にあつては、1日における当該作業に係る2地点間の最大距離が50mを超えない作業に限る。）
4　空気圧縮機（電動機以外の原動機を用いるものであつて、その原動機の定格出力が15kW以上のものに限る。）を使用する作業（さく岩機の動力として使用する作業を除く。）
5　コンクリートプラント（混練機の混練容量が$0.45\,m^3$以上のものに限る。）又はアスファルトプラント（混練機の混練容量が200kg以上のものに限る。）を設けて行なう作業（モルタルを製造するためにコンクリートプラントを設けて行なう作業を除く。）
6　バックホウ（一定の限度を超える大きさの騒音を発生しないものとして環境大臣が指定するものを除き、原動機の定格出力が80kW以上のものに限る。）を使用する作業
7　トラクターショベル（一定の限度を超える大きさの騒音を発生しないものとして環境大臣が指定するものを除き、原動機の定格出力が70kW以上のものに限る。）を使用する作業
8　ブルドーザー（一定の限度を超える大きさの騒音を発生しないものとして環境大臣が指定するものを除き、原動機の定格出力が40kW以上のものに限る。）を使用する作業

⑨「自動車騒音」

　本法の対象となる自動車騒音とは、自動車の運行に伴い発生するエンジン音、排気音、吸気音、ファン音、タイヤ騒音、走行音をいう。ここにいう「運行」とは、自動車を当該装置の用い方に従い用いることをいう。

　この自動車騒音については、自動車騒音の大きさの許容限度の設定（第16条）、指定地域内における自動車騒音の測定の結果に基づく道路交通法上の措置の要請等（第17条）により規制等が講ぜられる。

⑩「自動車であつて環境省令で定めるもの」

　本法でいう自動車は、道路運送車両法[注6]第2条第2項に規定する自動車であつて環境省令で定めるもの及び同条第3項に規定する原動機付自転車をいうこととされている。

　したがって、騒音規制法でいうところの自動車には、道路運送車両法に規定する自動車ではないもの（トロリーバスなどの軌条又は架線を用いる自動車等）は含まれないとともに、軽車両（人力車、馬車等）も当然除かれる。

　また、道路運送車両法に規定する自動車であつても「環境省令で定める自動車」に限られており、「騒音規制法第2条第4項の自動車を定める省令（昭和46年運

[注6]　「道路運送車両法」「道路運送車両法施行規則」を参照

輸省令第 37 号）」により、普通自動車、小型自動車及び軽自動車とされている。したがって、大型特殊自動車・小型特殊自動車（ショベルローダ、カタピラを有する自動車、農耕作業用自動車等）は含まれない。なお、大気汚染防止法の対象である自動車の範囲より広く、使用燃料の種別を問わず、ガソリン車、LPG 車、ディーゼル車のすべてを含み、二輪自動車（側車付二輪自動車を含む）、三輪自動車、四輪以上の自動車のすべても含んでいる。

　「原動機付自転車」とは、一般的に総排気量 125 cc 以下の二輪車をいうものであり、本法上の自動車に含められている。

> 第3条 ①地域の指定
> ②都道府県知事（市の区域内の地域については、③市長。第3項（次条第3項において準用する場合を含む。）及び同条第1項において同じ。）は、④住居が集合している地域、病院又は学校の周辺の地域その他の騒音を防止することにより⑤住民の生活環境を保全する必要があると認める地域を、特定工場等において発生する騒音及び特定建設作業に伴つて発生する騒音について規制する地域として⑥指定しなければならない。
> 2 都道府県知事は、前項の規定により地域を指定しようとするときは、⑦関係町村長の意見を聴かなければならない。これを⑧変更し、又は廃止しようとするときも、⑨　同様とする。
> 3 都道府県知事は、第1項の規定により地域を指定するときは、⑩環境省令で定めるところにより、⑪公示しなければならない。これを変更し、又は廃止するときも、⑫同様とする。
>
> （昭45法135・昭46法88・平11法160・平23法105・一部改正）

〈趣　旨〉

　本法における工場・事業場騒音等の規制は、生活環境を保全する観点から、住居が集合している地域、病院又は学校の周辺地域その他住民の生活環境を保全する必要がある地域について行われ、本条では、この工場・事業場騒音及び建設作業騒音の規制の対象となる地域の指定について定めている。地域の指定は市の区域内の地域をのぞいて都道府県知事が行うものとされているが、地域を指定するに当たっては、その地域の実情にくわしい関係町村長の意見を聴くこととされている。また、地域指定は、法第4条第1項の規定に基づく規制基準の設定と相まって関係者に義務を課すものであるから、地域を指定するときは、地域の範囲を公示して明らかにすることとしており、変更及び廃止の場合も同様である。

　なお、本条により指定された地域は、一定の限度を超える自動車騒音について道路交通法上の措置を要請すべき地域ともなるので、工場騒音、建設作業騒音のほか、自動車騒音についても規制される地域であるといえる。

〈解　説〉
①「地域の指定」
　騒音問題は、振動や悪臭とともに公害のうちでもとりわけわれわれの生活に身近なものであるだけに全国各地で問題になることが多く、地域指定制をとらずに全国的に適用することも考えられるが、騒音による影響は、発生源の周辺地域のみに限られ、大気汚染などのように広域的に影響を及ぼすおそれは少ない。この騒音規制は、住民の生活環境の保全という見地から行われ、罰則に担保された義務を伴うものであり、住民の生活実態のない地域など、生活環境を保全する必要の認められない地域についてまで規制を行い、権利を制限するのは妥当ではなく、また意味がない。このような趣旨から、騒音により生活環境を保全する必要があると認められる地域を指定することとしたものであり、市町村の全地域など機械的に一律に指定するのは適切でない。
　この指定地域には、工場騒音の規制、建設作業騒音の規制、自動車騒音の測定に基づく要請等、が適用される。
②「都道府県知事」
　騒音規制にあたっては、地域の実情に詳しい市町村長に属する事務をできるだけ広くすることが騒音規制の実際上の効果をあげることになり、また、法律の運用上も合理的と考えられる。そこで、指定地域の指定、規制基準の設定等の事務について、市部を除いて都道府県知事が行うとされている。従前は、これらの事務は、都道府県知事の自治事務とされていたが、地方分権の推進に伴い市の区域内の地域については市長の自治事務とされている。
③「市長」
　本条の事務は、市の区域内の地域については都道府県知事の事務から市長の事務へ移譲されている。また、ここで市長には、都の特別区長を含むものである。
④「住居が集合している地域、病院又は学校の周辺の地域」
　住居が集合している地域、病院又は学校の周辺地域は「騒音を規制することにより住民の生活環境を保全する必要があると認める地域」の例示として掲げられているものである。
　ここで「住居が集合している地域」は、具体的に地域の実情に応じて判断されるべきであって、必ずしも1km^{2}当り何軒以上の地域ということではない。市街地やその周辺地域はもとより、その地域における騒音について公法上の規制によ

り住民の生活環境を保全する必要があると認められる程度に住居が集合している地域は、すべてこの地域に該当する。

「病院又は学校の周辺地域」は、住居が集合していない地域であっても、静穏な環境を必要とする地域の代表例として掲げられており、その周辺を何mまでとするかについても、その地域について個別に判断することによって定まるものである。その他病院、学校に準じた静穏を要する施設として、図書館、老人ホーム、保育所、診療所、幼保連携型認定こども園の施設があげられる。

⑤「住民の生活環境を保全する必要があると認める地域」

本来的には、市町村の区域内に住居すなわち生活の本拠をもつ者が市町村の住民であり、同時にその市町村を包摂する都道府県の住民とされるが、本法においては、より広い概念として住民という用語を使っており、必ずしもその市町村又は都道府県の区域内に住所を有していることは必要なく、一般的に「人」というのと同じ程度の意味をもつものである。したがって、例えば、その区域内の学校や事業場などに通学や通勤しているいわゆる昼間生活者、病院に他の区域から来て入院している患者なども本法でいう住民と解される。地域の指定は、現時点における住民の生活環境の保全の観点から行われるため、現在及び将来の土地利用のあるべき姿を定めた都市計画法による用途地域とは異なる性格をもっている。そこで、いわゆる住居地域はもちろん指定地域とされるが、商業地域、準工業地域あるいは工業地域等についても、住民の生活環境を保全する必要がある地域であれば、指定地域の対象となり得るものである。

一方、工業専用地域、臨港地区の分区、工業のための埋立地、飛行場等については、住居は存在しないものと考えられることから、原則として規制地域として指定しないこととされているが、住居がこれらの地域と隣接しているケースなど、用途地域の区分にとらわれることなく、騒音防止の見地から区域の区分のあてはめを行う場合も考えられる。

⑥「指定しなければならない」

地域を指定するに当たって問題となるのは、都市計画法の用途地域との関係である。都市計画法の用途地域も本法の指定地域と同様生活環境の保全の見地を含んでいるといえるが、用途地域の場合は現在及び将来の土地利用のあるべき姿を定めたものであって、本法の地域指定が現在の生活環境の保全という見地から行われるのとは性格を異にする。しかし、都市計画上の用途地域は、現在の土地の

状況からして将来の計画を織りこんでいると考えられるので、実際は大きなへだたりが生じることは、少ないと考えられる。

そこで実際の行政運営に当たっては、用途地域が定められている場合には地域の指定はその用途地域について行うことを原則とし、本法における地域指定と都市計画法の用途地域がくい違うことによって混乱を生ずることのないよう措置する。

ただし、用途地域が定められている地域は、必ず地域を指定しなければならないものではなく、反対に用途地域の定めがない地域であっても、本法の指定地域になり得る。また、住居地域と工業地域が隣接している場合など、用途地域の区分に従っていては騒音防止が著しく困難と認められる場合などは、用途地域の区分にとらわれることなく、騒音防止の見地から指定を行って差し支えない。都市計画法による用途地域は、本法による指定地域を指定するに当たって配慮すべきことがらであって、地域を指定するかどうかはあくまで騒音規制法の趣旨から生活環境を保全する必要があるかどうかで定まる点に留意する必要がある。

⑦「関係町村長の意見を聴かなけばならない」

騒音問題は、きわめて地域性の高い問題であり、かつ騒音の規制事務は、市町村長の自治事務とされているので、地域を指定するに当たって、当該地域の生活環境の保全の必要性等実情にくわしい当該地域を管轄する町村長に事前に十分連絡し、意見を聴くことにより、適切な地域指定が行われるよう配慮したものである。また、町村長は、その地域の実態をよく知っている地方公共団体の長としての立場から意見を述べることとなる。

⑧「変更し、又は廃止しようとするとき」

「変更」とは、当該地域に一部追加指定を行う場合あるいは一部削除を行う場合であり、「廃止」とは文字どおり生活環境を保全する必要がなくなって当該地域の指定を全部廃止してしまうことである。いずれの場合も、当該地域を管轄する町村長と密接なかかわりあいをもっているので、その意見を聴かなければならないこととしている。

⑨「同様とする」

関係町村長の意見を聴かなければならないことを指す。

⑩「環境省令で定めるところにより」

ここで環境省令とは、騒音規制法施行規則（昭和46年厚生・農林・通商産業・

運輸・建設省令第1号）[注7]）をいい、公示の方法として、規則第2条において都道府県等の公報に掲載しなければならないと定められている。

⑪「公示しなければならない」

地域を指定するときは、都道府県等の公報に掲載して行わなければならないとされている。具体的には、「○○町の全域」「○町……の地域」「○○市（○○町……を除く。）の地域」のように表現することになる。公示の内容となる指定地域の範囲は、行政区画若しくはこれに準ずるものにより、場合によっては道路、河川又は鉄道によって表示するか、又は個々の住居がどの区域に属するかが明らかにされている地図などによる図面表示によって行うこととなるが、いずれにせよ明確であることが必要である。

地域の指定によって具体的に特定施設の設置届出等の義務が生じることになるので、公布の時期と適用の時期に若干の間をおくことも運用上望ましいと考えられる。なお、公示とは、公の機関が必要な事項について広く周知させる行為をいう。

⑫「同様とする」

ここでは指定地域を変更し、又は廃止するときも、⑨に示した環境省令で定めるところにより公示しなければならないことを指している。

[注7]）「騒音規制法施行規則」を参照

第2章　特定工場等に関する規制

第4条（規制基準の設定）
　①都道府県知事は、前条第1項の規定により地域を指定するときは、②環境大臣が特定工場等において発生する③騒音について規制する必要の程度に応じて④昼間、夜間その他の時間の区分及び区域の区分ごとに定める基準の範囲内において、当該地域について、⑤これらの区分に対応する時間及び区域の区分ごとの規制基準を定めなければならない。
2　⑥町村は、前条第1項の規定により⑦指定された地域（以下「指定地域」という。）の全部又は一部について、⑧当該地域の自然的、社会的条件に特別の事情があるため、前項の規定により定められた規制基準によつては⑨当該地域の住民の生活環境を保全することが十分でないと認めるときは、⑩条例で、⑪環境大臣の定める範囲内において、⑫同項の規制基準に代えて適用すべき規制基準を定めることができる。
3　前条第3項の規定は、第1項の規定による規制基準の設定並びにその変更及び廃止について⑬準用する。

（昭45法135・昭46法88・平11法160・平23法105・一部改正）

〈趣　旨〉

　本条は、都道府県知事が行う規制基準の設定について定めるとともに、地域の自然的、社会的条件に特別の事情があるため、知事の定める規制基準によってはその地域の住民の生活環境を保全するのに十分でない場合に、町村は、条例によってより厳しい基準を定め、生活環境の保全を図ることができる旨を定めたものである。

〈解　説〉

① 「都道府県知事」

　規制基準の設定は、法第3条[注8]に基づく規制地域の指定と同様に、広域的見地

[注8] 第3条の〈解説〉②を参照

から行うものであり、その地域を管轄している都道府県知事が行うこととされている。なお、この事務は、地方分権の推進を図るための関係法律の整備に関する法律の施行に伴い、都道府県知事の自治事務とされている。

②「環境大臣」

規制対象となる事業を所管する各大臣ではなく、生活環境の保全を図る立場から環境大臣が運用にあたることとされている。

③「騒音について規制する必要の程度に応じ」

騒音はその性質上、心理的、主観的な要因が大きく影響し、例えばある人にとって素晴らしいと感じられる音楽も、別のある人にとっては、きわめてうるさいものに感じられる場合がある。同様に、地域によっても、また生活時間によっても音による生活妨害の程度は異なり、したがって、生活環境を保全する必要度も違ってくる。

さかんに生産活動が行われている工業地帯では、なんともないと感じられた騒音と同レベルの騒音が、静かな住宅地帯では、非常にうるさく感じられたり、昼間ではなんともない騒音と同レベルの騒音が、夜中にはうるさくて安眠ができないというようなことは、誰しも経験することである。このような趣旨から、本法による騒音の規制は、昼間、夜間等の区分及び区域の区分ごとに定めることとされている。

④「昼間、夜間その他の時間の区分及び区域の区分ごとに定める基準の範囲内」

騒音の規制は、前述の趣旨から行うのであるが、時間の区分及び区域の区分ごとの大枠は環境大臣が定め、その範囲内において都道府県知事が具体的な基準を定めることとしている。この環境大臣が定めた特定工場等において発生する騒音の規制に関する基準は、次表のとおりである。

ここで、騒音の測定方法については、特定工場等において発生する騒音の規制に関する基準の第1条の備考により、当分の間は、日本工業規格Z8731によるものとして、騒音の大きさの決定は次のとおりとされている。

(特定工場等に関する騒音の規制基準値)

	昼間		朝・夕		夜間	
第1種区域	45 dB 以上	50 dB 以下	40 dB 以上	45 dB 以下	40 dB 以上	45 dB 以下
第2種区域	50 dB 以上	60 dB 以下	45 dB 以上	50 dB 以下	40 dB 以上	50 dB 以下
第3種区域	60 dB 以上	65 dB 以下	55 dB 以上	65 dB 以下	50 dB 以上	55 dB 以下
第4種区域	65 dB 以上	70 dB 以下	60 dB 以上	70 dB 以下	55 dB 以上	65 dB 以下

(1) 騒音計の指示値が変動せず、又は変動が少ない場合は、その指示値とする。
(2) 騒音計の指示値が周期的又は間欠的に変動し、その指示値の最大値がおおむね一定の場合は、その変動ごとの指示値の最大値の平均値とする。
(3) 騒音計の指示値が不規則かつ大幅に変動する場合は、測定値の90パーセントレンジの上端の数値とする。
(4) 騒音計の指示値が周期的又は間欠的に変動し、その指示値が一定でない場合は、その変動ごとの指示値の最大値の90パーセントレンジの上端の数値とする。

(時間の区分)

昼間	午前7時又は8時から　午後6時、7時又は8時まで
朝	午前5時又は6時から　午前7時又は8時まで
夕	午後6時、7時又は8時から　午後9時、10時又は11時
夜間	午後9時、10時又は11時から　翌日の午前5時又は6時まで

(区域の区分)

第1種区域	良好な住居の環境を保全するため、特に静穏の保持を必要とする区域
第2種区域	住居の用に供されているため、静穏の保持を必要とする区域
第3種区域	住居の用にあわせて商業、工業等の用に供されている区域であつて、その区域内の住居の生活環境を保全するため、騒音の発生を防止する必要がある区域
第4種区域	主として工業等の用に供されている区域であつて、その区域内の住居の生活環境を悪化させないため、著しい騒音の発生を防止する必要がある区域

また、第2種区域、第3種区域又は第4種区域の区域内に所在する次に掲げる施設の敷地の周囲おおむね50mの区域内における当該基準は、規制基準として同表の時間の区分及び区域の区分に応じて定める値以下当該値から5dBを減じた値以上とすることができるとされている。

(1) 学校教育法（昭和22年法律第26号）第1条に規定する学校
(2) 児童福祉法（昭和22年法律第164号）第7条に規定する保育所
(3) 医療法（昭和23年法律第205号）第1条の5第1項に規定する病院及び同条第2項に規定する診療所のうち患者を入院させるための施設を有するもの
(4) 図書館法（昭和25年法律第118号）第2条第1項に規定する図書館
(5) 老人福祉法（昭和38年法律第133号）第5条の3に規定する特別養護老人ホーム

(6) 就学前の子どもに関する教育、保育等の総合的な提供の推進に関する法律（平成18年法律第77号）第2条第7項に規定する幼保連携型認定こども園

このうち時間区分については、法施行時すでに制定されていた条例などによる時間の区分を参酌し、さらに北海道から沖縄に至る我が国の生活時間などを考慮して定められたものであるが、都道府県知事は、この範囲内においてその地域に最も合致した時間を設定することになる。

また、地域の区分ごとに時間に差を設けるとか、季節によって差を設けることは、理論的には可能といえる。規制基準の設定が遵守すべき側によく周知徹底できるものであることが第一に要請されるところである。

地域の区分に当たっては、地域の土地利用の状況とそれに伴う生活環境保全の必要の度合の両面から区分する必要がある。そのため、第1種区域から第4種区域について、この順序で「良好な住居の環境」、「住居の用」、「住居の用にあわせて商業・工業等の用」、「主として工業等の用」という表現と、「特に静穏の保持」、「静穏の保持」、「住民の生活環境を保全するため騒音の発生を防止」、「住民の生活環境を悪化させないため著しい騒音の発生を防止」という表現を用いている。この趣旨については、規制基準の設定に当たって十分配慮して行う必要がある。

さらに、地域の区分で問題となるのは、都市計画法の用途地域との関係であるが、法第3条の解説に述べた趣旨と同様の趣旨から、騒音規制法の一部を改正する法律の施行について（昭46年9月20日　環大特第6号、環大自第2号）の中では、都市計画法第8条第1項第1号の用途地域の定めのある地域について、法第3条の地域指定がなされる場合においては、原則として次のように用途地域の区分に従うことが助言されている。

(1) 第1種区域とは、第1種低層住居専用地域及び第2種低層住居専用地域並びに田園住居地域であること。
(2) 第2種区域とは、第1種中高層住居専用地域、第2種中高層住居専用地域、第1種住居地域、第2種住居地域及び準住居地域であること。なお、第1種中高層住居専用地域及び第2種中高層住居専用地域のうち、中高層の住宅が1団地として建設されている地区等専用住宅が集約している地区については、第1種区域として定めることを妨げないこと。
(3) 第3種区域とは、近隣商業地域、商業地域及び準工業地域であること。
(4) 第4種区域とは、工業地域であること。

なお、例外的にその指定地域の土地利用の状況が、例えば住居地域において建築基準法第48条の規定により、または同法第50条の規定による条例の規定により用途地域内に建築することが認められている特定工場等が相当程度集中しているときや、同法第3条第2項の規定により用途に関する制限の適用を受けない特定工場等が相当程度集中しているような場合で、用途地域の区分に従うことが著しく困難である場合には、必ずしも用途地域の区分に従う必要はなく、その現状に基づいて区域を区分して規制基準を設定することになる。また、第2種住居地域と工業地域が隣接している場合の如く、用途地域の区分に従っては騒音防止が著しく困難と認められる地域にあっては、用途地域の区分にとらわれることなく、騒音防止の見地から区域の区分の当てはめを行うことになる。

　建築基準法第49条の規定により特別用途地区が定められている場合には、その地区の用途地域、専用地区の種類、その地区の同法上の指定の目的及びその地区に適用される条例の内容を勘案して、第1種区域から第4種区域までのいずれか適当な区域の区分に当てはめることになる。用途地域の定めがない地域については、上記に準じ、その地域の土地利用の現況などを勘案し、地域の区分の当てはめを行うこととなる。

　ここで示した基準値は、住居系地域、商工業系地域等、それぞれの地域ごとの生活環境の態様に応じて、騒音からの生活環境保全の程度が異なるという考え方に基づいて、国際標準化機構の報告及び現に制定されている地方公共団体の条例の基準等を参考として定められたものである。なお、基準設定当時における各地方公共団体の条例の基準等はおおむね、この範囲内に収まるようにされている。

　さらに、前記基準第1条第1項ただし書の規定により、第2種区域、第3種区域又は第4種区域の区域内に所在する学校、保育所、病院、有床診療所、図書館、老人ホーム及び幼保連携型認定こども園の敷地の周囲おおむね50mの区域については、さらに5dB減ずることができるとされている。これらの、施設の果している機能からみて、その施設が所在する地域の一般基準値よりさらに生活環境保全の度合が強いと考えられることや地方公共団体の条例の基準なども参考として、5dB減ずることにより生活環境の保全を期することとしたものである。

　また、第1種地域について5dB減ずる旨の規定を設けていないのは、第1種地域に適用される基準自体が相当に厳しいものであり、この範囲内であれば、病院、学校等の施設周辺の生活環境の保全が十分確保できると判断されたからである。

なお、病院、学校等の施設が地域の指定後に新設された場合には、規制基準を5dB減じた基準に適応するかどうかについては、特定工場等の設置事情や生活環境保全の見地等を慎重に考慮し、勧告等の措置については適切な配慮が必要である。

⑤「これらの区分に対応する時間及び区域の区分ごとの規制基準を定めなければならない」

都道府県知事は、地域を指定する場合には、環境大臣の定める時間の区分及び区域の区分ごとの基準の範囲内において行うことになる。その地域の実態が第1種から第4種まであるにもかかわらず、その区域をおしなべて1つの基準を設定するとか、昼間、夜間等の時間の区分を無視して1つの基準を設定するというようなことは許されない。土地利用の状況や生活の態様に応じて定めるのが基本原則である。しかしこのことは、指定地域について必ず4種の区分に区分けして基準を設定しなければならないということを意味するものではない。仮にその地域全体が第2種区域に該当するような場合は、区域の区分は1つで足りることは当然である。

規制基準の具体的な設定に当たっては、特定工場等において発生する騒音の規制に関する基準第1条第1項の表に掲げる基準の範囲が、例えば第2種区域の昼間であれば50dB以上60dB以下という範囲とされているので、53dBとか、56dBというような定め方も可能であるが、実際の騒音の測定技術と人の感覚等からみて1dBとか、3dBというような端数は、基準としてはあまり意味がない。前記の場合であれば、50dB、55dB及び60dBの3つの数値のうちのいずれかを地域の実態に照らして選択することとなろう。

同一の区域の規制基準は、行政運営上、同一のものとすることが望ましいが、例えば第2種区域と第4種区域が隣接しているような場合で、この原則によれば隣接地周辺の住民の生活環境が保全されず、実情にあわない場合には、必ずしもこの原則による必要はなく、必要な配慮を加えることとなる。具体的にいえば第2種区域の昼間について50dB、第4種区域について70dBと定めた場合20dBの差ができるので、区域全体について差を縮小することができない場合には、第4種区域に隣接する第2種区域の一部の区域については60dBと上限値をとることとし、第2種区域に隣接する第4種区域の一部の区域について65dBと下限値をとることとすればその差は5dBとなって隣接地周辺の生活態様にもかなり合致するものとなる。

規制基準を設定した後においては、都市計画法の用途地域の変更等にかかわらず、地域の実情に特段の変化がないかぎり区域の区分を変更することは望ましいことではなく、区域の変更によって無用の混乱が生じないよう慎重な配慮が望まれる。ただし、住居系であった地域が商業系地域に変化したとか、準工業であった地域が住居系地域に変わったなど地域の実情が変化した場合には、適切な変更を検討する必要がある。

⑥「町村」

第2項の一般の規制基準に代えて適用すべき特別基準（いわゆる上のせ基準）の設定は、町村長が行うものではなく、団体の意思として行うものであり、条例により定めることになる。

⑦「指定された地域（以下「指定地域」という。）の全部又は一部」

ここでいう指定地域は、法第3条により都道府県知事が指定した工場騒音及び建設作業騒音を規制するための地域であるが、法第17条において自動車騒音を規制するための地域の範囲を示すものでもあるので、注意を要する。

特別基準の適用については、当該町村についての指定地域の一部のみならず全部についても指定できるとしたことは、その地域の自然的、社会的条件に係る特別の事情が場合によっては、指定地域の全部にわたり存することも予想されたからである。

⑧「当該地域の自然的、社会的条件に特別の事情があるため」

特別の事情とは、例えば第4種区域である工業区域内に従業員の寄宿舎が相当数ある場合とか、自然の景観に恵まれ観光地として発展している地域が商業区域として第3種区域であり、その区域の一画に旅館・ホテル等を含めて住居が集合しており特に住居地なみの静穏を必要とする事情がある場合などが考えられる。

また、自然的、社会的条件という表現は、環境基本法第7条、第36条の規定にならったものであるが、自然的条件、社会的条件については、必ずしも両者を分離して考える必要はなく、両者の相互関係により特別の事情が存することも考えられる。前述した観光地の例などはこれに該当すると思われる。

⑨「当該地域の住民の生活環境を保全することが十分でない」

前述したように規制基準は、都道府県知事が指定地域についてそれぞれの地域の実態に応じて定めるものであるが、やはり幾分かは画一的になることもやむを得ない場合があり得る。

本条第2項は、このような画一的な規制基準の設定が一般的には妥当なものとして定められる場合でも、地域の事情から住民の生活環境を保全することが十分でないと認められる場合に、より厳しい基準を適用して生活環境の保全を期すという趣旨である。

なお、前述の説明から、当然にも町村が条例で定める規制基準は、都道府県知事が定める規制基準に比べてより厳しいものであることが必要であり、緩和された基準を設定することはできない。十分でないという表現は、このことを明らかにしている。

⑩「条例で」

町村の団体意思により特別基準を定めるものであることから、条例による必要がある。

⑪「環境大臣の定める範囲内」

条例でより厳しい基準を定める場合であっても、生活環境の保全の見地からみておのずから下限値にも限界があると考えられるので、国がその限界を示すこととしている。具体的な下限値は、特定工場等において発生する騒音の規制に関する基準の第1条第1項の表に掲げる時間の区分及び区域の区分ごとの基準の下限値以上とされている。

したがって、例えば都道府県知事が第2種区域の昼間を 60 dB と定めた場合には、町村は 60 dB 未満 50 dB 以上の範囲で基準を定めることができる。一方、知事が下限値である 50 dB と定めた場合には、町村が条例で定める余地はない。

また、町村が条例で定めることができる規制基準の内容は、特定工場等において発生する騒音の規制に関する基準に規定された音の大きさのみであって、音色、発生頻度、他の評価法などについて定めることは、本条に基づくものとしては行うことができない。

⑫「同項の規制基準に代えて適用すべき規制基準」

ここでいう規制基準とは、町村が条例で定めた特別基準のことであり、その基準は当該区域の規制基準として適用され、都道府県知事もその限りでこれに拘束される。

⑬「準用する」

規制基準の設定並びにその変更及び廃止に関する公示について、法第3条第3項の公示の規定を準用することとしている。

なお、都道府県知事の行う規制基準設定では、環境大臣の定める範囲内で基準設定を行うこととされていることから、法第3条第2項の関係町村長の意見を聴くとの規定を準用するとは定められていないが、実際の運用においては、地域指定に当たり規制基準についても関係町村長の意見を聴くことが望ましいと思われる。

　規制基準の設定並びに変更及び廃止の公示は、地域指定の公示と同時に行われることとなるが、公示の方法については、第3条の地域の指定と同様である。

　なお、区域の変更等に伴い、規制基準を従前のそれに比べて厳しくする場合あるいは法第4条第2項の規定により規制基準を厳しくするような場合にあっては、法第12条第3項の趣旨などから考えて、妥当な適用猶予期間を設け、その点を公示で明らかにすることなどの配慮が求められる。

> 第5条 (①規制基準の遵守義務)
> 　②指定地域内に特定工場等を設置している者は、③当該特定工場等に係る規制基準を遵守しなければならない。

〈趣　旨〉

　本条は、指定地域内に特定工場等を設置している者についての規制基準の一般的な遵守義務を定めたものである。

〈解　説〉

①「規制基準の遵守義務」

　この規定は、規制基準そのものが行政上の取締りの基準であることを示したものであるが、この義務違反については、罰則（いわゆる直罰）の規定は設けられていない。しかしながら、特定工場等から発生する騒音が、規制基準に適合しないことによって周辺の生活環境が損なわれていると認めるときは、法第9条、第12条に規定する改善勧告と改善命令、さらに改善命令違反に対する罰則により基準の遵守についての担保が図られている。

②「指定地域内に特定工場等を設置している者」

　本条の規定は、法第21条の規定による適用除外規定の適用を受けないので、電気事業法第2条第1項第18号に規定する電気工作物、ガス事業法第2条第13項に規定するガス工作物及び鉱山保安法第13条第1項経済産業省令で定める特定施設（同法第2条第2項ただし書きに規定する附属施設に設置されるものを除く。）を設置する者についても当然に適用される。

③　「当該特定工場等に係る規制基準」

　当該特定工場等が所在する指定地域に適用されている規制基準を指す。

第 6 条（特定施設の設置の届出）

指定地域内において工場又は事業場（①特定施設が設置されていないものに限る。）に②特定施設を設置しようとする者は、その特定施設の設置の③工事の開始の日の 30 日前までに、④環境省令で定めるところにより、次の事項を⑤市町村長に⑥届け出なければならない。
一　氏名又は名称及び住所並びに法人にあつては、その代表者の氏名
二　工場又は事業場の名称及び所在地
三　⑦特定施設の種類ごとの数
四　⑧騒音の防止の方法
五　⑨その他環境省令で定める事項
2　前項の規定による届出には、⑩特定施設の配置図⑪その他環境省令で定める書類を添付しなければならない。

（昭 46 法 88・平 11 法 87・平 11 法 160・一部改正）

〈趣　旨〉

1　工場騒音の規制の仕組み

本法による工場騒音の規制の仕組みは、指定地域内に設置する特定工場等について規制基準を遵守させることにより、その地域の生活環境の保全を図ることとしている。この場合、まず指定地域内において、工場又は事業場に特定施設を設置する者は、特定工場等として市町村長に届け出なければならない。これにより市町村長は、規制の対象となるべき特定工場等を把握すると同時に、当該届出のあった事項につき審査を行い、必要な場合には、法第 9 条に規定する計画変更勧告を行い、騒音被害の事前防止を図るわけである。本条は、この特定施設を設置する場合の届出について定めたものである。

本条の規定による届出は、指定地域内において設置されている工場又は事業場であって、これまで特定施設を設置せず新たに特定施設を設置しようとすることにより特定工場等となる場合については、特定施設の設置の工事の開始の日の 30 日前までに市町村長に対し届出を行わせることとしている。事前に届出を行わせることにより騒音発生源の存在を事前に確認すると同時に、届出の内容を事前に

審査して、当該の特定工場等において発生する騒音が規制基準に適合しないことにより周辺の生活環境が損なわれると認められるときは、計画変更の勧告等を行い、騒音の事前防止を図ることとしている。

　従来の経緯に照らしてみても、すでに設置された騒音発生施設に対して事後的な騒音防止対策を講じてもなかなか所期の効果をあげがたい場合も多く、騒音規制を真に実効あらしめるためには、騒音発生施設の設置計画段階において、十分なる騒音防止対策を講ずることが要求される。このような観点から、本法は、事前の届出を義務づけ、事前チェックを行うことにより騒音被害の発生を未然に防止しようとしているものである。また、工場単位、事業場単位で届出を行わせる趣旨は、生活環境の保全という見地から住民サイドにたって工場単位、事業場単位に騒音の規制を行うこととしていることによるものである。

2　経過的措置に該当する場合の届出

　ある地域が指定地域となった際、現にその地域内において工場若しくは事業場に特定施設を設置している者、又はある施設が特定施設となった際、現に指定地域内において工場若しくは事業場にその施設を設置している者の特定施設設置の届出は、本条でなく、法第7条の経過措置の規定に基づいて行うこととなる。

3　特定施設の追加設置の届出

　工場又は事業場に特定施設を設置していた者がさらに特定施設を追加して設置しようとする場合には、本条ではなく法第8条第1項の特定施設の数等の変更の届出に基づき行うこととなる。

4　事実上の実施制限

　本法には、大気汚染防止法に定めるような実施制限の規定は定められていないが、事前届出により騒音防止を図るため、市町村長が届出内容について審査を行い、必要な場合には、当該届出に係る計画について計画変更勧告を行う仕組みとなっている。そのため、審査に必要な期間を30日とし、届出は特定施設の設置の工事の開始の日の30日前までに行わなければならないとしており、事実上実施の制限と同様の効果をもたせている。

　この30日という期間は、大気汚染防止法に定められている実施制限の期間が60日であるのと比較し短くなっているが、特定施設は、ばい煙発生施設に比べてその規模も小さく、事前の審査も比較的短時間で行えるので、妥当な期間として30日が定められている。なお、本法においては、大気汚染防止法に定める実施の

制限期間の短縮に相当する規定はないので、本条及び第 8 条の届出において 30 日の期間を短縮することはできない。

5　罰則

本条の規定による特定施設の設置の届出義務の違反者は、法第 30 条の規定により、5 万円以下の罰金に処せられる。さらに、法人又は人の業務に関して、この義務違反を行った代表者、代理者、使用人等は、違反者として罰せられるほか、法第 32 条の規定により、当該の法人又は人に対しても法第 30 条の罰金が課せられる。

〈解　説〉

① 「特定施設が設置されていないものに限る」

法第 6 条第 1 項の規定による届出を行うのは、指定地域内において特定施設を設置することにより初めて特定工場等となる場合であり、規制基準の遵守等は、工場単位で行わせることとしているところから、特定施設の届出についても工場単位で行うこととしたものである。

なお、特定施設が設置されていない場合とは、指定地域内において新たな工場又は事業場に特定施設を設置する場合と指定地域内において工場又は事業場がすでにあり初めて特定施設を設置する場合の 2 とおりがある。

② 「特定施設を設置しようとする者」

法第 7 条の規定による経過的措置に該当する場合は、ここにいう設置しようとするの概念に含まれない。

③ 「工事の開始の日の 30 日前までに」

届出内容について審査を行い、必要な場合には計画変更の勧告などをすることとしているので、そのための必要な期間として 30 日をみている。30 日というのは、必要最少限の期間であるから、所要の書類が整えばこれより前に届け出ることは差し支えないし望ましい。30 日前というのは、例えば 5 月 20 日が工事の開始日であれば、前月の 4 月 19 日までに届け出ることになるわけである。

届出を受けた市町村長は、その届出に係る特定工場等において発生する騒音が規制基準に適合しないことにより、周辺の生活環境が損なわれることがないかどうかについて事前審査を行う。生活環境が損なわれると認めるときは、30 日以内に法第 9 条の規定による計画変更勧告をすることができる。

これは、騒音規制を計画段階で行い騒音被害の発生を防止する対策を講じさせ

ることは、周辺の住民にとってはもちろん望ましいことであるが、届出者にとっても特定施設設置後に改善策を要求されることは、経済的にも技術的にも困難なことが多いことを考えれば、この方法はより実際的な方法であると考えられる。なお、設置工事開始前30日までの届出を義務づけることにより、実質的には30日間工事の実施を制限したことになる。

④「環境省令で定めるところにより」

ここで環境省令とは、騒音規制法施行規則をいい、届出書の提出部数や特定施設の設置の届出について所要の規定が設けられている。ここで特定施設の設置の届出は、様式第1による設置届出書によって行わなければならないものとされている。

特定施設の設置届出書には、その記載事項として、法第6条第1項各号に掲げる事項及び規則第4条第2項各号に掲げる事項を定めている。具体的には、特定施設の種類ごとの数、型式、公称能力及び騒音の防止の方法等となっており、事前審査を行うに際して必要な事項を定めている。

⑤「市町村長に」

特定施設設置届出書の受理に関する事務等は、市町村長の自治事務である。

⑥「届け出なければならない」

特定施設の設置の届出は、施行規則第3条の規定により正本及び写し一通を添えてしなければならない。届出書及び添付書類に形式的に不備な箇所がなければ、市町村長は、同規則第7条の規定により様式第5による受理書を届出者に交付するものとされている。

電子データによる届出については、規制緩和の動きの中で届出についての簡素化の一つとして対処が求められていた。従来より騒音規制法においても、関係各法を通じての届出様式の統一化などの取り組みを行ってきたが、フレキシブルディスクによる手続きも可能とする改正が、平成11年10月より施行された。市町村長は、施行規則に定める様式第1から第9による届出について、届出書に代えてフレキシブルディスクで受理することができる。なお、ここでフレキシブルディスクとは、所定のラベルを添付した日本工業規格で定められた90mmのものとされているが、一般には3.5インチフロッピーディスクと呼ばれることが多い。

また、国民の利便性の向上を図るとともに、行政運営の簡素化及び効率化に資するため平成30年8月に施行された「行政手続等における情報通信の技術の利用

に関する法律（平成 14 年法律第 151 号）」に基づきオンライン化（電子申請）の推進を進めており、体制が整っている自治体では届出の電子申請が可能となっている。

なお、特定施設関係、特定建設作業関係の届出様式については、環境省のホームページ〈 http://www.env.go.jp/ 〉の「申請・届出等手続案内」のページから電子媒体として入手することができる。

⑦「特定施設の種類ごとの数」

特定施設の種類ごとに、項番号及びイ、ロ、ハなどの細分があるときは、その記号及び名称を記載して、特定施設数を示す。例えば機械プレスを 5 台設置しようとする場合は「1 、ホ、機械プレス 5 台」となる。

⑧「騒音の防止の方法」

「騒音の防止の方法」については、特定施設の設置状況に応じて異なることから、届出者に別紙として提出させることとしている。この騒音の防止の方法としては、消音器の設置、浮き床等の構造、吸音板の設置、二重窓の設置、遮音塀の設置等が考えられる。これら騒音の防止に関して講じようとする措置を具体的に記載することとし、できる限り図面、表等を利用して記載するものとする。

⑨「その他環境省令で定める事項」

「その他環境省令で定める事項」は、規則第 4 条第 2 項に掲げる 4 項目（工場又は事業場の事業内容、常時使用する従業員数、特定施設の型式及び公称能力、特定施設の種類ごとの通常の日における使用の開始及び終了の時刻）について、その内容を明記させることにより、特定工場等の状況をより詳しく把握しようとするものである。なお、常時使用する従業員数は、法第 13 条に規定する小規模事業者に対する配慮規定との関係で、必要な事項である。

⑩「特定施設の配置図」

特定施設の配置図は、特定工場等の内部における特定施設の配置図を提出させることにより、特定工場等における敷地の境界線上の騒音レベルで示される規制基準の遵守のために、講ずべき対策をたてるための資料にしようとするものである。特定工場等内部における特定施設の配置状況如何によって境界線上の騒音レベルが異なってくるので、周囲に与える騒音被害を最小にするような特定施設の配置が必要である。

⑪「その他環境省令で定める書類」

その他環境省令で定める書類については、規則第4条第3項において特定工場等及びその付近の見取図とするとされている。特定施設の配置図が特定工場等の内部における状況を示したものであったのに対し、特定工場等及びその付近の見取図は、特定工場等の外部における状況を示したものである。

　これは、特定工場等の周辺における生活環境の状況を明示させることにより、規制基準に適合しないことによって周辺の生活環境が損なわれるおそれがあるかどうかを判断し、周辺の生活環境を保全するために必要な騒音防止の措置を求めるうえで必要なものであり、特定工場等及びその付近の見取図は欠かすことができないものである。

第7条（経過措置）

一の地域が①指定地域となつた際現にその地域内において工場若しくは事業場に特定施設を設置している者（②設置の工事をしている者を含む。以下この項において同じ。）又は一の施設が③特定施設となつた際現に指定地域内において工場若しくは事業場（④その施設以外の特定施設が設置されていないものに限る。）にその施設を設置している者は、当該地域が指定地域となつた日又は当該施設が特定施設となつた日から⑤30日以内に、⑥環境省令で定めるところにより、⑦前条第1項各号に掲げる事項を⑧市町村長に届け出なければならない。

2　前条第2項の規定は、前項の規定による届出について⑨準用する。

（昭46法88・平11法87・平11法160・一部改正）

〈趣　旨〉

1　本条の趣旨

本条は、新たに地域の指定が行われた場合、地域指定以前にすでにその地域に特定施設を設置していた者の届出及びすでに指定地域とされていたが新たに特定施設の追加指定が行われた結果初めて特定工場等の設置者になったものの届出について定めたものである。このような場合の届出については、法第6条に基づく特定施設設置届出書によらず、本条の経過措置の規定により規則第5条第1項に規定する様式第2によって届出をすることとなる。

2　改善勧告の規定の適用関係

本条の規定による届出にあっては、特定施設の設置届出が法第9条に定める計画変更勧告が適用されるのと異なり、計画段階の事前チェックになじまないため、法第12条に定める改善勧告、改善命令を適用することとなる。ただし、法第7条第1項の規定による届出については、地方公共団体の条例によりすでに相当の規制が行われていた場合を除き、改善勧告、改善命令については、3年間猶予とすることが法第12条第3項に明示されている。

3　罰則

本条の規定による経過措置に係る届出義務の違反者は、法第31条の規定によ

り、3万円以下の罰金に処せられる。さらに、法人又は人の業務に関して、この義務違反を行った代表者、代理者、使用人等は、違反者として罰せられるほか、法第32条の規定により、当該の法人又は人に対しても法第31条の罰金が課せられる。

〈解　説〉
① 「指定地域となつた際」
　都道府県知事により指定された指定地域は、都道府県の公報に掲載して公示されるが、指定地域となった日とは、具体的には都道府県の公示の適用年月日をいう。
　なお、市長により指定された指定地域については、市の広報に掲載して公示される。
② 「設置の工事をしている者を含む」
　指定地域とされる以前に工場、事業場にすでに特定施設を設置していた者は、地域指定となった後30日以内に特定施設使用届出書を提出しなければならないが、地域指定になった段階において特定施設の設置工事をしていた者についても同様の適用がある。具体的には、特定施設の基礎工事以後の工事段階にあった者については、法第7条の規定による届出をすることとなると解される。
③ 「特定施設となつた際」
　特定施設の追加は、通常は施行令の改正という形で行われるが、この特定施設の追加に関する施行令の施行日をいう。
④ 「その施設以外の特定施設が設置されていないものに限る」
　特定施設の追加が行われる以前は、特定施設のうちのいずれをも設置しておらず、特定施設の追加により初めて特定工場等となっていた場合に限り、本条の規定による届出を行うこととなる。
　特定施設の追加が行われる以前に特定施設を設置していて特定工場等となった者については、特定施設の追加により特定施設の種類ごとの数が変更されたので、法第8条第1項、規則第6条の規定に基づき様式第3による特定施設の種類ごとの数の変更届出書を30日以内に提出しなければならない。
　市町村長は、特定施設使用届出書あるいは特定施設の種類ごとの数変更届出書を受理したときは規制第7条の規定により様式第5による受理書を交付しなければならない。
⑤ 「30日以内に」

地域指定にあっては、都道府県等の公報に掲載された適用年月日、また、特定施設の追加にあっては改正政令の施行日の以後に一定の猶予期間をおいて一般に周知させるとともに、届出者における届出の準備をさせることとしたものである。この期間として30日という猶予期間をおいている。

⑥「環境省令で定めるところにより」

本条の規定に基づく届出は、規則第5条第1項により、様式第2による特定施設使用届出書によって行わなければならないとしている。その内容は、様式第1による特定施設設置届出書とほとんど同内容のものであり、届出書名及び根拠条文のみが違うにすぎない。法第7条第2項の規定により、様式第2による特定施設使用届出書のほかに、特定施設の配置図、特定工場等及びその付近の見取図を添えて提出しなければならない。届出書の提出部数については、規則第3条の規定により届出書の正本にその写し一通を添えてしなければならないとされている。

⑦「前条第1項各号に掲げる事項」

氏名又は名称など法第6条第1項各号に掲げる事項、特定施設の種類ごとの数のほか規則第4条第2項各号に掲げる事項をさしている。なお、法第7条（経過措置）による記載事項は法第6条（特定施設の設置の届出）による記載事項を準用しているので、本条に基づく施行規則に定める様式第2の記載事項の実質的内容は様式第1と同一である。

⑧「市町村長」

法第6条（特定施設の設置の届出）と同様に、市町村長の自治事務とされている[注9]。

⑨「準用する」

法第6条第2項の規定を準用するので、法第6条（特定施設の設置の届出）の規定による届出書と同様に、法第7条による届出書についても特定施設の配置図、特定工場等及びその付近の見取図を添付しなければならない。

[注9] 第6条の〈解説〉⑤を参照

> **第8条（特定施設の数等の変更の届出）**
> 　第6条第1項又は前条第1項の規定による届出をした者は、その届出に係る第6条第1項第三号又は第四号に掲げる事項の変更をしようとするときは、当該事項の変更に係る①工事の開始の日の30日前までに、②環境省令で定めるところにより、その旨を③市町村長に届け出なければならない。ただし、同項第三号に掲げる事項の変更が④環境省令で定める範囲内である場合又は同項第四号に掲げる事項の変更が当該特定工場等において発生する⑤騒音の大きさの増加を伴わない場合は、⑥この限りでない。
> **2**　第6条第2項の規定は、前項の規定による届出について準用する。
>
> 　　　　　　　　　　　　（昭46法88・平11法87・平11法160・一部改正）

〈趣　旨〉

1　本条の趣旨

　特定施設の設置の届出又は経過措置に係る届出をした者について、その届出に係る特定施設の種類ごとの数又は騒音の防止の方法を変更する場合には、市町村長に所要の届出をしなければならないことを定めたものである。

2　変更の届出を要しない理由

　本法では、規制対象を特定工場等として工場・事業場単位でとらえているが、騒音はその性質上、特定施設の種類ごとの数の変更や騒音の防止の方法の変更が直接的に外部への騒音の大きさを増加させるものとは限らない。このことから、当該事項の変更が当該特定工場等において騒音の大きさの著しい増加を伴わない場合にまで届出をさせることは、届出義務者にとって煩わしく、また、行政庁としてもそこまでの必要はないと考えられる。

　そこで、①特定施設の種類ごとの数の変更については騒音の大きさの程度が著しく増加しないものとして環境省令で定める範囲内の変更、②騒音の防止の方法の変更については特定工場等から発生する騒音の大きさを伴わない程度の変更、であれば届出を要しないこととしている。

3　罰則

　本条の規定による特定施設の数等の変更の届出義務の違反者は、法第31条の規

定により、3万円以下の罰金に処せられる。さらに、法人又は人の業務に関して、この義務違反を行った代表者、代理者、使用人等は、違反者として罰せられるほか、法第32条の規定により、当該の法人又は人に対しても法第31条の罰金が課せられる。

〈解　説〉
　① 「工事の開始の日の30日前までに」
　特定施設の設置の届出の場合と同様の趣旨から、事前にその内容について審査するのに要する期間として30日としたものである。
　② 「環境省令で定めるところにより」
　ここにいう環境省令とは、騒音規制法施行規則のことで、届出の様式とそれに記載すべき事項（特定施設の型式及び公称能力、特定施設の種類ごとの通常の日における使用の開始及び終了の時刻）を掲げるとともに、この届出書に添付しなければならない書類として特定工場等及びその付近の見取図を定めている。
　③ 「市町村長」
　法第6条（特定施設の設置の届出）と同様に、市町村長の自治事務とされている[注10]。
　④ 「環境省令で定める範囲内である場合」
　環境省令で定める変更の届出を要しない範囲内とは、特定施設の種類ごとの数を減少する場合及びその数を当該特定施設の種類に係る直近の届出により届け出た数の2倍以内の数に増加する場合となっている。
　音の性質上、音源が2つ以上ある場合で騒音レベルの差が大きければ、全体としての騒音レベルは大きい方の騒音レベルとほぼ同じとなる。さらに、同一の騒音レベルを発生する音源が複数である場合でも、例えば2音源で3dB、10音源で10dBしか増加しない。つまり、特定施設の数の増加が、必ずしも騒音の著しい増加を生じさせない場合が少なくなく、このことから2倍までの特定施設の数の増加については、生活環境に与える影響と事務処理上の観点から届出を必要としないこととしている。
　なお、特定施設の設置の届出などにおいて機械プレスの数を5台としていたのを4台以下に減少する場合も考えられるが、機械プレスを全部なくすことにより

[注10] 第6条の〈解説〉⑤を参照

当該特定工場等が特定工場等でなくなる場合には、法第10条（氏名の変更等の届出）に規定する特定施設使用全廃届出を要することになる。

また、機械プレスの届出書において5台と記載していた場合に、2倍を超える数、すなわち6台以上増設して11台以上とする場合は、法第8条（特定施設の数等の変更の届出）の届出が必要となる。注意すべき点としては、直近の届出により届け出た数というところで、直近の届出とは直ぐ近くの届出という意味であり、例えば、最初の届出で5台、第1次増設で3台（計8台）とした場合、届出を要しないことになる。しかし、第2次増設としてさらに3台（計11台）となった場合は、最初の5台に比べて2倍以上となるので届出を要することになる。

機器の老朽化などによる特定施設の更新については、特定施設の種類ごとの数の増加ではないので届出を要しない。さらに、特定施設の大型化（例えば490 kNプレスを980 kNプレスにする場合）についても特定施設の種類ごとの数は増加しないので届出を要しない。この取扱いは振動規制法の規定と規定と異なるので注意を要する。

従来設置していなかった種類の特定施設を設置しようとする場合には、法第8条（特定施設の数等の変更の届出）の届出を要することになる。例えば、機械プレスを5台設置していた場合に、これを2台に減少させ、代わりに従来設置していなかった液圧プレスを1台設置しようとすれば、機械プレスの減少そのものについては届出を要しないが、従来設置していなかった液圧プレスを設置しようとすることについては、特定施設の種類が異なるので届出を要することになる。

⑤「騒音の大きさの増加を伴わない場合」

騒音の防止の方法については、例えば消音器に代えてより防音効果の大きい防音壁を設置するために建物の構造を変更するようなことが考えられるが、その変更により発生する騒音の大きさが増加しないと客観的に判断されるような場合には、届出を必要としない。また、特定施設の増設と騒音の防止の方法の変更を同時に行う場合には、それぞれ法第6条第1項の各号の変更として別々に判断する必要があり、一つの事項について届出義務がないからといって他の事項についても当然届出を要しないとすることはできない。

⑥「この限りでない」

法の趣旨は、届出をしてほしいが軽微なために免除する、ということであり、届出がされても受理することができないということではない。

例えば、工場の増改築を行う場合で、届出者がある種類の特定施設の設置に伴い本条の届出を行う際にあわせて別の種類の施設の数等の変更の届出をしたいというような場合が考えられ、このような場合、直近の届出の2倍以内の数の変更であっても受理して差し支えない。

第9条（計画変更勧告）

①市町村長は、第6条第1項又は前条第1項の規定による届出があつた場合において、その届出に係る特定工場等において発生する騒音が規制基準に適合しないことによりその特定工場等の②周辺の生活環境が損なわれると認めるときは、その③届出を受理した日から④30日以内に限り、その届出をした者に対し、⑤その事態を除去するために必要な限度において、⑥騒音の防止の方法又は特定施設の使用の方法若しくは配置に関する計画を変更すべきことを⑦勧告することができる。

（平11法87・一部改正）

〈趣　旨〉

1　本条の趣旨

特定施設の設置の届出又は特定施設の数等の変更の届出があった場合に、市町村長は、届出事項を審査し、その設置又は変更により特定工場等において発生する騒音が規制基準に適合しないことにより、その周辺の生活環境を損なうおそれのあると認めるときは、必要な騒音の防止のための措置について、計画を変更すべき旨の勧告を行いうることを定めている。

2　計画変更勧告の仕組みをとることとした理由

騒音により生活環境が損なわれることを未然に防止するためには、事前のチェックがきわめて重要かつ有効と考えられている。新たに特定施設を設置し、又は増設しようとする場合は、事前に審査し、必要な場合にはその計画を変更し、騒音の発生を未然に防止することは、周辺の住民の生活環境を保全するうえで必要であるとともに、規制を受ける側にとってもむしろ都合がよいのである。すなわち、特定施設を設置した後に改善をせまられた場合、早急に改善を図ることは、工場の管理運営面からいっても、経済的な面からいっても円滑な実現は著しく困難であるからである。

そこで、計画段階において、行政庁の審査に基づく必要な事前勧告制を採用することにより、設置者がこれを尊重し、事前に計画の変更などの改善措置を講ずることを期待している。なお、この事前勧告には強制力がないが、これに従わな

いで設置した場合には、当該特定施設の設置後に法第12条第2項の改善命令を発動することにより、生活環境の保全を担保する仕組みを制度として採用している。

なお、騒音についての計画段階でのチェックを「命令」とせずに「勧告」にとどめたのは、騒音が主として生活環境に対する公害で直接的に健康被害をもたらすものではないことから、必ずしも命令により強制することは妥当でないと考えられたことによる。行政庁の審査に基づく必要な事前勧告により、設置者がこれを尊重し、事前に計画変更等の改善を行うことを期待したわけである。

〈解　説〉

① 「市町村長」

法第6条（特定施設の設置の届出）と同様に、市町村長の自治事務とされている[注11]。

② 「周辺の生活環境が損なわれる」

計画変更勧告の要件としては、当該届出に係る特定施設の設置又は特定施設の数等の変更の場合において、特定工場等において発生する騒音が規制基準に適合しないことのみではなく、それによって周辺の生活環境が損なわれるおそれがあると市町村長が認めることが必要である。

規制基準は、その遵守により特定工場等の周辺の生活環境が保全されるために十分なものとして定められるもので、一般にはその遵守違反によって周辺の生活環境は損なわれることになる。しかし、騒音はその性格上、その影響が特定工場等の近隣に限られているため、例えば特定工場等の周辺が空地であったり、背後に山がせまり、あるいは河川などに面していたりして、損なわれる生活環境の実体がない場合等においては、ことさら特定工場等の騒音を規制基準以下におさえる実益がないと考えられる。

周辺の生活環境が損なわれているか否かは、究極的には特定工場等の周辺の生活環境の実態、苦情の申出の有無、暗騒音等の状況に即して個々の具体的なケースについて十分調査を行い判断する必要があるが、本条はあくまで住民の生活環境を保全する観点から勧告を行うことが趣旨であることに留意して運用を図ることが必要である。

③ 「届出を受理した日」

[注11] 第6条の〈解説〉⑤を参照

法に定める届出は、騒音規制法施行規則の定める様式により特定施設の設置又はその数等の変更に先立って行われることになる。市町村長は、それぞれの届出につき、様式その他形式上の違反がない場合は、その届出を受理し、受理書を交付することとなっている。受理書の様式等についても、騒音規制法施行規則に定められている。

④「30日以内」

特定施設の設置又はその数等の変更による届出は、当該届出に係る特定施設の工事開始日の30日前までに行うこととされており、その30日間に市町村長は、届出事項について必要な事前の審査を行い勧告を発動するか否かを判断するのである。

⑤「その事態を除去するために必要な限度において」

特定施設に係る計画変更勧告は、規制基準に適合しないことだけでなく、周辺の生活環境を損なうかどうかも発動の要件としている。したがって、規制基準を超えている場合であっても、規制基準以内に抑えることなく一定の騒音レベルの低下をもって生活環境の保全を図りうる場合（例えば住居が特定工場等からかなり離れて設置されているようなケースが想定される。）には、その限度において計画変更を求めれば足りるわけであり、むやみに過剰な規制を行うことは、本法の趣旨とするところではない。

⑥「騒音の防止の方法又は特定施設の使用の方法若しくは配置に関する計画」

勧告の内容は、騒音の防止の方法、特定施設の使用の方法又はその配置についてであり、その例を示すと次のようになる。

(1) 騒音の防止の方法

　騒音発生施設について消音器、浮き床等の防止設備を設置すること
　吸音板、二重窓等により建物の遮音性能をあげること
　住居との間に遮音塀などを設けて遮音性能をあげること

(2) 特定施設の使用の方法

　加工方法を変更すること
　夜間に特定施設を使用中止すること
　特定施設の使用時に、戸・窓など開口部を閉めた状態で使用すること

(3) 特定施設の配置

　特定施設の設置場所を住居からなるべく離れたところへ移すこと

特定施設の向きを変更して騒音の放射方向をずらすこと

なお、本法では、勧告の内容として直接の工場移転や工場の操業停止ということは想定していない。

⑦ 「勧告することができる」

命令に違反する行為については、その行為者に対し一定の不利益が与えられることになるが、勧告は、尊重されることを期待しているにとどまり、勧告に従わない者に対し不利益を与え、その強制を迫るものではない。

本条の勧告についても、それを罰則により担保するというものではなく、勧告内容に従うべきかどうかは勧告を受ける側の判断に委ねられているわけであるが、勧告は、市町村長の公正妥当な立場からなされるものであり、社会的にその履行が期待されるのである。

なお、勧告に従わないで特定施設を設置している者に対しては、法第12条第2項において改善命令が発動でき、これに従わない場合は、罰則がかけられることになる。

第10条（氏名の変更等の届出）

第6条第1項又は第7条第1項の規定による届出をした者は、その届出に係る①第6条第1項第一号若しくは第二号に掲げる事項に変更があつたとき、又はその届出に係る②特定工場等に設置する特定施設のすべての使用を廃止したときは、その日から30日以内に、その旨を③市町村長に届け出なければならない。

（平11法87・一部改正）

〈趣　旨〉

1　本条の趣旨

　特定施設の設置又は経過措置の届出をした者に対して、氏名又は名称及び法人にあってはその代表者、工場又は事業場の名称及び所在地について変更があった場合に届出義務を課すとともに、その届出に係る特定工場等に設置する特定施設のすべての使用を廃止した場合の届出義務についても規定したものである。

　本条に基づく届出は、市町村長が特定工場等を設置する者の氏名、住所等の変更について常時、的確に把握するとともに、特定施設のすべての使用の廃止により本法の規制対象でなくなる場合の事務処理を行うために届出をさせるものである。

2　罰則

　本条の規定による氏名の変更等の届出義務の違反者は、法第33条の規定により、1万円以下の過料に処せられる。

〈解　説〉

①「第6条第1項第一号若しくは第二号に掲げる事項に変更」

　氏名又は名称及び法人にあってはその代表者、工場又は事業場の名称及び所在地についてである。氏名又は名称の変更には、相続、合併等により届出をした者の地位に変更がある場合は含まれない。それらの場合については、法第11条（承継）に規定された手続きをとることになる。

　工場又は事業場の所在地の変更とは、例えば特定工場等の住居表示の変更を指すのであり、工場等の移転により所在地が変更するときは、当該特定工場等を廃

止し、新たに新設したものとみなし、それぞれ必要な届出をしなければならない。

② 「特定施設のすべての使用を廃止したとき」

　特定工場等に設置される特定施設については、法第8条第1項ただし書の規定により、騒音の増加を伴わない変更として届出されていない場合もあり、届出に係る特定施設を廃止しただけで、ただちにその工場又は事業場が特定工場等でなくなるとは限らないので、特定工場等の特定施設すべての使用を廃止したときに廃止の届出をさせることとしたのである。

　また、使用の廃止とは、当該施設の使用をその後永久に停止する場合又は除去する場合であって、更新や一時使用停止はこれに含まれない。

③ 「市町村長」

　法第6条（特定施設の設置の届出）と同様に、市町村長の自治事務とされている[注12]。

[注12] 第6条の〈解説〉⑤を参照

第11条（承継）

第6条第1項又は第7条第1項の規定による届出をした者からその届出に係る特定工場等に設置する ①<u>特定施設のすべてを譲り受け、又は借り受けた者</u>は、当該特定施設に係る ②<u>当該届出をした者の地位を承継する</u>。

2 第6条第1項又は第7条第1項の規定による届出をした者について ③<u>相続、合併又は分割（その届出に係る特定工場等に設置する特定施設のすべてを承継させるものに限る。）</u>があつたときは、相続人、合併後存続する法人若しくは合併により設立した法人又は分割により当該特定施設のすべてを承継した法人は、当該届出をした者の地位を承継する。

3 前二項の規定により第6条第1項又は第7条第1項の規定による届出をした者の地位を承継した者は、その承継があつた日から30日以内に、その旨を ④<u>市町村長</u>に届け出なければならない。

（平11法87・平12法91・一部改正）

〈趣　旨〉

1　本条の趣旨

本条は、特定施設の設置の届出又は経過措置に係る届出をした者について、特定施設の譲渡、賃貸、相続、合併等に伴う承継の規定を設けることにより、本法の各規定による権利、義務の所在を明らかにしたものである。

2　罰則

本条第3項の規定による承継の届出義務の違反者は、法第33条の規定により、1万円以下の過料に処せられる。

〈解　説〉

①「特定施設のすべてを譲り受け、又は借り受けた者」

本法は、特定工場等単位に規制が行われるところから、当該特定工場等に設置される特定施設について部分的に譲渡などが行われた場合には地位の承継を認めず、特定施設のすべてについて譲渡などがあった場合にのみ地位の承継があったものとしている。

② 「当該届出をした者の地位を承継する」

承継の対象とされるのは、本法に定める一切の事項である。具体的には、各種の届出事項、計画変更勧告、改善勧告、改善命令等の事項である。例えば、法第6条の規定による特定施設の設置について承継した者はあらためてその届出をする必要はなく、また、法第12条第3項の規定により改善命令の規定について3年間の適用猶予期間を与えられている特定工場等について承継した者は、引き続き3年間の残りの期間は、改善命令の規定の適用を受けないこととなる。

③ 「相続、合併又は分割（その届出に係る特定工場等に設置する特定施設のすべてを承継させるものに限る。）」

本条は、特定施設のすべてについての譲渡を前提としているが、相続においては、特定工場等の一部の特定施設についてのみ相続が行われることはなく、相続人が2人以上ある場合の当該特定工場等に係る規制は、相続人が共同して負うことになる。また、合併においては、特定施設のすべてが合併後の法人に継承されるとされている。

さらに、法人が分割される場合にあっては、本条第1項と同様の考え方から、分割により特定施設のすべてを承継する場合にのみ地位の承継があったものとされる。分割によって新たな法人に特定施設の一部が承継された場合には、当該法人は、新たに法6条（特定施設の設置の届出）に基づき届出を行うことになる。

④ 「市町村長」

法第6条（特定施設の設置の届出）と同様に、市町村長の自治事務とされている[注13]。

[注13] 第6条の〈解説〉⑤を参照

第12条（改善勧告及び改善命令）

　①市町村長は、指定地域内に設置されている特定工場等において発生する騒音が規制基準に適合しないことによりその特定工場等の②周辺の生活環境が損なわれると認めるときは、当該特定工場等を設置している者に対し、③期限を定めて、④その事態を除去するために必要な限度において、⑤騒音の防止の方法を改善し、又は⑥特定施設の使用の方法若しくは配置を変更すべきことを勧告することができる。

2　市町村長は、第9条の規定による勧告を受けた者がその⑦勧告に従わないで特定施設を設置しているとき、又は前項の規定による勧告を受けた者がその勧告に従わないときは、期限を定めて、同条又は同項の事態を除去するために必要な限度において、騒音の防止の方法の改善又は特定施設の使用の方法若しくは配置の変更を命ずることができる。

3　前二項の規定は、第7条第1項の規定による届出をした者の当該届出に係る特定工場等については、同項に規定する指定地域となつた日又は同項に規定する特定施設となつた日から⑧3年間は、適用しない。ただし、当該地域が指定地域となつた際又は当該施設が特定施設となつた際その者に適用されている地方公共団体の条例の規定で⑨第1項の規定に相当するものがあるとき、及びその者が第8条第1項の規定による届出をした場合において当該届出が⑩受理された日から30日を経過したときは、この限りでない。

（平11法87・一部改正）

〈趣　旨〉

1　本条の趣旨

特定工場等において発生する騒音により、周辺の生活環境が損なわれている場合の市町村長の改善勧告、改善命令について規定している。

2　勧告及び命令

市町村長は、指定地域内に設置されている特定工場等において発生する騒音が、規制基準に適合しないことにより周辺の生活環境が損なわれていると認めるとき

は、騒音の防止の方法の改善等について必要な勧告を行い、その騒音の防止を図ることとしている。

なお、この勧告とは、その事態を除去するのに必要な限度とされており、具体的には、①騒音防止の方法、②特定施設の使用の方法若しくは配置の方法の変更に限定されている。

計画変更の勧告に従わずに特定施設を設置し、その騒音が規制基準に適合しないことにより周辺の生活環境が損なわれている場合、及び本条第1項の改善勧告に従わないで同様の事態を生じている場合には、市町村長は、生活環境の保全のため必要な騒音の防止の方法の改善などについて命令を行うことができる。

法第9条に基づく計画変更勧告に従ったにもかかわらず、その騒音が規制基準に適合しないことにより周辺の生活環境が損なわれている場合は、本条第1項の改善勧告をあらためて出すことができる。

3　経過措置に該当する者に対する本条の適用関係

法第7条第1項の規定による経過措置に係る届出をした者については、本条の改善勧告及び改善命令の規定をただちに適用することは酷であるので、3年間を猶予期間として与え、その間に所要の改善措置を自主的に行わせることとしている。ただし、従来から地方公共団体の条例により同様の規制が行われている場合又は、法第8条第1項の規定により特定施設の数等を変更した場合は、適用があるものとされている。

4　規制基準の変更に伴う改善命令等の発動に関する取扱い

新たな地域指定又は特定施設の追加が行われた場合の改善勧告及び命令については、経過措置が定められている。一方、規制基準の変更の場合において改善命令を受けることになる者についての規定は特に定められていないが、次のような場合が考えられる。

(1)　都道府県知事の定める規制基準が変更されたとき
(2)　指定地域の区域区分が変更されたとき
(3)　市町村が条例で特別の規制基準（法第4条第2項）を設けるとき

これらの場合についても、その変更に伴う経過措置として、当分の間は従前の規制基準が適用されるようにすることが実情にあったやり方といえよう。

5　改善勧告及び改善命令の要件と暗騒音との関係

一般には、ある場所において特定の騒音を対象として考える場合に、対象の騒

音がないときのその場所における騒音を特定騒音に対して暗騒音という。ところで、具体的に特定工場等に対し改善勧告、改善命令を発動する場合には、その勧告等の内容の実現によって、その特定工場等の周辺の生活環境が改善されることに期待されるが、その特定工場等の周辺の暗騒音が当該の工場騒音を上回っているときは、当該工場等の周辺の暗騒音も十分調査して考慮する必要がある。したがって、具体的に勧告等を行うに当たっては、当該工場等の周辺の暗騒音も十分調査して、少なくとも当該の工場騒音が暗騒音を高めることのない程度の規制を考えることとなる。

6　罰則

本条第2項に定められた改善命令に違反した者は、法第29条の規定により、1年以下の懲役又は10万円以下の罰金に処せられる。さらに、法人又は人の業務に関して、この違反を行った代表者、代理者、使用人等は、違反者として罰せられるほか、法第32条の規定により、当該の法人又は人に対しても法第29条の罰金が課せられる。

〈解　説〉

① 「市町村長」

法第6条（特定施設の設置の届出）と同様に、市町村長の自治事務とされている[注14]。

② 「周辺の生活環境が損なわれている」

法第9条と同様の趣旨であり、当該の特定工場等において発生する騒音が規制基準に適合しないことのみではなく、それによって周辺の生活環境が損なわれるおそれがあると市町村長が認める必要がある。

③ 「期限を定めて」

改善勧告の内容は、騒音の防止の方法の改善又は特定施設の使用の方法若しくは配置の変更に限られているが、それぞれ技術的な内容は多岐にわたり、一律に一定の期限を定めてその間に改善を求めることは実情にそぐわない。しかし、改善措置の実施は、可及的速やかに行う必要もあり、改善を求める内容に即した期限を個別に定めるものとし、その実効を期すこととしたものである。

④ 「その事態を除去するために必要な限度」

[注14] 第6条の〈解説〉⑤を参照

法第9条に定める計画変更勧告と同様の趣旨であり、生活環境の保全を図りうるのに必要な限度を意味している。

なお、計画変更勧告は、将来の時点における問題であり、本条の場合は、現時点における違法状態の除去が問題であり、その点では意味では異なるが、趣旨においては計画変更勧告と同様と解すべきものである[注15]。

⑤「騒音の防止の方法を改善」

騒音の防止の方法とは、例えば消音器の設置、浮き床等の構造、吸音板の設置、二重窓の設置、遮音塀の設置等のことである。

具体的な改善勧告又は命令の内容は、例えば「次のような措置を講ずることにより騒音レベルを○○dBに引き下げなさい。」という形のものを予定しており、その措置も一般的には、特定の措置をとるべきことを求めるより、複数の措置をあげ事業者に選択の余地を認めるようにすることが適当であると考えられる。なお、この改善の勧告又は命令の内容には、工場移転又は操業停止（使用停止とは異なる。）は想定していない。

また、改善の勧告及び命令の内容に差異を設けなかったのは、勧告も命令も騒音の低減を図るという目的のために行われるものであり、勧告、命令という形式上の差によって内容に差異を設ける意味がないからである。

⑥「特定施設の使用の方法若しくは配置を変更」

特定施設の使用の方法若しくは配置を変更とは、加工方法の変更、夜間の使用中止、戸・窓など閉めた状態での使用、設置場所の住居からなるべく離れたところへの移設、向きの変更による騒音放射方向のずらし等のことである。

⑦「勧告に従わないで特定施設を設置しているとき」

法第9条の規定による計画変更勧告に従わず、その勧告に係る特定施設を設置したことにより、特定工場等において規制基準に適合しない騒音を発生し、周辺の生活環境を損なっている者に対しては、本条第1項に規定する改善勧告をまたずに、直接に改善命令を発し得る仕組みである。これによって法第9条の計画変更勧告が担保されている。

また、勧告の一部にしか従わなかったことにより、特定施設を設置した後の騒音が規制基準に適合せず周辺の生活環境を損なっている場合も、同時にあらためて第1項の勧告をすることなく命令を発し得る。なお、計画変更の勧告に従った

[注15] 第9条の〈解説〉⑤を参照

にもかかわらず、発生する騒音が規制基準に適合しないことにより周辺の生活環境を損なっていると認められる場合は、市町村長はあらためて本条第1項の改善勧告を行うことになる。

⑧「3年間は、適用しない」

本法では、既存施設については、大気汚染防止法の猶予期間に比し、長期間である3年間の改善命令の猶予期間を置いている。その理由の第1としては、騒音については、ばい煙に比べ、その防止方法の実施が必ずしも容易でないことがあげられる。建屋の構造を変更するための建て替え、敷地周辺の遮音塀設置等、その防止方法は、経営上著しい影響を与えざるを得ない程の費用と時間が必要とされる場合が多いことによる。

また、第2の理由として、特定工場等を設置している者が資力に乏しい小規模事業者の場合が想定され、これらの小規模事業者が過重な負担を負うことにならない範囲で、その実効をあげうるように考慮を行ったものである。

本法においては、このような理由から既設施設については、3年間の猶予期間を置くこととし、その間に設置者が自主的に又は行政上の指導により、所要の改善措置を講ずることにより、規制の実効をあげることを期している。

⑨「第1項の規定に相当するものがあるとき」

改善命令に3年間の猶予期間を与える趣旨は、従来規制を受けずに設置されていた特定施設について、新たに規制が加わることになる場合は、それまで設置していたことを一種の既得権的なものとして実際的な配慮を行い、ただちに新たな規制を加えることはせず、規制を受ける側に猶予期間を与えることにより自主的な改善措置を講じさせることを狙ったものである。

しかし、新たにこの法律の規制対象となった場合であっても、従来地方公共団体の条例によりこれと同様の規制が行われていた場合においては、条例による規制との連続性を認めて、特にその猶予期間を設けることなく本法による規制を行うこととしている。なお、条例の規定で第1項の規定に相当するものは、

(1) 特定施設につき改善勧告を行う仕組みのもの
(2) 改善勧告及び改善命令の組合わせによる仕組みのもの
(3) 改善命令だけによる仕組みのもの

が考えられるが、本条の趣旨から、(1)から(3)までのすべてを相当する規定としてとらえることとしている。ただし、法と条例とは体系的に相当の相違がある

場合もあり、本条の規定の運用については慎重に取り扱う必要がある。

⑩ **「受理された日から 30 日を経過したとき」**

　経過措置に係る届出をした特定施設について、特定施設の数等の変更届を行った場合には、騒音レベルも増加することとなり、新たな実体が生じたものとして取り扱う。よって、従来どおりの特定施設を設置する特定工場等としての3年間の改善勧告及び改善命令の猶予期間を与えられず、当該届出が受理された日から30日を経過した日（当該届出に係る変更の工事が開始される日）以後は、ただちに改善勧告及び改善命令の規定が適用されることとなる。

> **第13条（小規模の事業者に対する配慮）**
> ①市町村長は、②小規模の事業者に対する第9条又は前条第1項若しくは第2項の規定の適用に当たつては、③その者の事業活動の遂行に著しい支障を生ずることのないよう当該④勧告又は命令の内容について特に配慮しなければならない。
>
> （平11法87・一部改正）

〈趣　旨〉

　本法の規制対象となる工場又は事業場の事業者は、その大部分が中小企業の事業者、特に小規模の事業者が多いと考えられている。この小規模の事業者は一般的に資力が脆弱であり、その経営形態が生業的なものが多くなっている。この点にかんがみ、市町村長が計画変更勧告、改善勧告及び改善命令を発動するに当たっては、当該小規模事業者の資力などを勘案して、その事業活動の円滑な遂行を阻害し、経営が著しく不安定となることのないよう特に配慮することとしている。

〈解　説〉

①「市町村長」

　法第6条（特定施設の設置の届出）と同様に、市町村長の自治事務とされている[注16]。

②「小規模の事業者」

　中小企業関係の諸法律では、中小企業のうちさらに小規模のものを小規模事業者という概念でとらえている。中小企業基本法では、法第2条第5項においておおむね常時使用する従業員の数が20人以下のものを小規模企業者としているが、本法では、資力などが脆弱で、かつ、生業的なものについて勧告、命令に当たり特に配慮するという観点に立っているので、常時使用する従業員の数が10人以下の事業者を小規模事業者の目安としている。

③「その者の事業活動の遂行に著しい支障を生ずることのないよう」

　資力が脆弱な小規模の事業者が、勧告、命令によって事業活動の円滑な実施が

[注16] 第6条の〈解説〉⑤を参照

阻害され、経営が著しく不安定になることがないように配慮しながら、騒音の防止を図っていくことを明らかにしたものである。

④「勧告又は命令の内容について特に配慮しなければならない」

勧告又は命令について特に配慮しなければならない点は、勧告、命令を実施させる場合の期限についてその延長を認めるとか、勧告、命令の内容である騒音防止のための措置の段階的実施等を指すのであって、勧告、命令の要件に該当する場合に、勧告、命令そのものを行わないという趣旨ではない。また、勧告、命令の内容を実施させる場合、小規模の事業者に対し、必ず金融上の配慮を行うことまでを本条は予定しているわけではない。

特定工場等を経営する事業者が小規模の事業者であるかどうかは、特定施設の設置の届出を行う場合においては、規則第 4 条第 2 項第二号の常時使用する従業員数などを参考にして判断すべきであるが、同号については変更の届出を要する事項となっていないので、勧告、命令を行うに当たっては、法第 20 条に基づく報告の徴収や立入検査等を行ったうえで判断することが望まれる。

第3章　特定建設作業に関する規制

第14条（特定建設作業の実施の届出）

①指定地域内において②特定建設作業を伴う建設工事を施工しようとする者は、③当該特定建設作業の開始の日の④7日前までに、⑤環境省令で定めるところにより、次の事項を⑥市町村長に届け出なければならない。ただし、⑦災害その他非常の事態の発生により特定建設作業を緊急に行う必要がある場合は、⑧この限りでない。

一　氏名又は名称及び住所並びに法人にあつては、その代表者の氏名
二　⑨建設工事の目的に係る施設又は工作物の種類
三　⑩特定建設作業の場所及び実施の期間
四　⑪騒音の防止の方法
五　⑫その他環境省令で定める事項

2　前項ただし書の場合において、当該建設工事を施工する者は、⑬速やかに、同項各号に掲げる事項を市町村長に届け出なければならない。

3　前二項の規定による届出には、当該⑭特定建設作業の場所の附近の見取図⑮その他環境省令で定める書類を添付しなければならない。

（昭45法135・昭46法88・平11法87・平11法160・一部改正）

〈趣　旨〉

1　建設作業騒音の特性

建設作業騒音は、建設作業自体の特殊性から工場騒音とは異なる特性をもっている。例えば、①建設工事自体は一時的でしかも短期間で終了するのが通例であること、②建設工事の場所などに代替性がなく他所では実施できない工事が多いこと、③工場騒音については敷地の広さ、建屋の配置、遮音壁などにより騒音防止が可能なのに対して、建設作業騒音は低騒音の施工方法の開発をまたない限り、防止対策がきわめて困難であること、④学校を建てたり、道路を作ったり、地域住民の利益に密接に結びつく場合もあり、ある程度の騒音は受忍するというケースが出てくることなどである。

このため、工場騒音の規制に比べて建設作業騒音の規制には、若干の特色がみられ、規制対象となる騒音の大きさの基準も工場騒音より高く、また規制の方法も音を下げることと同時に夜間作業や日曜、休日の作業の制限といった面にも配慮されている。

2　特定建設作業に関する規制の仕組み

　建設作業騒音に関する規制は、特定建設作業の実施の届出、改善勧告、改善命令、さらに罰則による担保という仕組みによって行われる。まず、指定地域内において特定建設作業を伴う建設工事を施工しようとする者に対して、当該作業の実施の届出をさせ、市町村長は特定建設作業の実施を把握するものとした。また、その届出に係る特定建設作業に伴って発生する騒音が、環境大臣の定める基準に適合しないことにより周辺の生活環境が損なわれる場合には、市町村長はその事態の除去に必要な騒音の防止の方法等についての勧告を行い、さらに、その勧告が実現されない場合には改善命令を行うこととしている。

　なお、建設作業騒音の規制には、特定工場等の規制で定められている計画変更勧告が定められていないが、市町村長は必要な指導は可能と解されている。

　特定建設作業の届出後に届出内容の変更が生じた場合は、本法に特定建設作業に係る変更届出に関する規定が存在しないため、本条に基づき速やかに再提出を行うことになる。なお、第31条の規定により、虚偽の届出をした者は罰則が適用されることになるが、具体的判断については、変更の内容や程度など個別の場合に応じて、当該市町村長が判断することになる。

3　罰則

　本条第1項の規定による特定建設作業の実施の届出義務の違反者は、法第31条の規定により、3万円以下の罰金に処せられる。なお、法人又は人の業務に関して、この義務違反を行った代表者、代理者、使用人等は、違反者として罰せられるほか、法第32条の規定により、当該の法人又は人に対しても法第31条の罰金が課せられる。

　また、本条第2項のただし書による災害等の非常事態に係る届出義務の違反者は、法第33条の規定により、1万円以下の過料に処せられる。

〈解　説〉
　①「指定地域内」

指定地域とは、法第3条の規定に基づき、都道府県知事が指定した地域をいい、法第4条において規制基準が設定されている[注17]。

② 「特定建設作業を伴う建設工事を施工しようとする者」

特定建設作業の規制に関する届出義務者は、施工しようとする者で元請業者であるが、これは、責任者が明確になることと、元請業者ならばいつどのような特定建設作業を行うかについての正確な知識を有していることによる。元請業者は、すべての下請業者の工事施工方法、施工時期を統轄管理しており、また、場合によっては工事進行の状況をみて、直接現場において施工方法、施工時期等について下請業者に指示することもできること等から、直接当該作業を行っている者が下請業者である場合であっても、元請業者を届出義務者とするのが建設業の実態からみて適切である。

また、発注者を届出義務者とするのは、工事発注後の個々の作業にかかる工程計画の作成は元請業者にまかせられている場合が多いので不適当と考えられる。

ただし、実際に規制を行う場合には、元請業者のみに調査等を行うだけではなく、その工事の発注者及び下請業者に対しても事情を聞く等の措置が必要であり、届出書にはそれらの氏名、名称等を記載しなければならない。

③ 「当該特定建設作業の開始の日」

建設工事は、各種建設作業の組み合せにより行われるものであるところから、必ずしも建設工事の開始日とその特定建設作業の開始日は一致せず、各特定建設作業の開始日は異なることが多い。

建設作業騒音規制の仕組みとしては、工場騒音が工場単位でとらえるのとは異なり、個々の特定建設作業をとらえるところから、こうした届出を行わせるわけである。ただし、一の建設工事について複数の特定建設作業を一括して届け出ることは差し支えない。

④ 「7日前」

事前届出を7日前までとしたのは、できる限り早い方が望ましいが、作業の段取りの決定と事務処理の期間との関係から、最小限7日前と規定したわけである。また、届出は、7日前までに送達されるならば郵送でも差し支えない。また、本法においては、大気汚染防止法に定める実施の制限期間の短縮に相当する規定はないので、本条の届出において7日の期間を短縮することはできない。

[注17] 第3条の〈解説〉①、第4条の〈解説〉⑦を参照

なお、特定建設作業に伴って発生する騒音は、実際の作業者の作業のやり方によって発生の仕方も、周辺の住民への影響も異なってくるので、事後の改善勧告が実際上は多いと考えられるが、届出があった場合において、届出事項の内容によっては、深夜作業の制限、消音装置の取付等、必要な指導も可能と考えられている。

⑤「環境省令で定めるところにより」

環境省令とは、騒音規制法施行規則のことで、規則第10条の規定により、様式第9の届出書によって行う。

⑥「災害その他の非常の事態」

風水害、火災等による緊急な工事のことであり、特定建設作業を行う必要があらかじめ想定できない場合である。工期が遅れたことにより急きょ特定建設作業を行うような場合は、これに該当しない。

⑦「市町村長」

法第6条（特定施設の設置の届出）と同様に、市町村長の自治事務とされている注18)。

⑧「この限りでない」

届出そのものを必要としないということではなく、7日前に届け出るということについて例外を認めるということである。もちろん届出を行いうる状態になったときは、すみやかに届出をすることはいうまでもない。

⑨「建設工事の目的に係る施設又は工作物の種類」

特定建設作業は、建設工事の構成要素として把握されるので、建設工事の目的に係る施設又は工作物の種類、つまり、例えば○○道路とか○○ビル等を届出事項とすることによって、特定建設作業の種類及び内容を把握することとしている。

なお、目的については、これを広く解釈し、特定建設作業の把握と同時に、施設又は工作物の種類を併せて届け出させることにより、第15条第3項に定める公共性のある施設又は工作物への配慮規定の適用についての資料とする。

⑩「特定建設作業の場所及び実施の期間」

場所とは、特定建設作業を伴う建設工事が行われる場所、すなわち、いわゆる作業現場をいうが、具体的にどの範囲を指すかは、建設工事の種類等を勘案してケースバイケースによって判断する必要がある。

注18) 第6条の〈解説〉⑤を参照

また、実施の期間は、特定建設作業騒音の特性から、その発生の態様を把握する上で重要な事項であるため、特に届出事項としたものである。

⑪「騒音の防止の方法」

騒音の防止の方法の内容としては、建設機械に防音装置をつけることや、作業現場に遮音シートによる仮囲いを設置すること等が考えられる。

⑫「その他環境省令で定める事項」

騒音規制法施行規則第10条において、次のように定められている。

一 建設工事の名称並びに発注者の氏名又は名称及び住所並びに法人にあつてはその代表者の氏名

二 特定建設作業の種類

三 特定建設作業に使用される令別表第2に規定する機械の名称、型式及び仕様

四 特定建設作業の開始及び終了の時刻

五 下請負人が特定建設作業を実施する場合は、当該下請負人の氏名又は名称及び住所並びに法人にあつてはその代表者の氏名

六 届出をする者の現場責任者の氏名及び連絡場所並びに下請負人が特定建設作業を実施する場合は、当該下請負人の現場責任者の氏名及び連絡場所

⑬「速やかに」

災害等の発生により特定建設作業を緊急に実施しなければならない事態においては、届出を7日前とすることは実情にそぐわないので7日前に限定せず、届出を行いうる状態になったときには、できるだけ速やかにその届出をすべきことを定めている。

⑭「特定建設作業の場所の附近の見取図」

騒音により影響を及ぼされる周辺地域の実情を把握するため、付近の見取図や地図を併せて添付させることとしている。

⑮「その他環境省令で定める書類」

騒音規制法施行規則により、ここでいう書類とは建設工事の工程の概要を示した工事工程表で、特定建設作業の工程を明示したもののことであり、届出において添付することとなっている。

なお、本条に基づく届出の際や法第20条に基づく立入り検査を実施する際などに建設工事の全容を把握しておくことが望ましいことから、建設工事全体の工程

表を添付することとされている。

第15条（改善勧告及び改善命令）
　①市町村長は、指定地域内において行われる特定建設作業に伴つて発生する騒音が②昼間、夜間その他の時間の区分及び③特定建設作業の作業時間等の区分並びに④区域の区分ごとに⑤環境大臣の定める基準に適合しないことによりその⑥特定建設作業の場所の周辺の生活環境が著しく損なわれると認めるときは、⑦当該建設工事を施工する者に対し、⑧期限を定めて、⑨その事態を除去するために必要な限度において、⑩騒音の防止の方法を改善し、又は⑪特定建設作業の作業時間を変更すべきことを⑫勧告することができる。
2　市町村長は、前項の規定による勧告を受けた者がその勧告に従わないで特定建設作業を行つているときは、期限を定めて、同項の事態を除去するために必要な限度において、騒音の防止の方法の改善又は特定建設作業の作業時間の変更を命ずることができる。
3　市町村長は、⑬公共性のある施設又は工作物に係る建設工事として行われる特定建設作業について前二項の規定による勧告又は命令を行うに当たつては、⑭当該建設工事の円滑な実施について特に配慮しなければならない。

（昭45法135・昭46法88・平11法87・平11法160・一部改正）

〈趣　旨〉
1　本条の趣旨
　法第14条の規定により、指定地域内において行われる特定建設作業に伴って発生する騒音が、環境大臣の定める基準に適合しないことにより周辺の生活環境が著しく損なわれるときは、市町村長は必要な騒音防止等に関する勧告を行い、勧告に従わない場合は改善の命令を行いうる仕組みを定めたものである。

2　計画変更勧告を規定していない理由
　特定建設作業に関する規制は、工場騒音に係る特定施設に関する規制とは異なり、事前届出の段階における計画変更勧告は特に法文上規定していない。これは、建設工事の騒音は一時的なものであり（もちろん長期にわたるものもあるが、建設工事には一定の工期というものがある。）、常時生活環境を著しく損なうという

ものではなく、また、騒音の防止方法も工場騒音の場合のように標準化することが技術的に困難であるということによる。

また、建設作業騒音の規制では、実際にも特定建設作業の開始後に発生する騒音が一定の基準に適合しないことにより生活環境が損なわれているとして、必要な勧告、命令の措置をとることがある。

3 公共性のある施設等に対する配慮

建設工事には、例えば道路工事、下水道工事、地下鉄工事など、公共の目的に資するための工事もある。これらの工事については、その目的とする施設又は工作物のもつ公共性にかんがみ、その早期完成を必要とする場合などにおいては、一般住民に及ぶ利害得失を考慮することによって、騒音の受忍の範囲を異にすることもありうると考えられ、勧告又は命令を行うに当たっては、市町村長はその建設工事の円滑な実施について特に配慮することとしている。

公共性のある施設又は工作物の設置に係る公益と、騒音規制をすることによる地域の生活環境保全という公益とを比較考量すべきことを明らかにしたものである。その意味で、工場騒音の小規模の事業者に対する配慮は、勧告、命令の内容についての配慮であるが、本条の公共性の配慮は、勧告、命令を出すか出さないかも含んでいる。

4 経過措置を認めなかった理由

特定施設については、届出に係る経過措置と改善命令に係る経過措置が定められ、それぞれ相当の配慮を払い事業者に過重な負担を負わせないよう措置している。一方、特定建設作業についてこれを規定しなかったのは、①建設工事には一定の工期があり、しかも特定建設作業を長期にわたり行うものは少ないし、届出についても特定建設作業開始の7日前である、②区域の指定などに当たっては、適用の時期に一定の期間を設けるように、都道府県に配慮を求めていることから、特定建設作業については特に経過措置を法文上規定しなくとも建設業者等に対し過重な負担を負わせることにはならないと考えられることによるものである。

5 罰則

本条の規定による改善命令に違反した者は、法第30条の規定により、5万円以下の罰金に処せられる。さらに、法人又は人の業務に関して、この義務違反を行った代表者、代理者、使用人等は、違反者として罰せられるほか、法第32条の規定により、当該の法人又は人に対しても法第30条の罰金が課せられる。

〈解　説〉
① 「市町村長」
　法第 6 条（特定施設の設置の届出）と同様に、市町村長の自治事務とされている[注19]。

② 「昼間、夜間その他の時間の区分」
　生活時間により、例えば睡眠、日常会話など生活障害の内容や程度が異なるため、昼間、夜間、朝夕等の区分によって、基準の内容を変える趣旨である。

③ 「特定建設作業の作業時間等の区分」
　特定建設作業の継続時間により、騒音が生活環境に及ぼす影響が異なると考えられることから、作業時間や作業期間に応じた基準を定めるものとされている。

④ 「区域の区分」
　住宅地域、工業地域等の地域の特性に応じて指定地域内の区域を区分し、基準の内容をさらにきめ細かく設定する趣旨である。
　具体的には、特定建設作業に伴つて発生する騒音の規制に関する基準（昭和 43 年厚生・建設省告示第 1 号）の別表において、指定地域を都道府県知事又は市の長が指定した「1 号区域」とその他の区域である「2 号区域」に区分することとしている。具体的な内容は、次のとおりである。

　（1 号区域）
　　イ　良好な住居の環境を保全するため、特に静穏の保持を必要とする区域であること。
　　ロ　住居の用に供されているため、静穏の保持を必要とする区域であること。
　　ハ　住居の用に併せて商業、工業等の用に供されている区域であつて、相当数の住居が集合しているため、騒音の発生を防止する必要がある区域であること。
　　ニ　学校教育法（昭和 22 年法律第 26 号）第 1 条に規定する学校、児童福祉法（昭和 22 年法律第 164 号）第 7 条に規定する保育所、医療法（昭和 23 年法律 205 号）第 1 条の 5 第 1 項に規定する病院及び同条第 2 項に規定する診療所のうち患者を入院させるための施設を有するもの、図書館法（昭和 25 年法律第 118 号）第 2 条第 1 項に規定する図書館並びに老人福祉法（昭

[注19]　第 6 条の〈解説〉⑤を参照

和38年法律第133号）第5条の3に規定する特別養護老人ホーム、就学前の子どもに関する教育、保育等の総合的な提供の推進に関する法律（平成18年法律第77号）第2項に規定する幼保連携型認定こども園の敷地の周囲おおむね80mの区域内であること。

（2号区域）

指定地域のうちの1号区域以外の区域

このように、1号区域と2号区域を区分したのは、指定地域内の住居の環境が良好である区域や学校、病院等の周辺地域で静穏を必要とする区域とそれ以外の区域とは、騒音により生活環境が損なわれることを防止する必要の程度が異なると考えられることからである。

⑤「環境大臣の定める基準」

この環境大臣の定める基準とは、「特定建設作業に伴つて発生する騒音の規制に関する基準」をさしている。この建設作業騒音については、すべての作業について一律的な基準を定めるのは、技術的に困難な面があるが、規制内容の妥当性、規制の全国的統一を図るため、環境大臣が定める基準に従って行われることとされている。この基準は、作業の種類、作業の時刻、時間・日数・曜日、作業場所からの距離、騒音の大きさ等を勘案して、次のとおり定められている。

ここで、騒音の測定方法については、特定建設作業に伴って発生する騒音の規

（特定建設作業に係る基準概要）

1	騒音の大きさ	敷地境界で85dBを超えないこと。
2	夜間または深夜作業	1号区域では午後7時〜午前7時、2号区域では午後10時〜午前6時に行われないこと。 ただし、災害等の事態、人の生命等の危険防止、鉄道軌道の正常運行、道路法に基づき夜間に行う場合、についての作業を除く。
3	1日の作業時間	1号区域では1日10時間、2号区域では1日14時間を超えないこと。 ただし、作業を開始した日に終わる場合、災害等の事態、人の生命等の危険防止、についての作業を除く。
4	作業期間	作業の期間が6日を超えないこと。 ただし、災害等の事態、人の生命等の危険防止、についての作業を除く。
5	日曜日、その他の休日作業	日曜日、その他の休日に行われないこと。 ただし、災害等の事態、人の生命等の危険防止、鉄道軌道の正常運行、変電所の工事、道路法に基づき日曜・休日に行う場合、についての作業を除く。

制に関する基準の備考により、当分の間は、日本工業規格Z8731によるものとして、騒音の大きさの決定は次のとおりとされている。
(1) 騒音計の指示値が変動せず、又は変動が少ない場合は、その指示値とする。
(2) 騒音計の指示値が周期的又は間欠的に変動し、その指示値の最大値がおおむね一定の場合は、その変動ごとの指示値の最大値の平均値とする。
(3) 騒音計の指示値が不規則かつ大幅に変動する場合は、測定値の90パーセントレンジの上端の数値とする。
(4) 騒音計の指示値が周期的又は間欠的に変動し、その指示値の最大値が一定でない場合は、その変動ごとの指示値の最大値の90パーセントレンジの上端の数値とする。

なお、告示本文のただし書により、85dBという基準を超える大きさの騒音を発生する特定建設作業について、勧告又は命令を行うに当たり、1日における作業時間を10時間（1号区域）又は14時間（2号区域）未満で4時間以上の間に短縮させることを妨げるものではないとされている。これは、騒音の大きさの基準を超える場合に、技術的困難性などの理由から騒音の防止の方法の改善によっては、生活環境が著しく損なわれる事態を除去することが困難な場合も十分予想されるので、騒音が住民に与える影響を軽減する手段の1つとして、1日当たりの作業時間を4時間まで短縮させることもできるとされたものである。

また、「特定建設作業に伴つて発生する騒音の規制に関する基準の一部改正について（昭和63年12月16日環大特第140号）」により、さく岩機を使用する作業で、コンクリート圧砕機、静的破砕剤等の低騒音工法を併用する場合には、当分の間、ただし書の「4時間」は「6時間」と解されるとされている[注20]。

⑥ 「特定建設作業の場所の周辺の生活環境が著しく損なわれる」

建設作業に伴って発生する騒音が環境大臣の定める基準に適合する限りは、原則として周辺の生活環境が著しく損なわれるということはない。また、その基準に適合しない場合であっても、騒音は距離による減衰があるので、工事現場の周辺が空地であったり、河川などに面しており、損なわれるべき生活環境の実体がない場合が考えられる。このような場合には、ことさら特定建設作業に伴って発生する騒音を環境大臣の定める基準以下におさえる実益はない。そこで特定建設作業に伴って発生する騒音が環境大臣の定める基準に適合せず、このことにより

[注20] 「特定建設作業に伴つて発生する騒音の規制に関する基準の一部改正について」を参照

建設作業現場の周辺の生活環境が著しく損なわれると認める場合を改善勧告の発動の要件としたのである。

また、この損なわれるべき生活環境の内容を、工場騒音の場合とは異なり、「著しく損なわれる」としたのは、建設作業に伴う騒音は工事騒音の場合のように恒久的なものではなく、長短の差はあるとしても一時的なものであること、その防止が技術的に困難な場合もあること、作業場所に代替性がないこと、また、建設工事の施工は、第3項に規定するように多分に地域住民の利害得失に密接に関係するものが多く、地域住民の生活環境に対する影響、その受忍の範囲も自ずから異なってくると考えられるので、特に「著しく」と規定したものである。

⑦「当該建設工事を施工する者」

その特定建設作業に係る建設工事の元請業者をいう[注21]。

⑧「期限を定めて」

改善勧告の内容は、多岐にわたり一律に一定の期限を定めてその間に改善を求めることは実情にそぐわない。しかし、改善措置の実施は、可及的速やかに行う必要もあり、改善を求める内容に即した期限を個別に定めるものとしたものであるが、建設工事の性格上きわめて短期間であると考えられる。

⑨「その事態を除去するために必要な限度において」

勧告の内容は、騒音が環境大臣の定める基準を超えている場合であっても、一定の騒音レベルの低下をもって生活環境が著しく損なわれることを防止しうる場合には、その限度において改善を求めれば足りるわけである。例えば、住居が建設現場からかなり離れているような場合が想定される。

⑩「騒音の防止の方法の改善」

建設工事の騒音の防止の方法は技術的にかなり困難な場合が少なくないが、例えば建設機械に防音装置をつけること、工事現場に板囲いをすること等が考えられる。なお、この改善の勧告又は命令の内容には、工法の変更及び建設工事の中止は含まれない。

また、改善の勧告及び命令の内容に差異を設けなかったのは、勧告も命令も騒音の低減を図るという目的のために行われるものであり、形式上の差によって内容に差異を設ける意味がないからである。

⑪「特定建設作業の作業時間の変更」

[注21] 第14条の〈解説〉②を参照

騒音レベルが高い場合は、頻度、騒音の継続時間等の事項は、騒音の生活環境に与える影響を大きく左右するものであり、それらの変更により生活環境の改善を得ることができる可能性があり、これを勧告命令の内容としたわけである。なお、騒音の防止の方法と作業時間の変更は、選択的に行われることとなり、1つの限定した方法だけを指定して行わせるものではない。

⑫「勧告することができる」

勧告の方法としては、騒音の防止の方法と作業時間の変更の2つがあるが、基本的な考え方としては、建設作業の特殊性からみて、後者の場合が多いと考えられている。

昭和63年11月の告示改正以前においては、騒音の大きさの基準に適合しないことにより勧告するに当たっては、騒音防止の方法の改善に限られていた。しかし、告示改正により騒音防止の方法の改善のみならず、1日における作業時間を4時間まで短縮することも勧告できることに改正されている。

また、告示の第2号から第5号までのいずれか1つにでも適合しない場合には、作業時間の変更はもちろん騒音の防止の方法についても勧告できる。また、騒音の大きさが第1号の所定の大きさを超えていない場合でも、もちろん勧告できるが、最も合理的かつ効果的な方法を講ずる必要がある。

「特定建設作業に伴つて発生する騒音の規制に関する基準」の各号のただし書は、いずれも建設作業の特殊性からみて、災害時緊急工事など社会的に妥当と考えられるものを最少限度、例外的に認めたものである。

⑬「公共性のある施設又は工作物」

例えば、道路、鉄道、公共用飛行場、自動車ターミナル、上下水道、学校、病院、電気工作物、ガス工作物等をいう。おおむね、建設業法施行令第15条に定める事業に係る施設又は工作物である。

⑭「当該建設工事の円滑な実施について特に配慮しなければならない」

公共性のある施設又は工作物に係る建設工事は、それが遅れることによって地域住民の生活に大きな損失を与えることもあるので、改善命令等によってそのような事態が生じないよう配慮すべきものとする趣旨である。また、法第13条の小規模事業者に対する配慮は、勧告、命令の内容に対する配慮であるが、本条の配慮とは、勧告、命令を行うか行わないかの点も含んでいる。具体的には、一般の建設工事に対しては、夜間一定時間の作業の停止を勧告、命令する事例であって

も、公共性を配慮した場合には、作業を停止させることはせず、その頻度を減少させるにとどめることなどが予想される。

第4章　自動車騒音に係る許容限度等

第16条（許容限度）
　環境大臣は、自動車が①一定の条件で運行する場合に発生する②自動車騒音の大きさの③許容限度を定めなければならない。
2　自動車騒音の防止を図るため、国土交通大臣は、④道路運送車両法に基づく命令で、自動車騒音に係る規制に関し必要な事項を定める場合には、前項の⑤許容限度が確保されるように考慮しなければならない。

（昭45法135・全改、昭46法88・平12法91・一部改正）

〈趣　旨〉
1　本条の趣旨

　法制定当初の騒音規制法には、当時の自動車の騒音防止技術が未開発なことや道路事情の悪さ等の問題があるため、自動車騒音に関する規定を本法にとり入れることは見送られていた。しかし、制定時の衆議院及び参議院の付帯決議においても、騒音防止技術に関する研究を促進し、早急に騒音の防止に必要な措置を講ずることとの指摘がなされていた。また、当時は自動車騒音の規制について道路運送車両法、道路交通法の規定により一応の対策が講じられていたが、必ずしも十分なものではなく、かつ、自動車交通の急速な進展に伴い自動車騒音が住民の生活環境に与える影響がますます深刻なものとなってきていた。

　このため、昭和45年の第64回国会における公害関係法令の整備にあわせて、自動車騒音に係る規制が騒音規制法に導入され本条が設けられた。法第16条において個々の自動車について騒音の大きさの許容限度を定めるとともに、法第17条において指定地域内における自動車騒音を低減するための測定に基づく要請及び意見に関する規定が設けられている。

2　許容限度と規制基準の関係

　本条に基づき、環境大臣は、自動車騒音の大きさの許容限度を定めるが、自動車騒音の規制は、自動車の装置、構造等と密接不可分な関係にあるので、国土交通大臣が道路運送車両法に基づく保安基準で、自動車騒音に係る規制に関し必要

な事項を定める場合には、環境大臣の定める許容限度が確保されるように考慮しなければならないとしている。

このように、本条の許容限度は、工場・事業場騒音等の規制とは異なり、本条の許容限度自体を、自動車の使用者や運転者が遵守しなければならないものとしたのではなく、これが道路運送車両法の保安基準に定められて、初めて同法又は道路交通法により自動車の生産販売や運転の段階において実体的な騒音規制が行われることとなる。

3 許容限度改正の経緯

許容限度等については、昭和46年以降、数次にわたる規制の強化が実施されてきている。平成4年11月には、当時の中央公害対策審議会の審議についての中間答申として加速走行騒音を1～3dB低減すべきとする「許容限度設定目標値」が示された。引き続いて環境基本法の制定により新たに設置された中央環境審議会において審議が継承され、平成7年2月の答申において、定常走行騒音について、車種により1.0～6.1dB、近接排気騒音について、車種により3～11dB低減すべきとする「許容限度設定目標値」が示された。環境庁においては、これら目標値の具体的な達成時期を見極めるべく、「自動車騒音低減技術評価検討会」を開催し、自動車メーカー等における技術開発状況についての調査が行われ、車種に区分して順次自動車騒音の大きさの許容限度が改正された。その後、自動車交通騒音に係る環境基準達成状況の経年変化は、概ね横ばい傾向であり苦情も後を絶たないことから、平成17年6月に「今後の自動車単体騒音低減対策のあり方について」が諮問され、使用過程車の騒音対策、近接排気騒音対策や測定方法に関して検討がなされた。

平成20年12月に中間答申として、突出した騒音を低減するためにマフラーの事前認証制度の導入及び試験法も含めた騒音規制手法を見直すこと等が示された。検討にあたっては、我が国の騒音環境を考慮し実態に即した自動車交通騒音低減を図りつつ国際基準への調和及び我が国の自動車関連産業の競争力強化が考慮され、国際基準が改正され近く発効する二輪自動車・原動機付自転車の加速走行騒音低減対策及び四輪車のタイヤ騒音低減対策等についても検討が行われた。

次に、平成24年4月「今後の自動車単体騒音低減対策のあり方について（第二次答申）」では、交通流において恒常的に発生する騒音を低減するため、二輪車の加速走行騒音規制の見直し、定常走行時の寄与率が高いタイヤ騒音の低減対策の

導入、今後の検討課題等が示された。これを受けて平成25年1月25日に自動車単体騒音低減対策に係る環境省告示を一部改正（平成26年1月1日施行）した。具体的な内容は①二輪車の加速走行騒音試験法を交通流において恒常的に発生する騒音を評価する手法に改正すること、②加速走行騒音低減対策を強化すべく新試験法に見合った許容限度を設定すること、③新試験法の導入に伴い規制を合理化すべく二輪車の定常走行騒音規制の廃止である。

さらに平成27年7月に「今後の自動車単体騒音低減対策のあり方について（第三次答申）」が答申され、これを受けて平成27年10月8日「自動車騒音の大きさの許容限度」（告示）が一部改正された。

4　今後の自動車単体騒音低減対策のあり方について（第三次答申）

四輪車については、車両性能、使われ方、道路交通環境等が変化し、実際の市街地における走行での利用頻度の高い運転条件とは異なり、これまでの走行騒音試験方法下での規制強化が実走行での自動車交通騒音の改善に繋がっていないことが懸念されている。また使用過程時に走行騒音が悪化したことを確実に検出されることが必要である。さらに、これまでの累次の規制強化を受け、定常走行時には、タイヤと路面の接触によって発生するタイヤ騒音の寄与が相対的に大きくなってきている。市街地の走行実態等を踏まえた適切な評価手法に見直された。

（1）四輪車走行騒音

車両性能等の変化や市街地における走行実態を踏まえた規制にすることを目的に、国連欧州経済委員会自動車基準調和世界フォーラム（以下、「UN-ECE/WP 29」という。）において、四輪車の走行騒音に関する新基準（UN Regulation No.51 03 Series（以下、「R 51-03」という。）について日本も参画して検討がすすめられている。このような状況下にあるため、我が国の実態に即した規制検討にはR 51-03との国際調和も考慮された。R 51-03には、定常走行騒音規制は含まれていないが、市街地の走行に即した規制であり、後述のタイヤ騒音規制（R 117-02；タイヤ騒音の試験方法でタイヤ騒音、ウェットグリップ、転がり抵抗に係る基準）によって定常走行騒音の低減も見込まれる。このため、R 51-03加速走行騒音試験法による試験加速走行騒音の測定調査等を踏まえ、車両カテゴリー別に加速走行騒音の許容限度が検討された。

（2）圧縮空気騒音規制

空気ブレーキを装着した車両によるブレーキ作動時に発する音について、現行

規制 R 51-02 において、技術的最大許容質量 2.8t 超の車両を対象に、圧力調整期の排出時、常用ブレーキの使用時及び駐車ブレーキ使用時に発する圧縮空気の騒音に対する試験方法並びに規制値（72dB を超えないこと）が規定されている。R 51-03 にも規定が維持されていることを受けて、R 51-03 による試験を実施し、圧縮空気排出口にサイレンサーを装着することが技術的にも可能であることが確認され、騒音を低減するために R 51-03 の導入と許容限度目標値について検討がなされた。

(3) 定常走行騒音規制の廃止

R 51-03 加速走行騒音試験法は、定常走行騒音規制は含まれていないが、市街地の走行実態を踏まえた試験方法であるため、定常走行騒音の規制効果も確保しうると考えられる。このため、国際基準調和の観点から、R 51-03 の導入に伴い、定常走行騒音の規制を廃止することについて検討がなされた。

(4) 四輪車及び二輪車の近接排気騒音規制

近接排気騒音は、街頭での取り締まり等の規制が実施容易な規制手法として、新車及び使用過程車に対して実施されてきた。しかし近接排気騒音が大きくなると加速走行騒音も高くなるため、使用過程車の試験は困難なため新車に対してのみ規制されている。四輪車の試験方法 R 51-03、二輪車の試験方法 R 41-04 においては、新車時の近接排気騒音は規制されていないが、市街地の走行実態を踏まえた加速走行騒音を評価するため、国際基準調和の観点を踏まえて新車時の近接排気騒音規制の廃止及びその時期について検討なされた。

(5) 四輪車のタイヤ騒音低減対策

第二次答申において、タイヤ騒音の規制として、試験方法 R 117-02 を導入することと、タイヤ騒音許容限度目標値は R 117-02 の規制値と調和することが示されているため、タイヤ騒音の規制手法、許容限度目標値の適応時期及び自動車メーカーやタイヤメーカーの対応等についても調査、検討が行われた。

5 今後の課題

・R51-03 フェーズ 3 の規制値との調和及び導入時期の検討
・二輪車走行騒音の規制の見直し
・マフラー性能等の確認制度の見直し
・タイヤ騒音規制

〈解　説〉
①「一定の条件で運行する場合」
　運行している自動車から発生する自動車騒音の大きさは、自動車の運行の状態により大幅に変動するので、自動車の運行の実態に即して一定の運行条件のもとにおいて自動車から発生する騒音の大きさについて許容限度を定めることとしている。具体的には、定常走行騒音、近接排気騒音、加速走行騒音の大きさについて許容限度を定めている。なお、今後の許容限度の改正方向については、趣旨を参照のこと。
②「自動車騒音」
　自動車騒音とは、自動車の運行に伴う騒音であり、本法で対象となる自動車は、法第2条第4項において定義されている。具体的には、道路運送車両法に定められた普通自動車、小型自動車、軽自動車の各自動車と原動機付自転車に許容限度が適用される。
③「許容限度」
　この自動車騒音の大きさの許容限度は、生活環境を保全し、国民の健康の保護に資することを目的として、普通自動車、小型自動車等自動車の種別ごとに、定常走行騒音、近接排気騒音及び加速走行騒音などについて環境省告示で示される。今までの基準は、一定の速度で走行する際の騒音である定常走行騒音、使用過程車の街頭での取締りなどに適した近接排気騒音、市街地を走行する際に発生する最大の騒音である加速走行騒音、の3種類を基本に基準が定められている。さらに、新たな自動車単体規制として、①突出した騒音の低減化、②二輪車の加速走行騒音規制の見直し、③タイヤ騒音の低減対策の導入、④走行騒音規制の試験法の見直し、及び高音を発生する空気ブレーキの圧縮空気騒音規制等などの新たな規制が順次追加されており、車種に細かく区分して許容限度にかかる告示が定められている。
　最近の告示は、騒音の大きさの許容限度（平成27年10月8日環境省告示第123号）であり、①一部を除く普通自動車、小型自動車及び軽自動車の新規検査等並びに原動機付自転車の検査（別表第1）、②一部を除く普通自動車、小型自動車及び軽自動車の使用過程車の走行時の騒音、③一部を除く小型自動車及び軽自動車（いずれも二輪自動車）、第二種原動機付自転車の使用過程車の走行時の騒音、④前2号に掲げる以外の普通自動車、小型自動車及び軽自動車並びに③に掲げる以

外の原動機付自転車の走行時の騒音（別表第2）、⑤普通自動車、小型自動車及び軽自動車の新規検査等における圧縮空気騒音（別表第3）、⑥普通自動車、小型自動車及び軽自動車のタイヤ車外騒音（別表第4）、に区分して規定されている。

④「道路運送車両法に基づく命令」

この命令とは、道路運送車両の保安基準をさしている。自動車騒音の防止を図るため、自動車騒音に係る規制に関し必要な事項は、国土交通大臣において定めることを明らかにしたものである[注22]。

⑤「許容限度が確保されるように考慮」

自動車騒音防止の観点から、国土交通大臣が道路運送車両法に基づく保安基準を定める場合には、本法による許容限度が確保されるように考慮しなければならないことを明らかにしたものであり、この保安基準によって許容限度の確保が具体的に担保されている。

[注22]　「道路運送車両の保安基準」を参照

第 17 条（測定に基づく要請及び意見）

①市町村長は、第 21 条の 2 の測定を行つた場合において、②指定地域内における③自動車騒音が④環境省令で定める限度を超えていることにより道路の周辺の生活環境が著しく損なわれると認めるときは、都道府県公安委員会に対し、⑤道路交通法（昭和35年法律第105号）の規定による措置を執るべきことを⑥要請するものとする。

2 環境大臣は、前項の環境省令を定めようとするときは、あらかじめ国家公安委員会に協議しなければならない。

3 市町村長は、第 1 項の規定により要請する場合を除くほか、第 21 条の 2 の測定を行つた場合において必要があると認めるときは、当該道路の部分の構造の改善その他自動車騒音の大きさの減少に資する事項に関し、道路管理者又は⑦関係行政機関の長に⑧意見を述べることができる。

（昭 45 法 135・全改、昭 46 法 88・平 11 法 87・一部改正）

〈趣　旨〉

1　本条の趣旨

本条第 1 項の規定は、市町村長が指定地域について騒音の大きさを測定した場合において、同地域内の自動車の騒音が環境省令で定める限度を超え、かつ、自動車の騒音によって道路周辺の生活環境が著しく損なわれていると認める場合に、都道府県公安委員会に対し、信号機などの設置、管理による自動車の通行禁止などの交通規制、最高速度の制限などの道路交通法の規定による措置をとるべきことを要請するとされている。

法第 16 条（許容限度）が、個別の自動車についての規制であるのに比し、本条は、これら自動車の集団としての走行に伴う騒音に対する対策を規定したものである。また、本条第 3 項の規定は、自動車騒音は、道路構造、交通状況等と密接な関係をもっているので、市町村長が指定地域について騒音の大きさを測定した場合に、必要があると認めるときは、道路管理者や関係行政機関の長に対し自動車騒音の減少のために、必要な意見を述べる旨を明らかにしたものである。

2　評価値の改正

この要請に係る限度は、本条が昭和 45 年に規定追加が行われて以来、騒音レベルの中央値をもって評価されてきたが、平成 12 年 3 月 2 日に等価騒音レベルにより評価するように、あらためて「騒音規制法第 17 条第 1 項の規定に基づく指定地域内における自動車騒音の限度を定める省令」が定められている。この改正は、平成 11 年 4 月から騒音に係る環境基準の評価量が等価騒音レベルに改正適用されたことを受けて、新基準との整合性に配慮して定められたものである。

〈解　説〉
①「市町村長」
　法第 6 条（特定施設の設置の届出）と同様に、市町村長の自治事務とされている[注23]。

②「指定地域」
　都道府県知事が法第 3 条第 1 項の規定に基づき、特定工場等において発生する騒音及び特定建設作業に伴って発生する騒音について規制する地域として指定した地域をいう。すなわち、法第 17 条に基づく要請等は、指定地域内における自動車騒音について行われるものである。

③「自動車騒音」
　ここで自動車騒音とは、法第 2 条に規定された自動車からの騒音であるが、測定地点となる住居等が面している道路に係る自動車騒音のみを対象とするものである。自動車以外の騒音や当該道路以外の道路に係る自動車騒音による影響が認められる場合は、これらの影響を補正する等の措置を行う必要がある。
　また、環境省令の騒音の大きさが通常の走行パターンを前提に定められている趣旨にかんがみ、対象とする自動車騒音は原則として交差点に面する地点は除くこととしている。ただし、交差点近辺の生活環境保全が特に問題となっている場合には、実情に応じて適宜対処するものとされている。

④「環境省令で定める限度」
　指定地域内における自動車騒音の限度を定める環境省令は、昭和 46 年総理府・厚生省令第 3 号を廃止して、平成 12 年 3 月 2 日にあらためて総理府令第 15 号をもって定められている。これは、最新の研究成果をもとに設定されたものであり、環境基準と同じ等価騒音レベルを評価量として採用したほか、区域の区分、時間

[注23] 第 6 条の〈解説〉⑤を参照

の区分などで環境基準の考え方に合わせたものとなっている。

　環境省令で定める区域の区分の具体的な方法は、指定地域について、環境基準のA類型に対応する区分をa区域（専ら住居の用に供される区域）、B類型に対応する区分をb区域（主として住居の用に供される区域）、C類型に対応する区分をc区域（相当数の住居と併せて商業、工業等の用に供される区域）と区分することになる。また、幹線交通を担う道路に近接する空間については、幹線交通を担う道路に近接する区域（2車線以下の車線を有する道路の場合は道路の敷地の境界から15m、2車線を超える車線を有する道路の場合は道路の敷地の境界から20mまでの範囲をいう。）として特例が設けられている。

　指定地域の一部において環境基準の類型あてはめがなされてない場合には、「騒音に係る環境基準について（平成10年9月30日環境庁告示第64号）」に基づき用途地域等により類型指定を行う場合に準じて区域の区分を行うこととなる。

　また、学校、病院等特に静穏を必要とする施設が集合して設置されている区域については、環境省令で定められた騒音の大きさの値以下の値、幹線道路の区間に面する地域については環境省令で定められた騒音の大きさの値以上の値、を都道府県知事と都道府県公安委員会が協議して定めることができると規定されている。この場合の自動車騒音の大きさは、原則として環境省令の表の値におおむね5dB程度を加減した値とすることが望ましいが、地域の実情に応じて5dBを超える値を加減した値としても差し支えない[注24]。

　⑤「道路交通法（昭和35年法律第105号）の規定による措置」

　道路交通法の規定による措置としては、道路交通法第4条（公安委員会の交通規制）、第6条（警察官等の交通規制）、第22条（最高速度の制限）、第42条（徐行すべき場所の指定）、第62条（整備不良車両の運転の禁止）等の措置がある。公安委員会は、本条の規定による要請があった場合、その他交通公害が発生したことを知った場合において必要があると認めるときは、当該交通公害の防止に関し、道路交通法第4条第1項の規定により、その権限に属する事務を行うものとしている。

　⑥「要請」

　本条の規定に基づく要請を行うに当たっては、市町村長は、測定の場所、測定

[注24] 「騒音規制法第17条第1項の規定に基づく指定地域内における自動車騒音の限度を定める省令」を参照

日時、自動車騒音の状況等必要な資料を添付して要請しなければならない。

　この要請は、強制力を伴うものでないが、現実に要請が行われた場合は、都道府県公安委員会は、要請に合理的な理由がない場合を除き、道路交通法の規定による措置を講ずることになる。また、都道府県公安委員会は、要請に基づく措置、又は実施しなかった場合の理由について市町村長に通知しなければならないと解されている。

　⑦「関係行政機関の長」

　自動車運送事業を所管する国土交通大臣又は地方運輸局長、その他自動車騒音の減少に資する事項に関係する国の機関の長に意見を述べることが考えられる。

　⑧「意見」

　トンネルの出入口、適切な舗装がされてない区間、高架道路、立体交差など交通規制のみでは、自動車騒音の防止が困難と考えれる箇所において生活環境を保全する必要があると認められる場合は、道路構造の改良、舗装の改良、遮音壁（塀）の設置、その他の自動車騒音の大きさの減少に資する事項について意見を述べるものである。

第18条（常時監視）

①都道府県知事（市の区域に係る自動車騒音の状況については、市長。次項において同じ。）は、自動車騒音の状況を②常時監視しなければならない。
2 都道府県知事は、前項の常時監視の結果を環境大臣に③報告しなければならない。

（平 11 法 87・全改・平 23 法 105・一部改正）

〈趣　旨〉

　自動車騒音は、主として住民の騒音苦情に対応するため、市町村等が個別具体的な箇所で騒音測定が行われ、知見が蓄積されてきた。しかし、騒音に係る環境基準が平成 10 年 9 月に改正されたことを受けて、全国的に統一された方法で継続的に自動車騒音を監視することが必要と考えられた。

　これは、都道府県等が自動車騒音対策を計画的総合的に行うためには、地域の騒音曝露状況を経年的に系統立てて監視することが必要不可欠であることから、自動車騒音に関する常時監視の規定が新設されたものである。また、国においても環境基準の設定、自動車単体規制の強化等の自動車騒音対策の基礎資料を得ることが必要であることから、法定受託事務に整理するとともに、常時監視結果を環境大臣へ報告する事務が新設されている。

〈解　説〉

①「都道府県知事」

　この事務については、市の区域については、市長の事務とされており、都道府県知事は、町村の区域に係る自動車騒音の状況を監視する[注25]。

②「常時監視」

　常時というのは、365 日 24 時間一刻の切れ目もなく連続的ということではなく、状況把握を継続的に行うことを意味している。したがって、ここでいう常時監視とは、地域における自動車騒音の状況を継続に把握し、環境保全のために情報提

[注25] 第 3 条の〈解説〉2 を参照

供するとのことである。

なお、常時監視の事務に係る統一的な手法については、地方自治法第245条の9の規定に基づき、法定受託事務のよるべき基準として、「騒音規制法第18条の規定に基づく自動車騒音の状況の常時監視に係る事務の処理基準について (環管自発第050629002号平成17年6月29日)」が都道府県等へ改正通知されている。

また、常時監視の事務は、生活環境を保全し、国民の健康の保護に資することを目的とする騒音規制法の趣旨に照らして、効率的で適切な手法として騒音に係る環境基準の手法によることとしている[注26]。

③「報告」

環境大臣への報告については、国が法定受託事務として基礎的な情報を把握するとの趣旨から求めるものであり、自動車騒音の状況の常時監視に係る法定受託事務の処理基準に基づき、年に1回行うものとされている。

[注26] 「騒音規制法第18条の規定に基づく自動車騒音の状況の常時監視に係る事務の処理基準について」を参照

第 19 条（公表）

①都道府県知事は、当該都道府県の区域（町村の区域に限る。）に係る②自動車騒音の状況を③公表するものとする。
2 ④市長は、当該市の区域に係る⑤自動車騒音の状況を公表するものとする。

（平 11 法 87・全改・平 23 法 105・一部改正）

〈趣　旨〉

本条は、「地方分権の推進を図るための関係法律の整備等に関する法律（平成 11 年法律第 87 号）」により追加された規定である。

都道府県知事等による自動車騒音の常時監視の事務が新設されたことに伴い、当該都道府県知事等により、その結果を公表することが、騒音防止の観点から有効であるとの判断から追加された規定である。常時監視の結果を地域住民に周知させ、当該状況に関する地域住民の理解を深めることは、地方公共団体の環境保全上の責務とされている。

〈解　説〉

①「都道府県知事」

ここで都道府県知事は、法第 18 条により、町村の区域について監視を行うものであり、これらの地域について結果を公表するものである[注27]。

②「自動車騒音の状況」

自動車騒音の状況とは、法第 18 条に基づく自動車騒音の常時監視の結果など、地域が暴露される自動車騒音の状況のことである。

③「公表」

公表の具体的な方法については、本規定に基づく事務が地方公共団体の自治事務とされていることから、都道府県知事に委ねられているが、環境監視の結果を地域住民に周知させ、当該状況に関する地域住民の理解を深めるという規定追加の趣旨に即して、適切な方法で公表されることが求められる。

[注27] 第 3 条の〈解説〉2 を参照

④「市長」

ここで、市長とは、特別区の長を含むすべての市長のことであり、市の区域についての監視結果の公表は市長の事務である。

⑤「自動車騒音の状況」

自動車騒音の状況とは、第1項の都道府県知事についての規定とまったく同じである。

第19条の2（環境大臣の指示）

環境大臣は、①自動車騒音により人の健康に係る被害が生ずることを防止するため緊急の必要があると認めるときは、次の各号に掲げる者に対し、当該各号に定める事務に関し必要な指示をすることができる。
一　市町村長　第17条第1項の規定による要請に関する事務及び同条第3項の規定による意見を述べることに関する事務
二　都道府県知事、市長又は第25条の政令で定める町村の長　第22条の規定による協力を求め、又は意見を述べることに関する事務

（平11法87・追加・平23法105・一部改正）

〈趣　旨〉

　本規定は、「地方分権の推進を図るための関係法律の整備等に関する法律（平成11年法律第87号）」により、それまで国の機関委任事務とされてきた法第17条第1項に基づく要請及び第3項に基づく意見並びに法第22条に基づく協力を求め、又は意見を述べることに関する事務が、地方公共団体の長の自治事務とされたことを受けて追加された規定である。

〈解　説〉

①「自動車騒音により人の健康に被害が生じることを防止するため緊急の必要があると認めるとき」

　緊急の必要があると認めるときとは、国の即時の対応がなければ国民の健康保護に支障を及ぼす場合であって、地方自治法第245条の5に基づく自治事務に関する是正の要求を待たずに、当該の地方公共団体に対し指示を行う必要がある場合のことである。

　なお、法第17条第1項に基づく要請に関して環境省令で定める騒音の大きさとは、直ちに人の健康に係る被害が現実に発生する程度ではないことから、これを超えたからといって、直ちに本規定に基づき指示が行われるものではない。

第5章　雑則

第20条（報告及び検査）
　①市町村長は、②この法律の施行に必要な限度において、③政令で定めるところにより、特定施設を設置する者若しくは特定建設作業を伴う建設工事を施工する者に対し、特定施設の状況、特定建設作業の状況その他必要な事項の報告を求め、又はその職員に、特定施設を設置する者の特定工場等若しくは特定建設作業を伴う建設工事を施工する者の建設工事の場所に立ち入り、特定施設その他の物件を④検査させることができる。
2　前項の規定により立入検査をする職員は、その⑤身分を示す証明書を携帯し、関係人に提示しなければならない。
3　第1項の規定による立入検査の権限は、犯罪捜査のために認められたものと解釈してはならない。

（昭45法135・平11法87・一部改正）

〈趣　旨〉
1　本条の趣旨
　市町村長は、この法律を施行するのに必要な限度において、特定施設の状況、特定建設作業の状況、騒音の防止の方法等に関する報告を徴し、工場、事業場又は建設工事現場に立ち入って実際にそれらの施設等の状況を検査することができるとしたものである。
　これは、騒音規制の実施を効果的に行わしめるために、市町村長に付与された強制権であり、行政法学上の行政警察権に該当するものである。したがって、本条の規定による立入検査は、あくまでも行政上の措置として行われるものであり、刑事上の犯罪捜査のために司法警察権が認められたものではない。本条第3項に、特にこの旨を明記してあるが、これは、こうした権限の濫用を防止するための例文的な規定である。

2　罰則
　本条第1項の規定による報告及び検査にかかる違反者は、法第31条の規定によ

り、3万円以下の罰金に処せられる。

〈解　説〉
　①「市町村長」
　法第6条（特定施設の設置の届出）と同様に、市町村長の自治事務とされている注28)。
　②「この法律の施行に必要な限度において」
　市町村長が本条の規定に基づき、強制権をもって事業者に対し必要な事項の報告を求め、又は事業場等に立ち入って実地に検査を行うことは、当該事業者の権利を制約することにもなるので、報告の徴収と立入検査は、本法の施行に必要な限度において行われるべきであることを明らかにし、その濫用をいましめたものである。
　本条第1項の報告の徴収と立入検査に関する市町村長の強制権が発動できるのは、一般的には、指定地域内に限られるが、指定地域以外の地域であっても、特に市町村長が指定地域にする必要があると認める地域についても、その指定に係る事務に必要な限度において発動できるものと考えられている。
　③「政令で定めるところにより」
　市町村長が、工場又は事業場、建設現場について報告の徴収、立入検査の強制権を発動できる場合の態様は、特定施設の設置又は特定建設作業の実施の届出のあったとき、規制基準の遵守状況等の検査を行うとき、計画変更勧告、改善勧告、改善命令を発動するとき、これらの遵守状況を検査するとき等、相当広範囲にわたるものであるが、具体的には、騒音規制法施行令第3条に次のように定められている。
1　特定施設の設置者に対し
　　(1)　報告の徴収を行うことができる事項
　　　　①　特定施設の設置の状況
　　　　②　特定施設の使用の方法
　　　　③　騒音の防止の方法
　　(2)　立入検査を行うことができる物件
　　　　①　特定施設その他騒音を発する施設

注28)　第6条の〈解説〉⑤を参照

② 騒音を防止するための施設
　　③ 関係帳簿書類
2 特定建設作業を伴う建設作業の施工者に対し
　(1) 報告の徴収を行うことができる事項
　　① 特定建設作業の実施の状況
　　② 騒音の防止の方法
　(2) 立入検査を行うことができる物件
　　① 特定建設作業に使用される機械
　　② 騒音を防止するための施設
　　③ 関係帳簿書類

　ただし、法第 21 条の規定による電気工作物等の特定施設の設置者に対しての報告及び検査については、①改善勧告、②改善命令（計画変更勧告に係る部分を除く。）、及び③当該施設から発生する騒音によりその工場・事業場周辺の生活環境が損なわれると認めるときに法第 21 条第 3 項の規定に基づいて関係行政機関の長に対して行う措置要請の権限の行使、に関して必要と認められる場合に限られており、一般的な報告徴収と立入検査の強制権を市町村長に認めたことを意味するものではない。

　④「検査させることができる」
　市町村長は、その職員により立入り及び検査を行わせるが、立入検査者は、身分を示す証明書を携帯し、関係人に提示しなければならない。立入検査者が身分を示す証明書を携帯していないか、又はその提示をしない等のために、関係人が立入検査を拒否するような場合は、当然正当な行為と見なされる。

　なお、本条の強制権を担保するために、法第 31 条及び第 32 条に罰則の規定があり、本条第 1 項の規定による報告をしなかった者、虚偽の報告をした者、検査を拒んだ者、検査を妨げた者、検査を忌避した者は、法第 31 条により 3 万円以下の罰金が課され、また法第 32 条の両罰規定により、当該行為者とともに法人又は人に対しても 3 万円以下の罰金が課される。

　⑤「身分を示す証明書」
　身分を示す証明書については、施行規則第 15 条に、その様式が定められている。

第21条（電気工作物等に係る取扱い）

① 電気事業法（昭和39年法律第170号）第2条第1項十八号に規定する電気工作物、② ガス事業法（昭和29年法律第51号）第2条第13項に規定するガス工作物又は ③ 鉱山保安法（昭和24年法律第70号）第13条第1項の経済産業省令で定める施設（同法第2条第2項ただし書に規定する附属施設に設置されるものを除く。）である特定施設を設置する者については、④ 第6条から第11条までの規定並びに第12条第2項及び第13条の規定（第9条に係る部分に限る。）を適用せず、電気事業法、ガス事業法又は鉱山保安法の ⑤ 相当規定の定めるところによる。

2 ⑥ 前項に規定する法律に基づく権限を有する国の行政機関の長（以下この条において単に「行政機関の長」という。）は、第6条、第8条、第10条又は第11条第3項の規定に相当する電気事業法、ガス事業法又は鉱山保安法の規定による前項に規定する特定施設に係る許可若しくは認可の申請又は届出があつたときは、その許可若しくは認可の申請又は届出に係る事項のうちこれらの規定による届出事項に該当する事項を当該特定施設の所在地を管轄する ⑦ 市町村長に通知するものとする。

3 市町村長は、第1項に規定する特定施設を設置する特定工場等において発生する騒音によりその特定工場等の周辺の生活環境が損なわれると認めるときは、行政機関の長に対し、当該特定施設について、第9条又は第12条第2項（第9条に係る部分に限る。）の規定に相当する電気事業法、ガス事業法又は鉱山保安法の規定による措置を執るべきことを ⑧ 要請することができる。

4 行政機関の長は、前項の規定による要請があつた場合において ⑨ 講じた措置を当該市町村長に通知するものとする。

5 市町村長は、第1項に規定する特定施設について、第12条第1項の規定による勧告又は同条第2項の規定による命令（同条第1項の規定による勧告に係るものに限る。）をしようとするときは、あらかじめ、⑩ 行政機関の長に協議しなければならない。

（昭45法18・昭45法135・平6法42・平7法75・平11法50・平11法87・平11法160・一部改正）

〈趣　旨〉
1　本条の趣旨
　本条は、電気事業法に規定する電気工作物、ガス事業法に規定するガス工作物及び鉱山保安法に規定する建設物、工作物その他の施設、に該当する特定施設（以下「電気工作物等に該当する特定施設」と呼ぶ。）について、本法に定める届出義務等の適用を除外することを定めたものである。

　これは、これらの特定施設については、電気事業法、ガス事業法もしくは鉱山保安法の規定によって、それぞれの法律に基づく権限を有する国の行政機関の長によって相当する許認可等がなされることから、各行政機関の長から市町村長への通知を行う旨を規定することにより、本法による届出相当の実効性を担保しうるとの考えによっている。

　よって、電気工作物等に該当する特定施設の設置等の届出に関する計画変更勧告等の措置については、本条により適用除外とされ、市町村長は、各行政機関の長に対して電気事業法、ガス事業法又は鉱山保安法の規定による措置を執るべきことを要請することができるものとされている。

　一方、指定地域内に設置された電気工作物等に該当する特定施設を有する特定工場等において発生する騒音が、規制基準に適合していないことにより周辺の生活環境が損なわれていると認めるときは、市町村長は、これらの工場等に対して改善勧告等を行うことができるが、この際は、各行政機関の長に対してあらかじめ協議しなければならないものとされている。

　なお、電気工作物等に該当する特定施設については、本法に規定する届出等を市町村長に対して行う必要はないものの、本法に規定する特定施設であることには変わりはなく、これらの施設を設置する工場等は、特定工場等に該当するものであることはいうまでもない。

2　本条の改正の経緯
　本法の制定当時においては、鉱山保安法に規定する鉱山を工場・事業場の定義から除外するとともに、電気事業法及びガス事業法に規定する電気工作物及びガス工作物については、届出及び勧告・命令等の規制から除外されるものとされていた。その後、昭和45年の改正により、電気工作物、ガス工作物に関しても都道府県知事が措置の要請や報告の徴収、立入検査等を実施できる等の規定が追加さ

れた。

さらに、中央省庁等改革基本法（平成10年法律第103号）第24条第3号の中で、騒音規制に関する制度、事務、事業を環境省に一本化することが定められたことに伴って、改善勧告、改善命令も実施できる等の規定が追加された。ただし、届出に対する計画変更勧告等については、引き続き適用除外とされているが、これは、事務の効率化の観点により届出の窓口を一本化していることによるものである。なお、適用除外とされている計画変更勧告等の措置については、市町村長が各行政機関の長に対して要請することができるものとされている。

3　電気事業法による規制

電気事業法は、電気事業の運営を適正化、合理化することによって、電気の使用者の利益を保護し、電気事業の健全な発達を図るとともに、電気工作物の工事、維持及び運用を規制することによって、公共の安全を確保し、併せて環境の保全を図ることを目的としている。そこで、電気事業を営もうとする者は、経済産業大臣の許可を要すること、電気工作物の設置又は変更の工事については原則として工事計画を経済産業大臣に提出しその認可を要すること、さらに工事完成後の使用に当たっても経済産業大臣の検査を受けこれに合格した後でなければこれを使用してはならない等の規制が行われている。

また、公害を防止するという観点から、使用中の電気工作物が、技術上の基準に適合していない場合は、経済産業大臣は、電気工作物の修理、改造、移転、一時使用停止、使用制限を命ずること等の措置をとれることになっている。この技術上の基準では、騒音規制法に規定する特定施設に該当する電気工作物を設置する事業所においては、騒音規制法に定める規制基準に適合しなければならないとされている。

4　ガス事業法による規制

ガス事業法は、ガス事業の運営を調整することによって、ガス使用者の利益、ガス事業の健全な発展を図るとともに、公共の安全を確保し、合わせて公害の防止を図ることを目的としている。そこで、一般ガス事業を営もうとする者は、経済産業大臣の許可を要すること、ガス工作物の設置又は変更の工事については原則として工事計画を経済産業大臣に提出しその認可を要すること、さらに工事完成後の使用に当たっても経済産業大臣の検査を受けこれに合格した後でなければこれを使用してはならない等の規制が行われている。

また、公害を防止するという観点から、使用中のガス工作物が、技術上の基準に適合していない場合は、経済産業大臣は、ガス工作物の修理、改造、移転、一時使用停止、使用制限を命ずること等の措置もとれることになっている。この技術上の基準では、騒音規制法に規定する特定施設に該当するガス工作物を設置する事業所においては、騒音規制法に定める規制基準に適合しなければならないとされている。

5　鉱山保安法による規制

鉱山保安法は、鉱山労働者に対する危害を防止するとともに「鉱害」を防止して、鉱物資源の合理的開発を図ることを目的としている。そこで、騒音規制法の規制地域内に全部又は一部が存在する鉱山等として、所要の届出等を行う旨を規定している。また、鉱山保安法施行規則 (平成 16 年経済産業省令第 96 号) において、騒音による鉱害の防止が規定されている。また、鉱業上使用する工作物等の技術基準を定める省令 (平成 16 年経済産業省令第 97 号) では騒音規制法に定める規制基準に適合しなければならないとされている。

鉱山保安法を適正に実施するための行政機関として経済産業省に「鉱山・火薬類監理官付」、地方支分部局として「産業保安監督部」（全国 9 か所）が設置されている。

〈解　説〉

① 「電気事業法第 2 条第 7 項に規定する電気工作物」

発電、変電、送電若しくは配電又は電気の使用のために設置する機械、器具、ダム、水路、貯水池、電線路その他の工作物をいう。本法の特定施設に相当するものとしては、空気圧縮機、送風機、破砕機、摩砕機などが考えられる。

② 「ガス事業法第 2 条第 12 項に規定するガス工作物」

ガスの供給のために設置するガス発生設備、ガスホルダー、ガス精製設備、排送機、圧送機、整圧機、導管、受電設備、その他の工作物及びこれらの附属設備であって、ガス事業の用に供するものをいう。本法の特定施設に相当するものとしては、空気圧縮機、送風機などが考えられる。

③ 「鉱山保安法（昭和 24 年法律第 70 号）第 13 条第 1 項の経済産業省令で定める施設（同法第 2 条第 2 項ただし書に規定する附属施設に設置されるものを除く。)」

建設物とは、鉱山保安規則に定める坑内の坑道及びその支柱、えん堤その他の築造物を、鉱場及び坑外においては、建築物、えん堤その他の築造物のことをいい、工作物とは、鉱山保安規則に定める巻揚装置、掘削装置、採油装置、ポンプ装置、石油貯蔵タンク、車道、変電設備等、機械、器具その他の材料が集合したものが一体となって操作されるものをいう。

④「第6条から第11条までの規定並びに第12条第2項及び第13条の規定（第9条に係る部分に限る。）を適用せず」

本条により、電気工作物等である特定施設を設置している者について、適用が除外される条項は、第6条（特定施設の設置の届出）、第7条（経過措置）、第8条（特定施設の数等の変更の届出）、第9条（計画変更勧告）、第10条（氏名の変更等の届出）、第11条（承継）、第12条第2項の計画変更勧告に係る部分及び第13条（小規模事業者に対する配慮）の計画変更勧告に係る部分の規定である。

⑤「相当規定の定めるところによる」

「相当規定」とは、前記④の各条項に相当する規定をいう。

⑥「前項に規定する法律に基づく権限を有する国の行政機関の長」

具体的には、経済産業大臣又は産業保安監督部長である。

⑦「市町村長に通知するものとする」

本法第6条、第8条、第10条又は第11条第3項の届出に相当する許可、認可の申請又は届出が電気事業法等の規定に基づき行われたときは、行政機関の長は、その旨を市町村長に通知するものである。これは、市町村長が、これら適用除外事業場における特定施設の設置状況等を把握しておく必要があるからである。

⑧「要請することができる」

市町村長は、本条第1項に係る適用除外の工場・事業場について、電気事業法、ガス事業法、鉱山保安法に基づき騒音の改善のための措置をとるべきことを要請できると規定したものである。これにより地域住民の生活環境の保全対策の一元的な実施を可能にしようとしたものである。なお、この要請とは強制力を伴うものではないが、現実に要請が行われると、行政機関の長は要請に合理的な理由のないような場合を除き、要請に沿った措置を講ずることになる。このことは、本条第4項において行政機関の長が講じた措置を通知することによって担保されている。

⑨「講じた措置」

業務方法の改善命令、基準適合命令等の電気事業法、ガス事業法、鉱山保安法の規定による措置が講ぜられたときは、その措置内容を意味する。特別の理由があるため何らの措置が講ぜられなかったときも、その理由などを通知するものである。

⑩「行政機関の長に協議しなければならない」

計画変更勧告に関するものを除いて、市町村長は、改善勧告、改善命令をしようとするときは、あらかじめ行政機関の長と協議すべきとされた。これは、電気事業行政、ガス事業行政、鉱山保安行政との整合性を確保する必要があるとの観点から定めたものである。

第 21 条の 2 （騒音の測定）

①市町村長は、指定地域について、騒音の大きさを②測定するものとする。

(昭 45 法 135・追加、平 11 法 87・一部改正)

〈趣　旨〉

　騒音規制の実施主体である市町村長に対し、指定地域内の騒音の大きさの随時把握を義務づけることにより、工場騒音、建設作業騒音及び自動車騒音から住民の生活環境を保全するために、必要な措置を速やかに講じうる体制を整備することを目的として導入された規定である。

　この事務については、平成 11 年の法改正以前は都道府県知事の行う事務とされ、市町村長に委任されていたが、「地方分権の推進を図るための関係法律の整備に関する法律（平成 11 年 7 月 16 日法律第 87 号）」の施行に伴い、市町村長の自治事務とされている。

　本条の趣旨は、騒音の実態を把握し、法第 17 条の規定に基づく要請又は意見の陳述その他騒音による住民の被害を防止するため必要な措置を速やかにとることができるように、指定地域の騒音の大きさの測定を行う義務を市町村長に課すものである。この測定は、指定地域における騒音の大きさを測定するものであって、個々の特定工場等、特定建設作業、個々の自動車から発する騒音を測定するものではない。

　本条の測定により、指定地域の騒音が当該指定地域の規制基準等を超えていることが判明すれば、個々の特定工場等や特定建設作業という発生源について騒音の大きさを測定し、規制基準違反が明らかになれば、改善勧告の発動など所要の措置を講じていくことになる。また、法第 17 条第 1 項の規定に基づく環境省令による限度を超えている場合には、都道府県公安員会に対し道路交通法の規定による措置をとるべきことを要請することとなるわけである。

〈解　説〉

　①「市町村長」

　法第 6 条（特定施設の設置の届出）と同様に、市町村長の自治事務とされてい

る[注29]。

②「測定」

ここで測定とは、騒音の状況を一時的に、かつ特定の場所で行うもので、法第18条に定める常時監視とは異なるものである。また、騒音の測定方法については、特定工場等において発生する騒音の規制に関する基準、特定建設作業に伴って発生する騒音の規制に関する基準、に定められた騒音測定方法、騒音に係る環境基準の告示で定められた測定方法に基づき実施する。

また、法第17条の要請を行う場合の自動車騒音の測定については、「騒音規制法第17条第1項の規定に基づく指定地域内における自動車騒音の限度を定める省令」に基づき実施するものであり、これについては、技術的助言（平成12年7月17日環大一第102号）が示されている[注30]。

[注29] 第6条の〈解説〉⑤を参照
[注30] 「騒音規制法第17条第1項の規定に基づく指定地域内における自動車騒音の限度を定める命令の改正について（技術的助言）」を参照

> **第22条（関係行政機関の協力）**
> 　都道府県知事又は市長は、①この法律の目的を達成するため必要があると認めるときは、②関係行政機関の長又は③関係地方公共団体の長に対し、特定施設の状況、特定建設作業の状況等に関する資料の送付④その他の協力を求め、又は騒音の防止に関し意見を述べることができる。
>
> （平23法105・一部改正）

〈趣　旨〉

　公害行政は、その内容が複雑多岐にわたっており多くの行政機関等と関わる場合が少なくないので、騒音の規制に当たっても、その事務を円滑に行い適切な指導を行うためには、どうしても関係各方面の積極的な協力が必要となる。そのために、都道府県知事も関係各方面に対する意見の陳述や助言が積極的に行える体制になっていなければならず、こうした理由から関係行政機関の協力についての規定が設けられたものである。

　こうした趣旨にかんがみ、関係行政機関の長は、都道府県知事から協力を求められれば、できるだけこれに力を貸し、また、意見を陳述されれば素直にこれに耳を傾ける道義的責務があるものと解されている。なお、本条の規定は、都道府県知事が、地域の指定作業の前に関係市区町村長から必要な資料の送付などを受けることも含んでいる。

〈解　説〉

　法第25条（政令で定める市町村の長による事務）に基づいて、この都道府県知事に属する事務については、地方自治法で規定する指定都市、中核市、特例市及び施行令第4条第2項に定める市町村の長が行うこととされている[注31]。

　①「この法律の目的」

　本法第1条に規定されているとおり、騒音規制を行うことにより生活環境を保全し、国民の健康の保護に資することである。

　②「関係行政機関」

[注31] 第3条の〈解説〉②を参照

経済産業省の地方支部局や国土交通省の地方支部局等が考えられるが、当然にも、中央官庁自体やその附属機関等も対象となる。

③「関係地方公共団体」

本条の規定は、当該都道府県に属する市町村等のほか、規制地域に隣接する他の都道府県等に対して協力を求めることも含んでいる。

④「その他の協力」

本条の規定は、都道府県知事が、地域の指定等の都道府県知事に属する事務に関して、市町村長から必要な資料の送付等を受けることを含んでいる。

第23条（国の援助）

> 国は、特定工場等において発生する騒音及び特定建設作業に伴つて発生する①<u>騒音の防止のための施設の設置又は改善</u>につき②<u>必要な資金のあつせん、技術的な助言その他の援助</u>に努めるものとする。

〈趣　旨〉

　騒音の防止についての実効をあげるためには、単に騒音の発生源である特定工場等又は特定建設作業をとらえて規制を行うだけでは不十分である。騒音防止施設は、当該事業者にとっては直接生産的効果のないものであるから、規制と併行して事業者の行う防音施設の設置や改善に対し強力な援助を行うことが必要である。このような事情にかんがみ、本条は、国が、特定工場等において発生する騒音及び特定建設作業に伴って発生する騒音の防止施設の整備の促進を図るために積極的な助成措置を講ずることとし、その旨を明らかにする意思を表示したものである。

　特に、騒音の発生源である特定工場等は、中小規模の事業者が多く、本法においても特に小規模事業者に対する配慮規定を置いているところであるが、騒音防止のための工事の実施などには多額の経費を要することが多いので、騒音防止施設の整備が資金繰りなどの都合で容易に実施できない場合もある。したがって、本法の規定は、特に重要な意味をもっているものである。

　さらに、中小企業などにおいては、必ずしも充分な騒音防止のための技術を有しないため、適切な騒音の防止施設の設置などについて、国が積極的に技術上の助言などを行うことにより、適切な防止施設の設置、維持管理が行われるようにすべきことを定めている。

〈解　説〉

①「騒音の防止のための施設の設置又は改善」

　騒音の防止のための施設としては、例えば消音器、消音ボックス、浮き床などの設備、吸音材料、遮音壁、などが考えられる。騒音の防止のための改善としては、例えば低騒音型の機械、騒音制御システムなどが考えられる。

② 「資金のあつせん、技術的な助言その他の援助」

騒音対策として行われている国の助成制度、必要に応じて通知されている騒音規制法等に係る技術的助言を意味しており、その他の援助としては、事務の遂行に資する目的で作成されているマニュアル等、騒音対策に関する研修、国が実施した調査等の成果の配布などが考えられる。

なお、騒音防止のために行われる国の制度としては、下記のものがある。

1　金融上の措置
　　日本政策投資銀行による融資
　・従来、環境事業団が行っていた融資事業を引き継いで実施している事業で騒音防止施設の設置費用の融資を長期・低利で行っている。
2　税法上の優遇措置
(1)　特別土地保有税の非課税（地方税法第586条）
　・公共の危害防止のための騒音防止設備に供される土地について特別土地保有税が非課税になる。
(2)　特別事業用資産（騒音発生施設）の買替（交換）の場合の譲渡所得の課税の特例
　・騒音規制地域から騒音規制地域及び既成市街地等以外の地域へ騒音発生施設を移動するために土地等、建物、構築物等を買い替えた者は、資産譲渡に伴う所得の課税の特例が認められる。

> 第 24 条（研究の推進等）
> 　国は、騒音を発生する施設の改良のための研究、騒音の生活環境に及ぼす影響の研究その他 ①騒音の防止に関する研究を推進し、その成果の普及に努めるものとする。

〈趣　旨〉

　騒音を防止するための科学技術の開発は、多額の費用とかなりの年月を要することであるが、騒音防止に関し科学技術の果たす役割がきわめて大きいことにかんがみ、国は積極的に研究の推進に当たる必要がある。このことから、本条は国が騒音の防止に関する研究の推進及びその成果の普及に努める旨を明らかに意思表示したものである。

〈解　説〉

　①「騒音の防止に関する研究を推進し」

　ここでいう研究の推進には、国立の研究機関等で行う研究のほか、公立又は民間の研究機関等が行う研究に対しても推進することを定めたものである。

> **第 24 条の 2（権限の委任）**
>   この法律に規定する環境大臣の権限は、①環境省令で定めるところにより、②地方環境事務所長に委任することができる。
>
>   　　　　　　　　　　　　　　　　　　　　　　　　（平 17 法 33・追加）

〈趣　旨〉

　地方の実情に応じた機動的かつきめ細かな環境行政を展開するために、環境省に地方環境事務所が設置されたことに伴い、追加された規定である。

〈解　説〉

　①「環境省令」

　地方環境事務所組織規則（平成 17 年 9 月 20 日環境省令第 19 号）を指す。

　②「地方環境事務所長」

　平成 17 年 10 月に、環境省の地方支分部局として設けられたもので、北海道地方環境事務所、東北地方環境事務所、関東地方環境事務所、中部地方環境事務所、近畿地方環境事務所、中国地方環境事務所、九州地方環境事務所、の 7 つが設置されている。

第25条（政令で定める町村の長による事務の処理）

この法律の規定により①都道府県知事の権限に属する事務の一部は、②政令で定めるところにより、政令で定める③町村の長が行うこととすることができる。

（平11法87・平23法105・一部改正）

〈趣　旨〉

　従来、本法に基づき騒音の規制等の事務を行う主体は都道府県知事とされたうえで、騒音の規制に関する事務の多くを地域の実情に詳しい市町村長に委任することにより法規制の実効を期するとされていた。

　しかしながら、「地方分権の推進を図るための関係法律の整備に関する法律（平成11年7月16日法律第87号）」の施行に伴い、これらの規制事務の多くについては市町村長の自治事務として整理されることになった。その結果、広域的な判断のもとに統一的に事務を行うことが望ましい第3条の地域の指定事務等が都道府県知事の自治事務とされることになった。

　本条の規定は、さらに、都道府県知事が処理することとされている事務についても、これらの事務を処理するのに十分な行政処理能力等をもつものとして政令で定める町村においては、当該町村長が事務を処理することができる旨を規定したものである。

　なお、都道府県は、地方自治法第252条17の2の規定に定める特例条例により、都道府県知事の権限に属する事務を市町村長に移譲することもできる。

〈解　説〉

①「都道府県知事の権限に属する事務の一部」

　都道府県知事の権限に属する事務とされ、市町村（特別区を含む。）の長による処理の対象となっているのは、第3条第1項の地域の指定、第3条第3項の公示、第4条第1項の規制基準の設定、第18条第1項の常時監視、第18条第2項の報告、第19条の公表、第22条の関係行政機関の協力の各事務である。

②「政令」

騒音規制法施行令をさしている。

③「町村の長」

都道府県知事に属する一部の事務は、地方分権により市の長の事務とされている。同様に、政令で定めるところにより町村の長の事務とすることができる。

> **第 26 条（事務の区分）**
>
> 第 18 条の規定により都道府県又は市が処理することとされている事務は、地方自治法（昭和 22 年法律第 67 号）第 2 条第 9 項第一号に規定する ①<u>第一号法定受託事務</u>とする。
>
> （平 11 法 87・平 23 法 105・一部改正）

〈趣　旨〉

　本条は、本法で都道府県又は市が処理することとされている事務のうち、法第 18 条に定める自動車騒音の常時監視に係る事務について第一号法定受託事務と規定している。この事務については、国が本来果たすべき役割に係るものであって、国においてその適正な処理を特に確保する必要があることから、地方自治法第 2 条第 9 項第一号の規定により、第一号法定受託事務であることを明示したものである。

〈解　説〉

　①「第一号法定受託事務」

　「地方分権の推進を図るための関係法律の整備に関する法律（平成 11 年 7 月 16 日法律第 87 号）」により地方自治法が改正され、その中で機関委任事務が廃止された。それに代わり、法律の事務については、法定受託事務と自治事務に整理されることになり、さらに法定受託事務は、国が本来果たすべき役割に係る第一号法定受託事務と都道府県が本来果たすべき役割に係る第二号法定受託事務に区分されている。

> 第27条（条例との関係）
> 　この法律の規定は、地方公共団体が、指定地域内に設置される特定工場等において発生する騒音に関し、①<u>当該地域の自然的、社会的条件に応じて、</u>②<u>この法律とは別の見地から、</u>条例で必要な規制を定めることを妨げるものではない。
> 2　この法律の規定は、地方公共団体が、指定地域内に設置される工場若しくは事業場であつて③<u>特定工場等以外のもの</u>又は指定地域内において建設工事として行なわれる作業であつて④<u>特定建設作業以外のもの</u>について、その工場若しくは事業場において発生する騒音又はその作業に伴つて発生する騒音に関し、⑤<u>条例で必要な規制を定めることを</u>妨げるものではない。
>
> （昭45法135・一部改正）

〈趣　旨〉

1　本条の趣旨

　騒音問題は、各種の公害問題のうちでも大気汚染、水質汚濁に比べ、きわめて地域性の強いものであるところから、従来、都道府県はもとより市町村を含めて、かなりの地方公共団体が騒音防止条例等を制定し、その地域の実態に即した規制の措置を講じてきている。本法の制定に当たってはこうした実情を十分に考慮し、本法による規制と条例による規制との関係を明らかにしたものである。

　なお、本条の規定は、法律上いわゆる入念規定であって、法律と条例との従来の関係を特に変えるものではない。

2　この法律とは別の見地からの条例による規制

　第1項の規定は、指定地域内に設置され、本法の規制対象となっている特定工場等について、地方公共団体がその地域住民の生活環境を保全するため必要があると認め、その地域の自然的、社会的条件に応じて、この法律とは別の見地とは、騒音の大きさに係る見地のでない限りにおいて、条例で必要な規制を定めることを妨げない旨を定めたものである。

　法律と条例との関係については、法令に違反する条例は無効（地方自治法第14条第1項）であるが、法目的が異なる場合には、一見法令に基づく措置と類似し

た措置が、地方公共団体の事務として条例により行われる場合であっても、それは適法なものである。したがって、この意味から本条の規定は、従来の法律と条例との関係に何らかの変更を加えるものではない。

なお、第1項の規定は、特定工場等に関してのみの規定であり、特定建設作業に関しては、本条における反対解釈により、別の見地からの条例による規制は、当然排除されると解されている。

3　指定地域内における条例による規制

第2項の規定は、指定地域内に設置される特定工場等以外の工場若しくは事業場又は指定地域内において行われる特定建設作業以外の建設工事の作業については、条例の規制が及ぶことを明らかにしたものである。これにより、指定地域内における国及び地方公共団体の騒音規制にかかる事務の配分を明らかにしたものである。

〈解　説〉

①「当該地域の自然的、社会的条件に応じて」

地方公共団体が、この法律とは別の見地から、特定工場等において発生する騒音を条例で規制するに当たっては、それぞれの地方公共団体の自然的、社会的条件に応じた規制内容を行うべき旨を定めたものである。

当然のこととして、騒音規制法に基づく規制として実施される法第4条第2項に規定される特別基準とは異なる概念である。

②「この法律とは別の見地から」

本法は、騒音の大きさに係る見地からの規制を行っており、条例で定めうるのは、これ以外の見地から規制を行う場合となる。当然のこととして、騒音規制法に基づく規制として実施される法第4条第2項に規定される特別基準は、本条による「別の見地」からの条例による規制には該当しない。また、例えば、条例により特定工場等の許可制を採用しようとする場合、その規制が騒音の大きさのみに着目した見地に係るものにおいては、別の見地には該当しないと考えられ、大気汚染、水質汚濁等を含めて総体で工場等を規制する場合などがこれに該当する。

本条は、地方公共団体において、騒音規制法の制定以前から騒音の規制を行ってきたことを前提に、地方公共団体がこの法律とは別の見地からの条例による規制を行う必要が引き続き生じる場合等が考えられることから、条例による規制と

本法による規制との関係を明らかにしたものである。

　③「特定工場等以外のもの」

　本法における工場騒音の規制は、特定施設をとらえて、それを設置する工場（特定工場等）を規制対象としており、特定工場等以外の工場又は事業場、すなわち、特定施設以外の施設からも著しい騒音を発生するものがあることが想定される。特に、本法における特定施設は、全国的観点から選定が行われており、特定の地域において使用される施設などについては、地方公共団体が、地域住民の生活環境保全のために、条例により規制する必要が考えられる。

　④「特定建設作業以外のもの」

　本法における建設作業騒音の規制は、特定建設作業として指定された作業を規制対象としているが、その対象以外についても著しい騒音を発生する作業があることが想定される。特に、本法における特定建設作業は、全国的観点から選定が行われており、特定の地域において行われる建設作業などについては、地方公共団体が、地域住民の生活環境保全のために、条例により規制する必要が考えられる。

　⑤「条例で必要な規制を定めること」

　必要な規制の内容としては、地域の実情に応じて種々の規制内容が考えられるが、一般的には、騒音に係る環境基準の維持達成のために必要かつ十分な程度の規制ということになる。また、規制の方法、内容等については、本法または他の法令で定める規制と均衡を失しないようにする必要がある。

第 28 条（深夜騒音等の規制）

①飲食店営業等に係る深夜における騒音、②拡声機を使用する放送に係る騒音③等の規制については、地方公共団体が、住民の生活環境を保全するため必要があると認めるときは、④当該地域の自然的、社会的条件に応じて、⑤営業時間を制限すること等により必要な措置を講ずるように⑥しなければならない。

〈趣　旨〉

　工場騒音、建設作業騒音、自動車騒音は、全国的に大きな公害問題とされており、国としての規制等の措置を講ずることが必要であるところから、本法の対象の騒音としてとりあげられている。しかも、これらの騒音については、規制対象、規制方法等を統一する必要があり、また、それが可能であるところから、本法にとりあげられており、これにより生活環境の保全を図るものである。

　これに対し、深夜騒音等の規制を国の直接の施策としなかったのは、地方の実情を最もよく把握している地方公共団体が積極的に規制策を講ずることが、騒音対策としてより適切と考えられ、この旨を国の法律で特に規定したものである。また、深夜騒音等で規制の対象となる地域は、全国のごく一部に限られ、しかも地域性がきわめて高いので、地方公共団体の事務として、住民の意志を十分反映した条例によることが、より良く地域の実態に合致した施策がなされ、かつ実効が担保されると考えられたからである。

　深夜騒音等の規制として営業時間を規制することについて、憲法第22条第1項（居住、移転、職業選択の自由）との関係についての議論がある。しかしながら、本法にいう深夜騒音等の規制は、地域住民の団体意思に基づき条例により行うものであり、その手段として営業時間の制限をすることが、営業を行う者の権利の保護という見地と、地域住民の生活環境の保全という公共の福祉の見地とを比較してみて、必要最少限度である限り、憲法第22条第1項の規定に照らして必ずしも行き過ぎというような問題は生じないと考えられる。

　また、深夜騒音等の規制は、本条による条例によらずとも、他の手段を講ずることにより達成できるという意見もあり、例えば、「風俗営業等の規制及び業務の

適正化等に関する法律」の施行条例により、深夜喫茶店等の営業時間等の規制を行うことができるというものである。しかし、これらによる措置は、必ずしも騒音から地域住民の生活環境を保全するという見地にたつものではなく、また、規制対象も限定されており、ボウリング場、ガソリンスタンド等の深夜騒音という広い事象に対象しうるものではない。このことから、地方公共団体の条例による規制が適切と考えられる。

なお、この規定は、いわゆる入念規定であって、特に本条の規定がなくても、地方公共団体が、地域住民の生活環境を守るため、この法律が対象としていない深夜騒音等に関し、必要な規制措置を講ずることを妨げるものでないことは当然のことである。

〈解　説〉
①「飲食店営業等に係る深夜における騒音」

いわゆる深夜に生じる騒音であって、深夜スナックやバーなどの飲食店営業に伴って発生する騒音のほか、ボウリング場、バッティングセンター、水泳プール、ガソリンスタンド、カラオケボックス等における深夜騒音を含むものである。また、飲食店などの内部で発生する騒音（音響機器などによる騒音）のみならず、そこに集まる客の自動車のアイドリング、空ぶかし音やドアの開閉音、飲食店等への出入りに際してのざわめき、嬌声等が含まれ、これらはすべてが規制の対象となりうる。

②「拡声機を使用する放送に係る騒音」

いわゆる商業宣伝のため、商店街その他の街頭などにおいて行われる拡声機を使用して行う放送による騒音をいう。

③「等」

「等」の内容としては、工場騒音、建設作業騒音、自動車騒音を除くその他の騒音が含まれる。しかし、航空機、鉄道等に係る騒音は、騒音発生に係る広域性、公共性等を考慮した場合、これらの規制措置を地方公共団体の事務とみることは妥当ではなく、本条の対象となる騒音には含まれないと考えられる。なお、工場騒音や建設作業騒音についての本法と条例との関係は、法第27条において明らかにされている。

④「当該地域の自然的、社会的条件に応じて」

本条に規定する騒音は、全国的に問題にされるものは少なく、きわめて地域的な性格の強いものであり、これらの規制は地方公共団体の事務とされている。したがって、その規制は、それぞれの地方公共団体が、おのおのの地域の実情に応じて適切な措置を講ずることが望ましい。

⑤「営業時間を制限すること等により必要な措置を講ずる」

深夜騒音、拡声機騒音等については、それぞれの騒音の発生の態様により、規制の方法は多様であり、しかも地方公共団体のそれぞれの実態に応じてその内容は異なってくる。

深夜騒音の規制は、飲食店等の営業そのものが騒音を発生する場合もあるが、それと併せて飲食店等に出入りする客のざわめきによる騒音などもあり、それを規制するためには、飲食店営業等の営業時間そのものを、特に深夜においては制限することが最も効果的である場合が想定される。

拡声機騒音の規制は、使用時間の制限のほか、設置する施設や設備の構造制限、拡声機の取り付け方法等を定めること等が想定され、また、必要に応じて地域指定を行い、これらの制限を課すことも考えられる。

これらの措置を講ずるには、条例の制定、行政指導（要綱を定める場合を含む。）等の方策があるが、本条に規定する事務は、地方公共団体の事務であるところから、条例を制定して行うこととなる。

なお、営業時間の制限その他にしても、制限の内容は騒音を規制し、住民の生活環境を保全するうえで、必要な限度でなければならないことはいうまでもなく、地域の実情を十分に把握し、過剰な規制にわたらない配慮も必要である。

⑥「しなければならない」

工場騒音、建設作業騒音、自動車騒音については、国が自ら規制を定めているが、深夜騒音等については、地方公共団体がそれぞれの地域の実態に応じて生活環境を保全するため必要な規制措置を講ずることが望ましい旨を明記した規定である。

もちろん、本条の規定により地方公共団体は、これら騒音の規制を行うことを義務づけられたものではなく、この規定は、いわゆる入念規定であるところから、地方公共団体はそれぞれの意志により必要に応じて規制の措置を条例で行えばよい。

しかしながら、同じ入念規定である法第27条（条例との関係）の規定が「……妨げるものではない」となっているのに対し、法第28条（深夜騒音等の規制）が

「……必要な措置を講ずるようにしなければならない」と強く規定されているのは、国としても地方公共団体における積極的な施策を強く期待しているところを明らかにしているものである。

142　第 2 章　騒音規制法解説

> ## 第 6 章　罰則
>
> ### 第 29 条
> 第 12 条第 2 項の規定による命令に違反した者は、①1 年以下の懲役又は 10 万円以下の罰金に処する。

〈趣　旨〉

　第 6 章の第 29 条から第 33 条までは、罰則に関する規定であり、騒音規制法上の義務違反に対して制裁を加えることによって、法の実効性を確保することを直接の目的とするものである。また同時に、これによって、義務者に心理上の圧迫等を加え、間接的に義務者の義務の履行を確保するものである。

　一般に、行政上の目的を実現するために、行政法規で国民に対して種々の命令や禁止をなし、これに従うべき義務を課する場合、その義務の履行を担保して行政法規の実効性を確保するために、義務違反に対して一定の制裁を科しうるよう罰則が規定されている。

　こうした行政法上の義務違反に対して科せられる制裁は、通常、行政罰といわれる。この行政罰には、刑法上に刑名のある罰を制裁とする行政刑罰と、過料といわれる金銭罰を制裁とする行政上の秩序罰の 2 種類がある。本法においては、第 29 条から第 32 条までが行政刑罰に関する規定であり、第 33 条が行政上の秩序罰に関する規定である。行政刑罰は、刑法総則及び刑事訴訟法の適用を受けるが、秩序罰は、刑法総則が適用されず、非訟事件手続法第 119 条から第 122 条の 2 までの適用を受け、同法に基づいて過料が科せられる。ここで、懲役とは、監獄に拘置して定役（刑務作業）を科すもの（刑法第 12 条第 2 項）をいい、罰金とは、財産刑の一種で、現在では、「罰金等臨時措置法（昭和 23 年 12 月 18 日法律第 251 号）」によって、刑法第 15 条の規定にかかわらず 1 万円以上とされている。

　本条は、特定工場等において発生する騒音に関し、法第 12 条第 2 項の市町村長の改善命令の違反に対する罰則規定を定めたものである。最終的に本法の規制を担保し、法の目的が十分達成されることを期すために規定されており、命令違反に対しては、1 年以下の懲役又は 10 万円以下の罰金を科すこととしている。

　市町村長の改善命令は、勧告を受けた者がその勧告に従わない場合に発せられ

るもので、この命令違反はきわめて悪質であるとの認識から、本条は、本法では最も厳しい罰則となっている。

なお、本法の各規定と罰則との関係を整理すると次のとおりである。

(1) 工場・事業場騒音関係
  ① 騒音の防止の方法の改善又は特定施設の使用の方法若しくは配置の変更に関する市町村長の命令違反については1年以下の懲役又は10万円以下の罰金
  ② 特定施設の設置の届出義務違反については5万円以下の罰金
  ③ 特定施設に係る経過措置の届出義務違反及び特定施設の数等の変更の届出義務違反についてはそれぞれ3万円以下の罰金
  ④ 氏名の変更等の届出義務違反及び承継届出義務違反については1万円以下の過料

(2) 建設作業騒音関係
  ① 騒音の防止の方法の改善又は特定建設作業の作業時間の変更に関する市町村長の命令違反については5万円以下の罰金
  ② 特定建設作業の実施の届出義務違反については3万円以下の罰金
  ③ 災害その他非常の事態の発生により特定建設作業を緊急に行った場合の事後の届出義務違反については1万円以下の過料

(3) その他
  市町村長の行う報告の徴収、立入検査について違反行為をした者は3万円以下の罰金

〈解　説〉
① 「1年以下の懲役又は10万円以下の罰金」

本条の規定違反は、1年以下の懲役か10万円以下の罰金のいずれか一方が科せられる。懲役とは自由刑の一種であって、監獄に拘置して定役を課すものをいい、定役を課す点で、他の自由刑たる禁錮や拘留と異なる。罰金とは財産刑の一種で、現在では、罰金等臨時措置法によって、罰金の額は刑法第15条の規定にかかわらず、1万円以上とされている。

> **第 30 条**
> 第 6 条第 1 項の規定による届出をせず、若しくは ①虚偽の届出をした者又は第 15 条第 2 項の規定による命令に違反した者は、5 万円以下の罰金に処する。

〈趣　旨〉

　本条は、法第 6 条第 1 項の特定施設の設置の届出義務違反及び法第 15 条第 2 項の特定建設作業に関する騒音の防止の方法の改善又は作業時間の変更についての市町村長の改善命令違反に対する罰則規定を定めたものである。これらの違反者には 5 万円以下の罰金を科することとしている。

　特定施設の設置の届出義務違反を他の諸届出義務違反より重視して、改善命令違反に次いで重い罰則を設けているのは、特定施設の設置の届出がこの騒音規制の制度の成否をにぎっており、重要であると認識されているからである。

　また、特定建設作業に関する改善命令違反についての罰則が、特定工場等に関する改善命令違反についての罰則よりも軽いのは、建設作業は、騒音を減少させる代替工法がない場合もあり、また騒音を発生する期間が一時的でかつ短期間であること等、その特殊性を勘案したものである。

〈解　説〉

　①「虚偽の届出」

　虚偽とは、例えば騒音の防止の方法を講じていないにもかかわらず、講じている旨所要の記載をして特定施設の設置の届出を出すような場合をいう。積極的に虚構の事実を構成することはもちろん、消極的に真実を隠蔽又は歪曲することを含むと解される。

> **第 31 条**
> 第 7 条第 1 項、第 8 条第 1 項若しくは第 14 条第 1 項の規定による届出をせず、若しくは①虚偽の届出をした者又は第 20 条第 1 項の規定による報告をせず、若しくは②虚偽の報告をし、若しくは同項の規定による③検査を拒み、妨げ、若しくは忌避した者は、3 万円以下の罰金に処する。

〈趣　旨〉

　本条は、法第 7 条第 1 項に基づく経過措置にかかる届出義務違反、第 8 条第 1 項に基づく特定施設の数等の届出義務違反、第 14 条第 1 項に基づく特定建設作業の実施届出義務違反についての罰則を定めるとともに、報告の徴収及び立入検査違反についての罰則を定めたものである。いずれの場合においても 3 万円以下の罰金に処することとしている。

〈解　説〉

　①「虚偽の届出」

　これについては、第 30 条と同様に積極的に虚構の事実を構成することはもちろん、消極的に真実を隠蔽又は歪曲することを含むと解される。

　②「虚偽の報告」

　これも①と同様に、積極的に虚構の事実を構成することはもちろん、消極的に真実を隠蔽又は歪曲することを含むと解される。

　③「検査を拒み、妨げ、若しくは忌避」

　検査を拒みとは、文字どおり検査を拒否することであり、例えば検査をしたい旨の通知があったのに対し、はっきり拒否の意志表示をするとか、検査員が法第 20 条第 2 項に基づく身分証明書を提示し、検査を行おうとした場合、これを拒否して工場内に立ち入ることを断るような場合をいう。

　妨げとは、立入検査の拒否はしないが検査員が検査ができないよういろいろの手段で妨げることをいい、また忌避するとは積極的に妨害はしないまでも故意に責任者が不在となり事実上立入検査ができないようにすることなどをいう。

> **第 32 条**
> 　法人の代表者又は法人若しくは人の代理人、使用人その他の従業者が、その法人又は人の業務に関し、前 3 条の違反行為をしたときは、行為者を罰するほか、その法人又は人に対して ①各本条の罰金刑を科する。

〈趣　旨〉

　本条は、法人の代表者、法人又は人の代理人、使用人その他の従業者が、その法人又は人の業務に関して改善命令違反や届出義務違反あるいは検査を妨げる等の違反行為をした場合に、行為者とともに法人又は人も処罰する旨の両罰規定を定めたものである。

〈解　説〉

①「各本条の罰金刑を科する」

　法第 29 条から第 31 条までに掲げる罰金刑を科する趣旨である。例えば法第 29 条に規定する 1 年以下の懲役は、体刑であるから法人にはなじまない。

第 33 条

第 10 条、第 11 条第 3 項又は第 14 条第 2 項の規定による届出をせず、又は虚偽の届出をした者は、1 万円以下の ①過料に処する。

〈趣　旨〉

本条は、特定施設に係る氏名変更等の届出義務違反、特定施設を承継した場合の届出義務違反、災害その他の非常の事態の発生により緊急に行う特定建設作業に該当する場合の届出義務違反に対する罰則を定めたものである。いずれの場合においても、1 万円以下の過料とし、いわゆる秩序罰を定めている。

〈解　説〉

① 「過料」

過料とは金銭罰の一種であるが、刑罰たる罰金及び科料と区別して、特に過料として科せられるものをいう。本法の過料の性質は、秩序罰としての過料であり、法律秩序を維持するために法令違反者に制裁として科せられるものである。

本法第 29 条から第 32 条までの規定により科せられる懲役及び罰金の行政刑罰は、刑法総則及び刑事訴訟法の適用を受けるが、過料である秩序罰は、刑法総則が適用されず、非訟事件手続法第 199 条から第 122 条の 2 までの規定に基づいて科せられる。

2.2 特定施設と特定建設作業
2.2.1 特定施設
（1）特定施設の選定基準
　現在騒音規制法で定められている特定施設は、下記の①の条件を原則に、次の3つの条件により選定されたものである。
　① 主として屋内で使用する施設は、1m離れて80dB以上、主として屋外で使用する施設は、1m離れて70dB以上の騒音レベルであること。
　② 都道府県条例などにもとりあげられ、全国的に普及している施設であること。
　③ 当該施設に対する苦情、陳情数が相当数あること。
（2）特定施設の解説
　これら個々の特定施設の名称については、総務省統計局編・日本標準商品分類を基に、関係資料に基づき簡単に解説を行う。

---

1 金属加工機械　イ　圧延機械

〈解説〉
　圧延機械とは、回転する2本のロールの間に金属を通過させて塑性加工を行う機械で、金属の板材、条材、形材、パイプ材等がつくられる。加工方式は、比較的単純ではあるが、1回の加工で金属に所要の成形を加えるには、巨大な力が必要であるから、通常は何段階にも分けて繰返し加工が行われる。また、経済的に生産するため大量生産方式が採用され、数個の圧延機を直列に配し、その間に運搬装置やせん断機などの精密機械を組合わせて、素材から製品までの工程を流れ作業で製造する場合が多い。
　なお、規制対象は、原動機の定格出力の合計が22.5kW以上となっているが、圧延機については、2個以上の原動機を有する場合が多くこの場合は原動機の定格出力の合計により判断される。また、装置に内蔵されている原動機も当然ながら合算される。

〈分類〉
　日本標準商品分類において、おおむね金属1次製品製造機械及び精整仕上装置のうち圧延機械・装置に分類される下記のものが規制の対象である。
32 2　　金属1次製品製造機械及び精整仕上装置

32 21　圧延機械・装置

　分塊圧延機・装置、鋼片せん断機、条材圧延機・装置（大形圧延機、中形圧延機、小形圧延機）、線材圧延機、帯材圧延機・装置（熱間帯材圧延機、冷間帯材圧延機、調質圧延機・装置）、はく圧延機・装置、厚板圧延機・装置、薄板圧延機・装置（熱間薄板圧延機、冷間薄板圧延機）、タイヤ・車輪圧延機（タイヤ圧延機、車輪圧延機）

1 金属加工機械　ロ　製管機械

〈解説〉

　鋼管等の製造法としては、大別すると継目なしの製管と溶接又は鍛造製管に区分され、条材引抜機や製管機械は、この製管に使用される機械である。このうち条材引抜機は、押し出しや圧延により製造された素材をダイス穴に通して引き抜き加工を行うもので、これにより継目なしの鋼管を製造する機械である。また、別の製管機械としては、せん孔機、管圧延機、溶接方式の機械などがある。このうち、せん孔機は、一対の傾斜つきロールと砲弾形心金を備え、素材がロール間でもまれ（半回転運動）ながら前進し心金に押し付けられることにより心部の組織を破壊して心金を貫通させて鋼管を製造する。また、管圧延機は、2段ロールと心金の組合せにより、粗管の外径及び肉厚を圧減して製造する機械である。

〈分類〉

　日本標準商品分類において、おおむね金属1次製品製造機械及び精整仕上装置のうち条材引抜機及び条材押出機、製管機械及び装置に分類される下記のものが規制の対象である。

32 2　　金属1次製品製造機械及び精整仕上装置

32 22　条材引抜機及び条材押出機

　条材引抜機、条材押出機

32 23　製管機械・装置

　せん孔製管機械・装置（マンネスマンせん孔機、ステーフェルせん孔機、ステーフェルマンネスマンせん孔機、ピルガー圧延機、プラグミル、マンドレルミル、デッシャ圧延機、アッセル圧延機、その他のせん孔製管機械・装置）、プレス式せん孔製管機械・装置（エルハルト式せん孔機、プッシュベンチ式延伸機）、押出式製管機械・装置、電弧溶接式製管機械・装置、電縫管製造機械・装置、ガス溶接式

製管機械・装置、鍛接式製管機械・装置、引抜製管機、その他の製管機械・装置

1 金属加工機械　ハ　ベンディングマシン

〈解説〉

　ベンディングマシンとは、金属材料の曲げを行う機械の総称で、折畳み、突き曲げ、送り曲げなどの加工をロールによる送り曲げで行うものが多い。また、材料の歪みの矯正作業を行う矯正機も、歪み個所を部分曲げする機械であるので同じ分類に入れられる。

　具体的な規制対象については、ロール式のもので、原動機の定格出力が3.75 kW 以上となっている。

〈分類〉

　日本標準商品分類において、おおむね第2次金属加工機械のうちベンディングマシン（ロール式）に分類される下記のものが規制の対象である。

32 3　　第2次金属加工機械
32 31　　ベンディングマシン

　数値制御式ベンディングマシン（数値制御式板金用ベンディングマシン、数値制御式形材・丸棒・管用ベンディングマシン、数値制御式棒材矯正機）、板金用ベンディングロール、板金用ロールレベラ、板金用成形ロール（ビーディングロール、フランジングロール、グルービングロール、シーミングロール、多段成形ロール、その他の板金用成形ロール）、形材・丸棒・管用ベンディングマシン（管用ベンディングマシン、その他の形材・丸棒・管用ベンディングマシン）、パイプフランジングロール及びパイプエキスパンディングロール（パイプフランジングロール、パイプエキスパンディングロール）、矯正機（棒材矯正機、板材矯正機、管矯正機）、ホールディングマシン、その他のベンディングマシン

1 金属加工機械　ニ　液圧プレス

〈解説〉

　液圧プレスとは、ラムの運動を水又は油の液圧で行わせるプレスで、加工材に強大な圧力を加えて鍛造、圧搾、押出し、圧入及び成形等の塑性加工を行う。その性能は機械プレスと比べて大圧力、長ストロークが容易に得られ、ラムを加圧

状態で停止しておくことができるなど勝れた点がある。

なお、自動車工場などで使用される矯正プレスは、騒音レベルが低いので規制対象からは除外されている。
〈分類〉

日本標準商品分類において、おおむね第2次金属加工機械のうち液圧プレスに分類される下記のものが規制の対象である。

32 3　第2次金属加工機械
32 32　液圧プレス

数値制御式液圧プレス（数値制御式単動液圧プレス、数値制御式複動液圧プレス、数値制御式タレットパンチプレス、数値制御式液圧式プレスブレーキ、その他の数値制御式液圧プレス）、単動液圧プレス（卓上形液圧プレス、C形液圧プレス、ストレートサイド形液圧プレス（横形を含む。）、コラム形液圧プレス（横形を含む。）、その他の単動液圧プレス）、複動液圧プレス（サスペンション形複動液圧プレス、ディビジョナル形複動液圧プレス、インナ・アウタ形複動液圧プレス、横型複動液圧プレス、その他の複動液圧プレス）、3動液圧プレス（サスペンション形3動液圧プレス、ディビジョナル形3動液圧プレス、その他の3動液圧プレス）、液圧式プレスブレーキ、その他の液圧プレス（コールドホビングプレス、スクラッププレス、ストレッチフォーミングプレス、液圧式ダイスポッティングプレス、液圧式メタルパウダープレス、リベッティングマシン（動力付手持工具を除く。）、液圧式トランスファープレス、他に分類されない液圧プレス）

1 金属加工機械　ホ　機械プレス

〈解説〉

機械プレスとは、被加工物を押圧するスライドの運転を機械的に行うプレスの総称で、液圧プレスに対するものである。機械プレスは、その種類が非常に多いが、その理由は用途が広範多岐で、機械の構成要素が複雑であることに起因している。なお、住居と町工場の混在したような地域では、機械プレスによる騒音被害が多く報告されていた。

規制対象は、苦情の内容から、呼び加圧能力が294 kN（30重量トン）以上とされている。また、足踏みプレス、人力プレスは、規制の対象から除かれる。
〈分類〉

日本標準商品分類において、おおむね第2次金属加工機械のうち機械プレスに分類される下記のものが規制の対象である。

32 3　第2次金属加工機械
32 33　機械プレス

　数値制御式機械プレス（数値制御式単動機械プレス、数値制御式複動機械プレス、数値制御式3動機械プレス、数値制御式機械式プレスブレーキ、数値制御式タレットパンチプレス、その他の数値制御式機械プレス）、単動クランクプレス（単動シングルクランクプレス、単動ダブルクランクプレス、単動クランクレスプレス、単動リンクプレス、その他の単動クランクプレス）、複動クランクプレス（複動シングルクランクプレス、複動ダブルクランクプレス、動床形複動プレス、複動クランクレスプレス、複動リンクプレス）、3動クランクレスプレス（1点支持3動クランクレスプレス、2点支持3動クランクレスプレス、4点支持3動クランクレスプレス）、3動リンクプレス（1点支持3動リンクプレス、2点支持3動リンクプレス、4点支持3動リンクプレス）、ナックルジョイントプレス、スクリュープレス（フリクションスクリュープレス、油圧駆動式スクリュープレス、その他のスクリュープレス）、その他の機械プレス

1　金属加工機械　ヘ　せん断機

〈解説〉
　せん断機とは、金属材料のせん断を行う機械で、主として加工材の形状、刃の駆動機構及び刃の運動様式により分類されている。
　具体的な規制対象については、原動機の定格出力が3.75 kW以上となっている。

〈分類〉
　日本標準商品分類において、おおむね金属加工機械のうち下記のせん断機に分類されるものが規制の対象である。

32 3　第2次金属加工機械
32 34　せん断機

　数値制御式シャー（数値制御式ギャップシャー、数値制御式スケヤシャー、その他の数値制御式シャー）、直刃せん断機（ギャップシャー、スケヤシャー、その他の直刃せん断機）、丸刃せん断機（ロータリーシャー、ガングスリッター、サークルシャー、その他の丸刃せん断機）、アリゲータシャー、アングルシャー、ビレッ

トシャー、アップカットシャー、フライングシャー、その他のせん断機（ニブリングマシン、ユニバーサルカッティングマシン、バイブロシャー、他に分類されないせん断機）

1 金属加工機械　ト　鍛造機

〈解説〉

　鍛造機とは、鍛造作業を行う機械で、落下体の運動エネルギーにより自由鍛造や型鍛造を行うハンマ、ボルト、リベット、ボール、ローラ等を成型するヘッダ、据込み鍛造を行うアプセッタ等がある。また、製釘機、製鋲機なども鍛造機に含まれる。鍛造機による騒音は多くあるので、適用除外は設けられていない。

〈分類〉

　日本標準商品分類において、おおむね第2次金属加工機械のうち鍛造機に分類される下記のものが規制の対象である。

32 3　　第2次金属加工機械

32 35　　鍛造機

　数値制御鍛造機、ハンマ（ドロップハンマ、エヤーハンマ、スチームハンマ、パワークランクハンマ、カウンターブローハンマ、その他のハンマ）、鍛造プレス（機械式鍛造プレス、液圧式鍛造プレス、その他の鍛造プレス）、ホーマ、アプセッタ、ロール（フォージングロール、クロスロール、その他のロール）、スウェージングマシン、その他の鍛造機

1 金属加工機械　チ　ワイヤーフォーミングマシン

〈解説〉

　ワイヤーフォーミングマシンとは、線材又は針金を加工する機械で、針金を加工してヘヤーピン、ペーパークリップ等の針金製品を造るもの、針金からケーブルを造るもの、針金を編んで金網を造るもの、バネ線材をコイルバネに捲くもの及び有刺鉄線製造機械が含まれる。

〈分類〉

　日本標準商品分類において、おおむね第2次金属加工機械のうちワイヤーフォーミングマシンに分類される下記のものが規制の対象である。

32 3 第2次金属加工機械
32 36 ワイヤーフォーミングマシン

　数値制御ワイヤーフォーミングマシン、ストランディング・ツィスティング及びブレイディングマシン（ケーブル及びロープ用ストランディング・ツィスティング及びブレイディングマシン、ウイービング及びフェンシング用ストランディング・ツィスティング及びブレイディングマシン）、ワイヤストレートニングマシン、コイルワインディングマシン、スプリングワインディングマシン、その他のワイヤーフォーミングマシン

1 金属加工機械　リ　ブラスト

〈解説〉
　ブラストとは、圧縮空気や遠心力を用いて砂、鋼球、けい石粒などの研磨剤を表面に吹きつけて、鋳造品・鋼板等のスケール落とし、さびなどの除去、めっきの前処理を行う鋳物等の清掃用機械である。ブラストには、圧縮空気によりショット（鋼球）をたたきつけて鋼材表面をきれいにするショットブラストやグリッド（鋭角の鋼粒片）をたたきつけて鋼材表面をきれいにするグリッドブラストがある。
　なお、タンブラー式のブラストであるタンブラスト以外のブラストで密閉式の機械は、騒音が比較的小さいので適用除外とされている。

〈分類〉
　日本標準商品分類において、おおむね鋳造機械・装置のうち製品清掃機に分類される下記のブラストが規制の対象である。

43 6 鋳造機械・装置
43 64 製品処理機械・装置

　製品清掃機（ショットブラスト、ハイドロブラスト、エアブラスト、その他の製品清掃機）

1 金属加工機械　ヌ　タンブラー

〈解説〉
　タンブラーは、通称ガラ箱と呼ばれており、鋳造品をこの中に入れて多角形の鉄片といっしょに回転させる機械である。これにより、砂落とし、スケール落とし、

さびなどの除去を行うものであるが、騒音も激しく、能率がよくないのでショットブラストなどに代替され、ほとんど使用されていない。

〈分類〉

日本標準商品分類において、おおむね鋳造機械・装置のうち製品清掃機に分類されるタンブラが規制の対象である。

43 6 　鋳造機械・装置
43 64 　製品処理機械・装置
　　製品清掃機（その他の製品清掃機）

1 金属加工機械　ル　切断機

〈解説〉

高速回転する薄い円板状の切削といしにより切断する機械であり、高硬度の材料を切断するのに適している。

具体的な規制の対象は、切断機のうち高騒音を発するといしを用いるものに限られている。なお、切断機は、平成9年10月の騒音規制法施行令の改正により特定施設に追加されたものである。

〈分類〉

日本標準商品分類において、おおむね金属工作機械のうちその他の金属工作機械に分類される下記のものが規制の対象である。

32 1 　金属工作機械
32 19 　その他の金属工作機械
　　金切りのこ盤及び切断機のうちといしを用いた切断機に分類されるもの

2 空気圧縮機及び送風機

〈解説〉

送風機及び圧縮機は、原理構造は同じであって、風圧が低いものが送風機で、数気圧以上の圧力を発生するのが圧縮機である。なお、送風機と圧縮機は、汎用機械であり各種機械の原動力として使用されることが多いが、単独での使用、各種機械の原動力、送風機用の使用を問わず、すべて規制対象となる。例えば、キューポラや冷却塔（クーリングタワー）は、特定施設とされていないが空気圧縮機や

送風機を使用しており結果として規制を受けることになる。

　具体的な規制対象については、原動機の定格出力が7.5 kW以上のものとなっている。

〈分類〉

　日本標準商品分類において、おおむね圧縮機（冷凍機を除く。）と送風機（排風機を含む）に分類される下記のものが規制の対象である。

31 2　　圧縮機（冷凍機を除く。）

31 21　　ターボ形圧縮機

　軸流式ターボ形圧縮機、遠心式ターボ形圧縮機、斜流式ターボ形圧縮機

31 22　　容積形圧縮機

　回転式容積形圧縮機（可動翼容積形圧縮機、ねじ容積形圧縮機、液封容積形圧縮機）、往復式容積形圧縮機（横形圧縮機、L形圧縮機、対向形圧縮機、立形圧縮機、Y形圧縮機、W形圧縮機、X形圧縮機、その他の往復式容積形圧縮機）

31 29　　その他の圧縮機（冷凍機を除く。）

　ポータブル圧縮機、他に分類されない圧縮機

31 4　　送風機（排風機を含む）

31 41　　ファン

　軸流式ファン、遠心式ファン（多翼ファン、ラジアルファン、ターボファン、その他の遠心式ファン）

31 42　　ブロワ

　ターボ形ブロワ（軸流式ブロワ、遠心式ブロワ、斜流式ブロワ）、容積形ブロワ（2葉ロータ形ブロワ、その他の容積形ブロワ）、その他のブロワ

31 49　　その他の送風機

③ 土石用又は鉱物用の破砕機、摩砕機、ふるい及び分級機

〈解説〉

　破砕機は、最近では鉱山における鉱石の破砕に使用されるほか、化学工場や窯業における原料の粉砕、建設工業でのコンクリート骨材の製造など、その利用範囲が広がっており容量もだんだん大きなものとなっている。

　摩砕機は、鉱山、化学工業、セメント工業等で原料の細、微粉砕又は建設工業でコンクリート用砂の製造等に広く使用されている。

ふるい分機と分級機は、一般に鉱石粒などを粒の大小で分類する目的のために使用される機械で、比較的粗いものを取扱う場合にはふるい分機を用い、細かいものを取扱う場合には分級機が用いられる。山砂利・河砂利選別施設も、この分類に入る。

　具体的な規制対象については、原動機の定格出力が 7.5 kW 以上となっている。なお、騒音の苦情は、砂利選別施設・窯業関係・鉱山関係・食品関係の施設からが多い。

〈分類〉

　日本標準商品分類において、おおむね破砕機、摩砕機（グラインディングミル）、破砕機及び摩砕機の補助機のうち下記に分類されるのが規制の対象である。

39 3　　破砕機

39 31　　ジョークラッシャ

　ブレーキ形ジョークラッシャ、ロールジョー形ジョークラッシャ、シングルトッグル形ジョークラッシャ、その他のジョークラッシャ

39 32　　ジャイレトリクラッシャ

　基本形ジャイレトリクラッシャ、低床形ジャイレトリクラッシャ、ギヤレス形ジャイレトリクラッシャ、その他のジャイレトリクラッシャ

39 33　　コーンクラッシャ

　サイモン形コーンクラッシャ、ハイドロコーン形コーンクラッシャ、ギヤレス形コーンクラッシャ、その他のコーンクラッシャ

39 34　　ロールクラッシャ

　ダブルロールクラッシャ（ライト形ダブルロールクラッシャ、ヘビー形ダブルロールクラッシャ）、シングルロールクラッシャ（ライト形シングルロールクラッシャ、ヘビー形シングルロールクラッシャ）、その他のロールクラッシャ

39 35　　インパクトクラッシャ

　ハンマクラッシャ、インペラブレーカ、ディスインテグレータ（ケージミル）、シュレッダ、その他のインパクトクラッシャ

39 39　　その他の破砕機

39 4　　摩砕機（グラインディングミル）

39 41　　ローラミル

フレットミル、モルターミル、リングローラミル、レイモンドミル、ロッシェミル、その他のローラミル

39 42　スタンプミル

39 43　タンブリングミル

コニカルミル、チューブミル、マーシーミル、コンパートメントミル、エアロフォールミル、ロッドミル、トリコンミル、その他のタンブリングミル

39 44　インパクトミル

39 45　エヤーミル

39 46　タワーミル

39 49　その他の摩砕機

39 5　破砕機及び摩砕機の補助機

39 51　ふるい分機

回転形ふるい分機、振動形ふるい分機、電磁形ふるい分機、シェーキング形ふるい分機、グリズリ形ふるい分機、その他のふるい分機

39 52　分級機

レーキクラシファイヤ、バウルクラシファイヤ、スパイラルクラシファイヤ、ドラッグクラシファイヤ、ドルコサイザ、エヤークラシファイヤ、カローコーン、ウエットサイクロン、ロータリクラシファイヤ

4 織機

〈解説〉

　織物を織る機械が織機であり、人力によるものを手織、動力によるものを力織機と呼んでいる。通常は、空気やジェットによりシャトル（杼）を縦糸の中で飛達させながら織っていく。

　具体的な規制対象は、原動機を用いるものに限られるので、当然にも手織は規制対象に含まれない。なお、編物機械や工業用動力ミシンなどについての苦情もあるが、地域差が大きいので、現在は特定施設とされていない。

〈分類〉

　日本標準商品分類において、おおむね織機のうちの整経機、のり付け機、有ひ（杼）織機、無ひ（杼）織機、織機の付属機械及びその関連機械、その他の織機に

分類される下記のものが規制の対象である。なおニット機械等の編組機械、染色仕上機械、ミシン等の縫製機械などは、規制対象外である。

36 4 　織機

36 41 　整経機

　荒巻整経機、部分整経機、トリコット整経機、その他の整経機

36 42 　のり付け機

　たて糸のり付け機、かせ糸のり付け機、整経のり付け機、その他ののり付け機

36 43 　有ひ（杼）織機

　普通織機、自動織機（シャトルチェンジ織機、コップチェンジ織機、その他の自動織機）、その他の有ひ（杼）織機

36 44 　無ひ（杼）織機

　ジェット織機、レピア織機、グリッパ織機、その他の無ひ（杼）織機

36 45 　織機の付属機械及びその関連機械

　ドビー、自動紋紙せん孔機、ジャカード、ルームワインダ、たて糸継ぎ機、その他の織機の付属機械及びその関連機械

36 49 　その他の織機

5 建設用資材製造機械　イ　コンクリートプラント

〈解説〉

　一般には生コンプラントと呼ばれているものを意味しているが、コンクリートを構成する諸材料を集合貯蔵し、所定の配合を計量し、ミキサー（混練機）に投入して混練してコンクリートを製造する基地設備のことである。諸材料を計量するプラントであることから、バッチャープラントとの名称も使われているが、ここでは単に生コン車に積載する製品のみならず、コンクリート製品製造においても同様のバッチャープラントが使われていることから総括的にコンクリートプラントとしている。なお、道路工事・建築工事等で現場内あるいは現場近くに、工事期間中だけ設置されるものは、特定建設作業として規制される。また、気ほうコンクリートの製造工程での騒音レベルは低いことから、気ほうコンクリートプラントは適用除外とされている。

　具体的な規制については、ミキサー（混練機）の1回当たり処理量で規定するものとし、混練容量が $0.45\,\mathrm{m}^3$ 以上のものとされている。

〈分類〉

日本標準商品分類において、おおむね建設機械のうちコンクリート機械に分類される下記のものが規制の対象である。

39 2　建設機械

39 26　コンクリート機械

コンクリートプラント、コンクリートブロックマシン、その他のコンクリート機械

5 建設用資材製造機械　ロ　アスファルトプラント

〈解説〉

アスファルトプラントは、一貫した作業で骨材を加熱乾燥し、それと充填材及びアスファルト溶液を混合して、アスファルト合材を生産する基地設備である。

具体的な規制については、ミキサー（混練機）の1回当たり処理量で規定するものとし、混練重量が200kg以上のものとされている。

〈分類〉

日本標準商品分類において、おおむね建設機械のうち舗装機械に分類されるもので下記のものが規制の対象である。

39 2　建設機械

39 27　舗装機械

アスファルト舗装機械（アスファルトプラント、再生アスファルトプラント）

6 穀物用製粉機

〈解説〉

穀物用製粉機とは、小麦などを粉にする機械で、製粉機械・装置に区分される機械のうち、金属ロール機、ゴムロール機、ビニールロール機等を含むロール粉砕機に分類されているもののみが規制の対象である。ロール式以外にも、金うす形製粉機、衝撃形製粉機があるが、非効率であり現在ではほとんど使用されていない。

具体的規制対象は、ロール式のものであって原動機の定格出力が7.5kW以上となっている。

〈分類〉

　日本標準商品分類において、おおむね食品及び飲料の加工機械・装置のうちロール粉砕機が規制の対象である。

43 1　　食品及び飲料の加工機械・装置
43 11　　穀物処理機械・装置
43 113　製粉機械・装置（粉砕機のうちロール粉砕機のみ）

| 7 木工加工機械　イ　ドラムバーカー |

〈解説〉

　原木より樹皮を除去する機械で、湿式ドラムバーカー、乾式ドラムバーカー、リングバーカーの区分があるが、円筒の回転運動により中に入れた原木の相互摩擦により皮むきを行う機械である。なお、具体的な規制は、バーカーのうち最も騒音レベルの高いドラムバーカーを対象としている。

〈分類〉

　日本標準商品分類において、おおむねパルプ・製紙機械のうちパルプ製造機械に分類されるドラムバーカーが規制の対象である。

43 2　　パルプ・製紙機械
43 21　　パルプ製造機械
　調木装置のうちバーカー

| 7 木工加工機械　ロ　チッパー |

〈解説〉

　パルプ作成において化学的処理が行いやすいように、削片（チップ）を製造する機械で、バーカーで皮むきした丸太を放射状に取り付けられたカッターで切削する。パルプ工場だけでなく製材工場でも副業的あるいは専業として製造が行われている。

　小型の木材粉砕機械で果樹園や公園などで枝葉や樹木を粉砕し有機質堆肥の原料を作成する機械がチッパーと呼ばれることがあるが、これらは規制の対象外である。

　具体的規制は、原動機の定格出力が 2.25 kW 以上となっている。

〈分類〉

　日本標準商品分類において、おおむねパルプ・製紙機械のうちパルプ製造機械に分類されるチッパーが規制の対象である。

43 2　　パルプ・製紙機械

43 21　　パルプ製造機械

　調木装置のうちチッパー

---

7 木工加工機械　ハ　砕木機

〈解説〉

　砕木パルプを作成する機械で、回転する砕木といしの面に丸太を押しつけて機械的に摩砕する機械である。砕木グラインダーが一般的に使われており、といしとしては、人造の焼成といしが多く用いられている。

〈分類〉

　日本標準商品分類において、おおむねパルプ・製紙機械のうち砕木摩砕装置が規制の対象である。

43 2　　パルプ・製紙機械

43 21　　パルプ製造機械

　砕木摩砕装置（砕木グラインダ、その他の砕木摩砕装置）

---

7 木工加工機械　ニ　帯のこ盤

〈解説〉

　帯のこ盤など木材機械を大別すると、森林から伐採された原木を角材や板材に加工する製材機械、製材された木材を成形加工して木工製品を製造する木工機械に分けることができる。帯のこ盤は、製材工場でも木工場でも、設備の近代化に伴い丸のこ盤に代わって使用されるようになっており、自動送行により自動的に歩出しを行う送材車付の帯のこ盤が多くなっている。

　具体的規制は、製材用のものにあっては原動機の定格出力が 15 kW 以上、木工用のものにあっては原動機の定格出力が 2.25 kW 以上となっている。製材用と木工用に区分したのは、材料や使用動力に差異がみられることから、適用範囲を異にした規制を行うこととされたものである。

〈分類〉

　日本標準商品分類において、おおむね木材加工機械で製材機械のうち帯のこ機械と木工機械のうち木工用の帯のこ盤等に分類される下記のものが規制の対象である。

43 4　　木材加工機械

43 41　　製材機械

　帯のこ機械（帯のこ盤本機、テーブル帯のこ盤、横形帯のこ盤、送材車付き帯のこ盤、ツイン帯のこ盤、タンデム帯のこ盤、帯のこ盤用送材装置、その他の帯のこ機械）

43 46　　木工機械

　切削機械（木工のこ盤のうち木工帯のこ盤、糸のこ盤）

7 木工加工機械　ホ　丸のこ盤

〈解説〉

　丸のこ盤は、製材機械のなかでは最も早く普及した機械であるが、作業中の危険発生事故が多く、製材の歩どまりも悪いため現在では減少の傾向にある。

　具体的規制は、製材用のものにあっては原動機の定格出力が 15 kW 以上、木工用のものにあっては原動機の定格出力が 2.25 kW 以上となっている。帯のこ盤と同様に製材用と木工用に区分したのは、材料や使用動力に差異がみられることから適用範囲を異にした規制を行うこととされたものである。

〈分類〉

　日本標準商品分類において、おおむね木材加工機械で製材機械のうち丸のこ機械と木工機械のうち木工用の丸のこ盤等に分類される下記のものが規制の対象である。

43 4　　木材加工機械

43 41　　製材機械

　丸のこ機械（テーブル丸のこ盤、ツイン丸のこ盤、リップソー、エジャ、振子式丸のこ盤、トリマ、その他の丸のこ機械）

43 46　　木工機械

　切削機械（木工のこ盤のうち木工テーブルのこ盤、移動丸のこ盤、リップソー、サイザ、その他の木工のこ盤）

7 木工加工機械 へ かんな盤

〈解説〉
　木工かんな盤とは、主に木質材料などを対象として、材料表面の凹凸の平坦化、厚さの調整、塗装面等の下地処理などを主目的に使われる機械である。

〈分類〉
　日本標準商品分類において、おおむね木工加工機械のうち切削機械に分類される下記のものが規制の対象である。

43 4　　木工加工機械
43 46　　木工機械
　切削機械（かんな盤のうち手押かんな盤、自動むら取り盤、こば取り盤、自動かんな盤、モルダ、円盤かんな盤、仕上かんな盤、縦突きスライサ、その他のかんな盤）

8 抄紙機

〈解説〉
　紙を製造する機械で、湿紙をつくる網部、湿紙から水をとるプレス部、熱乾燥する乾燥部などから構成されている。

〈分類〉
　日本標準商品分類において、おおむねパルプ・製紙機械のうち抄紙機に分類されるものが規制の対象である。

43 2　　パルプ・製紙機械
43 23　　製紙機械（和紙製造機械を除く。）
　抄紙機（ヘッドボックス、ワイヤーパート、プレスパート、ドライパート、カレンダー、リール、その他の抄紙機）

9 印刷機械

〈解説〉
　印刷技術は、新聞、雑誌、書籍などが中心であったが、最近は、プラスチック、金属、布など種々の部門でも使われるようになっている。印刷機械には、使用す

る版の形式から凸版、平版、凹版など、使用する紙の形状から枚葉印刷機、巻取り印刷機など、構造上から平圧機、円圧機、輪転機などの区分がある。

具体的な規制対象は、原動機を用いるものに限られており、手動式の印刷機械は、適用除外である。また、裁断機、製本機械についても騒音苦情があるが、現在は規制対象としていない。

〈分類〉

日本標準商品分類において、おおむね印刷機械に分類される下記のものが規制の対象である。

37 1　印刷機械

37 11　凸版印刷機

　平圧凸版印刷機、円圧凸版印刷機、巻取り凸版印刷機、その他の凸版印刷機）

37 12　平版印刷機

　枚葉オフセット印刷機（単色オフセット印刷機、多色オフセット印刷機）、巻取オフセット印刷機、その他の平版印刷機

37 13　凹版印刷機

　枚葉グラビア印刷機（平ら板枚葉印刷機、円筒版枚葉グラビア印刷機）、巻取グラビア印刷機、その他の凹版印刷機

37 14　孔版印刷機

　平面版枚葉印刷機、巻取円筒版印刷機、その他の孔版印刷機

37 15　シール印刷機

　平圧シール印刷機、輪転シール印刷機、その他のシール印刷機

37 16　フォーム印刷機

37 19　その他の印刷機械

10 合成樹脂用射出成形機

〈解説〉

合成樹脂用射出成形機は、スチロール系、アクリル系、ポリエチレン系の樹脂を原料として成型を行うもので、基本的な構造は、金型締付装置と、成型材料の射出装置から成りたっている。合成樹脂加工機械のうち射出成形機についての苦情が多かったことから、規制対象とされている。

〈分類〉

日本標準商品分類において、おおむねゴム工業用機械及び合成樹脂加工機械のうち射出成形機に分類される下記のものが規制の対象である。

43 3　ゴム工業用機械及び合成樹脂加工機械
43 32　合成樹脂加工機械
　射出成形機（横形射出成形機、立形射出成形機、その他の射出成形機）

11 鋳型造型機

〈解説〉
　造型機は、鋳物砂を鋳型成形する機械であり、鋳型の固めの方式により、振動式造型機、圧縮式造型機、投砂式造型機などに分類される。このうち、振動により重力加速度を利用するジョルト（振揺）機構を備えた機械を規制する。
　具体的規制は、ジョルト式のみとされており、スクイーズのみによってつき固めを行う造型機は適用除外となる。

〈分類〉
　日本標準商品分類において、おおむね鋳造機械・装置のうち鋳型機械・装置に分類されてジョルト機構を備えたものが規制の対象である。

43 6　鋳造機械・装置
43 62　鋳型機械・装置
　生型造型機、特殊造型機、中子整型機、その他の鋳型機械・装置

2.2.2　特定建設作業

(1) 特定建設作業の選定基準

　現在騒音規制法で定められている特定建設作業は、下記の①の条件を原則に、次の4つの条件により選定されたものである。
　① 騒音レベルが10m離れておおむね80dB以上であること。
　② 苦情件数が多いこと。
　③ 条例規制の対象としている地方公共団体が多いこと。
　④ 作業件数が多いこと。
　なお、代替工法等についても考慮することとされており、特定建設作業の規制が、夜間、日祭日など静穏を必要とする時間帯における作業制限を中心としていることから、当該特定建設作業が制限されても、当該特定建設作業の代替工法あ

るいはそれに準ずる工法により当該建設工事を行う途があることが望ましいと考えられたことによる。

(2) 特定建設作業の解説

ここでは、関係資料に基づき簡単な解説を行う。

〈くい打機等を使用する作業〉

法制定当時においては、くい打ち作業が建設作業騒音の苦情、陳情の中で最大であったため、市街地における建設作業騒音に対する対策として、くい打機などについての騒音規制がとり上げられた。騒音の防止方法としては、当時最も多く使用されていたディーゼルハンマなどでは、ケースをかぶせるなどの工夫が行われたが、期待される騒音の低下は得られなかった。そのため、現在では、夜間作業を制限する等の規制を併用することにより、生活環境の保全を図ることとされている。

くい基礎の工法としては、既製くい工法（直接打ち込み工法、埋め込み工法）と場所打ち込みくい工法（オールケシング工法、アースドリル工法、リバースサーキュレーション工法など）に大別できる。このうち直接打ち込み工法に分類される打撃式と振動式が規制の対象であり、場所打ち込みくい工法、直接打ち込み工法のうち圧入式、埋め込み工法は含まれない。

具体的な規制対象は、日本標準商品分類で建設機械のうち基礎工事用機械で、くい打ハンマに分類される機械を使用する作業等で、ディーゼルハンマ、電動バイブロハンマ、油圧バイブロハンマ、エアーハンマ、スチームハンマ、油圧ハンマ、その他のくい打ハンマを使用する建設作業である。

パイルドライバ類に分類されるくい圧入引抜機など圧入式くい打ち工法に関しては規制の対象外である。なお、アースドリルなどの場所打ち込みくい機械及びアースオーガに分類される機械は、規制対象機械の代替工法としての意味を持たせたことから、ディーゼルハンマなどは、市街地の建設作業でほとんど使用されなくなってきた。また、アースオーガなどを使用する埋め込み工法で直接打ち込みを併用する場合も規制の対象となるが、支持力確認のための短時間の最終打撃については、適用除外とされている。

また、もんけんなど、木ぐい、木矢板等を打つときに用いられる人力による旧来のくい打機については、大規模工事にはむかず、今日ではほとんど使用されることもないので適用除外とされている。

〈びょう打機を使用する作業〉

　びょう打機に関する苦情は、法制定当時は、くい打機に次いで多かったので規制の対象とされたものである。建設工事における鋼材の接合方式としては、リベット締め、ボルト締め、溶接の工法があるが、ここでいうびょう打機は、リベッティングハンマによるリベット打ちを対象としている。なお、インパクトレンチによる高張力ボルト締めなどは、リベット打ちに比べて騒音レベルが数デシベル低いものであるが、びょう打機の代替工法として残すこととされた。

　鉄骨工事等においては、溶接接合や工場打ちリベット接合を多くするにしても、どうしても現場での接合によらねばならない場合もあり、インパクトレンチを含めて鉄骨工事を全面的に規制することは妥当でない。そこで、最も騒音レベルの高いリベッティングハンマに規制を加えることにより、より騒音レベルの少ない工法に移行させることを意味していたが、最近はリベッティングハンマはほとんど使用されなくなってきた。

〈さく岩機を使用する作業〉

　さく岩機は、岩盤掘削、トンネル掘削、建物解体、道路舗装面の破壊などに使用される機械で、これに関する苦情は、建設作業に係る騒音苦情の多くを占めている。打撃衝撃音の騒音レベルが高く苦情も多いことから規制対象とされており、空気圧縮機から送られた圧縮空気を動力としている場合が多く、空気圧縮機と合せて規制されている。

　日本標準商品分類においては、さく岩機（建設用を含む。）には、ハンドハンマ（電動ピックを含む。）、ドリフタ、ストーパ、レッグドリル、ブレーカ、オーガ、その他のさく岩機の分類がある。

　なお、道路工事のようにさく岩機の作業地点を移動させつつ工事する場合には、特定の住居を考えると近辺で作業がある場合に騒音が高くなるが、作業地点が遠ざかるにつれて騒音は減少することになり、さく岩機を使用する作業の移動速度が速ければ、被害を与える時間が短くなる。そこで、1日50m以上の移動速度をもつさく岩機を使用する作業については、適用除外とされている。

〈空気圧縮機を使用する作業〉

　圧縮機は各種建設作業の動力源として使用される場合が多く、空気圧縮機を規制することにより広く他の建設作業を間接的に規制することになる。例えば、びょう打機を使用する作業にあっては、びょう打機と空気圧縮機の両面で規制される。

この空気圧縮機自体については、最近は低騒音型の技術開発が急速に進んでいる。また、設置位置を作業現場内である程度自由に選択でき、最も被害の少ない場所に設置することやコンプレッサーの周囲をブロックで囲うなどの対策も講じやすい。

　空気圧縮機の駆動方式としては、エンジン、タービン、電動があるが、建設作業においては、エンジン駆動のものがほとんどであることからエンジン駆動形のものを規制の対象としている。また、建設作業において使用される空気圧縮機は、一般に工場施設のものよりは出力が大きいが、出力が小さい場合は騒音レベルが低いので、15 kW 以上のものだけが規制対象とされている。したがって、吹付け作業、塗装作業において使用される空気圧縮機は適用除外となる。なお、工場に設置される空気圧縮機は、ほとんどが電動形であり、工場等に対する規制基準は建設作業騒音の基準よりも厳しくしていることから、7.5 kW 以上が規制対象とされている。

　また、さく岩機の動力として使用される作業については、さく岩機として規制とされていることから除外されているが、空気圧縮機がさく岩機以外の各種ハンマ作業、リベット打ち作業等に使用される場合は、当然にも届出なければならない。

〈コンクリートプラント及びアスファルトプラントを設けて行う作業〉

　コンクリートプラント、アスファルトプラントは、空気圧縮機と同様に特定施設としても規制されている。ここで特定建設作業としてのコンクリートプラント、アスファルトプラントは、工場以外のものであって、作業現場あるいはその近くに、当該建設工事に使用するコンクリート等を製造するために、一時的に設置されるものを指している。現在では、市街地の建設作業においては、生コンプラントで製造された生コンクリートをミキサー車で輸送する場合が多く、特定施設として規制される場合が多いと考えられる。

　具体的な規制は、特定施設と同様にミキサーの1回当り処理量でもって適用範囲を制限している。コンクリートプラントにあっては、1回当たり処理量が $0.45\,\mathrm{m}^3$、アスファルトプラントにあっては1回当たり処理量が 200 kg 以上のものが規制対象である。

　なお、モルタル製造用コンクリートプラントは、騒音レベルが低いので適用を除外しており、また、ここで規制するのはコンクリートプラントそのものであり、ミキサー車やミキサーは、規制の対象でない。

〈バックホウを使用する作業〉

　バックホウは、ショベル系の掘削機の1つであり、ドラッグショベルとも呼ばれている。機械が設置された地盤より低い所を削るのに適しており、穴や溝を正確に掘るのに使われている。掘削作業中は走行動作がほとんど伴わないため、エンジン、ファン音、油圧装置などが主要な騒音源である。最近は、必要に応じて種々の作業装置を取り付ける掘削機械が増加しており、ドーザ、リッパー、バックホウ、クレーンとアタッチメントを交換できる万能形も広く使われている。

　この特定建設作業は、平成9年10月の騒音規制法施行令の改正により追加されたものであり、国土交通省の定める低騒音型建設機械として指定されたものは除かれている。

〈トラクターショベルを使用する作業〉

　トラクターショベルは、掘削積み込み機械であり、パワーショベルに比較して掘削力は小さいが、車体を移動して積み込み作業を行うことに重点がおかれている。クローラ式又はホイール式のトラクター本体の前面にアームによりバケットを取り付け、前面の土砂などを掘削してトラックなどに積み込む構造となっている。エンジン、足回り装置などが主要な騒音源である。

　この特定建設作業は、平成9年10月の騒音規制法施行令の改正により追加されたものであり、国土交通省の定める低騒音型建設機械として指定されたものは除かれている。

〈ブルドーザを使用する作業〉

　ブルドーザは、建設機械のなかでは最もポピュラーな機械であり、トラクターに作業用のアタッチメントを取り付け、整地、掘削、運搬、盛土などの作業を行う機械である。一般には、クローラ式のものをブルドーザ、ホイール式のものをタイヤドーザと呼んでいる。エンジン、パワートレイン、足回り装置などが主要な騒音源であるが、最近は、開発段階から低騒音の設計が行われており、ブルドーザ自体の低騒音化は進んでいる。

　この特定建設作業は、平成9年10月の騒音規制法施行令の改正により追加されたものであり、国土交通省の定める低騒音型建設機械として指定されたものは除かれている。

2.3 騒音規制法についての補足説明

(1) 騒音規制法と他法律・条例との適用関係について

　騒音規制法など個々の規制法は、その固有の目的を達成するため、必要最小限の範囲で規制内容が定められている。したがって、関係する法令相互の調整についての規定はなく、法の施行上疑義が生ずることがある。このような場合には、それぞれの法令を運用している行政庁がこれらの関係を十分に把握し、相互に連絡調整を行い、全体として矛盾のない形で適用していくことが必要とされている。

　騒音の規制においても、関係する法令が多数あり、事務処理に当たっては、関係部局と十分に調整しながら対処する必要がある。また、工場騒音の規制に関しては、騒音規制法の制定以前からかなりの都道府県等で公害防止条例や騒音防止条例による規制が行われていた経過があり、騒音規制法と公害防止条例等の適用関係についても、常に一体性を保ちつつ運用する必要がある。

　なお、公害防止条例等の施行においては、各都道府県が発した文書、あるいは都道府県環境主管課と市町村環境主管課との事務連絡会等で、これらの調整に関して定めている場合も多く、相互間で取扱いに離齬のないよう十分配慮される必要がある。

(2) 軽犯罪法の規定について

　第二次世界大戦前は、一般騒音の規制について内務省令の警察犯處罰令において定められていたが、その取締りは、違警罪即決例により警察官による簡易な手続きが認められていた。そのため、濫用されるきらいがあり、また、これらの法律は、戦後の現行憲法とは相容れない面があり、警察犯處罰令は、戦後に「軽犯罪法（昭和23年法律第35号）」として衣替えすることになった。

　この軽犯罪法には、騒音について俗に「静穏妨害の罪」と称される規定があり、日常生活の平穏を乱す騒音を防止する趣旨で定められている。この規定については、適正な運用が求められたのは当然としても、本法の立法過程においては、軽犯罪法による取締りよりも、時代の流れとともに事例ごとの別立法を前提に規制が考えられていた。その後、新たな騒音規制に関する法令と軽犯罪法との関係が議論になることもあったが、騒音規制法、公害防止条例などにおける個別の騒音規制は、一般法としての軽犯罪法に対して特別法の関係に当たり、これらの法令には、軽犯罪法の規定も包含されていると解されている。

(3) 風営法の騒音規制について

「風俗営業等の規制及び業務の適正化等に関する法律（昭和23年7月10日法律第122号）」は、キャバレー等の接客業、バー・喫茶店などの飲食店、パチンコ等の遊戯施設などの規制を定めている法律である。このなかで、立地規制、営業時間規制、照度規制等のほか、騒音及び振動についての規制も定められている。

この騒音規制は、次に示す上限の範囲以内で各都道府県が施行条例で具体的な規制内容を定めることになっている。

（騒音の上限）

地域区分	昼間	夜間	深夜
住居集合地域等	55	50	45
商業集合地域等	65	60	55
上記以外の地域	60	55	50

昼間：日出～日没　夜間：日没～午前0時　深夜：午前0時～日出

なお、本法においては、昼間とは日出～日没とされており、騒音レベルの算出については、営業所の境界の外側で、5秒以内の一定間隔、50個以内の測定値の5％時間率値とされている。

(4) 都市計画法との関係について

「都市計画法（昭和43年6月15日法律第100号）」には、騒音公害に関係する事項として、立地規制、特殊建築物に対する特別取扱い等の規定がある。また、同法と騒音規制法との直接の関連ではないが、騒音の地域指定においては、都市計画法に基づく用途地域が参照され指定されている。

また、都市計画法も都市計画という観点から公害の未然防止を含めた立地規制を行っており、騒音公害の防止の観点から事業活動に必要な規制を行うという騒音規制法とは異なる役割を分担している。このことから、騒音を防止するためには、騒音規制法をはじめ、現行の各法令により総合的な対策を講ずることが求められている。

(5) 建築基準法違反と騒音規制について

騒音の規制においては、関係各法を適切に運用するという視点も必要であり、騒音発生工場が「建築基準法（昭和25年5月24日法律第201号）」に違反して設置されている場合については、同法違反として適切な措置を講じることも一般的には有効な公害防止対策といえる。

ただし、建築基準法に違反している工場について、建築基準法とは別に、騒音規制法により改善勧告または改善命令を出すのが適切かどうかは、実情をよく判

断して措置する必要がある。法理上、両者の法律は、独立しているものであるから、建築基準法に基づく措置とは別に、騒音規制法に基づき改善命令等を発動することができることは明らかであるが、工場側が騒音規制法による措置を講じた場合、建築基準法上の違反状態を追認したような誤解を招きかねない恐れもあるし、場合によっては、建屋の改築など騒音対策自体が建築基準法違反となる場合もある。このような場合には、騒音規制法を所管する部局と建築基準法を所管する部局が十分協議し、最適の方途を講ずることが必要である。

(6) 沿道法について

　正式な名称は「幹線道路の沿道の整備に関する法律（昭和 55 年 5 月 1 日法律第 34 号）」であり、道路交通騒音の著しい幹線道路の沿道整備を促進し、道路交通騒音による障害を防止するものとして、昭和 55 年に制定された法律である。具体的には、沿道整備道路を都道府県知事が指定すると、知事、公安委員会、関係市町村、道路管理者で沿道整備協議会を設置し、沿道整備計画を作成することになっている。

　この沿道整備計画は都市計画として決定し、建築物に関して遮音上必要な事項、緩衝空地の配置、その他土地利用に関する事項などを定めることになっており、さらに、土地買入に関する資金貸付け、緩衝建築物に要する費用の負担、防音構造の促進なども定められている。

　なお、沿道整備道路は、日交通量が 10 000 台を超える幹線道路で、等価騒音レベルにより、夜間の路端において 65 dB 以上、又は昼間の路端において 70 dB 以上の道路を指定することになっている。また、緩衝建築物とは、おおむね高さが 6 m、長さが 20 m 以上で、耐火構造物のものとされている。

(7) 公害紛争処理法と紛争処理・苦情処理について

　一般に救済処理として民法的手法は、事後的・個別的であるため、社会的にみて効率的でなく、また公平でない場合もあると言われてきた。そこで、制定当初の騒音規制法には、騒音に係る紛争についての和解の仲介に関する規定が設けられていた。これは、騒音問題が近隣関係に係わるものも多く、司法的解決よりは、平易で迅速な行政的な手法が求められたからである。この和解の仲介については、公害紛争の統一的対処のために「公害紛争処理法（昭和 45 年 6 月 1 日法律第 108 号）」がいわゆる公害国会において制定され、この法に統合されている。

　一般に公害紛争においては、①因果関係の立証が容易でない、②多額の費用が

かかる、③長い時間がかかるなどの特徴があり、被害者救済という観点を含めた制度の整備の必要性が認められ法律がつくられたものである。この公害紛争処理法は、公害紛争等に係る一般法と解されており、①紛争処理（紛争の調整機関の設置）のほか、②苦情処理（各地方公共団体に公害苦情相談員を設置）、について定められている。

　紛争処理について、公害紛争処理法では、国の総務省の機関である公害等調整委員会と都道府県の機関である公害審査会の二段方式となっている。なお、事件が少ない等の場合は公害審査会を置かず、公害審査委員候補を任命しておき、案件ごとに3名を知事が指名して、紛争の解決を図ることになっている。この国の公害等調整委員会は、重大事件、広域事件、県際事件を担当するほか、裁定（責任裁定、原因裁定）及び義務履行勧告を所掌している。一方、都道府県の公害審査会が所掌している事務は、あっせん、調停、仲裁であり、裁定は所掌していない。そのため、比較的小規模の案件でも裁定を求める案件は、国の公害等調整委員会が分担することになっており、騒音等にかかる事案が増加している。なお、公害等調停委員会等においては、公害の専門的知識が必要な場合に専門委員が審査に参加することになっており、また、騒音調査なども公費で行なわれ、比較的費用が安いなど多くのメリットもある。

　苦情処理については、公害紛争処理法の規定により、地方公共団体が関係行政機関と協力して適切な処理に努めるものとされており、特別の職名として公害苦情処理相談員の設置が規定されている。その事務としては、①相談、②調査、指導及び助言、③関係機関への通知等が規定されている。この規定に基づき、公害苦情処理相談員の設置や具体的事務に関する規程等がそれぞれの地方公共団体において定められている。ただし、現実の行政運営においては、規程の有無にかかわらず地方公共団体の騒音担当の職員が騒音の苦情処理等に当たっているのが現状である。なお、この公害苦情相談員は、地方公共団体、すなわち都道府県と市

（紛争処理と苦情処理）

区　分	説　明
紛争処理	①　典型七公害で、相当範囲にわたるもの。 ②　身体的被害のほか、財産上の被害、精神的被害をふくむ。
苦情処理	①　典型七公害に限るものではない。 ②　単なる「相隣関係的なもの」を含むとする。 ③　市町村と都道府県で分担し、国等への要請を含む。

町村の双方に設けられていることに特徴がある。
　以上の紛争処理と苦情処理の違いについて整理すると、表のようになる。
(8) 司法等による解決
　公害をめぐっては、司法等による解決も多くの実例があり、①金銭賠償請求、②差止め請求、③民事調停などの訴えが提出されている。特に、①不法行為（民法709条）に基づく損害賠償、②人格権侵害等に基づく加害行為差止、という内容で提訴されるのが一般的である。これらの請求が認容されるには、加害行為、被害又は被害発生の蓋然性、因果関係（損害賠償の場合は、さらに加害者の故意又は過失）について明らかにすることが必要であり、さらに、加害行為に違法性があることが必要条件になる。この違法性の有無の判断については、いわゆる受忍限度論が用いられており、これらについて明らかにすることが求められる。
　また、公害紛争においては、①人権擁護委員会、②弁護士会の紛争処理機関、③消費者安全調査委員会なども利用されている。このうち消費者安全調査委員会は、平成24年10月に消費者安全法の一部改正により消費者庁に設けられた委員会で、一般には消費者事故調と呼ばれている。この消費者事故調は、①事故等原因調査等の実施、②発生拡大防止等のための提言（内閣総理大臣への勧告と内閣総理大臣及び関係行政庁の長に対する意見具申）を行うとされている。この消費者事故調においては、平成26年12月19日に隣家のエコキュート（ヒートポンプ式の給湯器）が発する低周波音で健康被害を受けたとする申し出に対して「エコキュートの運転音が原因である可能性が高い」との報告書を公表し、経済産業省と環境省に改善指導などの対策を求めた。
(9) 大規模小売店舗立地法について
　「大規模小売店舗立地法（平成10年6月3日法律第91号）」は、大規模小売店舗の立地に関して、周辺地域の生活環境を保全することを目的としており、その立地が適正に行われることを担保する手段としてミニアセスメントが実施されている。この法律では、大規模小売店舗（1000m^{2}以上）を設置する者は、経済産業省の告示する配慮すべき事項に関する指針に基づき、必要事項を添付して都道府県知事に届け出ることになっている。
　この指針で、騒音については、①等価騒音レベルによる騒音の総合的な予測・評価、②騒音規制法の方法による発生する騒音ごとの予測・評価の2つが予測評価として規定されている。後段については、現在の騒音規制法で採用されている

L_5 規制と呼ばれる手法のことであるが、前段については、等価騒音レベルによる予測評価であり、従前の工場・事業所の規制とは異なっている。

この等価騒音レベルによる予測評価は、我が国における一連の等価騒音レベル採用に連なる動きであり、各地方公共団体においても、等価騒音レベルによる測定評価についても十分に留意する必要がある。

(10) 公害防止管理者制度について

「特定工場における公害防止組織の整備に関する法律」(昭和46年6月10日法律第107号) は、事業者の公害に対する認識を転換させるためには、工場等に公害防止に責任をもつ者や公害防止対策を分担する技術者が必要であるとの認識で制定された法で、平成11年改正により環境省と経済産業省の共管となっている。ここで指定された工場では、公害防止統括者のほか、国家試験等に合格した有資格者から公害防止管理者等を選任しなければならない。

この公害防止管理者等の公害防止組織を設けなければならない騒音関係の工場は、騒音規制法の指定地域内にある工場で、①製造業、②電気供給業、③ガス供給業、④熱供給業の4業種で、騒音発生施設として、①機械プレス、②鍛造機を有する工場となっている。なお、騒音発生施設のみを有する工場についての公害防止組織に係る事務については、市町村長(特別区の長を含む)の事務とされている。

(11) 指定地域と環境基準の類型指定について

騒音規制法による工場騒音等の規制は、生活環境を保全する観点から、住居が集合している地域など住民の生活環境を保全する必要がある地域について行われ、この地域を指定地域とよんでいる。この指定地域については、「特定工場等において発生する騒音の規制に関する基準」及び「特定建設作業に伴つて発生する騒音の規制に関する基準」並びに「騒音規制法第17条第1項の規定に基づく指定地域内における自動車騒音の限度を定める命令」のそれぞれに基づいて区域の区分等が行われる。

この指定地域と環境基準の類型指定地域の関係が議論となる場合がある。すなわち、全国の都道府県等における指定の現況をみると、指定地域が類型指定地域より広くなっていたり、逆に類型指定地域が指定地域より広くなっているなど、地域の状況により指定されている。

(12) 地域の指定と区域の区分について

地域の指定は、都道府県知事及び市長が行うものとされているが、知事が地域を指定するに当たっては、その地域の実情にくわしい関係町村長の意見を聴くこととされており、次の諸点に着目して、総合的に検討することが必要とされている。
① 住居及び工場等の集合状況及び今後の立地動向
② 当該地域の生活環境の保全の必要性
③ 都市計画法による用途地域の指定状況
④ 騒音に係る苦情件数の動向
⑤ 当該町村の事務執行体制

また、都道府県知事等は、地域の指定を行った場合のほか、規制基準等に係る区域の区分のあてはめを行った場合についても、都道府県等の公報に掲載して公示しなければならない。また、公示においては、行政区画もしくはこれに準ずるものにより、場合によっては、道路、河川または鉄道によって表示するか、個々の住居がどの区域に属するかが明らかにされている地図や図面により明確に示す必要がある。また、これらの手続は、指定地域を変更しまたは廃止しようとするときも同様である。

(13) 指定地域内の特定工場等の敷地が 2 以上の市町村にまたがる場合の届出

特定施設の届出は、特定工場等から発生する騒音をとらえる必要から行われるものであり、当該工場等の主たる所在地を管轄する市町村長に届出を行うことになる。ここで、主たる所在地とは、例えば定款及び設立登記に記載されている住所を参考とする。騒音規制法の届出の趣旨は、行政庁が規制対象工場の実態を正しく把握し、住民の生活環境の保全を図ることにあるので、特定施設や工場建屋などが市町村境界上に設置されている場合など、隣接市町村長が相互に連絡する必要があるときは、隣接市町村長に届出の写しを送付し、改善の指導に際しても、適宜連絡調整を図って、騒音防止の実効に留意する必要がある。

(14) 特定工場等の敷地が未指定地域と指定地域にまたがる場合について

未指定地域と指定地域の境界に接し、未指定地域側に特定施設を設置している工場が、敷地を拡張して指定地域内に特定施設が設置されることになる場合の届出についてその扱いが議論になる場合がある。

この場合は、その特定施設が指定地域外に設置されていたので法の届出等を要しなかったが、敷地が指定地域内へ拡張したことにより、工場主は「特定施設を指定地域内に設置しようとする者」となり、指定地域内への特定施設の設置とな

り、設置の届出を要することになる。なお、指定地域内で特定工場等の敷地が2種類の規制区域（例えば、第二種区域と第三種区域など）にまたがる場合は、規制基準値はそれぞれの区域の基準値を適用することになる。

(15) 用途の異なる場合の特定施設の扱いについて

騒音規制法施行令別表第1の特定施設について、通常と異なる用途の場合の取り扱いが問題となることがある。例えば、機械プレスは、金属加工機械の1分類としてあげられているが、これを金属加工以外の用途に供する場合も、金属加工機械として使えるものであれば、特定施設として届出の対象となる。

また、送風機をクーリングタワー、加熱炉及びボイラー等の設備の一部として使用する場合なども届出対象となる。送風機は汎用機械であり、単体として用いられる場合はもちろん、設備の一部として工場、事業所に設置される場合も特定施設として届出対象となる。さらに、印刷機械（原動機を用いるもの）を事務用として使用する場合も、事業場としての事務所に設置されるものであれば、特定施設に該当する。

(16) 特定施設の原動機の定格出力の扱いについて

騒音規制法施行令別表第1の特定施設で2つ以上の原動機を備えている場合など、定格出力の解釈について問題となることがある。例えば、定格出力が $5.5\,\mathrm{kW}$ の原動機を3台備えた空気圧縮機の場合であるが、空気圧縮機は、原動機1台当たりの定格出力が $7.5\,\mathrm{kW}$ 以上のものに限り特定施設であるので、このような空気圧縮機は特定施設に該当しない。一方、$20\,\mathrm{kW}$ と $10\,\mathrm{kW}$ の定格出力の原動機を1台ずつ備えた圧延機械の場合であるが、圧延機械は、原動機の定格出力の合計が $22.5\,\mathrm{kW}$ 以上のものに限り特定施設であり、この場合の原動機の定格出力の合計は $30\,\mathrm{kW}$ となるので、特定施設に該当する。

なお、特定施設の種類によっては、一定の定格出力（kW 表示）以上のものを対象としている場合があるが、実際に届出された施設が馬力数表示の場合がある。この場合は、定格出力の算出は、1馬力が $0.746\,\mathrm{kW}$ に相当するものとして取り扱う。

(17) 改善勧告及び改善命令の適用される対象について

騒音規制法においては、特定工場等から発生する騒音が規制基準に適合しているかどうかは、工場の敷地境界線における騒音の値により判断されるので、規制は特定施設単位でなく特定工場等単位で行われる。すなわち、騒音規制法の改善勧

告及び改善命令は、特定施設以外の施設に係る騒音を含めて、規制の対象となる。

このように、特定施設単位でなく特定工場等単位でとらえるのは、住民の側からみれば、特定施設かどうかに関係なく、工場等の外側に伝わってくる騒音が問題だからである。また、騒音の防止の方法についても工場等全体としてとらえなければその意義に乏しいし、工場等の外へ伝わる騒音は、敷地の広さ、施設の配置、防音装置の有無、建屋の配置、塀の状況等によって大きく異なるからである。したがって、特定施設以外の施設に係る騒音も含めて、改善勧告及び改善命令を行えるとされており、言い換えれば、特定施設とは、規制対象とする特定工場等を選別するための指標ともいえる。

(18) 特定工場等において発生する騒音の測定位置について

規制基準の遵守状況を判断する際の騒音の測定位置は、敷地境界線上となっているが、敷地境界に遮音塀が設置されている場合は、原則として塀の上で測定評価することになる。

(19) 建設作業単位による騒音規制について

騒音規制法の規制の対象となる建設作業は、建設作業一般ではなく、著しい騒音を発生する建設作業のうち政令で定めるものに限られており、特定建設作業と称している。また、作業を開始した日に終わる、例えば午後2時に開始して午後17時前に終了するものは、騒音による被害も一時的なものであり、よほどのことでないかぎり生活環境の保全が確保されないとは考えられないので除かれている。

建設騒音の規制対象を建設機械でとらえず、作業でとらえたのは、建設機械の使用は一時的なものであり、しかも場所ごとに移動することが多く、工場等の特定施設の設置のように永続的なものではないため、設置の概念でとらえることは適当でないからである。また、建設騒音の場合は、工場騒音のように特定施設の設置自体が騒音を発生させるのでなく、特定の建設工事に伴って特定の建設機械を用いて作業を行うことによって騒音を発生させるもので、あくまでも作業が中心とされた。

さらに、建設騒音の規制対象を建設工事全体として把握する考え方もあるが、建設工事は個々の建設作業の組合わせによって構成されており、騒音発生の原因もこの建設作業にあるので、それぞれの著しい騒音を発生する作業を規制すれば十分であり、あまり騒音を発生しない建設作業まで含めて規制する必要はないと法の制定当時は考えられた。

これら法制定当時の考え方に対して、最近の建設作業においては、高度に機械化が進み、かつ同時平行して複数の作業が行われるようになっており、工期の短縮などから組み立てられた部材での搬入が高密度で行われている。これらのことから、種々の作業が輻輳して行われることにより騒音も複合して発生しており、出入りの車両や荷下ろしの音が問題となる事例も多数ある。これらのことから、作業単位にとらえる現行の建設作業騒音の規制についての見直し検討も必要になってきている。

(20) 作業開始日に終了する建設作業について

　特定建設作業に伴って発生する騒音の規制に関する基準により、特定建設作業に相当するものであっても、それが作業を開始した日に終るものについては、適用除外としている。これは、1日で終る建設作業は、たとえ騒音レベルが高いものであっても、短期間であるために生活環境に与える影響は比較的少ないと考えられ、これらの作業について届出義務を課すことは、届出者に過重な負担を課し、また、届出を受理する市区町村長の側においても、必要以上に事務量を増加させることになると考えられている。例えば、各家庭の給水管と水道本管をつなぐために、さく岩機で道路舗装を破壊するような、数時間で終了する工事に対してまで届出の義務を課すことは、あまり実益がないと考えられている。さらに、規制を受けることにより作業期間が長くなるよりは、短時間に作業を終了させる方が地域住民にとってもより好ましいと考えられている。ただし、数日間隔で1日ずつ作業を行うような場合については、作業開始日に終了する建設作業ではなく、連続する作業と見なし規制の対象とする。

(21) 特定建設作業の敷地境界について

　特定建設作業に伴って発生する騒音の規制に関する基準により、特定建設作業の騒音レベルは、敷地境界の値と定められている。この敷地境界とは、特定建設作業を伴う建設工事を施行しようとする者が、工事用に専有している敷地と隣接地との境界線のことである。道路上の工事などでは、道路境界（一般には官民境界と呼ばれている。）が敷地境界となるが、道路使用許可の条件等により、道路上にさく等を設けて一般の交通の用に供する区域等との境界が明確にされている場合は、その境界が敷地境界に該当する。

(22) 騒音規制法による届出と振動規制法による届出との調整について

　騒音規制法による届出と振動規制法による届出についてであるが、振動規制法

に基づく届出書の様式は、届出者の利便を考慮して騒音規制法の様式と整合が図られている。そのため、同一番号の様式について、騒音、振動とも同時に届出がなされる場合には、例えば複写紙の使用により1回の記載で済むようにするなど、なるべく届出者に負担がかからないよう配慮するとされている。

また、それぞれの届出書に添付すべき書類について内容が同一であるときは、振動に関する届出書にはその旨付記させたうえ、添付書類を省略させても差し支えない。なお、受理後の事務処理については、それぞれ別個の法律に基づく事務であるので、別々に形式審査、内容審査を進めることになるが、この届出内容に関する行政指導等を実際に行う場合は、同時に実施することが望ましい。この趣旨は、「大気汚染防止法等に係る氏名等変更届出書及び承継届出書の様式の共通化及び提出窓口の一元化について（平成8年3月29日付環大企第66号、環大規第62号、環水管第64号及び環水規第124号、大気保全局企画課大気生活環境室長等通達）」により通達されている。

(23) 道路交通騒音と自動車騒音について

概念的には、道路交通騒音から騒音規制法の対象外となっている路面電車、大型小型特殊車などの騒音を除外したものが本法における自動車騒音である。しかしながら、一般には、道路交通騒音のうち大部分を占めるのが自動車騒音であり、両者の騒音の測定値に大差はない場合が多い。ただし、道路交通の状況等によっては、必要により法第18条に基づく自動車騒音の常時監視において路面電車、大型小型特殊車などの騒音を除外して処理する場合も考えられる。

なお、道路に面する地域における環境基準は、道路交通騒音のほか、その他の騒音（航空機騒音、鉄道騒音及び建設作業騒音を除く）を含めて評価されるものである。

(24) 自動車騒音の試験法

従前からの自動車騒音の試験法は、①定常走行騒音、②近接排気騒音、③加速走行騒音に区分して定められている。このうち、定常走行騒音とは、普通自動車、小型自動車、軽自動車及び原動機付自転車がJIS D 8301に定める路面を原動機の最高出力時の回転数の60％の回転数で走行した場合の速度（その速度が50 km毎時を超える自動車（軽自動車（二輪自動車に限る。）を除く。）にあっては50 km毎時、その速度が40 km毎時を超える軽自動車（二輪自動車に限る。）及び第二種原動機付自転車にあっては40 km毎時、その速度が25 km毎時を超える第一種原

動機付自転車にあっては25km毎時）で走行する場合に、走行方向に直角に車両中心線から左側へ7.5m離れた位置で地上1.2mの高さにおいて測定した騒音をいう。この場合において、けん引自動車にあっては、被けん引自動車を連結した状態で走行する場合に測定した騒音も含む。とされている。

　また、近接排気騒音とは、原動機が最高出力時の回転数の75%（小型自動車及び軽自動車（二輪自動車に限る。）並びに原動機付自転車のうち原動機の最高出力時の回転数が毎分5 000回転を超えるものにあっては、50%）の回転数で無負荷運転されている状態から加速ペダルを急速に放し、又は絞り弁を急速に閉じる場合に、排気流の方向を含む鉛直面と外側後方45度に交わり、かつ、排気管の開口部中心を含む鉛直面上で排気管の開口部中心から0.5m離れた位置（排気管の開口部が上向きの排気管を有する自動車にあっては、車両中心線に直交する排気管の開口部中心を含む鉛直面上で排気管の開口部に近い車両の最外側から0.5m離れた位置）で排気管の開口部中心の高さ（排気管の開口部中心が地上0.2m未満の自動車及び原動機付自転車にあっては、地上0.2mの高さ）において測定した騒音をいう。

　さらに、加速走行騒音とは、普通自動車、小型自動車、軽自動車及び原動機付自転車がJIS D 8301に定める路面を原動機の最高出力時の回転数の75%の回転数で走行した場合の速度（その速度が50km毎時を超える自動車（軽自動車（二輪自動車に限る。）を除く。）にあっては50km毎時、その速度が40km毎時を超える軽自動車（二輪自動車に限る。）及び第二種原動機付自転車にあっては40km毎時、その速度が25km毎時を超える第一種原動機付自転車にあっては25km毎時）で進行して、20mの区間を加速ペダルを一杯に踏み込み、又は絞り弁を全開にして加速した状態で走行する場合に、その中間地点において走行方向に直角に車両中心線から左側へ7.5m離れた位置で地上1.2mの高さにおいて測定した騒音をいう。この場合において、けん引自動車にあっては、被けん引自動車を連結した状態で走行する場合に測定した騒音も含む。

(25) 二輪車単体規制とマフラー規制

　二輪車とは、車輪が2つある車両のことであり、通常は道路運送車両法に定める二輪の小型自動車、二輪の軽自動車、第一種及び第二種の原動機付自転車を指している。この二輪車の分類は、排気量、使用目的、エンジン形式による分類等があるが、道路運送車両法と道路交通法では規定が異なっている。道路交通法の

分類では、平成8年の道路交通法改正で定義された大型自動二輪と普通自動二輪車、さらに原動機付自転車に区分され、道路運送車両法の区分と異なっていることから、50 cc超125 cc以下については、小型自動二輪車とし区別して呼ばれることも多い。

　この二輪車単体の騒音規制は、上述の①近接排気騒音、②定常走行騒音、③加速走行騒音、の3つの測定方法により実施されて騒音は低減化してきた。しかし、マフラーを交換して突出した大きな騒音を撒き散らす二輪車等が騒音問題と浮上してきた。そこで、中央環境審議会より、今後の自動車単体騒音低減対策のあり方（中間答申）（平成20年12月18日）において、突出した騒音を低減するためにマフラーの事前認証制度の導入等が示され、必要な改正が平成20年12月に実施された。さらに、騒音基準の国際調和から国連自動車基準調和世界フォーラムで合意されたECE R 41–04に国内基準を調和させることなった。この基準は、従来の試験法に比べて市街地走行でより使用頻度の高い走行状況に合わせてあり、従来の定常走行騒音規制は廃止するとした平成26年度規制が実施された。

(26) **四輪車単体規制とタイヤ騒音規制**

　自動車単体の騒音規制については、中央環境審議会で審議され許容限度等の改正を経て、順次実施に移されている。そこで、最近の四輪車の定常走行時においては、寄与率が高いのはタイヤ騒音となっており、これを低減化することが、沿道環境の改善に資すると考えられている。これについては、中央環境審議会の今後の自動車単体騒音低減対策のあり方（第二次答申）において、四輪車を対象としてタイヤ騒音規制の導入が示された。そこで、国連自動車基準調和世界フォーラムで採択されたR 117–02（タイヤ車外騒音規制）を我が国でも導入し、目標値もこれに調和させるものとし、順次車種ごとに新車から適用される予定である。

　また、市街地走行実態等を踏まえて走行騒音規制試験法の見直しが必要とも考えられ、国連自動車基準調和世界フォーラムで検討されているR 51–03との調和が考えられた。このR 51–03は、フェーズ1～3に区分されており、順次適用されるものである。我が国においては、フェーズ1については、平成28年から、フェーズ2については、平成36年及び38年から適用するのが適当であると示されている。また、フェーズ3については、引き続き検討を行うとされている。

(27) **法定受託事務と自治事務について**

　法による権限を地方公共団体の長に委任することを機関委任といい、従来の騒

音規制法では、都道府県知事の権限のうち、届出・勧告・命令・立入り、道路交通騒音に係る要請、規制指定地域の騒音測定などは、より身近な地方公共団体が事務を行うべきであるとして、市町村長に機関委任されていた。この機関委任の仕組みについては、地方の主体性の問題として種々の論議があり、地方公共団体の長が、国の機関として事務処理するのは、地方自治の本旨から問題があると考えられた。そこで、地方分権の推進に伴い、機関委任事務が廃止され、法定受託事務と自治事務に整理することになり、「地方分権の推進を図るための関係法律の整備等に関する法律」により、平成12年4月1日から施行された。このうち法定受託事務とは国または都道府県が本来果たすべき役割に係るもの、その適正な処理を確保する必要のあるものとされ、自治事務は、法定受託事務以外の事務とされている。騒音に係る法定受託事務を列記すると、環境基本法第16条第2項（環境基準のあてはめ類型のうち道路に面する地域）、公共用飛行場周辺における航空機騒音による障害の防止等に関する法律第11条（損失保障の申請）、防衛施設周辺の生活環境の整備等に関する法律第14条（損失保障の申請）、騒音規制法第18条第1項（自動車騒音の常時監視）、同法第18条第2項（環境大臣への報告）が該当する。

　なお、これら法定受託事務を法令の定めに従って処理するに当たっての最少限の「よるべき基準」として処理基準を国は定めることができると規定されているほか、自治事務を含めて、国は技術的助言を発することができるとされた。環境省関係では、「平成12年3月31日以前に発せられた環境庁関係の通知・通達の扱いについて（平成12年11月17日環大企第336号）」により従来の通知等について一括して技術的助言として取り扱うことにしている。

地方分権の経過

略称等	法律名	備考
地方分権推進法 (平成 7 年 5 月 19 日)	地方分権推進法 (平成 7 年法律第 96 号)	基本理念、国と地方双方の責務、施策の基本的な事項、体制の整備が実施された。
地方分権推進法 (平成 7 年 5 月 19 日)	地方分権推進法 (平成 7 年法律第 96 号)	基本理念、国と地方双方の責務、施策の基本的な事項、体制の整備が実施された。
地方分権一括法 (平成 11 年 7 月 16 日)	地方分権の推進を図るための関係法律の整備等に関する法律 (平成 11 年法律第 87 号)	機関委任事務を廃止し自治事務と法定受託事務に整理、一部事務を地方公共団体に移管、地方事務官制度の廃止が実施された。
第一次一括法 (平成 23 年 5 月 2 日)	地域の自主性及び自立性を高めるための改革の推進を図るための関係法律の整備に関する法律 (平成 23 年法律第 37 号)	児童福祉法など 42 法律が改正され、福祉関連事項の見直しのほか道路の構造の技術的基準が条例に委任された。
第二次一括法 (平成 23 年 8 月 30 日)	地域の自主性及び自立性を高めるための改革の推進を図るための関係法律の整備に関する法律 (平成 23 年法律第 105 号)	騒音規制法、振動規制法、悪臭防止法など 188 法律が改正され、騒音や振動の規制地域の指定がすべての市に移譲された。
第三次一括法 (平成 25 年 6 月 14 日)	地域の自主性及び自立性を高めるための改革の推進を図るための関係法律の整備に関する法律 (平成 25 年法律第 44 号)	宅地造成規制法など 74 法律が改正され、宅地造成工事規制地域に係る大臣協議の廃止などが実施された。
第四次一括法 (平成 26 年 6 月 4 日)	地域の自主性及び自立性を高めるための改革の推進を図るための関係法律の整備に関する法律 (平成 26 年法律第 51 号)	公正労働関係の 63 の法律が改正され、看護師、保健師など各種資格者の養成施設指定が地方公共団体に移譲された。
第五次一括法 (平成 27 年 6 月 26 日)	地域の自主性及び自立性を高めるための改革の推進を図るための関係法律の整備に関する法律 (平成 27 年法律第 50 号)	農地法、建築基準法、産業保安関係法など 19 の法律が改正され火薬類、高圧ガスの製造許可を指定都市に移譲された。

(28) 地方分権と権限の委譲について

　地方分権とは、統治権を中央政府から地方政府に部分的、或いは全面的に移管する事を指しており、我が国では、平成 5 年ごろから大きな課題として議論されるようになった。そこで、第一期の地方分権改革が進められ、平成 7 年 5 月 19 日に地方分権推進法が公布され、基本理念等を定めると同時に、地方分権改革推進委員会等の体制整備が行われた。この委員会での検討を経て具体的な法律として、

平成11年11月19日に地方分権一括法が公布され、前述のとおり、①機関委任事務を廃止し自治事務と法定受託事務に整理、②一部の事務を地方公共団体に移管、③地方事務官制度の廃止などが実施された。このうち機関委任事務などは、地方公共団体などから地方自治の本旨から問題があるとの議論が強くあり、この分権により国の包括的指揮監督権は廃止されることになった。また、都道府県と市町村の関係については、知事権限の事務を市町村長が処理することについての特例条例制定が可能なように改正が行われた。

続いて、第二期の地方分権改革が進められ、平成23年から地域の自主性及び自立性を高めるための改革の推進を図るための関係法律の整備に関する法律（第一次～第五次一括法）が成立して、より多くの権限移譲などが実施されている。このなかで、騒音規制法及び振動規制法の規制地域の指定、規制基準の設定がすべての市に移譲されている。なお、関係法律等の一覧は前表のとおりである。

(29) 民家防音工事について

騒音被害の防止については、発生源への対策、伝搬経路の対策と実施されるが、効果が十分でない場合には、当面の対策として住宅について防音等の対策が実施される。この民家防音工事助成については、「公共用飛行場周辺における航空機騒音による障害の防止等に関する法律（昭和42年法律第110号）」や「幹線道路の沿道の整備に関する法律（昭和55年法律第34号）」などによるほか、地方公共団体や関係する公的機関により防音工事の全部又は一部が助成される仕組みである。通常、①防音サッシの取り付け、②空調機器の取り付け、③壁、天井等の防音措置、について新規及び更新について助成される。

2.4 条例等による規制

騒音規制法においては、工場騒音、建設作業騒音、自動車騒音について規制しており、地方公共団体が多くの実務を担っている。この騒音規制法が具体的に規制対象としている特定施設、特定建設作業、自動車以外にも我々のまわりには、多くの騒音発生源があり他の法律のほか必要により地方公共団体の条例で規制が行われている。

もともと、騒音の規制は、騒音規制法の制定以前から、かなりの都道府県等で条例により実施されてきた経過があり、騒音規制法もこれらの条例との関係に留意しながら制定されている。そこにおいて騒音規制法は、「ナショナルミニマム」と解されており、地域の実情により、地方公共団体の条例によっても種々の騒音規制が行われている。この条例による規制を大別すると、①法が対象としていない施設や建設作業 (地域の拡大を含む) の追加、②法と同じ対象だが別の見地から実施する規制、③条例で独自に行う規制に分類される。

2.4.1 法対象以外の施設・作業の追加

騒音規制法に関係する規制対象の追加については、①法規制の対象以外の施設・建設作業を追加する場合、②法規制の対象規模以下の施設・建設作業を追加する場合、③法の規制地域以外で規制する場合がある。なお、ここでいう法対象以外とは、工場騒音、建設作業騒音についての規制対象のことである。

(1) 規制対象でない施設等

工場事業場について、騒音規制法では特定施設を列挙し規制を行っている。しかし、ここでは全国的に問題となっている施設が列挙されており、地域によっては異なる施設が問題となっている場合もある。そこで、法の対象以外の施設について、騒音規制法に準じた手法により条例による規制が追加されている。

現在、法対象以外で比較的多くの都道府県が規制している施設としては、ボイラー、冷凍機、クーリングタワー、金属加工機械 (研磨機、平削盤、やすり目出機、旋盤)、機関及びタービン、繊維機械、鋳型造形機、起重機械、缶洗浄機などがある。なお、相当数の都道府県が規制対象とすると、国において騒音規制法の特定施設への追加が検討されている。また、騒音規制法では工場騒音、建設作業騒音、自動車騒音を同一の地域について規制が実施されるが、特定の騒音のみ規制する場合は、個別に条例において騒音規制法に準じた手法で規制することになる。

① 法対象外の施設　　法対象11施設以外について条例により規制を行う。
② 法対象の規模以下　　法対象よりも規模の小さな施設に対して規制を行う。
③ 法の規制地域以外　　法は工場・建設作業・道路交通が同一地域に規制されるが、例えば工場のみ特定の地域において条例で規制する。

(2) 規制対象でない建設作業騒音

　建設作業については、騒音規制法では特定建設作業として列挙し個別に規制されている。しかしながら、ここでは全国的に問題となっている建設作業が列挙されており、地域によっては異なる建設作業が問題になっている例もある。そこで、法の対象外の建設作業ついて、騒音規制法に準じた手法により条例で規制を加えている。

　法対象以外で都道府県が規制対象としている建設作業の例としては、コンクリートカッター、振動ローラー、ロードローラー、振動ランマー、ミキサー車によるコンクリート搬入がある。なお、相当数の都道府県が条例において規制対象とすると、国において騒音規制法の特定建設作業への追加が検討されている。また、騒音規制法では工場騒音、建設作業騒音、自動車騒音を同一の地域について規制を実施しているが、特定の騒音のみ規制する場合は、個別に条例において騒音規制法に準じた手法で規制することになる。

① 法対象外の施設　　法対象8作業以外について条例により規制を行う。
② 法対象の規模以下　　法対象よりも規模の小さな作業について規制を行う。
③ 法の規制地域以外　　法は工場・建設作業・道路交通が同一地域に規制されるが、例えば建設作業のみ特定地域について条例で規制することである。

2.4.2　別の見知からの規制

　騒音規制法が制定される以前から、いくつかの地方公共団体では、騒音、大気汚染、水質汚濁について工場公害として規制を行ってきた経過があり、これらの先行した条例と後発の法律の整合が大きな問題となった。そこで従前から実績のある条例規制が有効となるように「別の見地からの規制」が規定され、地域の特性に応じて規制が行われることになった。

　そのため騒音規制法第27条（条例との関係）が規定され、この規定は入念規定と解されている。この入念規定は、あえて法律に記述する必要はない事項であるが、騒音に係る苦情の実態等からみて、実績のある条例規制が有効となるよう措

置したと解されている。

　なお、代表的な「別の見地からの規制」としては、総体規制と呼ばれる手法があり、騒音や大気汚染などのすべての公害現象について総体として審査して、工場・事業場の設置を許可する手法であり、通常、騒音の評価は、騒音規制法とほぼ同じ手法が採用されている。なお、この規定は許可であることから、違法な状況ならば許可の取り消し、すなわち工場廃止を命ずることができる。

2.4.3　条例独自で行う規制

　騒音規制法の対象である工場騒音、建設作業騒音、自動車騒音以外にも多数の騒音源があり、苦情等が地方公共団体等に寄せられている。これらのうち、騒音規制法で対象とされていない騒音、特に生活騒音については、一般の生活上発生するもので、お互いに加害者にも被害者にもなる要素があり、条例による規制は馴染みにくく、多くの地方公共団体では、啓発を中心として防止要綱や防止指針を設けて対応を行っている。この対応は、必ずしも騒音レベルによる数値による直接規制とは限らず、地方公共団体等の実情により、直接規制以外の手法を含めた多様な手法が採用されている。具体的な規制手法としては、騒音レベルによる規制、行為の禁止、時間規制、距離の規制、音響機器の出力規制などである。

(1)　入念規定に記述された発生源

　騒音規制法では、第28条において、飲食店営業等に係る深夜における騒音、拡声機を使用する放送に係る騒音等について条例で措置すると記述されている。このように記述するまでもなく法で規制してない事項については、地方公共団体が独自に措置できるのは自明のことで、わざわざ規定する必要はないのだが、念のために記述されており、入念規定と呼んでいる。騒音規制法においては、前述の第27条（条例との関係）及びこの第28条（深夜騒音等の規制）、が入念規定と解されている。あえて法律に記述する必要はない事項であるが、騒音に係る苦情の実態等からみて、各地方公共団体の条例による騒音規制を国が強く求めたものと解されている。

a.　営業等に係る深夜騒音　　深夜騒音とは、文字どおり深夜に発生する騒音で、夜間の睡眠に影響を与えるため特に注意が必要とされている。環境基準等の基準値においても、夜間睡眠に影響を与えないとの配慮から昼間に比べて10dB厳しくしているのが通常である。深夜騒音で最も問題になるのは、深夜営業に係る騒

音であり、店舗の内部で発生する騒音のみならず、店舗に集まる自動車の開閉音、出入りに際してのざわめき、嬌声などが含まれる。

この深夜騒音のうち特に問題になるのが深夜営業騒音で、深夜の営業に伴う騒音を指しており、一般的には、営業そのものにかかる騒音は、比較的小さいが、たむろして騒ぐこと、大きな人声、車の出入り、ドアの開け閉め音などが苦情となっている。これに対しては、直接的に騒音レベルで基準を設ける場合と、①飲食店、②喫茶店、③ガソリンスタンド、④液化石油ガソリンスタンド、⑤ボーリング場、⑥バッティングセンター、⑦スイミングセンター、⑧ゴルフ練習場等について、住居地域での深夜の営業を禁止している場合がある。

b. 拡声機を使用する放送　　拡声器とは、スピーカと呼ばれ、音声などを広い空間に放射する機器で、拡声機と記述される場合もある。スピーカは、音波を発生させる振動板の形状により、①動電形（ダイナミック形）、②電磁形（マグネット形）、③静電形（コンデンサ形）、④圧電形、に区分される。また、振動板の形状により、①コーン形、②ドーム形、③平面形、④リボン形に分類される。これらの拡声器による騒音として通常考えられるものは、①商店街有線放送、②商店店頭放送、③移動販売車、④航空機からの放送、⑤学校等の放送、⑥競技場等の放送などである。

一般に、拡声器の騒音レベルが、周りの騒音レベルより 10 dB 以上高いと苦情が発生するといわれている。例えば、学校で行事に利用されているトランペット型のスピーカなどは遠方まで高レベルの音を発生しており、防水型のコーンスピーカを 2.5 m 以下に複数分散配置し、高レベルの音の発生場所を校庭内に限定するなどの対策や事前に運動会等の学校行事について周囲住宅への周知連絡などによる合意推進が指導されている。

なお、一般的な拡声器のほかに、政治的宣伝等を目的としてとして車両から高声によるアジテーション等の行為が行なわれるが、これらの騒音は暴騒音と呼ばれ、音による暴力とらえられ規制されており、後述する。

c. 音響機器騒音　　営業騒音のなかで、苦情の多い騒音の一つで、バー、喫茶店、カラオケボックスなどのカラオケ営業により発生する音響機器からの騒音である。特にカラオケ騒音は、①有意騒音で気になる、②騒音の発生時間帯が睡眠時間である、③カラオケは音が大きいほうが好まれるなどにより問題が発生しやすい。一般にカラオケを行なっている部屋の内部では、100 dB を越える騒音の発

生もめずらしくなく、特に低い周波数の成分は、遮音されずに容易に窓や壁を透過する。通常の雑居ビルやマンションの一室で営業する場合の方が、専用のカラオケボックスを設置して営業する場合に比べて苦情の発生が多い傾向がある。

カラオケを専門に営業する事業を一般にカラオケスタジオと呼び、通常は、カラオケボックスとよばれる防音性能の良いボックスを独立した建物やビルの一室に設置して営業することが指導されており、この種のボックスについての騒音問題は減少している。ただし、ドアの開け閉め時に騒音が漏れる等の苦情はあり、十分に注意した営業が求められる。なお、カラオケスタジオについては、非行防止等善良な風俗環境の保持と騒音等による住民生活への侵害を防止するために、日本カラオケスタジオ協会などでは、自主規制の運営管理基準を定めており、これに基づき営業するように求められる。

2.4.4 生活騒音

産業活動によって発生する騒音に対して、人が生活することによって発生する一般の騒音を生活騒音とよんでおり、近隣騒音の一種である (近隣騒音とは、一般に、生活騒音、拡声機騒音、深夜飲食店営業騒音、小規模の町工場等をいう)。また、都市・生活型公害との呼び名もあり、都市の生活行動等が環境に過度の負荷をかけることによって発生する公害のこととされている。高密度な都市は、人口の集中と居住の過密化、都市的生活様式の普及、都市的サービス機能の拡大、といったことが生じており、都市環境への過剰な負荷を生み出しており、生活騒音の苦情や訴訟が増大してきている。

また、生活騒音を発生源の場所から区分すると、①子供が走り飛び跳ねて生じる音、ピアノ等の楽器音など住居内で生じる騒音、②犬などのペット騒音、自動車のアイドリングや車庫入れ、路上での立ち話など住居外部において生じる騒音、③空調機器、エコキュートなどの付属設備として設置された住宅設備機器による騒音などに区分できる。

なお、この生活騒音については明確な定義は無いが、①住民が被害者にも加害者にもなる、②発生場所や時間が不特定である、③騒音レベルが低くても苦情が発生する、④騒音レベルとその影響の関係が必ずしも明らかでない、⑤近隣関係などが複雑に絡み合っている場合が多いという特徴がある。

この生活騒音への対策としては、数値による直接規制を基本とすることは、近

隣関係に影響する場合も考えられ、「地域の話し合い等により解決すべきだ」という意見が多く、騒音レベルによる直接規制を望む意見は、必ずしも多くない。

(1) 住居内で発生する騒音

集合住宅内において発生することが多いが、住居内で発生した室内音響の問題と言えるもので、住宅内部で発生して苦情者も住居内部で暴露されている例がほとんどである。最近の都心部では、約7割の人が集合住宅に住んでおり、このことに起因した騒音問題といえる。特に集合住宅においては、リフォームを契機に問題化する騒音苦情が目立っており、近隣関係が疎遠になっていることも重なって争いごとになることも多い。これらの騒音の測定評価について、工場事業場の騒音規制の考え方である敷地境界の評価を適用しようとしても、集合住宅の上下階などでは敷地境界という概念が難しいことになる。そのため、騒音レベルによる数値規制以外の手法を用いることが考慮されている。

a. 床衝撃音 床衝撃音とは、床を歩行したり家具を移動させるときに、床に衝撃を与えることにより発生する騒音である。一般に直下の室に影響することが多く、マンション、事務所ビルなどにおける苦情が多い。この床衝撃音は、マンションの内装リフォームで床をフローリング仕上げに改装した場合などに騒音苦情となることが多く、集合住宅における騒音問題として話題になる。

この床衝撃音の測定評価については、長年検討が行われており、測定試験のための床衝撃音発生装置についてISO（国際標準化機構）やJISで規格化されてきた。これについては、タッピングマシーンと呼ばれるハンマーの並んだ軽衝撃源と我が国独自の規格として定められているバングマシーンと呼ばれるタイヤ落下による重衝撃源、並びに1999年のJIS A 1419改正で加えられたボール落下の方式による重衝撃源があり、これらの発生装置による測定法も定められている。なお、軽衝撃源は、ハイヒールでの歩き回りを想定しており、重衝撃源は、上階で歩く音とか子供が飛び跳ねる音に対する評価とされており、我が国では後者にかかる騒音苦情がほとんどである。

床衝撃音は、床の振動が天井に伝わる固体伝達音であり、基本的には床高さが大きければ問題は少なくなる。最近の集合住宅においては、床仕上げは200mmと厚くなっており、従来に比べて床衝撃騒音の苦情は減少している。ただし、旧来の集合住宅は床高さが小さく、マンション管理組合によっては、フローリングへのリフォームを禁止している例が多くある。なお、床高さが十分でない場合に

は，敷物，浮き床，防振材などの相当の防音対策が取られる必要がある．

この床衝撃音低減性能等級としては，各社のマンションカタログ等にL等級として公表されていたが，これは現場での実測によるL等級ではなく推計L等級が流通しており，誤解を与える場合もあった．最近は，床仕上げの施行前後における床衝撃音の低減量を床高さや端部条件を統一した標準型試験体により測定することが行われており，集合住宅購入等の参考にすべきものである．

b. 給排水騒音 給排水騒音でしばしば問題となるのは，台所の水栓などから直接放射される音よりは，管路や構造体を伝わってくる固体伝達音である．この音は，給排水管を介して建物内に伝わり，夜間の水使用などで苦情が発生する．このうち給水器具については，JIS A 1424 により給水器具発生音レベルの表示が規定されており，これらにより評価する事になる．

また，給排水騒音の対策としては，低騒音機器，防振支持，配管と機器の振動絶縁，居室と離れたところに機器室を設置するなどがとられる．また，ソフトな手段としては，管理組合等により夜間の水使用等について自粛するように啓発することが行われている．

c. 集合住宅のポンプ室等からの騒音 集合住宅などにおいては，離れた部屋等からの騒音が固体伝搬により騒音苦情となることがある．集合住宅においては，屋上等のタンクに水道水をポンプアップしたり建物内を循環させるためにポンプ室が設置されている場合が多い．これらの建物内ポンプ室や建物内エレベータ室などから伝搬する音については，原因不明の騒音などとして問題になることもあるが，これらについては，ポンプの防振対策，配管の騒音・振動対策などが適正に実施される必要がある．

d. 家電機器の伝搬音 最近の住居においては，家電製品の使用が一般的であり，それらからの騒音が問題になることがある．特に，ライフスタイルの変化により，夜カジ族と呼ばれているが，帰宅後の夜間にカジ（家事）を行なう住民が多くなっている．そこでは，洗濯機，乾燥機，クリーナーなどの家電製品を睡眠時間帯に使用することが多くなることから，マンションや近隣で夜間騒音が問題となることがある．

家電機器の使用に関して深夜の使用を差し控えるなど管理組合や自治会を通じて注意喚起やちらし配布などにより十分な配慮を求めるとともに，騒音対策を施した静音家電の普及が求められている．特に苦情の多い洗濯・乾燥機や掃除機の

低騒音化は進んでおり、これらの静音家電の使用により騒音苦情が生じないように配慮を求めることになる。

e. 楽器の伝搬音　ピアノ等の楽器から床壁を伝わって騒音苦情が生じる事も多い。一部のマンションなどでは、最初からピアノ等の楽器使用が可能なように、防音対策を施して販売している例もある。また、防音室の設置、防音防振材の設置なども行われるが、一般的に普及しているわけではない。児童学童の情操教育のためにピアノを習わせることも一般的であり、その練習音が苦情になることが多くあり、消音楽器の使用も推奨されている。なお、消音楽器とは、サイレント楽器とも呼ばれているが、1990年代の始めに消音ピアノ（サイレントピアノ）が開発されたのが最初で、バイオリン、チェロなどと消音楽器の開発が進んでいる。なお、楽器によっては、奏者に振動を伝えることが必要な楽器もあり、完全な無音化ではなく、減音楽器が求められている楽器もある。これらについても、全ての集合住宅における普及が可能とは言い難く、少なくとも早朝夜間については、楽器の演奏を自粛するなどの配慮が管理組合や自治会により啓発することが求められる。

(2)　屋外の住宅設備等からの騒音

最近の戸建て住宅においては、空調室外機やヒートポンプなどいろいろな住宅用機器が屋外に設置されるようになってきた。このことから、近隣住宅の屋外住宅設備の発する騒音が問題になる事例が増加している。我が国おいては、狭小な土地に隣家に近接して建物が建てられており、住宅設備など隣家からの騒音が問題になることが多い。

a. 空調室外機　空調機械は、一般にはエアコンディショナーと呼ばれており、用途から区分して、①機械運転や製品製造の適正条件を作る産業用、②住宅・事務室の快適性維持という保健用に区分できる。このうち、工場やビルなどの産業用の大型空調機械については、低い周波数の音などが問題となることもあるが、工場事業場騒音として対処される。一方、保健用、特に家庭用の場合は室外機からの騒音、特に夜間について隣家からの騒音苦情となることがしばしばある。我が国では敷地面積が狭いため、かなり無理をして空調機器を室外に設置している例が多くあり、商業地区などでは、場合により道路占有許可もないのに道路敷地にはみ出して設置している例まである。これらの問題については、機械の製造メーカ、機械の設置業者、居住者（使用者）が関係しており、適切な設置位置を検討

するなど、いたずらに問題を複雑化させないように対処しなければならない。

b. **エコキュート**　エコキュートをはじめヒートポンプは、熱ポンプとも呼ばれ、熱媒体や半導体を用いて低温部から高温部に熱を移動させる装置のことで冷暖房などに利用されている。一般には気体の圧縮と膨張を組み合わせて作動させており、空調装置、冷凍冷蔵装置、給湯装置などに広く使われている。未利用エネルギーを利用するため経済性が高く、価格の安い深夜電力を使用することでランニングコストを低くすることができ、家庭用の機器にも広く使われている。そのため、夜間の騒音や廃熱について苦情として問題になることが多く、エコキュート問題などとして話題になっている。

　このエコキュートとは、ヒートポンプを利用して空気の熱で湯を沸かす電気給湯器であり、冷媒には二酸化炭素が使われている。この名称は、日本の電気業界が使用している愛称で、登録商標となっている。一般には、価格の安い深夜電力を使ってヒートポンプで湯を作り、貯湯タンクに温水を貯めて使用するもので、給湯のほか床暖房に利用するなど多機能の製品も販売されており、特に設備業者がオール電化の主力製品として販売に力を入れている。このエコキュートは、深夜電力を使用して稼働しているため特に夜間に気になるとの苦情が多くあるが、極端に隣家に密接して設置される例もあり、この種の家庭用設備についてはある程度のスペースが必要な点に留意して設置されなければならない。なお、業界では、家庭用ヒートポンプ給湯機の据付けガイドブックなどを発行して対策に乗り出しており、これらを周知徹底させることが課題である。

(3)　**屋外で発生する騒音**

　我が国は、狭小な住宅地や集合住宅が多く、人声、作業場、ペットの鳴声等多様な騒音苦情が発生している。これらについては、工場事業場の騒音として騒音規制法に準じて規制している場合もあるが、独自の手法により規制している場合もある。欧米においては、庭の手入れ用の芝刈り機などが問題になることが多く、我が国と実情が若干異なっている。なお、近隣騒音であることから数値により直接規制する事は馴染まないとして指導要綱等により対応している例も多い。

a. **ペット騒音**　ペットの鳴き声等については、屋外又は屋内の騒音として苦情になり、場合によっては訴訟となる例も多い。特に犬猫の飼養については、「野良」対策を含めて地域で問題になることが多い。このペット騒音については、行政機関による相手側への注意指導なども行われるが、最終的には、損害賠償請求

や飼育差止め請求として裁判になることもある。特に、高齢世帯や単身世帯の増加などにより、ペットを飼育する住民が増加していることから、多様な苦情が環境部門にも寄せられている。

　このペットについては、「動物の愛護及び管理に関する法律」において、ペットの飼い主は、鳴き声などにより他人に迷惑をかけないように努力しなければならないとの趣旨が定められており、集合住宅などにおいては、近隣トラブルを避けるため団地管理組合の規約で熱帯魚などの小動物を除いてペットの飼育を禁止または制限している場合も多い。これは、騒音、悪臭、配管のつまりなどにより、トラブルが頻発することから禁止措置しているもので、その根拠としては「建物の区分所有に関する法律」第6条（建物の管理又は使用に関し区分所有者の共同の利益に反する行為を行ってはならない。）との規定に基づくものである。しかしながら、高齢一人世帯の増加などにより規約に反して犬猫等を飼養している場合も多くあり、逆に犬種などを絞って容認して管理を適正に行うルールの確立が話題となっている。具体的には、動物飼養モデル規程が各地方公共団体で公表されており、環境省においても平成22年2月に「住宅密集地における犬猫の適正飼養ガイドライン」が作成されており、この中で鳴き声についても近隣に迷惑をかけないことが記述されている。

　ここでは、住宅密集地においては、鳴き声が大きい、よく吠えるなどの特性のある犬種は好ましくなく、鳴き声で近隣に迷惑をかけないようにできるだけ室内で飼うようにと記述されている。また、遠吠え、夜鳴きなどは、トラブルの主な原因になっており、特に集合住宅では、大きな問題に発展している場合も多く、他人のことを考えずに自由に犬猫を飼育するのは控えなければならないとされている。そこで、集合住宅などでは、飼養できる犬種として、チワワ、トイプードル、ミニチュアダックス、キャバリアなどが室内犬として飼いやすいと推奨されており、管理組合等が中心になり、野良対策を含めて実施されることが望まれる。

b. バイク等の空ふかし等　戸建て住宅地で多い騒音苦情に、早朝・夜間に近隣の住宅において二輪車等の空ふかし音がうるさいとの苦情がある。また、四輪車についても夏などにクーラーで車内を冷やしておくためにエンジンをかけたままにすることや、出発前の暖機運転を行うなど、一時的とはいえ気になる騒音として指摘されている。

　なお、最近は条例等によりアイドリングが禁止されている場合が多く、騒音対

策としても一定の効果が生じている。また、二輪車の突出した高騒音については、すでにマフラーの事前認証制度が導入されており、徐々に効果が現れると考えられる。加えて、住宅地等においては二輪車等による突出した騒音を発することが無いように啓発啓蒙活動等の推進が求められている。

c. **コンビニ等における人声**　人が話をするときの声は、周囲の人にとっては気になることが多く、騒音苦情として環境部門や警察などに苦情が届け出られることが多い。人声は、一般に、身長が高い人や首の長い人は低い音を発するといわれており、反対に子供などは相対的に高い周波数の音を発生する。これらについては、昼間では気にならなくても、睡眠時間帯に発生すると騒音苦情となる。最近は、夜間営業のファミレスやコンビニの駐車場や小規模の公園等から夜遅くまで、若年層の話し声が長時間聞こえて眠れないなどの騒音苦情が生じている。このコンビニ・ファミレス等における夜間の話し声については、営業所等において巡回や張り紙による注意喚起が求められており、住宅地域などでは、前述の深夜営業規制で対処されている例も多い。

d. **海水浴場等の騒音**　海水浴場、河川敷や公共の広場でのバーベキューなどの飲食に伴う騒音で、しばしば夜間遅くまで高音の音楽を流し騒ぐ例があり、騒音苦情となっている。また、参加者のマナーが悪く、ごみの散らかし、大音量の音楽、騒々しい人声が大きな問題となっている。最近では、川崎市の多摩川河川敷で問題になっており、大型スピーカを使っての騒音、飲食に関係するごみ、夜間の花火などの迷惑行為に対応して、河川敷使用の有料化と夜間使用禁止などのルールづくりを行い、対策強化することにしている。また、狛江市においては、条例により、多摩川河川敷環境保全区域でのバーベキュー・花火等を終日禁止とし、違反者には、2万円以下の過料としている。

さらに、海の家のクラブ化なども話題になっており、湘南海岸など海の家の一部で、若年層を中心に大きい音楽をならして騒ぐなど海の家が「クラブ化」していると問題になっている。これに対して逗子市などでは規制を開始しており、①拡声機を使った音楽、②海の家以外での飲食・パーティー、③入れ墨・タトウの露出を禁止する条例が制定され、警備員の指示に従わない場合は海水浴場からの退去命令を発することができるようになった。騒音やマナー違反の苦情が絶えないために安全安心な地域を取り戻すための規制であり、周辺市においても同様の動きがある。

e. 花火の騒音 花火の音には、①爆発による破裂音、②燃焼等による音、が主な音である。このうち、①の爆発については、打ち上げ時の発射音、打ち上げ花火が開く際の破裂音、イベント開会時の音花火の雷音などがある。花火の燃焼には、音を出すことにより観客をひきつける形式の花火もあり、間欠的な場合もある。

これらの花火は、地域住民にとっても重要なイベントでもあるが、近年騒音苦情になることがあり、過剰に音がでないように花火の種類や数について適切に選び住民との合意形成に努める必要がある。地方公共団体においては、夜間の花火に対する条例を制定して騒音苦情の発生しないように措置している例もあり、場合によっては、花火禁止区域のほか夜間については、全面禁止としている例もある。

f. 爆音器 雀おどしとも呼ばれる農家が使う鳥獣被害防止用の機器で、条例などでは、害鳥威嚇用爆音施設などとも記述されている。LPガスやカーバイト等を用いて大きな爆発音を出し鳥獣を追い払うもので、騒音でうるさいとの苦情が多数生じて、ガイドラインや条例規制が各地で実施されている。田畑で雀を追い払うほか、猿やイノシシにも使われるが、慣れてくるため爆発の間隔を変えたり、電子音を使う機器等の工夫もなされている。各地方公共団体では、夜間・夕方は使用しない、住居に近い、例えば200m以内では使用しないなどと要項や条例により使用の規制を行なっている。

2.4.5 生活騒音以外の近隣騒音

a. 開放型事業場 騒音や振動の規制は、工場事業場に対して実施されているが、建屋は無いが建設重機や機械設備により著しい騒音を発生させている事業場があり、開放型事業所あるいは開放型作業場と呼ばれている。これらの事業所は、主として都市内の空き地に、上屋などの建物を設置せず、資材置場、積かえ場、残土処理、廃品回収、ダンプや重機の置場などとして使用される事業場のことである。建設工事等の増加などにより、これらの施設も増えており騒音・振動についての苦情が生じている。

これらは、通常の工場事業場とは若干異なるため、特別に条例を制定したり、特定工場等に類するものとして条例規制が実施されている。建屋がないため、対策としては、作業時間の規制、防音塀の設置、低騒音・低振動型機械の使用、作業場所を住居側から離す、作業内容の工夫などが指導されている。

b. 風車騒音　風車騒音については、風力発電設備が増加するとともに騒音などの苦情が増加してきている。風車の主たる騒音としては、空力学的騒音と機械騒音であるが、低い周波数の騒音等が夜間に気になるとの訴えがあり、調査が必要となる事例も多い。我が国における風車の設置場所としては、農山村やかなり住宅に近い例では苦情となる場合もある。これに対して、各地方公共団体においては、指導要綱などにより対応してきたが、法令に基づく環境影響評価が実施されてこなかったことなどから問題を複雑化させてきた。しかしながら、環境省は、平成23年の環境影響評価法の改正施行により風力発電施設が環境影響評価の対象施設に追加され、騒音・超低周波音、景観、バードストライクが主要検討事項とされている。さらに、平成29年には風力発電施設から発生する騒音の指針値を策定し、風力発電施設の設置業者及び運営業者等による対策実施並びに地方公共団体による住民等への対応に活用されることを期待している。なお、法対象以外の風車の騒音・超低周波音については、条例に基づく環境影響評価、設置指導要綱、施設としての騒音規制の対象などにより対処されている。

c. モーターボート騒音　モーターボートや水上オートバイなど水上レジャーにより、湖沼の周辺などの自然公園やリクリエーション地区で、騒音問題が発生することがある。これら地域は、快適な静けさが求められており、異常に大きな音を出すモーターボートなどには、強い批判がある。このモーターボート騒音に対して、山梨県においては、山梨県富士五湖の静穏の保全に関する条例が制定され規制されている。

この条例においては、①モーターボート等の届出、②航行の時間制限、③騒音の規制基準、④立入り検査などが定められている。また、基準値は、連続した5秒区切りごとの最小値のうちの最大値が湖畔で 70 dB 以下となっており、言い換えれば連続して5秒以上 70 dB を越えてはならないということになる。

2.4.6　その他騒音に関わる条例（警察部署所管）

騒音に係る相談や苦情は、極めて多岐にわたり、種々の法律に基づく措置のほか、地方公共団体等で必要な規制措置等がとられている。これらのなかでは、環境部門以外が主管する事例も多いが、騒音の苦情としては、騒音振動担当に相談される場合も多くある。ここでは、そのうちいくつかについて解説する。

a. 暴騒音条例　拡声機を使用して大音響で宣伝活動を行い、通常の政治活動

等を妨害する団体が少なからず見られる。ここで発生される大音響の音を暴騒音と呼んでおり、暴騒音の規制条例が、全国45都道府県で制定されている。また、同様に国会周辺における宣伝活動を規制する法律として国会議事堂等周辺地域の静穏の保持に関する法律も作られている。これらにおいて暴騒音とは「装置から10m以上離れた地点で85dBを超えるもの」と定義されており、騒音というよりは、音の暴力として、公安委員会所管の法令となっている。

具体的規制は、A特性・FASTの10m位置における最大値で規制されているが、建物などに遮られることから10m離れて測定できない例も多く、測定した数値を10mに換算して規制できるように平成20年度に各都道府県で一斉に改正が行われている。

b. 暴走族と騒音 暴走族とは、公道上を自動車やバイクで集まり、違法な運転を繰り返し、騒音をまき散らす集団のことで、「道路交通法」第68条に定める共同危険行為、その他2台以上の自動車等で連ねて通行を行いながら著しく危険・迷惑な行為を行うことを目的に結成された集団を指している。夜中に改造バイクや自動車を高騒音で走行させるため、居住者等からは騒音により眠れない等の苦情が殺到しており、道路を占拠したりして通行人や住民に迷惑をかけることを目的とする場合もあり、凶悪化も進んでいる。深夜や特別な祭日などに集まって騒いだり、路上を暴れまわるルーレット族、環状の高速道路や峠道を高速で違法競争を行なうローリング族、一般道路で車等をスリップさせるドリフト族などが横行している。この暴走族による集団暴走行為や傷害事件の発生、夜間の高騒音による騒音睡眠被害等が続発しており、公安委員会による取締のほか、県や市レベルにおいて「暴走族禁止条例」の制定も進んでいる。

c. 隣人トラブル対策 近隣騒音については、前述した紛争解決の仕組みが必ずしも有効とは限らず、近隣トラブルとしてエスカレートすることも多々あり、刑事事件になった例など、相互に嫌がらせを繰り返しながら、複雑化する事例が見られる。騒音、悪臭、犬猫の飼養、生活習慣など日常的に発生する諸問題において、加害者、被害者ともに相手に対して嫌がらせを行う例が多くなってきた。この隣人トラブルとしては、騒音による迷惑を受けたと感じている側が、①わざと楽器や音響機器を設置して高騒音を放射したり、相手側をつけ回し、待ち伏せ、ビラ配布などの嫌がらせ等を行う、②日常生活のなかで、乱雑なドアの開け閉め、室内で高音の音楽再生、壁ドンなどで音を放射するなどの迷惑行為を行うなどがあ

る。高騒音の放射については、隣人に精神的ストレスなど障害を負わせたとして実刑が科せられた例もある。また、生活騒音等に係る隣人トラブルの防止及び調整に関する条例を制定して対処している地方公共団体もある。なお、嫌がらせとは、相手に対して意図的に不快にさせる迷惑行為のことで、良好な生活環境が維持できなくなると隣人トラブルとよばれている。

第3章　環境基準等解説

3.1 環境基本法と環境基準
3.1.1 環境基本法

　環境基準とは、環境基本法第16条に定義され、「人の健康を保護し、及び生活環境を保全する上で維持されることが望ましい基準」となっている。もともと、この環境基準は、昭和42年8月に制定された公害対策基本法（平成5年11月に環境基本法に引き継がれる。）において初めて規定されたもので、個別の排出規制のみでは、進行する環境汚染に十分に対処しえなくなった状況に鑑み、個々の汚染が集積した全体としての環境を改善するために、個別の排出規制を合理的に実施して行くことを趣旨として定められたものである。なお、ダイオキシンが社会問題化したことに伴い、ダイオキシン類対策特別措置法（平成11年法律第105号）が制定され、第7条の規定に基づきダイオキシン類の環境基準も別途制定されている。

　この環境基準は、発生源の集積による汚染の絶対量の増加というものに着目し、排出等の規制、施設設置の規制、公害防止施設の整備、自動車公害の対策、土地利用の規制等の環境対策を実施するに当たり、どの程度の環境濃度等を目標とするかを定めたものである。言い換えれば、環境対策を総合的に実施する上での「行政上の目標」とされている。この環境基準は「維持されることが望ましい基準」として当面の具体的な目標値が検討されることになっており、人にとっての環境濃度等の最低限度を示すものでもないし、最大許容限度あるいは受忍限度といったものとも観念上異なるものである。

　環境基本法において規定された典型七公害のうち、環境基準は、大気の汚染、水

質の汚濁、土壌の汚染及び騒音の四つの公害について定められており、ダイオキシンについての環境基準が別に定められている。この環境基準については、汚染物質ごとに汚染物質の量と人の健康等の影響の関係についての科学的な成果を基に、数量的に環境基準値が示されるとともに、その達成時期など必要事項が告示されている。具体的な数値の決定については、種々の科学的調査研究を基に中央環境審議会（旧中央公害対策審議会及び生活環境審議会）において十分な検討が行われ、答申を得たものについて環境大臣が告示するという手続がとられている。

また、設定された環境基準は、絶対的かつ不変という性格のものでなく、常に適切な科学的判断が加えられ、必要な改正がなされなければならないとされている。これは、科学的な調査研究の進展によって、人体等に対する新たな影響が判明したり、新しい汚染物質が発見されたり、対策技術が大きく進歩したりするということが考えられるからである。騒音においても、平成10年9月30日に「騒音に係る環境基準」が等価騒音レベルを評価量とする新しい環境基準に改正され、また、平成19年12月17日には「航空機騒音に係る環境基準」が L_{den}（時間帯補正等価騒音レベル）を評価量とする新しい環境基準に改正されている。

3.1.2 騒音に関係する環境基準

騒音に関係する環境基準としては、①一般地域・道路に面する地域に適用する「騒音に係る環境基準」、②飛行場周辺に適用される「航空機騒音に係る環境基準」、③新幹線鉄道沿線に適用される「新幹線鉄道騒音に係る環境基準」、の3つが定められている。

このうち「騒音に係る環境基準」の旧環境基準は、昭和46年5月25日に騒音レベルの中央値を評価量に採用し我が国で最初に設定された騒音に関する環境基準である。いおう酸化物、一酸化炭素、水質汚濁、に続いて制定されたもので、厚生大臣の諮問を受けた生活環境審議会答申に基づき、騒音レベルの中央値を評価量として定められた。その後、騒音評価に関する知見の集積や測定技術の進展に照らして、平成10年9月30日に等価騒音レベルを評価量とする新しい環境基準に改正されている。

なお、旧環境基準の検討においては、衝撃騒音と間欠騒音に関する十分な知見が得られておらず、これらに類する騒音については、中央値による評価が馴染まないことなどから、航空機騒音、鉄道騒音、建設騒音には、騒音に係る環境基準

は適用しないこととされた。このうち、建設騒音については、時限的で同一場所での再現が少ないと考えられることから、環境基準には馴染みにくいと考えられ、当面は騒音規制で対応するとされた。

また、航空機騒音については、昭和48年12月20日に国際民間航空機構（ICAO）の当時の考え方に基づいてWECPNL（騒音レベルの最大値による略算式を採用）を評価量として「航空機騒音に係る環境基準」が環境庁告示として定められた。ここにおいては、1日の離発着機数が10機以下の小規模飛行場等には、この航空機騒音に係る環境基準を適用しないとされており、その後、平成2年9月13日になりL_{den}を評価量とする「小規模飛行場環境保全暫定指針」が環境庁で定められ各都道府県知事に通知された。その後、国際的な動向や航空機騒音にかかる知見の集積等から平成19年12月17日になりL_{den}を評価量とする新「航空機騒音に係る環境基準」が環境省告示として定められ、平成25年4月1日から適用された。なお、新環境基準は、小規模飛行場を含めて適用することから、小規模飛行場環境保全暫定指針は廃止された。

鉄道騒音については、当時新幹線鉄道の騒音問題が緊急課題であったことから、昭和50年7月29日に「新幹線鉄道騒音に係る環境基準」が、最大値（告示ではピークレベルとなっている。）を評価量として改正された。なお、新幹線鉄道以外の在来鉄道騒音に係る基準としては、環境影響評価での必要性などから平成7年12月20日になり「在来鉄道の新設又は大規模改良に際しての騒音対策の指針」が等価騒音レベル（L_{Aeq}）を評価量として定められている。

なお、上記以外の在来鉄道騒音に基準等は設定されていないが、実態把握を目的とした測定マニュアルが示されており、評価量は同じく等価騒音レベル（L_{Aeq}）とされている。

3.2 騒音に係る環境基準
3.2.1 旧基準
(1) 制定の経過

騒音に係る環境基準の設定に当たっては、昭和43年11月に厚生大臣から生活環境審議会に対し環境基準設定の方策について諮問が行われた。生活環境審議会は、公害部会内に騒音環境基準専門委員会を設けて検討を進めたが、昭和44年7月14日に専門委員会は、道路に面する地域を除く一般地域に適用する環境基準の基本的な考え方を第一次報告としてまとめた。引き続き、専門委員会は、昭和45年6月20日に第二次報告として道路に面する地域についての指針値を、また同年11月13日に建設作業騒音に関する中間報告をそれぞれ公害部会に提出した。生活環境審議会は、これらの報告をもとに環境基準達成のための具体的施策を含めた答申案の作成を進め、昭和45年12月25日に厚生大臣に対し答申を行った。

この答申における基本的な考え方として、騒音は他の公害に比べ、①有害物質による環境汚染ではなく、環境の物理的変化（主として空気の振動）に基づく状態変化によって発生するものであること、②大気汚染あるいは水質汚濁のような広範囲の環境汚染に比して、騒音の影響範囲は通常騒音発生源から比較的近距離の周辺地域に限定されていること、③騒音の人に与える影響としては、日常生活における睡眠や会話の妨害、思考への影響、作業能率の低下、不快感などの生理的、心理的反応、あるいはこれらに引き続いて起こる二次的な健康の障害又は生活妨害が主であること等の特性を有するため、騒音に係る環境基準は、いわゆる狭義の人の健康の保持という見地ではなく、生活環境の保全という広い立場から設定しなければならないとされた。

この答申の考え方をもとに、政府部内において鋭意検討が進められた結果、昭和46年5月25日に騒音に係る環境基準が閣議決定されるに至った。

(1) 第一次専門委員会報告

昭和43年11月に厚生大臣の諮問を受けた生活環境審議会は、騒音に係る環境基準の設定作業を開始した。審議会は、まずその公害部会内に騒音環境基準専門委員会を設けて検討を進めたが、専門委員会は、昭和44年7月14日に道路に面する地域を除く一般地域について、環境基準の基礎的な考え方を第一次報告としてとりまとめ報告した。ここで騒音に係る環境基準の指針設定に当たっては、環境基準の基本的性格にかんがみて、聴力損失などの人の健康に係る気質的、病理

的変化の発生の有無を基礎とするものではなく、日常生活において睡眠障害、会話妨害、作業能率の低下、不快感などをきたさないことを基本とすべきであるとされた。そのうえで、騒音レベルを計量単位として具体的な基礎指針について報告している。

その報告の概要は、次のとおりである。

[計量単位]　騒音レベル、ホン (A)
[測定機器]　指示騒音計もしくは精密騒音計又は、これらに相当するもの
[測定方法]　原則として JIS Z 8731「騒音レベル測定方法」による。
[測定場所]　騒音の測定は屋外で行うものとする。ある地域の騒音測定地点としては、なるべく当該地域の騒音を代表すると思われる地点又は騒音に係る問題を生じやすい地点を選ぶものとする。
[測定時刻]　ある地点の騒音測定の時刻としては、なるべくその地点の騒音を代表していると思われる時刻又は騒音に係る問題を生じやすい時刻を選ぶものとする。
[基礎指針]　環境基準の基礎指針として維持されることが望ましい騒音レベルとは、一般住宅地域において平均値又は中央値で、夜間については 40 ホン (A) 以下、朝夕については 45 ホン (A) 以下、昼間については 50 ホン (A) 以下とする。

この指針については、「生活環境に影響を及ぼす通常の騒音」に適用されるものとするが、鉄道及び軌道騒音、航空機騒音、建設工事騒音などの間欠的な騒音、衝撃的な騒音に係る指針については、引き続き検討を行い、可及的速やかに報告をまとめるとされた。また、同報告には別紙付帯意見として、「指針としての騒音レベルについては、報告本文のとおりであるが、道路沿いに面する地域にこの騒音レベルを適用する場合の条件に関しては、その実態を考慮し別途検討する必要がある。」として、引き続き検討を行うとされた。

(3) 第二次専門委員会報告

第一次専門委員会報告の付帯意見において、道路沿いに面する地域については別途検討する必要があるとされ、専門委員会において検討が継続された。この検討結果は、昭和45年6月30日に専門委員会第二次報告として、道路に面する地域についての指針値が提出された。ここで、道路に面する地域に係る環境基準の

指針値については、道路の公共性、当該地域の道路による受益性、道路交通騒音の実態などから、第一次報告に示された基礎指針を補正した値として示された。
　その報告の概要は、次のとおりである。

[計量単位]　騒音レベル、ホン (A)
[測定機器]　指示騒音計もしくは精密騒音計又は、これらに相当するもの
[測定方法]　原則として JIS Z 8731「騒音レベル測定方法」により、中央値を採用することを原則とする。
[測定場所]　測定は屋外で行うものとし、その測定点としては、なるべく当該地域の騒音を代表すると思われる地点又は騒音に係る問題を生じやすい地点を選ぶものとする。この場合、原則として道路に面し、かつ、人の生活する建物から道路側1mの地点とする。ただし、建物が歩道を有しない道路に接している場合は、道路端において測定する。
[測定時刻]　ある地点の騒音測定の時刻としては、なるべくその地点の騒音を代表していると思われる時刻又は騒音に係る問題を生じやすい時刻を選ぶものとする。本来交通騒音レベルは、時間的変動が著しい場合が多いので、この測定回数は、少なくとも朝、夕それぞれ1回以上、昼間、夜間それぞれ2回以上が望ましく、とくに覚睡及び就寝の時刻に着目して測定すべきである。
[基礎指針]　第一次報告の指針値に地域の区分、道路の区分（車線の合計）、時間の区分、により＋5〜10ホン (A) の補正を行う。

(4) 建設作業騒音に関する中間報告

　第一次報告において引き続き検討するとされた騒音のうち建設作業騒音に関しては、昭和45年11月13日に専門委員会から生活環境審議会に中間報告として提出された。ここで建設作業騒音については、環境基準を設定せず、法による規制の措置によるとされた。昭和45年12月には、騒音規制法の一部改正において建設作業騒音規制の強化が行われ、その後も随時建設作業騒音の規制方法等の見直しが実施されている。なお、中間報告の内容は、次のとおりである。

　建設作業騒音は、工場騒音、道路交通騒音等とは異なり、発生源の性質として同一の場所で発生する期間が限定され、かつその期間後再び同一場所において反復的に発生することがないので、環境基準の対象として直ちに採り上げることにはなじまない性格をもっている。従って、当面、建設作業騒音については、法規

制によるものとし、その規制の強化徹底が望まれる。

(5) 旧環境基準の内容

前記の三つの報告を受けた生活環境審議会は、公害部会に小委員会を設け、前記の三つの専門委員会報告を基礎として環境基準を達成するための具体的な施策を含めた答申案の作成を進め、昭和45年12月25日に厚生大臣に対し答申を行った。これに基づき騒音に係る環境基準は、昭和46年5月25日に閣議決定され、同年6月3日に公布された。この騒音に係る環境基準については、地域指定制が採用され、具体的な環境基準の適用は、都道府県知事が類型指定を行うことにより顕在化する方式をとっている。なお、昭和46年7月1日に発足した環境庁から都道府県知事あてに「騒音に係る環境基準の類型あてはめ等の事務の実施について」が、昭和46年9月20日付けで通知されている。

この騒音に係る環境基準（旧基準）の概要は、次のとおりである。

①環境基準

地域の類型	時間の区分		
	昼間	朝・夕	夜間
AA	45 ホン (A) 以下	40 ホン (A) 以下	35 ホン (A) 以下
A	50 ホン (A) 以下	45 ホン (A) 以下	40 ホン (A) 以下
B	60 ホン (A) 以下	55 ホン (A) 以下	50 ホン (A) 以下

AA：療養施設が集合して設置される地域などとくに静穏を要する地域、A：主として住居の用に供される地域、B：相当数の住居と併せて商業、工業等の用に供される地域

（道路に面する地域）

地域の類型	時間の区分		
	昼間	朝・夕	夜間
A地域のうち2車線を有する道路に面する地域	55 ホン (A) 以下	50 ホン (A) 以下	45 ホン (A) 以下
A地域のうち2車線を越える車線を有する道路に面する地域	60 ホン (A) 以下	55 ホン (A) 以下	50 ホン (A) 以下
B地域のうち2車線以下の車線を有する道路に面する地域	65 ホン (A) 以下	60 ホン (A) 以下	55 ホン (A) 以下
B地域のうち2車線を越える車線を有する道路に面する地域	65 ホン (A) 以下	65 ホン (A) 以下	65 ホン (A) 以下

②測定方法

測定方法は、JIS Z 8731 に定める騒音レベル測定法による。測定結果の評価については、原則として中央値を採用し、計量単位はホン (A) を用いる。測定機器は、指示騒音計、精密騒音計、又はこれらに相当する測定機器を用いる。

③測定場所

　測定は屋外で行うものとし、その測定点としては、なるべく当該地域の騒音を代表すると思われる地点又は騒音に係る問題を生じやすい地点を選ぶものとする。

　この場合、道路に面する地域については、原則として道路に面し人の生活する建物から道路側 1m の地点とする。ただし、建物が歩道を有しない道路に接している場合は、道路端において測定する。

　著しい騒音を発生する工場及び事業場の敷地内、建設作業の場所の敷地内、飛行場の敷地内、鉄道の敷地内及びこれらに準じる場所は測定場所から除外する。

④測定時間

　測定時間は、なるべくその地点の騒音を代表すると思われる時刻又は騒音に係る問題を生じやすい時刻を選ぶものとする。この場合主として道路交通騒音の影響をうける道路に面する地域については、測定回数は、朝、夕それぞれ 1 回以上、昼間、夜間それぞれ 2 回以上とし、とくに覚醒及び就寝の時刻に着目して測定するものとする。

⑤達成期間

　道路に面する地域以外の地域については直ちに、道路に面する地域については 5 年以内を目途とし、幹線道路に面する地域で達成が著しく困難な地域については 5 年を超える期間で可及的速やかに達成を図る。

3.2.2　新環境基準

(1) 制定の経過

　前述の中央値を評価量とする旧環境基準は、約 30 年間にわたり我が国の騒音対策の基本として運用されてきたが、この中央値は、我が国以外の主要国では採用されていない評価量であった。国際的には、等価騒音レベルによる方法が基本的な評価方法として広く採用され、さらに、騒音影響に関する研究の進展や騒音測定技術の向上等により、我が国においても等価騒音レベルに係る科学的知見が集積してきた。これらのことを受けて、評価量など騒音に係る環境基準についての見直しが議論されるようになってきた。

　さらに、平成 7 年 7 月 7 日の一般国道 43 号及び阪神高速道路に係る訴訟における最高裁判所判決で、等価騒音レベルを指標として関係行政機関の損害賠償責任が認定されたことを受けて、行政としても司法の判断を考慮する必要が生じた。

また、国際標準化機構（ISO）などの国際機関において、等価騒音レベル等による規格が次々と定められており、これらを受けて、騒音に係る環境基準についても、評価量などについて全般的な見直しが必要と判断されるに至った。もともと環境基準は、常に適切な科学的判断により改正が行われなければならないとされており、基準の設定以来30年近くを経たことから、騒音に係る環境基準の見直しが検討されることになった。

　この環境基準改正作業は、環境庁が平成8年7月25日に中央環境審議会に「騒音の評価手法等の在り方について」を諮問し、騒音振動部会に付議され、具体的な検討を行う専門委員会として騒音評価手法等専門委員会が設けられた。さらに測定法の在り方を専ら検討するため騒音測定法検討会が環境庁に設置されて鋭意検討が行われた。

　この検討結果については、「騒音評価手法についての中間報告」として平成8年11月に公表され、最終的には、平成10年5月22日に中央環境審議会から「騒音の評価手法等の在り方について」が環境庁長官に対して答申された。引き続き、この答申について政府部内で検討が加えられ、平成10年9月30日に等価騒音レベルを評価量とする新しい「騒音に係る環境基準」が環境庁から告示された。この新環境基準への改正については、騒音レベルの中央値による評価から国際的に主流となっている等価騒音レベルへの評価量変更が注目されたが、旧基準の設定以来年月が経ったことから、環境基準全般の見直しを必然的に含んでおり、最新の科学的知見に基づき政府の新たな目標値として定められたものである。

　なお、平成12年3月28日付で、実測時間の短縮に係る記述など若干の語句修正が行われている。

（2）騒音評価手法等専門委員会報告

　中央環境審議会は、平成8年7月25日に「騒音の評価手法等の在り方について」を環境庁長官からの諮問を受けて、具体的な専門検討機関として騒音評価手法等専門委員会を設けて具体的な検討が開始された。ここでは、評価量に等価騒音レベルを採用するものとし、最新の科学的知見に基づき検討が加えられた。これについては、中間的な結果として環境基準における騒音の評価手法の在り方及び一般地域のうち主として住居の用に供される地域における指針値等に関して平成8年11月に中間報告が明らかにされた。

　騒音評価手法等専門委員会では、この中間報告に引き続き、最終報告に向けて

道路に面する地域に適用する指針値等についての検討が行われた。また、平成7年3月に環境庁が明らかにした「今後の自動車騒音低減対策のあり方について（総合的施策）」なども踏まえつつ、中間報告に関する国民等の意見を加味して、平成10年5月22日に「騒音の評価手法等の在り方について（報告）」として取りまとめられ中央環境審議会に報告された。

その概要は、次のとおりであり、具体的な指針値についても報告された。

[評価手法]　等価騒音レベルを採用する。
[評価位置]　住居等の建物の騒音の影響を受けやすい面とする。
[評価期間]　1年程度の期間を目安とし、測定の実施可能性から1年のうち平均的な状況を呈する日を選定して評価する。
[評価時間]　時間帯区分ごとの全時間を通じた等価騒音レベルにより評価する。
[推計導入]　交通流等からの推計や実測と組み合わせた推計の方法が可能であり、特に地域として達成状況を把握する場合は積極的に導入する。
[地域把握]　①一般地域では一定の地域を代表すると思われる地点で評価、②道路に面する地域ではすべての住居等のうち基準値を超過する戸数又は割合で評価、騒音レベルの測定は実測に基づく簡易な推計とする。
[基 準 値]　旧環境基準と同様に影響の生じない屋内騒音レベルを基に、建物の防音性能を見込んで屋外の基準値を導く。また、地域補正及び道路に面する地域についての補正を行うことが適切である。
[屋内指針]　睡眠影響からは一般地域で35 dB以下、道路に面する地域で40 dB以下、会話影響からは45 dB以下とする。
[防音性能]　窓を開けた平均的な内外の騒音レベル差は10 dB程度、窓を閉めた場合は通常の建物で25 dB程度である。

(3) 環境基準の内容

前述の報告を受けた中央環境審議会は、答申の取りまとめを行い、平成10年5月22日に環境庁長官に答申を行った。この答申を受けて政府部内で検討が行われ、平成10年9月30日に環境庁告示として新しい「騒音に係る環境基準」が公布され、平成11年4月1日から適用することになった。なお、新環境基準については、評価量など旧基準とは異なる点も多く、平成10年9月30日付けで環境庁から各都道府県知事あてに改正に係る類型指定等の事務処理について通知されて

いる。

　新環境基準においては、国際的な動向にあわせて、評価量に等価騒音レベルを採用しているが、この等価騒音レベルと従来の中央値については、理論的には、直接的な関係式が存在しない。そのため、今回の改正では、あらためて最新の住民反応調査等の研究成果を基に等価騒音レベルによる環境基準値を定めている。

　具体的には、まず睡眠影響から夜間の指針値、会話影響から昼間の指針値を屋内指針として定め、これに住居の防音性能を考慮して夜間と昼間の屋外基準を求め、さらに一般地域と道路に面する地域の区分や地域特性の区分などにより基準値を定めている。基本的な考え方は、旧環境基準を受け継いでいるが、①等価騒音レベルの採用、②時間区分を朝夕の2区分に簡素化、③幹線道路近接空間の特例基準、④屋内に透過する騒音に係る基準など特徴ある改正となっている。

　具体的な環境基準の適用については、旧環境基準と同様に地域指定制が採用されており、おおむね10年ごとに土地利用等の状況の変化に応じて見直しを行うとともに、土地利用計画の大幅な変更があった場合にも速やかに地域指定の見直しを行うものとされている。なお、新しい環境基準の概要は、次のとおりである。

① 環境基準

地域の類型	基準値	
	昼間	夜間
AA	50 dB 以下	40 dB 以下
A 及び B	55 dB 以下	45 dB 以下
C	60 dB 以下	50 dB 以下

昼間：午前6時～午後10時　　夜間：午後10時～午前6時

AA：療養施設、社会福祉施設等が集合して設置される地域など特に静穏を要する地域、A：専ら住居の用に供される地域、B：主として住居の用に供される地域、C：相当数の住居と併せて商業、工業等の用に供される地域

（道路に面する地域）

地域の区分	基準値	
	昼間	夜間
A 地域のうち2車線以上の車線を有する道路に面する地域	60 dB 以下	55 dB 以下
B 地域のうち2車線以上の車線を有する道路に面する地域及び C 地域のうち車線を有する道路に面する地域	65 dB 以下	60 dB 以下

(幹線交通を担う道路に近接する空間)

基準値	
昼間	夜間
70 dB 以下	65 dB 以下

個別の住居等において騒音の影響を受けやすい面の窓を主として閉めた生活が営まれていると認められるときは、屋内に透過する騒音に係る基準（昼間にあっては 45 dB 以下、夜間にあっては 40 dB 以下）によることができる。

②評価方法

　住居等の用に供される建物の騒音の影響を受けやすい面における騒音レベルで評価する。評価手法は等価騒音レベルによるものとし、1年を通じて平均的な状況を呈する日を選定する。測定を行う場合は、原則として JIS Z 8731 に定める騒音レベル測定法によるが、必要な実測時間が確保できない場合等においては、推計方法によることができる。

③地域の評価

　道路に面する地域以外の一般の地域については、原則として一定の地域ごとに代表する地点を選定する。道路に面する地域については、原則として一定の地域ごとに当該地域内のすべての住居等のうち環境基準を超過する戸数及びその割合を把握する。

④達成期間

　道路に面する地域以外は環境基準の施行後直ちに、既設の道路に面する地域については 10 年以内を目途とし、幹線道路に面する地域で達成が著しく困難な地域は 10 年を越える期間で可及的速やかに、新規に計画された道路に面する地域については供用後直ちに達成・維持されるように努める。

⑤直達する中高層部

　幹線交通を担う道路に近接する空間の背後地にある建物の中高層部で、道路交通騒音が直接到達する場合は、騒音の影響を受けやすい面の窓を主として閉めた生活が営まれていると認められ、かつ、屋内に透過する騒音に係る基準が満たされた場合は、環境基準は達成されたとみなす。

⑥優先対策

　夜間の騒音レベルが 73 dB を超える住居等が存する地域における騒音対策を優先的に実施する。

この環境基準の評価は、住居等の用に供せられる建物の騒音の影響を受けやすい面における騒音レベルによって行うことが原則とされた。これは、通常、音源側の面であると考えられるが、開放生活（庭、ベランダ等）側の向き、居寝室の位置等により音源側と違う面となることもある。なお、音源が不特定な場合には、開放生活側の向き等を考慮して騒音の影響を受けやすい面を選ぶ必要がある。

また、幹線交通を担う道路に近接する空間における道路交通騒音の実情にかんがみると、建物の防音工事等の沿道対策の進捗も視野に入れた対策の目標として環境基準を機能させることが必要と判断され、「屋内に透過する騒音に係る基準」が設けられている。ここで、透過する騒音に係る基準の評価に必要な「建物の防音性能値」とは、外壁に用いられる資材、窓の構造等の条件から見込まれる窓閉め時の建物の防音性能の値で足り、測定により個々に検証を行う必要はない。また、この屋内に透過する騒音に係る基準が適用される「個別の住居等において騒音の影響を受けやすい面の窓を主として閉めた生活が営まれていると認められる」場合とは、通常、建物の騒音の影響を受けやすい面の窓が、空気の入れ換え等のために時折開けられるのを除いて閉められた生活が営まれていることとされた。それ以外の側面において主として窓を閉めた生活が営まれていることは必要としないが、窓を閉めた生活が営まれている理由としては、建物の防音性能が高められ、空調設備が整備されているといった対策等により、生活環境の確保が十分に図られていることが必要であるとされた。

(4) 地域的に環境基準の達成状況を把握する方法

全国的な環境基準の達成状況の把握など国等において騒音対策を検討する資料としては、個別の地点における状況の収集では、適切かつ効率的なデータ収集と評価が著しく困難となる。そこで面的に環境基準の達成状況を把握する方法を考慮することとし、一般の地域と道路に面する地域に区分して地域としての環境基準の達成状況の把握手法を整備することとなった。

一般の地域については、一定の地域ごとに当該地域の騒音を代表すると思われる地点で評価するものとされているが、これは道路に面する地域と比べると地域全体を支配する音源が少なく、地域における平均的な騒音レベルをもって評価することが可能であるとの考え方によるものである。なお、当該地点は、必ずしも住居等の建物の周囲にある地点である必要はなく、例えば空き地であっても、当

該地域を代表すると思われる地点であれば選定して差し支えないとされた。

　道路に面する地域については、一定の範囲の道路に面する地域内のすべての住居等のうち環境基準を超過した戸数及び超過する割合を把握して評価することとされた。ただし、地域内のすべての住居等における騒音レベルを測定することは極めて困難であるため、原則として、一部を実測し、これに基づいてそれ以外を推計することによって把握することとされ、将来的には全てを推計によって把握することについても検討を進めるとされた。

　なお、この環境基準の地域としての把握については、環境庁において「騒音に係る環境基準の評価マニュアル」が作成されており、道路に面する地域について、過去の経験等から道路交通騒音の影響が大きいと考えられる道路境界から 50 m の区域について評価することとしている。さらに全国的な調査が求められる騒音規制法第 18 条による自動車騒音常時監視の処理基準でも、この 50 m を準用して「面的評価を実施する範囲」としている。なお、この 50 m の範囲については、当然に騒音に係る環境基準のなかの「道路に面する地域」を定義するものではなく、騒音測定の技術上のテクニックとして定められたものであることに注意を要する。

(5) サウンドレベルメータに関する日本工業規格の制定に伴う改正

　平成 17 年 3 月 22 日に、普通騒音計及び精密騒音計に関する規格（JIS C 1502、JIS C 1505）が廃止されて、新しく、サウンドレベルメータ（騒音計）に関する規格として JIS C 1509-1、JIS C 1509-2 が制定された。これに伴い、平成 17 年 5 月 26 日環境省告示第 45 号をもって一部改正が行われた。これは、一般に使われていた精密騒音計、普通騒音計の名称が廃止されたことに伴い、騒音を測定する機器について、計量法第 71 条に合格した騒音計と規定することにより、測定機器を明確化したものである。

3.3 航空機騒音に係る環境基準

3.3.1 旧基準
(1) 制定の経過

　騒音に係る環境基準についての生活環境審議会の第一次答申において、間欠的騒音、衝撃的騒音である鉄道騒音、航空機騒音及び建設作業騒音については、引き続き検討をすすめることとされた。そのため、昭和46年9月27日に中央公害対策審議会に「特殊騒音にかかる環境基準の設定に当たっての基本原則、測定方法、その他環境基準の一環として定める事項及び環境保全上緊急を要する航空機騒音対策について当面の措置を講ずる場合における、よるべき指針はいかにあるべきか」について環境庁長官から諮問された。

　中央公害対策審議会においては、まず、社会的に大きな問題となっていた航空機騒音対策についての当面の措置を講ずる場合の指針について審議が行われた。この結果は、昭和46年12月27日に「環境保全上緊急を要する航空機騒音対策について当面の措置を講ずる場合における指針について」として答申された。

　引き続き中央公害対策審議会では、航空機騒音に係る環境基準についての審議が進められ、昭和48年4月12日には具体的な検討を行っている特殊騒音専門委員会から「航空機騒音に関する環境基準について」が中央公害対策審議会に報告された。この報告を基に中央公害対策審議会で審議が行われ、昭和48年12月6日に環境庁長官に対して答申が行われた。これを受けて環境庁は、各飛行場における航空機騒音の現状、騒音低減化のための方法等について政府部内での協議を行い、昭和48年12月27日付けでピークレベル及び機数から算出する値（略算方式によるWECPNL）を評価量とする「航空機騒音に係る環境基準」を告示した。なお、平成5年10月28日及び平成12年12月14日付で若干の語句修正が行われている。

(2) 当面の措置を講ずる場合における指針

　昭和46年12月27日に中央公害対策審議会から「環境保全上緊急を要する航空機騒音対策について当面の措置を講ずる場合における指針について」とする答申が行われた。これは、生活環境の保全についての緊急措置としての答申であり、当時最も被害の著しい東京国際空港及び大阪国際空港を対象とするものであったが、その他の空港もこれに準じて必要な措置を講ずることが望ましいとされた。

この指針においては、夜間の航空機発着回数を制限し、空港周辺において航空機騒音が一定の値を超えている場合には緊急騒音障害防止措置を講ずる必要があるとされた。すなわち、航空機騒音対策としては、騒音の少ない機種の導入、騒音証明制度の採用、空港周辺地域における土地利用の適正化等の施策を総合的に推進する必要があるが、これらの施策の達成には相当の期間を要する。そこで、現在の著しい被害の状況を早急に改善するためには、当面、音源対策の強化を図るほか、住居に対する防音工事等騒音被害防止措置を緊急に講ずることが必要であり、このために必要な法制度の整備を図るものとされた。

　その当面の措置の概要は、次のとおりである。

①指針
　（1）夜間とくに深夜における航空機の発着回数を制限し、静穏の保持を図るものとする。
　（2）空港周辺において、航空機騒音が、1日の飛行回数が100機から200機として、ピークレベルのパワー平均で90ホン(A)から87ホン(A)（これはWECPNLで85、NNIで55にあたる。）以上に相当する地域について、緊急に騒音障害防止措置等を講ずるものとする。

②指針達成のための対策
　（1）音源対策について
　　　原則としてジェット機の発着は午後10時から翌日午前7時までの間行わないこと。
　（2）騒音障害防止措置について
　　　WECPNLで85以上の地域に対して防音工事助成や移転の推進を行う。
　（3）騒音監視について
　　　騒音のピークレベルを測定してWECPNLを算出する。

（3）特殊騒音専門委員会報告

　中央公害対策審議会は、「環境保全上緊急を要する航空機騒音対策について当面の措置を講ずる場合における指針について」を答申したが、引き続き、特殊騒音専門委員会において航空機騒音に係る諸対策を総合的に推進するに当たっての目標となるべき環境基準の基礎となる指針（指針値、測定方法等）についての検討が行われた。

　この検討結果においては、聴力損失など人の健康に係る障害をもたらさないこ

とはもとより、日常生活において睡眠障害、会話妨害、不快感などをきたさないことを基本とするとされ、昭和48年4月12日に中央公害対策審議会に報告された。

その概要は、次のとおりである。

[評価単位]　次式により求められる WECPNL とする。
$$\text{WECPNL} = \overline{\text{dB(A)}} + 10\log_{10} N - 27$$
$\overline{\text{dB(A)}}$ とは1日の各ピークレベルのパワー平均、N は加重機数

[指針値]　WECPNL 70 とする。ただし、商工業の用に供される地域は WECPNL 75

[測定機器]　指示騒音計もしくは精密騒音計又は、これらに相当するもの
聴感補正回路は A 特性、動特性は緩（Slow）とする。

[測定方法]　連続7日間、暗騒音より 10 dB 以上大きいピークレベルと機数を測定

[測定場所]　屋外とし、当該地域を代表すると思われる地点

[測定時期]　その地点の航空機騒音を代表すると思われる時期

[達成期間]　新設空港は直ちに、既設空港は速やかに達成する。

また、付言として指針値が達成されるまでの間においては、「環境保全上緊急を要する航空機騒音対策について当面の措置を講ずる場合における指針について」に沿って、周辺住民の生活妨害を軽減するため、深夜の運行制限ならびに住宅の防音工事、移転補償等の対策が鋭意実施される必要があるとされた。

(4) 環境基準の内容

中央公害対策審議会では、特殊騒音専門委員会報告を受けて、各飛行場における航空機騒音の現状、騒音低減のための方法等を総合的に審議し、昭和48年12月6日に環境庁長官に対して答申を行った。この答申では、別紙として「環境基準の設定に伴う課題について」が添付され、次に示す諸対策を総合的かつ強力に推進する必要があるとしている。

a. 音源対策の強化

騒音証明制度の導入、低騒音機の研究開発を進めるとともに、現用機種の改良、低騒音大型機等への変更を進め、滑走路の方向及び使用方法の改善、離着陸回数の抑制等の措置を講ずる。自衛隊等が使用する飛行場も、これらに準じる。

b. 土地利用の適正化
  （1）飛行場周辺地域における土地利用計画を樹立し、騒音の著しい地域は、住居を移転し、遮断緑地等の用地等とすること。
  （2）現行の都市計画法等の制限のみでは達成が困難と考えられるので、新たな法制度を設ける必要がある。

c. 汚染者負担の原則
  防音対策、用地買収等に要する費用は、各飛行場ごとに負担し、これらの費用を料金等に反映させる。

d. 環境アセスメントの推進
  飛行場の建設又は拡張の際の環境アセスメント手法を確立し、その推進を図ること。

e. 監視測定体制の整備
  航空機騒音の監視測定体制を早急に整備し、適正な維持管理に努めること。

f. 調査研究の推進
  航空機騒音の影響、測定方法等に関する調査研究をさらに進め、必要に応じて環境基準の見直しを検討すること。

g. その他
  環境基準が達成されるまで飛行場周辺住民の睡眠確保を図るために、深夜における航行制限の実施に努めること。

この中央公害対策審議会答申を受けて政府部内で検討が行われ、昭和48年12月27日に環境庁告示として「航空機騒音に係る環境基準」が設定された。

この環境基準の概要を整理すると、次のようになる。

① 環境基準

地域の類型	基準値（単位　WECPNL）
I	70 以下
II	75 以下

 I：専ら住居の用に供せられる地域
 II：I以外の地域であって通常の生活を保全する必要がある地域

②測定・評価法

測定は原則として連続する7日間行い、暗騒音より10 dB以上大きい航空機騒音のピークレベル及び機数を記録する。測定点は、当該地域の航空機騒音を代表すると認められる地点とする。評価は、下記の算式により1日ごとの値（単位WECPNL）を算出し、すべてをパワー平均する。

$$\overline{dB(A)} + 10 \log_{10} N - 27$$

(注) $\overline{dB(A)}$ とは、1日のすべてのピークレベルをパワー平均したもの

$$N = N_2 + 3N_3 + 10(N_1 + N_4)$$

ここで、 N_1：午前0時から午前7時の機数
N_2：午前7時から午後7時の機数
N_3：午後7時から午後10時の機数
N_4：午後10時から午後12時の機数

③適用除外

1日あたりの離着陸回数が10回以下の飛行場及び離島にある飛行場には適用しない。

④達成期間

第1種から第3種空港などの区分により定められた期間内に達成する。

⑤自衛隊等が使用する飛行場

平均的な離着陸回数及び機種並びに人家の密集度を勘案して前項に準じて達成する。

⑥防音工事助成

総合的な対策を講じても達成が困難な地域では、希望する家屋の防音工事等を実施して屋内環境を保持する。

3.3.2 小規模飛行場の暫定指針（廃止）

(1) 制定の経過

航空機騒音に係る環境基準については、昭和48年12月27日に環境庁告示として定められたが、1日の離着陸機数が10機以下の空港及び離島は除くとされた。

この1日の離着陸機数が10機以下の空港では、ヘリコプタの離着陸も多く、周辺地域において騒音に係る苦情等が生じていた。これらのことから、小規模飛行

場についても何らかの指針の必要性が認識され、環境庁は、小規模飛行場に係る騒音影響を測定評価する統一的な取扱いについての検討会を設置し、小規模飛行場に適用する暫定指針の検討を開始した。その検討結果に基づき平成2年9月13日に「小規模飛行場の暫定指針」を定め、都道府県知事、政令指定都市市長及び関係機関にこの指針への協力を通知している。

(2) 暫定指針の内容

この暫定指針においては、L_{den}（時間帯補正等価騒音レベル）を評価量に採用しており、WECPNL を評価量とする当時の航空機騒音に係る環境基準とは評価量とは異なっていた。その後、航空機騒音に係る環境基準が改正されたことから、この暫定指針は新しい環境基準に統合されている。

その概要は下記のとおりである。

① 目的等

環境基準の適用されない小規模飛行場周辺の環境の保全を図る。

② 適用対象

飛行場、場外離着陸場のうち年平均の1日あたりの離着陸回数が10回以下のもの

③ 測定評価対象

航空機が発する飛行騒音及び地上騒音をあわせた騒音

④ 測定評価量

時間帯補正等価騒音レベルとし、単発騒音曝露レベルから算出する。

⑤ 指針値

種別	指針値
I	L_{den} 60 dB 以下
II	L_{den} 65 dB 以下

I：病院等の静穏保持が必要な建物の所在する場所、専ら住居の用に供せられる住居の所在する場所

II：I 以外の場所で通常の生活を保全する必要のある建物の所在する場所

⑥ 測定方法等

原則として連続7日間、暗騒音より10 dB以上大きい航空機騒音の単発騒音曝露レベルを計測する。当該の場所の航空機騒音を代表すると認められる地点で、

代表すると認められる時期に行う。単発騒音曝露レベルから1日ごとの時間帯補正等価騒音レベルを算出し、すべてをパワー平均する。
⑦統合

前述のとおり、L_{den} を評価量とする新環境基準は、平成25年4月1日から適用され、小規模飛行場についても統合適用されることになり、この暫定指針は廃止された。ただし、1日当たりの離着陸回数が10回以下の飛行場であって、警察、消防及び自衛隊等専用の飛行場並びに離島にある飛行場の周辺地域には適用しないものとされた。

3.3.3　環境基準
（1）制定の経過

航空機騒音の評価については、我が国独自の簡略化をおこなった WECPNL を採用して種々の航空機騒音対策が実施されてきた。その中で、成田国際空港の暫定並行滑走路（B滑走路）の共用開始時に聞こえる航空機騒音の回数は増えたのに WECPNL の測定値が小さくなるという逆転問題が見られた。さらに、国際的な航空機騒音評価等においては等価騒音レベルを基本とすることが主流になっている事情等から、我が国の航空機騒音に係る環境基準の評価指標等の見直しが実施されることになった。そこで、平成19年3月1日に航空機騒音の環境基準の改正について中央環境審議会に対して諮問された。これを受けて、中央環境審議会振動騒音部会に設けられた騒音評価手法等専門委員会において航空機騒音に係る環境基準の評価指標についての検討が実施された。

この検討結果については、評価指標を L_{den} に切り替えるほか若干の見直しを行うのが適切と報告され、中央環境審議会は騒音評価手法等専門委員会報告を了承するとして答申が行われた。これにより、政府部内で検討が行われ、平成19年12月17日付けで新しい航空機騒音に係る環境基準が告示された。

（2）騒音評価手法等専門委員会報告

環境大臣の諮問を受けて、騒音評価手法等専門委員会で評価指標等の具体的な検討が行われた。ここでは、基本的考え方として、近年測定機器が技術的に進歩したこと、国際的に等価騒音レベルを基本とした評価量が採用されていることを踏まえて検討が実施された。また、我が国で採用された WECPNL は、算出が困難な ICAO の評価方式とは異なる簡便化した手法で当時の一般的な騒音計で測定

計算ができるようにしたものであった。一方国際的には、等価騒音レベルを基本に評価指標が航空機騒音にも採用されており、騒音源の相互比較も可能になっている。また、最新の騒音計はデジタル技術の進展により、等価騒音レベルをはじめ種々の演算が平易に実施できるようになっており、これらの最新技術を背景に環境基準の評価指標等も検討することになった。

なお、航空機騒音の現状については、昭和48年12月の旧基準設定以来、種々の対策がとられたが、発着便数は約2倍に増加しており、引き続き航空機騒音対策を充実させる必要がある。また、成田国際空港における逆転問題は我が国の採用したWECPNLの略算式に起因しており、これを解消する必要がある。さらに、飛行場からの騒音には、従前の航空機の離着陸に伴う騒音以外にもリバース音、タキシング音、エンジンテスト音などがありこれらの騒音についても幅広く評価するのが適切と考えられた。

以上のことを前提に、その概要は次のとおりである。

[評価指標] L_{den}（時間帯補正等価騒音レベル）
[時間帯区分] 昼間：7:00～19:00　夕方：19:00～22:00　夜間：22:00～7:00
[継続性] L_{den}、L_{dn}、$L_{\text{Aeq},24}$ いずれもWECPNLと直線的な関係がある。
[逆転問題] 発生しない。
[測定の容易性] 最新の積分型騒音計などは L_{den} 等の算出が容易である。
[総暴露量] 騒音の総暴露量を適切に表現しており他の騒音との比較も可能である。
[住民反応] 地上音等を含めて総合的に評価できるためより住民の騒音実感に近い評価が可能になる。
[基準値]　　Ⅰ　57デシベル以下
　　　　　　Ⅱ　62デシベル以下
　　　　　（Ⅰ：専ら住居の用に供せられる地域）
　　　　　（Ⅱ：Ⅰ以外の地域であって通常の生活を保全する必要がある地域）
[配慮事項] 1日あたり離着陸回数が10回以下の飛行場については。平成2年に小規模飛行場の暫定指針が示されているが、これについては新環境基準に統一する。
[その他] これまで多くの騒音低減対策が採られたが、環境基準未達成の地域も依然としてあり、引き続き強力に対策を推進する必要がある。さらに、航

空機騒音以外にも様々な発生源があり、これらを総合的に評価できる手法の検討を進めることも必要である。

(3) 環境基準の内容

上記の騒音評価手法等専門委員会報告は中央公害対策審議会で了承され、環境大臣に答申された。さらに、政府部内で検討が行われ、平成19年12月17日に環境庁告示第114号により新しい「航空機騒音に係る環境基準」に改正され、平成25年4月1日施行された。

この新環境基準の概要を整理すると、次のようになる。

①環境基準

地域の類型	基準値
I	57 デシベル以下
II	62 デシベル以下

I：専ら住居の用に供せられる地域
II：I以外の地域であって通常の生活を保全する必要がある地域

②測定法

測定は、原則として連続7日間行い、騒音レベルの最大値が暗騒音より10デシベル以上大きい航空機騒音について、単発騒音暴露レベル（L_{AE}）を計測する。

測定は、屋外で行うものとし、その測定点としては、当該地域の航空機騒音を代表すると認められる地点を選定するものとする。測定時期としては、航空機の飛行状況及び風向等の気象条件を考慮して、測定点における航空機騒音を代表すると認められる時期を選定するものとする。

③評価

算式アにより1日（午前0時から午後12時まで）ごとの時間帯補正等価騒音レベル（L_{den}）を算出し、全測定日の L_{den} について算式イによりパワー平均を算出するものとする。

算式ア

$$10 \log_{10} \left[\frac{T_0}{T} \left(\sum_i 10^{\frac{L_{AE,di}}{10}} + \sum_j 10^{\frac{L_{AE,ej}+5}{10}} + \sum_k 10^{\frac{L_{AE,nk}+10}{10}} \right) \right]$$

（注）i, j 及び k とは、各時間帯で観測標本の i 番目、j 番目及び k 番目をいい、$L_{AE,di}$ とは、午前7時から午後7時までの時間帯における i 番目の L_{AE}、$L_{AE,ej}$ と

は、午後7時から午後10時までの時間帯におけるj番目のL_{AE}、$L_{AE,nk}$とは、午前0時から午前7時まで及び午後10時から午後12時までの時間帯におけるk番目のL_{AE}をいう。また、T_0とは、規準化時間（1秒）をいい、Tとは、観測1日の時間（86 400秒）をいう。

算式イ

$$10 \log_{10} \left(\frac{1}{N} \sum_i 10^{\frac{L_{den,di}}{10}} \right)$$

（注）Nとは、測定日数をいい、$L_{den,i}$とは、測定日のうちi日目の測定日のL_{den}をいう。

④測定機器

計量法第71条の条件に合格した騒音計を用いて行い、周波数重み付け特性A、時間重みづけ特性Sを用いる。

⑤適用除外

1日当たりの離着陸回数が10回以下の飛行場であって、警察、消防及び自衛隊等専用の飛行場並びに離島にある飛行場の周辺地域には適用しないものとする。

⑥達成期間

飛行場の区分			達成期間	改善目標
新設飛行場			直ちに	—
既設飛行場	第三種空港及びこれに準ずるもの		直ちに	—
	第二種空港(福岡空港を除く。)	A	5年以内	—
		B	10年以内	5年以内に、70デシベル未満とすること又は70デシベル以上の地域において屋内で50デシベル以下とすること。
	成田国際空港		10年以内	5年以内に、70デシベル未満とすること又は70デシベル以上の地域において屋内で50デシベル以下とすること。
	第一種空港(成田国際空港を除く。)及び福岡空港		10年をこえる期間内に可及的速やかに	1　5年以内に、70デシベル未満とすること又は70デシベル以上の地域において屋内で50デシベル以下とすること。 2　10年以内に、62デシベル未満とすること又は62デシベル以上の地域において屋内で47デシベル以下とすること。

(備考)第二種空港のうち、Bとはターボジエツト発動機を有する航空機が定期航空運送事業として離着陸するものをいい、AとはBを除くものをいう。

⑦自衛隊等が使用する飛行場

平均的な離着陸回数及び機種並びに人家の密集度を勘案し、当該飛行場と類似の条件にある達成期間の表の飛行場区分に準じて環境基準が達成され、又は維持されるように努める。

⑧防音工事等

　航空機騒音の防止のための施策を総合的に講じても、達成期間内で環境基準の達成が困難と考えられる地域では、当該地域に引き続き居住を希望する者に対し家屋の防音工事等を行うことにより環境基準達成と同等の屋内環境が保持されるようにするとともに、極力環境基準の速やかな達成を期する。

3.4 鉄道騒音に係る環境基準

3.4.1 新幹線鉄道騒音に係る環境基準
(1) 制定の経過
　騒音に係る環境基準についての生活環境審議会第一次答申において、鉄道騒音、航空機騒音及び建設作業騒音については、引き続き検討を進めるとされ、昭和46年9月27日付けをもって中央公害対策審議会は、環境庁長官から「特殊騒音に係る環境基準の設定に当たっての基本原則、測定方法、その他環境基準の一環として定める事項及び環境保全上緊急を要する航空機騒音対策について当面の措置を講ずる場合における、よるべき指針はいかにあるべきか」との諮問を受けた。そこで、当時は新幹線鉄道騒音が緊急課題であったことから、当面の措置を講ずる場合の指針について審議が行われ、昭和47年12月19日に「環境保全上緊急を要する新幹線鉄道騒音対策についての当面の措置を講ずる場合における指針について」が中央公害対策審議会より環境庁長官に答申された。

　引き続き中央公害対策審議会では、環境基準についての審議が進められ、昭和50年3月29日に特殊騒音専門委員会から「新幹線鉄道騒音に係る環境基準について」が報告された。この報告には、別紙として「環境基準の設定に伴う課題について」が添付され、中央公害対策審議会で達成の可能性など慎重に審議が行われ、昭和50年6月28日に環境庁長官に答申された。

　これを受けて政府部内での協議が行われ、昭和50年7月29日に騒音レベルの最大値（告示ではピークレベル）を評価量とする「新幹線鉄道騒音に係る環境基準」が環境庁から告示された。なお、この環境基準の審議においては、新幹線鉄道騒音が、当時の国鉄という特定企業に関するものであることから、環境基準の性格に合わないとの意見もあったが、騒音対策において関係行政機関の役割が重要な点をふまえて、環境基準として定められている。なお、平成5年10月28日及び平成12年12月14日付で若干の語句修正が行われている。

(2) 緊急を要する新幹線鉄道騒音対策
　昭和46年9月27日の環境庁長官からの諮問を受けて、新幹線鉄道騒音についての当面の緊急措置が検討された。これは、新幹線鉄道騒音に係る環境基準の設定についての検討に日数を要することから、一部の地域において新幹線鉄道騒音が深刻な社会問題となっている現状にかんがみて、とりあえずの指針を定めたも

のである。この検討結果は、「環境保全上緊急を要する新幹線鉄道騒音対策について当面の措置を講ずる場合における指針について」として中央公害対策審議会から昭和47年12月19日付けで環境庁長官に答申された。

その当面の措置の概要は、次のとおりである。
① 指針
　住居等の存する地域において80ホン(A)以下となるように音源対策を講じ、特に困難な場合は85ホン(A)以上の地域の住居について屋内における日常生活が著しく損なわれないよう障害防止対策を講ずる。
② 測定方法
　連続する6本の列車の最大レベル（時間重み付け特性S）の算術平均を求める。
③ 指針達成のための方策
　防音壁の設置改良、線路構造及び車両の改良等を実施し、必要により防音工事助成や移転補償等を実施する。
④ 対策に当たって留意すべき事項
　トンネル出入口等の対策、振動についての考慮、夜間の保線工事の騒音低減化。

(3) 特殊騒音専門委員会報告
　中央公害対策審議会に設置された特殊騒音専門委員会では、当面の措置を講ずる場合における指針に続いて、新幹線鉄道騒音に係る諸対策を総合的に実施するに当たっての目標となるべき環境基準について検討が行われた。その検討結果については、「環境基準の設定に伴う課題について」という別添を添付して、昭和50年3月29日に中央公害対策審議会に報告された。

その概要は、次のとおりである。

[指 針 値]　住居の用に供せられる地域は70ホン以下、商工業の用に供せられる地域は75ホン以下。
[測定方法]　上り下りを含めて連続する20本のピークレベルを読み取る。
[測定時期]　特殊な気象条件にある時期や列車速度が通常の時期より低いと認められる時期を避ける。
[測 定 点]　当該地域を代表すると認められる地点又は問題となっている地点。
[評価方法]　読み取った上位半数のパワー平均。
[測定機器]　計量法第71条の条件に合格した騒音計。

[達成期間]　沿道地域の区分ごとに示した期間。

(4) 環境基準の内容

　中央公害対策審議会では、前述の特殊騒音専門委員会報告を受けて、新幹線鉄道騒音の現状、騒音低減のための方法等を総合的に審議し、昭和50年6月28日に環境庁長官に答申を行った。ここで、中央公害対策審議会は、政府に対する要望として附帯決議をもって示し、具体的事項については別紙資料を示しており、政府が全力をあげて環境基準の達成に取り組むように強く求めている。

　その附帯決議の概要は、次のとおりである。
① 関係各省庁間の連絡調整を十分に行い、政府一体となって当たること。
② 音源対策の技術開発に実効ある措置をとり、当面、既設新幹線鉄道の技術開発に重点をおくこと。
③ 障害防止対策及び土地利用規制等の法律整備、行政措置を早急に検討すること。
④ 沿線住民及び関係地方公共団体の理解等を得て実施体制の整備を図ること。
⑤ 騒音対策に要する費用について汚染者負担の原則が適用されるべきで騒音料の賦課等による財政措置を検討すること。

　環境庁では、この答申を基に政府部内における検討を行い、昭和50年7月29日に「新幹線鉄道騒音に係る環境基準」を告示している。なお、ここでいう新幹線鉄道とは、全国新幹線鉄道整備法（昭和45年5月18日法律第71号）に定める新幹線鉄道であり、この新幹線鉄道の運行に伴い発生する列車からの騒音が対象である。

　この環境基準の概要は、次のとおりである。

①環境基準

地域の類型	基準値
I	70 dB 以下
II	75 dB 以下

I：専ら住居の用に供せられる地域
II：I以外の地域で通常の生活を保全する必要がある地域

②測定・評価法

　測定は、上り及び下りの列車を合わせて連続する20本の通過する列車のピークレベルを読み取る。測定点としては、当該地域を代表すると認められる地点の

ほか問題となっている地点を選定する。評価は、読み取った上位半数のものをパワー平均して行う。
③基準の適用
午前6時から午後12時までの間の新幹線鉄道騒音に適用する。

なお、この基準は、運行の遅延等により上記の時間以外の時間に発生する新幹線鉄道騒音に対しても準用するものとされている。
④達成目標期間
80 dB以上の区域、75 dBを超え80 dB未満の区域、70 dBを超え75 dB以下の区域に区分して、それぞれ定められた期間を目途に達成する。対策を総合的に講じても達成が困難な区域では家屋の防音工事等を行うことにより屋内環境を保持する。
⑤騒音対策の実施方針
騒音対策においては、80 dB以上の区域を優先し、逐次具体的実施方式の改正を行う。

3.4.2　在来鉄道の新設又は大規模改良に際しての騒音対策の指針
(1) 制定の経過
鉄道騒音のうち新幹線鉄道騒音を対象として昭和50年7月29日に「新幹線鉄道騒音に係る環境基準」が告示されたが、在来鉄道騒音については、別途、調査検討が必要とされていた。このように在来鉄道についての基準が定められていなかったため、個別の事例ごとに目標が設定され対策が講じられてきた。しかし、在来鉄道でも新設又は構造を大幅に改良する場合のように環境が急変することにより騒音問題が生じる事例が多くなり、特に環境影響評価を実施する場合の具体的な指針については、関係者から強い要望が出されていた。

このような背景から、環境庁は、平成4年9月に在来鉄道騒音指針検討会を設置し、在来鉄道の新設又は大規模改良（高架化、複線化など）に際しての騒音対策の目標となる指針について検討を重ねてきた。この結果に基づき、在来鉄道の新設又は大規模改良に際して、生活環境を保全し騒音問題が生じることを未然に防止する上で目標となる当面の「在来鉄道の新設又は大規模改良に際しての騒音対策の指針」を定め、平成7年12月20日に地方公共団体及び関係省庁に本指針についての協力を求めた。

(2) 暫定指針の内容

この指針では、等価騒音レベルを評価量として採用しており、新幹線鉄道騒音の環境基準がピークレベル（騒音レベルの最大値）を評価量としているのと異なっている。

その概要は、次のとおりである。

①対象

普通鉄道及び線路構造が普通鉄道と同様の軌道で、新規に供用される区間（新線）及び大規模な改良を行った後供用される区間（大規模改良線）における列車の走行に伴う騒音を対象とする。

なお、住宅を建てることが認められていない又は通常住民の生活が考えられない地域、地下区間、防音壁の設置及びロングレール化が困難な区間、事故等通常と異なる運行をする場合、については適用しない。

②指針

指針を次表のとおりとする。

③測定方法及び評価

新線	等価騒音レベルで昼間（7～22時）は60 dB(A)以下、夜間（22～7時）は55 dB(A)以下とする。住居専用地域等住居環境を保護すべき地域にあっては、一層の低減に努めること。
大規模改良線	騒音レベルの状況を改良前より改善すること。

通過列車ごとの単発騒音曝露レベルを測定し、等価騒音レベルを算出する。暗騒音との差が10dB(A)以上となるような間を測定するが、差が十分に確保できない場合は、slow動特性のピーク騒音レベルから近似式で単発騒音曝露レベルを算出する。

④測定点

なるべく地域の騒音を代表すると思われる屋外の地点で、水平距離が近接側軌道中心から12.5mの地点で測定する。

3.5　環境基準についての補足説明

(1) 環境基準の測定義務について

　環境基準の測定義務が誰にあるかについては、一般地域を含めた広域的な環境基準の把握がほとんど実施されてこなかったことなどから、明確に検討されずにきた。また、市町村等が実施している道路交通騒音の測定結果により、環境基準を達成した地点数の割合をもって環境基準の達成状況が言及されることもあり、環境基準の把握が市町村長の事務のごとくとられていた。しかしながら、騒音に係る環境基準の全面改正と面的評価の実施など受けて、あらためて環境基準の達成状況の把握の必要性が認識された。

　そこで、環境基準の測定について考えてみると、類型指定の権限が都道府県知事にあることから、都道府県に環境基準の達成状況把握の一義的責務があるとするのが順当な解釈といえる。ただし、環境基準把握の事務のうち具体的な騒音測定などは、必要により関係機関が共同して実施するなど、具体的な事務処理の方法は、各都道府県の内部で検討されるべき問題といえる。また、騒音規制法が環境基準達成のための一つの重要な対策であることから、具体的な騒音規制の権限を有する市町村等においても、効果的な騒音規制を実施する立場から、環境基準の把握を行うことが望ましいことは当然のことである。

(2) 等価騒音レベルについて

　等価騒音レベル（L_{Aeq}）などエネルギー値の考え方は、1950年代から議論検討されてきたが、測定器が未発達な状況では、なかなか利用されてこなかった。しかし、1970年代後半になると測定機器の発達は著しいものがあり、国際標準化機構（ISO）などでも等価騒音レベルを採用した規格の制定が行われ、我が国においても測定データの蓄積や各種の実験も行われるようになってきた。それらの結果から、騒音の評価量としては等価騒音レベル等のエネルギー値が評価量として優れているとの認識が高まってきた。なお、等価騒音レベルによる評価の利点について、中央環境審議会の平成10年5月22日の「騒音の評価手法等の在り方について」の答申においては、次のように整理されている。

① 間欠騒音をはじめ総曝露量を正確に反映
② 住民反応が中央値に比べて良好
③ 道路交通騒音等の推計が明確・簡略
④ 国際的に採用されておりデータ等の国際比較が容易

この等価騒音レベル等のエネルギー値については、我が国でも公的な基準に採用すべきとの認識が徐々に広がり、「小規模飛行場に対する暫定指針」において L_{den}（時間帯補正等価騒音レベル）が評価量として採用された以後は、公的な基準への採用が進んだ。さらに、平成10年には「騒音に係る環境基準」の評価量が等価騒音レベルに改正されたことにより、エネルギー値採用が騒音評価の基本的な流れとなっている。

　　この経過をまとめると下記のようになる。
　平成2年度　　小規模飛行場環境保全暫定指針に L_{den} を採用
　平成4年度　　作業環境に係る騒音障害防止ガイドラインで L_{Aeq} を採用
　平成5年度　　道路交通騒音予測式 ASJ Model 1993 に L_{Aeq} も記述
　平成7年度　　国道43号線の最高裁判決において L_{Aeq} が賠償の認定に使用
　平成7年度　　在来線鉄道騒音対策指針で L_{Aeq} を採用
　平成10年度　　道路交通騒音予測式 ASJ Model 1998 が L_{Aeq} により公表
　平成11年度　　騒音に係る環境基準の評価量を L_{Aeq} に改正
　平成12年度　　要請限度の評価量を L_{Aeq} に改正
　平成19年度　　航空機騒音に係る環境基準に L_{den} を採用

(3) 道路に面する地域の区分について

　新しい環境基準においては、具体的な基準値の設定において旧環境基準の考え方を踏襲しており、道路に面する地域については、一般の地域と異なる基準値を採用している。この道路に面する地域の考え方は、我が国の活発な経済活動を反映して主要幹線道路などの交通量が著しく増加していること、道路の公共性はきわめて高いものでありながら必ずしも道路網が整備されていないこと、道路周辺の地域住民が道路から利便を得ている場合が少なくないことなどの事情を考慮して、道路に面する地域について道路に面しない裏側の地域と同じ基準を適用することは妥当でないと判断され設定されたものである。

　また、車線数によって基準値に差が設けられたのも、一般に車線数の多い道路ほど幹線道路としての性格が強く公共性がより大きくなり、このような幹線道路に面する地域は、道路交通騒音についてより受忍性が強いと考えられたからである。さらに、AA地域の道路に面する地域とA及びB地域の一車線道路に面する地域については、一般地域の基準が適用されるが、これは、これらの地域が本来

道路交通騒音による影響を受けるべきでない地域であることから、道路に面する地域の基準を設定しないことが適当と考えられたものである。

(4) 道路に面する地域の判断について

　騒音に係る環境基準は、一般の地域と道路に面する地域で基準値が異なるが、道路からどの範囲までを道路に面する地域として取り扱うかが問題となる。最近の道路沿道状況をみると、道路に面して緩衝建築物が建ち並んでいるような場合、ビルやマンションが立地している場合、低層の住宅が立地している場合、田畑や樹木などの空間が広がっているような場合など、道路交通騒音の影響を受ける範囲は大きく異なってくる。

　そこで道路に面する地域を、一律に道路境界から何 m の地域であるといった形で定義するのは適切ではなく、「道路より発する道路交通騒音の影響を受ける地域」と環境基準では定義されている。この道路交通騒音の影響を受けるとは、道路に面する地域以外の地域について適用される環境基準値を上回る道路交通騒音を受けるという意味であり、高架道路、築堤、掘割、橋梁などの場合も同様に解釈することになる。

　なお、一連の新環境基準についての検討において実務的に考えると、道路や沿道の状況により区分したうえで道路境界からの距離で道路に面する地域を定義すべきだとの意見もあった。しかしながら、騒音に係る環境基準は、本来的に音源の種類にかかわらず達成すべきものとしての性格を有しており、道路に面する地域の基準も「道路交通騒音に対する基準」ではなく一般地域の基準値に対する特例基準値を示しているものにすぎない。さらに、道路によっては、夜間ほとんど交通量のない場合もあり、時間帯により一般地域と道路に面する地域と適用すべき基準の区分が変化する場合が想定されるなど、あらかじめ道路に面する地域かどうかについて区分を行うことが、必ずしも環境保全の面から適切ではないとの意見があった。これらのことから、一般的には、当該地点の騒音測定を実施し、その測定結果により主たる音源が道路交通騒音であるかを判別し、これにより当該地点の評価において道路に面する地域の基準値を適用するかの判断を行うことになる。

　しかしながら、この作業を地域全体で実施するのはほとんど不可能であるため、地域として環境基準の達成状況を把握する場合などは、何らかの便宜的な手法を導入する必要がある。そこで、あらかじめ道路境界から一定の幅を道路に面する

地域として想定して、この範囲について環境基準の達成状況を把握することが考えられ、道路から 50m の幅を道路に面する地域として面的に騒音を評価することが実施されている。なお、この手法は、騒音規制法第 18 条に基づく自動車騒音の常時監視にも準用されている。

(5) 近接空間について

今回の環境基準改正により、道路に面する地域の基準が適用される A、B 及び C 類型の幹線道路に近接する空間については、近接空間の基準が設定され他の区域と異なる基準値が適用されることになった。この近接空間の基準値は、道路の車線数と時間の区分によって定められ、道路に面する地域の基準を若干緩和した特例基準となっている。また、この近接空間の範囲は、幹線交通を担う道路である高速国道、一般国道、都道府県道、4 車線以上の市町村道及び自動車専用道に面する区域について、①2 車線を超える場合は道路境界から 20m、②2 車線以下の場合は道路境界から 15m、と定められている。

これらは、おおむね道路に面した第一列の建物の範囲であり、都市内では緩衝建築物としての機能を有している場合が多いと考えられている。このように、第一列の建物は、沿道対策の面から見れば道路から奥まった地域に対して当該道路に係る騒音について遮音の機能をはたしていることから、当該の建物において適用される基準値や遮音性能についての配慮が必要と考えられた。

これらのことから、近接空間においては、沿道対策として緩衝建築物の立地等を推奨する点を含めて、当該建物の屋外での評価に適用される現実的な基準として近接空間の基準が定められたものである。さらに、当該建物内においても当然にも睡眠を十分に確保すること等が必要であるとのことから、必要により屋内に透過する騒音レベルをもって環境基準を評価するとされており、別項で解説する中央環境審議会答申の屋内指針値を建物の屋内で達成することとしている。なお、この近接空間という考え方は、騒音規制法第 17 条に規定される要請限度にも取り入れられており、名称として「近接区域」となっているが同じ意味である。

(6) 屋内の騒音評価について

騒音の評価については、「日常生活の場は屋内が主体であるので、屋内生活環境の静穏が確保されればよい。」という考え方は、旧環境基準の検討時から存在している。しかしながら、日本の家屋の遮音性能には、大きな差異があること、また測定上の便宜等をあわせて考慮して、環境基準の指針は、屋外における騒音レベ

ルをもって示すこととされた。

ただし、この屋外での基準については、まず屋内での指針を検討し、これに家屋の防音性能を見込んで屋外の基準を作成するとされ、今回の騒音に係る環境基準の改正においても、この考え方を踏襲するとされた。なお、中央環境審議会答申による昼間の指針は会話影響から、夜間の指針は睡眠影響から、屋内指針を等価騒音レベルを用いて具体的に定めてあり、次に示すとおりである。

中央環境審議会答申の屋内指針

地域の区分	昼間（会話影響）	夜間（睡眠影響）
一般地域	45 dB 以下	35 dB 以下
道路に面する地域	45 dB 以下	40 dB 以下

ここで、夜間の屋内指針において、一般地域と道路に面する地域で 5 dB の差があるが、これは騒音レベルの変動が大きい場合は、より低いレベルで睡眠影響が生じるとの考え方によっている。すなわち、①騒音レベルが不規則・不安定な場合は 35 dB、②騒音レベルが連続的・安定的な場合の睡眠影響をまぬがれる値は 40 dB、とした。一般地域においては、夜間の通行が少ないため相対的にレベル変動が大きいが、道路に面する地域においては、比較的一定の騒音レベルに常時曝露されている状況にあると考えられることから、5 dB の差を設けたものである。

また、屋外の基準設定に必要な家屋の遮音性能については、旧環境基準と同様に 10 dB としている。ただし、中央環境審議会での資料によれば、窓開けの状態で平均 9.1 dB、窓閉めの状態では平均 23.8 dB となっており、我が国の最近の建物の遮音性能は、一般には著しく向上してきている。

(7) 屋内に透過する騒音の基準

この基準は、①幹線道路近接空間における住居②幹線道路近接空間の背後地で騒音が直接到達する中高層部の住居において、主として窓を閉めた生活が営まれていると認められる場合に適用することになっている。

近接空間における住居については、別項で解説したとおり、当該の建物が道路交通騒音に対する緩衝建築物としての機能を有する場合も多く、室内の環境を確保する必要から屋内に透過する騒音で評価することが求められている。また、道路交通騒音が直接到達するマンション等の中高層部の住居では、道路との間に何らの緩衝物がなく、かつ対策がきわめて困難な場合が想定され、室内の環境を確保するために屋内に透過する騒音で評価する必要があると考えられ、屋内に透過

する騒音の基準が設けられた。

　ここで「幹線道路近接空間の背後地」とは、本規定が道路交通騒音対策として定められていることから、道路に面する地域に立地する、主たる音源が道路交通騒音であるところの中高層住居であり、直達とは、当該の中高層住居から幹線道路の車両列が見渡せる場合などが考えられる。また「主として窓を閉めた状態で生活していると認められる場合」とは、少なくとも何かが問題となるが、少なくとも窓を閉めた生活を前提として二重サッシや空調設備の設置などの防音工事助成等が実施された場合などに相当すると考えられている。このように屋内指針を満たす場合に環境基準を達成したと見なすことにしていることは、道路管理者等による防音工事助成や騒音に強い建物を積極的に誘導するインセンティブな手法としての意味をもっている。

(8) **騒音に係る環境基準の測定場所について**

　著しい騒音を発生する工場及び事業場の敷地内、建設作業の場所の敷地内、飛行場の敷地内、鉄道の敷地内及びこれらに準じる場所は測定場所から除外するとされている。すなわち、これらの地点は自身が騒音発生源であり、環境基準の性格からしてこれらの地点で測定するのは妥当でないことによるものである。ここで準ずる場所とは、高架下などであり、車道上なども適当な場所ではなく、環境基準については、受音側である住居の面で測定評価する必要がある。

　なお、環境基準の評価については、一定の地域を対象とする面的評価や代表点評価、特定地点を対象とする地点評価の場合があるが、それぞれ具体的な測定点は異なってくる。例えば、面的評価においては、騒音の分布を細かく測定するのは現実的には不可能であり、通常は基準点でのみ騒音測定を行い、これを基に騒音分布を推計する方式がとられる。この場合は、当然にも騒音測定点と各評価点は異なるものであり、騒音を測定する基準点としては、適切な推計が可能な場所が測定地点として選ばれる必要がある。

(9) **面的評価について**

　騒音に係る旧環境基準の検討においては、環境基準を適用する場合、①相当範囲の広がりをもった地域を対象としてその地域内の騒音レベルと環境基準値とを比較する場合、②比較的狭い地域の特定の地点における騒音レベルと環境基準値を比較する場合、の2つが考えられていた。しかし、騒音の時間的空間的な影響範囲から考えて、騒音の環境への影響を判断する際には、比較的狭い地域の特定

の地点を選定した方が広域的な地域を対象として検討するよりむしろ実際的であるとされ、旧環境基準においては、ある特定の地点の騒音レベルを対象として取り上げることとされた。

そこで、旧環境基準においては、「騒音の測定は屋外で行うものとし、その測定地点としては、なるべく当該地域の騒音を代表すると思われる地点又は騒音に係る問題を生じやすい地点を選ぶものとする。」とされた。例えば、問題となる騒音源の影響を最も受けると考えられる家屋周辺などが考えられる。

また、旧環境基準に係る専門委員会の第一次報告においては、「前記の測定点を含む一定の地域を、騒音の分布が明らかになるよういくつかの区域に分け、それぞれの区域について測定点を選んで測定を行い、その結果を前記の問題地点の騒音の評価の参考とすることが望ましい。」ともされていた。

このように我が国の環境基準の評価は、地点評価が中心とされてきたが、騒音対策を総合的に、より合理的に進行管理する立場からは、環境基準について相当の広がりをもった地域を評価対象とすべきであり、道路に面する地域などでは、騒音に曝露されている戸数又は人口を把握することが望ましいと考えられるようになってきた。

さらに、従前の地点評価を基本とする考え方の背後に、少なからず測定技術や実施計画の限界で規定された面があったが、その後の騒音測定技術や予測推計技術の進歩を受けて、一定の地域を評価の対象とすることが可能になってきた。このことから、新環境基準への改正に伴い、道路に面する地域の評価に導入された考え方が「面的評価」であり、対象とする地域において環境基準を超えた戸数又はその割合をもって環境基準の達成状況を把握することになった。一般の地域については、騒音の分布が明らかになるようにいくつかの区域に分け、それぞれの区域について代表点を選んで測定評価することが推奨されている。なお、特定地点について環境基準を評価する必要が生じることが今後とも考えられるが、この場合は、代表すると思われる地点又は騒音に係る問題を生じやすい地点で環境基準を評価することになる。

(10) 新幹線鉄道騒音の測定場所について

新幹線鉄道に係る環境基準によれば、当該地域の新幹線鉄道騒音を代表すると認められる地点又は新幹線鉄道騒音が問題となっている地点の屋外で測定するとなっているが、これは環境基準が地域の目標であることから、地域として新幹線

鉄道騒音を把握するとしたものである。この基本的な測定場所に加え、昭和50年10月3日環大特第100号による環境庁通達において、他の測定点と相互比較ができるように軌道中心線より25m及び50mの地点においても測定するのが望ましいとされた。このことから、新幹線鉄道騒音に係る環境基準は、25m及び50mの地点で測定・評価するものと考えられ、環境基準が規制基準のごとく取り扱われることがあった。

もともと中央環境審議会においても環境基準の設定についての答申に当たり附帯決議により「……発生原因者が日本国有鉄道という単一の企業体であるという特殊性に伴って、環境基準が規制基準として要請される懸念があることも十分に配慮する必要がる。……」と決議して、政府が全力をあげて新幹線鉄道騒音問題の解決に当たるよう求めていた。これらの点についても考慮しながら、新幹線鉄道騒音の測定においては、環境基準という性格に照らして総合的な施策に資するように、地域としての騒音実態を把握するよう留意する必要がある。

（11）L_{AE} による等価騒音レベルの算出について

「在来鉄道の新設又は大規模改良に際しての騒音対策の指針」においては、列車別の L_{AE}（単発騒音曝露レベル）を測定し、この L_{AE} と1時間当たり列車本数とにより等価騒音レベルを算出するとされている。この L_{AE} による等価騒音レベルの算出は、大きな値を示す間欠的な騒音が存在する場合の等価騒音レベルの算出に用いられる方法で、鉄道騒音などに適した手法である。

この L_{AE} の測定については、最大値（ピークレベルと呼ばれることもある。）から10dB下がった区間までの騒音レベルをエネルギー的に積分して計測するとされているが、現実的には、列車が測定地点に進入する数十m手前から最後尾が十分に離れるまで測定することが行われている。この場合、10dB下がった区間までの積分値とほぼ同じ値であることを事前に確認することが必要である。また列車とは、停車場以外の線路を運転させる目的で編成された車両を意味しており、同一種別の列車については統計に耐えうる測定数の実施が必要である。

（12）航空機騒音測定の固定点設置等について

航空機騒音の測定においては、その地点の騒音状況を把握することのほか、土地利用の変化などに対応して年次的に把握する必要もあり、自動的継続的に測定を行う固定点を設けることが望ましいとされている。また、これら固定点の目的として、離着陸機の監視を行う場合もあるが、いずれにしても暗騒音が低く航空

機騒音を適切に測定できる良好な地点を選定する必要がある。

　また、苦情等により特定の中高層部での測定が必要な場合などを除いて、地域の代表点として騒音の把握を行う場合は、高層建物の屋上などは航空機との距離の関係から考えて測定場所としてはふさわしくない。そこで、航空機騒音の測定高さとしては、地上 1〜10m の位置で測定するとされている。

　航空機騒音を無人で自動測定する場合には、航空機騒音であるかの判別が重要な課題となっている。その具体的な対策としては、①一定のレベルと継続時間を超えたものを航空機騒音とする、②航空機の発するトランスポンダ信号を受信して判別する、③複数の測定点での同時測定を行いこの時間差をもって判別するなどの方式が開発されている。また、最近は、騒音計内部に実音を記録できる機種なども販売されており、一定のレベルを超えた場合に録音を行い後に再生して判別する方法なども考えられる。

(13) 航空機騒音コンターの作成について

　航空機騒音の測定結果は、騒音コンター（騒音分布図）で表示されることが多く、便利で分かりやすい表示であることからしばしば利用されている。また、航空機騒音に係る環境基準について当時の中央公害対策審議会騒音振動部会特殊騒音専門委員会の報告では、空港ごとの将来の利用状況を勘案して、予測騒音コンターを作成し、これに合致した土地利用計画を策定することが必要であるとしている。

　このように、大きな騒音が発生している空港周辺においては、騒音コンターを基に土地利用の適正化を図るのが重要であると考えられている。ただし、この騒音コンターの一つの地域を区切る曲線がどの程度の精度を有しているかについては十分吟味して活用する必要がある。例えば、騒音コンターのうち環境基準値などにごく近い値を示す曲線の場合は、1 dB の変化で数百 m も曲線が移動することが多くある。この 1 dB とは、サウンドレベルメータ（騒音計）のクラス II において 1 000 Hz の誤差が ±1.4 dB 程度となっていることを考慮すると、測定誤差に含まれる値であり、一つの分布曲線の位置に過度にこだわるのではなく、長期の集積されたデータなどを総合的に判断する等により、騒音対策や土地利用計画の立案などを行う必要がある。

(14) 複合騒音について

　平成 18 年 1 月に、環境省が編集した「環境アセスメント技術ガイド」が発行さ

れ、このなかで、「複合騒音の評価」が記述された。これは、騒音評価に等価騒音レベルが採用される方向が明確になったこと等により、総合的に騒音を評価することが技術的に可能になったことが背景にあり、次のように整理されている。

　環境影響評価において検討すべき項目の中で、複数の発生源からの騒音をここでは「複合騒音」と定義する。例えば、鉄道騒音と道路交通（自動車）騒音、建設作業騒音と工事用車両走行騒音等が挙げられる。なお、複数の道路から発生する道路交通騒音は、道路に面する地域の環境基準が発生源によらないものであることから、ここでは、複合騒音として取り扱わない。逆に、複数の在来鉄道から発生する騒音は、「在来鉄道の新設又は大規模改良に際しての騒音対策の指針」において、指針値が新設路線や大規模改良線といった個別の路線を対象としていることから、複合騒音として取り扱う。

　複合騒音とは、正確に定義された用語ではないが、道路交通騒音と鉄道騒音などのように、異なる発生源からの騒音を総合的に捉えようとする考え方である。我が国の騒音基準は、発生源別に評価量が定められており、異なる音源からの騒音を複合して評価すべき手法にはなっていない。特に、環境アセスメント関係においては、発生源別の評価とは別に、複合して騒音を評価すべきだとの意見があり、住民からの要求も強くなってきた。この複合騒音の予測等は、現行法令のように発生源ごとに異なった評価量が採用されていると、数学的には不可能であり、複合して評価するためには、等価騒音レベル等のエネルギー値を使用することが必要になる。なお、道路に面する地域など騒音に係る環境基準がもともと発生源によらないものであることから、一種の複合騒音となっているが、現行の騒音に係る環境基準においては、航空機騒音、新幹線鉄道騒音などと個別に評価の対象としていることから、これらを含めての評価することはここで言う複合騒音評価に該当する。

（15）　L_{den} と WECPNL との換算

　航空機騒音に係る環境基準の評価量が L_{den} に改正されたが、従前の計測値との比較などにおいて、厳密には困難だが一定の換算が必要になる。この換算については、評価量の改正検討においては、環境基準の値程度においては、WECPNL$-L_{\mathrm{den}} =-13$ として計算された。しかしながら、WECPNL では騒音の継続時間を 20 秒として略算されているが、レベルが高い場合等には継続時間が短いため換算量が異なると考えられる。そこで、騒特法や騒防法に基づく民家防音工事助成などの

基準改正においては、より広い範囲の数値についての換算が検討され、下表のようになっている。

WECPNL	L_{den}	WECPNL$-L_{den}$
70	57	13
75	62	13
80	66	14
85	70	15
90	73	17
95	76	19

(16) 地上音

　航空機の飛行音以外の騒音のことで、新しい航空機騒音にかかる環境基準においては、地上を滑走する航空機の騒音を含めて評価するとされている。具体的には、下表のとおり、リバース音、タキシング音、グランドランナップ音、APU音等の飛行場施設音、エンジン試運転音などがある。なお、騒音の増加量は、中央環境審議会の評価手法等専門委員会の報告書による。

リバース音	ブレーキである逆噴射に伴う騒音	空港近傍で 1 dB 程度
タキシング音	地上滑走（誘導滑走・タキシング）に伴う騒音	0.1 dB 以下
グランドランナップ音	離陸前に地上でエンジンの調子をみるランナップ騒音	0.4 dB 程度
APU音等の飛行場施設音	エンジンとは別の補助動力装置（APU）等からの騒音	0.1 dB 以下
エンジン試運転音	飛行場の試運転エリアでエンジンの試運転騒音	寄与は少ない

　特にヘリコプタの利用の多い空港については、離着陸時の飛行音以外のヘリコプタのタキシング音がかなり観測されており、適切に測定評価する必要がある。

第4章　騒音の測定

4.1　騒音の基礎知識
4.1.1　音の性質
（1）音と音波
　騒音の分野では、音のほかに音波という用語もよく使用される。これを厳密に使い分けると、音波は、媒質中の弾性波という物理現象を示し、この音波により引き起こされる聴覚的感覚を音と呼んでいる。しかし、一般的には、音という用語を音波と音波による聴感的現象の両方を意味するものとして使用しており、本書でもその例に従っている。

　この音というのは、空気などの媒質密度の周期的な変動によって起こり、この変動が人間の鼓膜を振動させて人に音を感じさせるのである。すなわち、音が伝搬するとは、音源に近接している媒質の微小部分が音源の振動によって押され、それがつぎつぎに隣接の微小部分に力を伝えていくことである。この伝搬の仕方は、微小粒子が一つの位置で振子のように往復運動をしていることであり、図4.1の概念図に示すような現象である。

　この音とは、固体、液体、気体の媒質中を伝わるものであることから、伝える媒体により、空中音（空気伝搬音）、水中音（水中伝搬音）、固体音（固体伝搬音）に区別される。なお、行政等において騒音として直接対象になる音は、ほとんどの場合が空中音であるが、固体を伝搬した音が最終的に空中音として放射される場合もあり、注意する必要がある。

（2）音の伝搬速度
　一般に音速と呼ばれている空気中の音の伝搬速度 c は、絶対温度を T、摂氏温

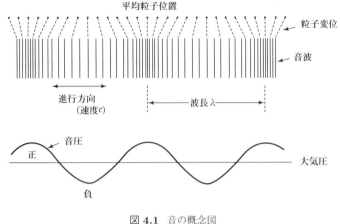

図 4.1 音の概念図

度を θ とすると

$$c = 331.5\sqrt{\frac{T}{273}} \quad \text{(m/s)}$$

$$\fallingdotseq 331.5 + 0.61\theta \quad \text{(m/s)}$$

となる。

通常の騒音対策の場合は、常温の空気を考えており、伝搬速度を $c = 340\,\text{m/s}$ とするが、エンジン排気用の消音器を設置するような場合には、高温の条件を考える必要がある。なお、液体中や固体中の音の伝搬速度は、空気中に比べて大変大きい値を示し、水中では約 $1\,500\,\text{m/s}$、木材では約 $3\,300\,\text{m/s}$、鉄では約 $6\,000\,\text{m/s}$、コンクリートでは $3\,500 \sim 5\,000\,\text{m/s}$、ガラスでは $4\,000 \sim 5\,000\,\text{m/s}$ である。

(3) 周波数と波長

媒質の疎密の 1 秒間における繰り返し回数を周波数と呼んでおり、量記号には f を使用し、単位は Hz（ヘルツ）である。人にとっては、周波数が大きい音が高い音として聞こえ、周波数が小さい音は低い音として耳に感じる。この周波数は、騒音対策でも重要な要素であり、後述するように周波数分析を行って、主な周波数を算出することが行われる。周波数データの整理については、音楽の分野では、440 Hz の音を基準にした 12 平均率音階が使われているが、騒音や音響の分野では、1 000 Hz を基にした定比的に表示するオクターブ又は 1/3 オクターブの周波

数表示が基本的に用いられている。この○○Hzという周波数表示は、通常の場合は1/3オクターブの中心周波数で表しており、厳密には上下の遮断周波数の幅に含まれる音を意味している。たとえば、80Hzの場合は、おおよそ71～90Hzの音を意味している。

なお、密部と密部、疎部と疎部の間の距離が波長と呼ばれており、音の伝搬速度を周波数で割った値となる。例えば、常温において、20Hzの音の波長は17mとなり、20kHzの音の波長は1.7cmである。

(4) 音の強さ

音の物理的な強弱を音の強さと呼んでいるが、音の存在する空間（音場と呼ばれる。）における音の進行方向に垂直な単位断面積を単位時間に通過する音響エネルギーとされている。この音の強さの量記号には普通 I が使用され、単位記号はW/m^2 である。ただし、音の方向性を考慮した測定は一般的でないため、通常の測定や評価においては、後述する音の方向性を無視した音圧が使用されることが多い。

この方向性を考慮に入れた音の強さのことを、最近は音響インテンシティと呼んでおり、運動方向を伴ったベクトル量として求められる。この音響インテンシティに関する計測機器は、広く市販されるようになっており、音響インテンシティの計測結果により、音源の探査、音の放射性状、音響パワーレベルの測定、種々の音場の解析などが行われるようになってきた。なお、音源から十分離れ、音波が平面波とみなせる場合には、音の強さ I と音圧 p との間に次の関係が成り立つ。

$$I = \frac{p^2}{\rho c} \qquad (\mathrm{W/m^2})$$

ここで、ρ：空気の密度、c：音速であり ρc は固有音響抵抗とよばれ、空気を 1m/s の速度で振動させるのに要する圧力で、$\rho c \fallingdotseq 400\ (\mathrm{Pa \cdot s/m})$ である。

(5) 音圧

空気中を伝搬する音波は、空気の濃淡（疎密）の連続する縦波を形成して伝搬する。すなわち、大気圧の上に微弱な交流的な圧力変化が重畳している状態で、この交流的圧力変化を音圧と呼んでいる。量記号としては p を使用し、単位はパスカル、単位記号はPaである。通常は、実効値で表示するが、この1Paとは、1m^2 について1N（ニュートン）の力を及ぼす圧力で、ニュートンとは力の単位で、地球上で1kgの重さの物体に作用する重力が9.8Nに相当する。

なお、正常な聴力の若い人が耳で聞き得る音圧の範囲は、おおよそ $20\,\mu\mathrm{Pa}$〜$20\,\mathrm{Pa}$（10^{-12}〜$1\,\mathrm{W/m^2}$）ぐらいであり、大気の1気圧が約$1\,013\,\mathrm{hPa}$であることから、音圧とは大気圧に比較して、およそ50億分の1から5000分の1の極めて微弱な圧力変動にすぎない。一般に騒音測定は、この音圧により計測・評価しており、サウンドレベルメーター（騒音計）のマイクロホンにより検知されるものである。

(6) 可聴範囲

人の聴くことができる音の範囲を可聴範囲と呼んでおり、周波数と音の強さの両面から規定される。周波数では、ほぼ$20\,\mathrm{Hz}$〜$20\,\mathrm{kHz}$の約10オクターブの範囲であり、音圧レベルでは、ほぼ0〜$120\,\mathrm{dB}$（$20\,\mu\mathrm{Pa}$〜$20\,\mathrm{Pa}$あるいは10^{-12}〜$1\,\mathrm{W/m^2}$）の範囲となる。この、人の耳に聴こえる$20\,\mathrm{Hz}$〜$20\,\mathrm{kHz}$の周波数範囲の音を可聴音と呼んでいる。

図4.2に示すとおり、$20\,\mathrm{Hz}$未満は超低周波音と呼び、超低周波音と可聴範囲の20〜$100\,\mathrm{Hz}$の音をあわせて低周波音と呼んでいる。この低周波音は音として聞かれたり、気圧の周期的変動として感じられている。また、最高可聴周波数が$20\,\mathrm{kHz}$付近となるのは、中耳の機構がこれ以上の周波数の音について伝達しにくくなることであり、この最高可聴周波数以上の音のことを超音波（音）と呼ぶ。また、図4.6（後掲）の等ラウドネス曲線に最小可聴値を示したが、これは18〜24歳で正常な聴力の持ち主が、騒音などのない十分静かな場所で音波の進行方向に正対して両耳で聞いた場合の値で作成されている。

人の聞くことのできる音圧レベルの範囲の下限を最小可聴値と呼び、図4.6の下側の曲線がこれを示している。最小可聴値は、周波数によって異なり、$1\,000\,\mathrm{Hz}$では$10^{-12}\,\mathrm{W/m^2}$よりも約$4\,\mathrm{dB}$大きい値であり、3〜$4\,\mathrm{kHz}$付近で最も小さくなり、$10^{-12}\,\mathrm{W/m^2}$以下になる。

図4.2 音と周波数

また、図上の破線は、この音圧レベル以上になると、耳でくすぐったいような感覚や痛さの感覚を生じ始める限界の値を示しており、最大可聴値と呼ぶ。最大可聴値以上の強い音を聞くと耳を痛める危険が大きいので、正確な測定はできていないが、最大可聴値は最小可聴値に比べると周波数によって変わる程度は少なく、どの周波数でも大体 120 dB 付近といわれている。

　これらの最小可聴周波数と最大可聴周波数、最小可聴値と最大可聴値とで囲まれた部分が人の可聴範囲とされている。

(7) 音の減衰

　騒音などが小さくなることが減衰（アッテネーション）であり、騒音対策では、どのように騒音を減衰させるかが最も重要な課題である。この騒音の減衰は、①幾何減衰（距離による減衰）、②空気吸収、③地表面影響、④塀による減衰、⑤その他の要因（樹木、産業地域、住宅等による減衰）、に区分されている。このなかで、特に重要なのが幾何減衰であり、一般的には距離減衰と呼ばれており、波動のエネルギーが拡散して伝搬することにより減衰していくことである。例えば、点音源からの音は、球面状に広がるため、単位面積当りに単位時間に通過するエネルギーは、音源からの距離の 2 乗に反比例して減衰する。理論的には、点音源の場合は、距離が 2 倍になるごとに 6 dB、無限線音源の場合は音源から距離が 2 倍になるごとに 3 dB の幾何減衰があり、このことを距離の逆二乗則とも呼んでい

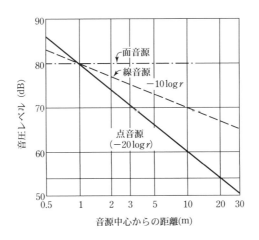

図 4.3　音源別の幾何減衰

る。なお、無限面音源の場合は、減衰は生じないことになり、このことを示したのが図 4.3 である。

ただし、現実には、線音源も面音源も有限であり、この場合は、距離が十分離れると点音源のような減衰状況を示すことになる。

(8) 遮音と吸音

遮音とは、隔壁により音を遮ることで、音源側の音を受音側へ通さないように透過音を少なくすることで、この遮音の程度を示したものが透過損失である。音の透過とは、音圧により壁が全体的に振動し、反対側の壁から音を放射することであるから、この振動が起こりにくくすることが必要である。そのためには、壁の質量を重くするのが一つの方法であり、このことを質量則と呼んでいる。

このように遮音効果を高めるには、①重量の有る構造物、②二重以上の複合構造、③すき間からの音漏れ対策、④固体伝達音の遮断、⑤吸音処理の実施などに注意して施工する必要がある。この遮音に使用する材料のことを遮音材料とよび、機能的には、音響エネルギーを反射し透過させないもので、壁、塀、車体、エンクロージャー（機械等を囲い込むこと）などで使用される。これらの材料は、機密性が保たれ重量のあるものが有効であるが、過度に質量を増大させられないので、中空二重構造などが推奨されている。

一方、吸音とは、音のエネルギーを熱エネルギーに変換して音を吸収させることから吸音とよばれる。一般に多孔質材料が広く使われ、空気の振動が材料の細かい隙間に入り込んで行くうちに、空気の摩擦抵抗のため熱に変換される。

この吸音に使用する材料が吸音材料で、①多孔質材料（グラスウール、ロックウール、軟質ウレタンフォームなど）、②多孔質板材料（化粧吸音板など）、③膜材料（防音シートなど）、④あなあき板材料（あなあき石膏ボード、あなあきストレートボードなど）、⑤板材料（合板、ハードファイバーボードなど）、⑥その他（敷物、つり下げ吸音体など）、がある。これらは、単体もしくは組み合わせて使用されるが、実際の施工では、周波数特性や使用条件から、適切な吸音材料や構造を選択することが重要である。

(9) 回折

音の伝搬において、遮音塀（壁）のような障害物（障壁）があると進行方向の異なる波が発生し、その回折効果により騒音が低下する。障害物が波長より十分大きければかなりの効果があり、特に高い周波数の遮音には有効であり、遮音塀

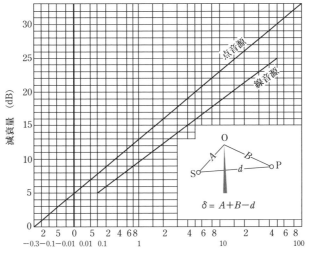

λ：波長（m）、f：周波数（Hz）、N の正負：S と P が見通せないとき正、塀が低く S と P が見通せる場合は負の値をとる。$N < -0.3$ の場合は減衰量 0 とする。

図 4.4　前川チャート（自由空間の減衰量）

（壁）の設置が工場騒音、自動車騒音、鉄道騒音の対策として広く実施されている。

　この回折減衰の計算は、回折理論を基に精密に行う方法もあるが、一般には簡易な図表で行われ、有名なものとして、図 4.4 に示す前川チャートがある。この図は、もともと点音源について作成されたものに、道路交通騒音を対象とした線音源を追加したものである。このチャートでは、横軸に障壁の有無による経路の差と周波数で計算されるフレネルナンバー N、縦軸に減衰量（dB）が示されている。なお、フレネルナンバーが $N = 1$ のときの減衰量は 13 dB で、N が 2 倍となると 3 dB づつ増加するため、$N > 1$ では、横軸が対数目盛となっている。

　ここで、例えば音源と受音の高さが同じ 1.5 m で透過音が無視できるような遮音塀から 10 m 離れているとして、同様に遮音塀から反対側に 10 m 離れた地点の音圧レベルを計算する。ここで、遮音塀の高さが 6 m とすると、行路差 δ は

$$\delta = A + B - d = 10.9 + 10.9 - 20 = 1.8$$

また、音の周波数を 1 000 Hz とすると、フレネルナンバー N は、

$$N = \frac{\delta}{\lambda/2} = 1.8/0.17 = 10.6$$

となる。これを前川チャートで調べると減衰量は、約 25 dB となる。

　なお、塀の長さが高さに比べて短いと側面から回り込む音が大きくなることから、実務的には塀の高さの 5 倍程度の長さは必要といわれている。また、一般には、音源や受音点が地面に比較的近いため、地面の反射により遮音効果が 0～3 dB 程度少なくなる場合もある。このように塀の透過音を含めて種々の影響等を考慮すると、通常の遮音塀による回折減衰は 25 dB 程度が限界ともいわれている。

　また、野外の各種障害物についての回折減衰の近似計算方式の概念図を図 4.5 に示す。

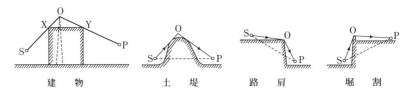

図 4.5　野外障害物の近似計算法

4.1.2　デシベル

(1) デシベル表示

　前述のとおり、人が耳で聞き得る音の強さは単位に W/m^2 を使用するとすれば、12 桁あるいは 13 桁の範囲になる。また、音圧は、単位に Pa を用いると 6 桁あるいは 7 桁の範囲となる。さらに記述の仕方としては、10 のべき乗（$\times 10^6$ のような表示）のように日ごろ使用しない数値表示を用いることになり大変不便である。さらに、人が耳で感じる音の大きさは、音の強さや音圧の対数にほぼ比例するものであることから、対数化した値が実務的には好ましいことになる。

　そこで、10 のべき乗による表示ではなく、一定の基準値の何倍であるかを常用対数で表すことが考えられ、この対数化して得られた数値を 10 倍したレベル表示を用いて、単位はデシベル、表示は dB で表すことが行われている。

　一般に、このように大きな範囲の数値を扱う工学の分野などでは、対数表示が用いられており、騒音、超低周波音、振動のみならず、情報処理など多くの工学

表 4.1 デシベルの基準値

区分	算出式	基準値
音圧レベル	$L_p = 20\log(p/p_0)$	$p_0 = 20\mu\mathrm{Pa}$
パワーレベル	$L_w = 10\log(P/P_0)$	$P_0 = 10^{-12}\mathrm{W}$
インテンシティーレベル （音の強さのレベル）	$L_i = 10\log(I/I_0)$	$I_0 = 10^{-12}\mathrm{W/m^2}$

分野で使用されている。騒音や振動において◯◯レベルと呼ばれているのは、このデシベルで表示された数値を意味している。このデシベル表示の基準値について整理したものを**表 4.1** に示すが、騒音や超低周波音の音圧レベルについての基準値は、$20\mu\mathrm{Pa}$ である。

例えば、騒音計の内部校正に使われている信号は、ちょうど $1\mathrm{Pa}$ の音を使用する場合が多く、これをレベル化すると

$$X = 20\log\left[\frac{1}{20\times 10^{-6}}\right] \fallingdotseq 94\,(\mathrm{dB})$$

となり、騒音計の校正信号（cal）の表示は $94\,\mathrm{dB}$ が使われる。

(2) デシベルの合成

デシベルについては、対数化された数値であることから、単純な加算は成立しない。一つの音源からの騒音レベルを $A\,\mathrm{dB}$、もう一つの音源からの騒音レベルを $B\,\mathrm{dB}$ とすると両者が合成された騒音レベル $X\,\mathrm{dB}$ は、

$$X = 10\log\left(10^{A/10} + 10^{B/10}\right)$$

となる。

例えば、$A = 60\,\mathrm{dB}$、$B = 60\,\mathrm{dB}$ とすると

$$X = 10\log(10^6 + 10^6) \fallingdotseq 63\,\mathrm{dB}$$

である。すなわち、音源が2倍になると約 $3\,\mathrm{dB}$ 騒音レベルが上昇することになる。

さらに、$A = 60\,\mathrm{dB}$、$B = 50\,\mathrm{dB}$ とすると

$$X = 10\log(10^6 + 10^5) \fallingdotseq 60\,\mathrm{dB}$$

となり、主たる音源からの騒音レベルより $10\,\mathrm{dB}$ 以上低い騒音が加算されても、ほとんど変化がないことを示している。

(3) デシベルの平均

デシベルの平均は、パワー平均とかエネルギー平均と呼ばれており、実務においてしばしば必要となる計算である。音の分野では、平均とは原則としてエネルギー平均を意味しており、単純な算術平均の使用は稀である。

ここで、測定値を X_1、$X_2 \cdots X_n$ とすると、エネルギー平均 X_m は

$$X_m = 10 \log \left[\frac{1}{n} \sum \left(10^{X_1/10} + 10^{X_2/10} + \cdots + 10^{X_n/10} \right) \right]$$

である。

例えば、60 dB、50 dB、40 dB の平均値は

$$X_m = 10 \log \left[\frac{1}{3} \left(10^6 + 10^5 + 10^4 \right) \right] \fallingdotseq 55.7 \, \text{dB}$$

となり、算術平均値の 50 とは異なる。

さらに、62 dB、61 dB、60 dB、59 dB、58 dB の平均値は

$$X_m = 10 \log \left[\frac{1}{5} \left(10^{6.2} + 10^{6.1} + 10^6 + 10^{5.9} + 10^{5.8} \right) \right] \fallingdotseq 60.2 \, \text{dB}$$

となる。この場合のように ±1～2 dB 程度の幅に値がある場合は、エネルギー平均値にかえて算術平均値を使っても大差がないといえる。

4.1.3　音の評価
(1) 音の大きさ

音の物理的な強さは、音の大きさや音圧で測定できるが、騒音などの場合は人の感覚を考慮する必要がある。その一つがラウドネスであり、我が国では音の大きさと呼ばれている。このラウドネスとは、音の強さに対する主観的印象をいい、phon（ホーン）を単位とし、音の大きさのレベルと呼ばれる対数尺度で表される。この音の大きさのレベルとは、その音と同じ大きさに聞こえる 1 000 Hz の純音の音圧レベルと同じ数値であり、この関係を表したものが**図 4.6** に示す等ラウドネス曲線である（ISO 226 : 2003）。

この曲線を音の大きさの等感曲線とも呼んでおり、ある音と同じ音の大きさに聞こえると判断した 1 kHz 純音の音圧レベルの値を音の大きさのレベルと定め、その単位は phon である。1 kHz では、音圧レベルと音の大きさのレベルは一致するが、1 kHz 以外では音圧レベルと音の大きさのレベルとは異なることになる。

例えば、1 kHz、50 dB の純音と同じ音の大きさに聞こえる 80 Hz の純音の音圧レベルは約 75 dB、20 Hz の純音では約 105 dB、4 kHz の純音では約 47 dB となる。

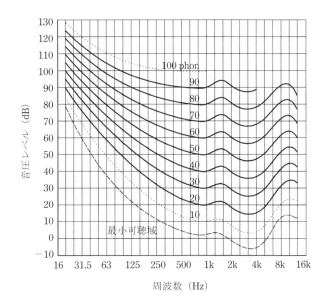

図 4.6 等ラウドネス曲線（ISO 226：2003）

　この音の大きさのレベルとは心理量ではなく、単に 50 phon は、40 phon より大きいという順序関係を示しているのみであり、より適切な尺度は、数値が 2 倍になれば感覚量も 2 倍にならなければならない。そこで、実験的に定めた尺度がソーン（sone）であり、周波数 1 kHz、音圧レベル 40 dB の音の大きさを 1 ソーンと定め、複数の周波数からなる複合音の場合は、オクターブまたは 1/3 オクターブの周波数分析結果からソーンを算出する。この音の大きさ（ラウドネス）は、我々が主観的に感じる尺度であり、ある音が騒音になる主要な要因と考えられており、騒音評価において最も重要な量とされている。

　しかしながら、このソーンの算出は手間がかかることから、現在では、周波数ごとに補正された音圧をもって音の大きさとしており、法令の基準もこれにより作成されている。この補正を行う回路の特性が周波数重み付け特性（周波数補正回路）であり、騒音、振動、低周波音などで広く使われている考え方で多くの特性が研究されてきた。なお、以前には、この周波数重み付け特性は、レベルによりA、B、C 特性を使い分けて測定することが行われていたが、A 特性のみで評価することの有効性が多くの社会反応調査等において確認されており、現在では、A

特性を使用するのが一般的である。この A 特性により測定された音圧レベルを我が国では騒音レベルと呼んでおり、正確に記せば、A 特性音圧レベルとなる。なお、この A 特性とは、等ラウドネス曲線の 40 phon の曲線を基にしてより作成されたものである。

(2) 音のさわがしさ

音の感覚量としてもう一つ有名なものが、ノイジネスであり、我が国では音のやかましさと呼ばれている。騒音の程度を表すものとしては、音の大きさがしばしば使用されてきたが、ジェット機などの航空機騒音では、音圧レベルや音の大きさが小さいときでも、やかましく不快に感じられることがある。この音の不快感は、音そのものによるものと、音に付随するものがあるが、このうち前者を対象とするものがノイジネスである。

この音のさわがしさ（ノイジネス）の尺度化の研究成果から、noy（ノイ）及び PNL が定義されており、主として航空機騒音の評価に利用されてきた。我が国の航空機騒音の評価に使われている WECPNL も、もともとこの音のさわがしさによる評価であるが、我が国では、騒音レベルにより求める略算式が使われていた。なお、国際的には、騒音の評価を騒音レベル（A 特性音圧レベル）で統一しようとする方向になっており、航空機騒音の評価も変化しつつある。

(3) 音のうるささ

アノイアンスと呼ばれ、日本語としては、音のうるささあるいは、迷惑感・じゃま感という言葉をあてることが多く、個人が妨害を被ったと認識する影響と説明する場合もある。一般には、妨害もしくは迷惑としてとらえられる程度のことであり、騒音による不快感の総称ともいえる。明確な定義は難しい点があるが、音そのものによる不快感と音に付随して生じる不快感を包含するものととらえられている。

4.1.4 騒音

(1) 騒音の定義

行政施策においては、すべての音を対象とするのではなく、騒音を対象とすることになるが、騒音は、図 4.7 に示すように「不快な音」を意味している。雨音や枯葉の音など自然の音は、騒音の定義に入っておらず、行政施策として規制の措置を講ずる対象の音は、「音量の大きい不快な音」となる。この騒音の状況を「政

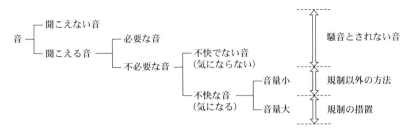

図 4.7 音の区分

府の目標」である環境基準値以下にするのが、我が国の環境施策の基本であり、騒音規制法もこれらに活用される有力な手段と位置づけられている。

この騒音問題は、人の感覚に係る公害であることから、しばしば地域の諸事情が複雑に絡み合った問題となっており、物理、感覚、心理、生理を始め、多くの要因を考える必要がある。そのため、騒音評価においては、感覚を考慮した、音の大きさ、音のやかましさ、音のうるささなどについての多くの調査研究が行われてきており、現在でも実施されている。ただし、行政的には、音の大きさに着目する場合が多くなっており、前述のとおり騒音レベルをもって音の大きさとし、これをもって評価することになっている。

(2) 騒音の影響

騒音の人に与える影響については、表 4.2 に示すとおり、①心理的影響、②生理機能に及ぼす影響、③聴覚に及ぼす影響、に区分されて研究されている。

表 4.2 騒音の影響

区　　分	説　　明
心理的影響	睡眠妨害、会話妨害、思考能力の低下を及ぼす。
生理機能に及ぼす影響	疲労増大、中枢神経への影響、自律神経・内分泌系への影響が考えられる。
聴覚に及ぼす影響	騒音性難聴、騒音性突発難聴。

このうち、心理的影響は、情緒的な不快感をもよおし、具体的には、思考能力の低下、睡眠妨害、会話妨害等をもたらすものであり、行政の各種基準作りにおいても基本になる事項である。生理的影響は、疲労増大、中枢神経への影響、自律神経・内分泌系への影響などが考えられる。聴覚影響については、一般環境中では、騒音性難聴や騒音性突発難聴が議論となるが、このような影響が生じるケー

スは極めて重大な事態といえる。また、金属機械の設置された作業場など騒音レベルの高い職場環境においては、職業性難聴等が重要な課題であり、労働安全衛生の問題として各種基準が定められ、安全衛生用具の使用が定められている。

(3) 騒音の評価

騒音の評価については、おおむね、①物理的評価、②生理的評価、③心理的評価、④社会的評価、の4つに区分されている。

そのうち物理的評価は、音の強さを表現するもので人の感覚には関係しない。生理的評価は、騒音の人体影響の評価であり、疲労増大、中枢神経への影響、自律神経・内分泌系への影響、などが考えられる。心理的評価は、物理的評価に対して騒音の「うるささ」や「やかましさ」といった人の情緒的な不快感や周囲環境の影響を含めて評価しようとするもので、具体的には、思考能力の低下、睡眠妨害、会話妨害などである。聴覚影響については、騒音性難聴や騒音性突発難聴が考えられる。

なお、心理的評価は、個人単位の評価であったが、集団に拡張して社会的な反応を調べようとするのが、社会的評価である。法令に係る基準においては、アンケート（社会反応調査）によるうるささの反応を基に基準が設定される場合がほとんどであり、法令においては、主として会話妨害と睡眠影響に着目して基準が作成されるのが一般的である。

ちなみに、平成10年の騒音に係る環境基準の改正においては、社会反応が強い割合が30％を超え、及び睡眠影響が認められる騒音レベルを基本に検討が行われた。うるささの社会反応が昼間の基準、睡眠影響が夜間の基準として具体的な基準値が導かれている。

(4) 騒音の目安

法令において騒音は、通常はその大きさ（デシベル値）で規制されているが、多くの住民にとっては、なかなか実感がわかない。アセスメントの騒音予測や苦情処理の騒音測定においても、示された値がどの程度のものなのか、理解できない場合が多い。そこで、地域住民が一般的に遭遇する騒音で、実際の生活の場における代表的な騒音について、騒音値を目安として示して理解の一助とすることが効果的と言える。

図4.8は全国環境研協議会騒音小委員会が作成した騒音の目安である。これは騒音計を持たない人に単にレベルを示すのではなく、自らの体験に置き換えて感

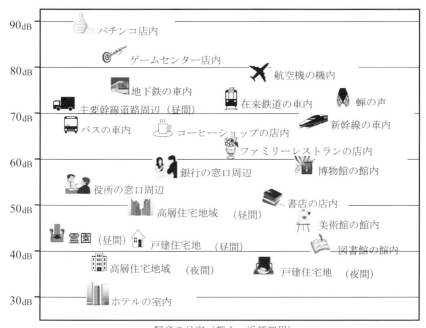

図 4.8　騒音の目安［都市・近郊部用］（全国環境研協議会騒音小委員会，2009）

覚的にとらえることを可能にするために作成されたものである。この表で示す騒音レベルは環境基準と同じ等価騒音レベル（L_{Aeq}）である。

4.2 騒音の測定方法
4.2.1 検討すべき事項
(1) 測定計画

騒音の測定においては、その目的を明確にして適切な測定計画を作成することが必要である。この騒音測定には、苦情による測定から法令に基づく常時監視業務まで幅広くあり、それぞれの目的に合致させて適切な手順で実施する必要がある。

このうち、苦情等により一般的な騒音対策をたてる場合を想定すると、おおむね図 4.9 のような手順が考えられ、具体的には下記のような内容である。なお、場合によっては、振動レベルの測定、低周波音の測定、床衝撃音の測定、遮音性能の測定などを同時に行うこともあり得る。

① 苦情等の発生

騒音対策を行う端緒は、苦情等の発生や法令基準の達成など、いろいろ考えられる。特に苦情の場合は、対応によっては、いたずらに「感情問題」に発展してしまうこともあり、丁寧な対応や必要な情報の開示に留意しなければならない。

② 予備調査

騒音についての測定計画を作成する前には、予備調査を行うことが推奨される。この場合は、現場で耳で聞き、ヒヤリングを実施しながら状況を把握するのが主たる作業であり、音源の探査、音の状況、伝搬の状況、被害等の状況などの調査

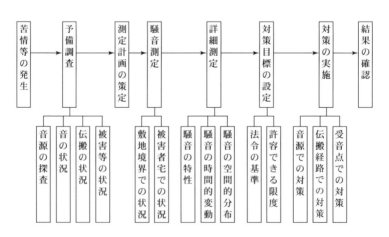

図 4.9 騒音対策の手順

を実施する。また、必要により騒音計により簡易な測定を実施することも考えられ、それらの結果は測定計画に生かされるようにしなければならい。

③測定計画の策定

　予備調査の結果等により具体的な測定計画を作成することになるが、その内容等については、文書としてまとめることも必要である。測定位置は、目的にあわせて適切に選定する必要があり、場合によっては、事前に関係者の了解をとる必要もあり得る。日時については、音源である機械等が運転状態にある日時とし、また苦情のある時間帯を選ぶことも重要である。なお、機械等の運転状況や暗騒音の影響を排除するために夜間測定となる場合も多い。

　測定機器はできるだけ自動化された機器が使いやすく、台数は、予備を含めて必要な数を用意することになる。基本の測定器は、当然にも、サウンドレベルメータ（騒音計）ということになるが、対象によっては、振動レベル計や低周波音計なども用意する必要がある。

　測定員についても必要な人数を適切に積算し、場合によっては事前の測定訓練を行い、測定に関するマニュアルや注意書などを測定員に周知させる必要がある。なお、雨や風など、天候が不良の場合の措置も前もって定める必要があり、測定の予備日などを決めておくことも有効である。

④騒音測定

　この騒音測定が、主として法令に基づいて合否の評価を行う場合については、定められた手法で適切に測定を行わなければならない。そのため、まず測定準備を滞りなく行う必要があり、騒音計は、計量法の条件に合格していることは当然としても、必ず校正を実施しなければならない。また、測定に使用する電源のチェック、記録をとる野帳、記録計、消耗品などの用意を行うことになる。

　実際の測定の現場においては、無用なトラブルを防ぐため測定地点の周囲に挨拶を行ったり、何の測定なのか表示を行うことも考えられる。もっとも、事情によっては抜き打ちで騒音測定を実施することもあり得る。測定は、敷地境界、被害者宅近辺の測定は必ず実施する必要があるが、その他測定計画に基づき適切な地点で効率よく実施する。なお、測定最中においては、各測定員は、十分に耳を使って、対象音以外の音の発生など周囲の状況に注意を怠らないようにする。また、測定器についても作動状況を常に監視し、動作不良などに対して、予備機材の使用など適切な対応をとる必要がある。

⑤詳細測定

　前項の騒音測定を実施した結果、何らかの対策を講ずる必要がある場合や複雑な事例のために詳細な分析が必要な場合などは、改めて詳細測定を実施することになる。この場合は、騒音の特性、騒音の時間的変動、騒音の空間的分布などを明らかにするものであり、場合によっては大規模な調査や高度な周波数分析が必要となる。特に対策の検討においては、周波数成分の分析が重要であり、デジタルメモリーなどに記録、録音を行い、持ち帰ってから一連の分析処理を行うことになる。

⑥対策目標の設定

　騒音測定または詳細測定の結果から、騒音対策を講ずるに当たっての目標を定めることになる。この目標値としては、法令の基準値の場合や許容できる限度を個別に定める場合がある。また、必要によっては、作業時間の制限、作業方法の変更など騒音レベル以外の項目を目標に付加することも考えられる。

⑦対策の実施

　対策目標が決定するとこれを実現するための方法を検討することになる。騒音の低減といっても種々の方法が考えられ、工期や経費なども考慮して選択することになる。それを、音源での対策、伝搬経路での対策、受音点での対策に区分して単独または複合して措置することになる。遮音や吸音の処理については、周波数成分が大きく関係するため、材料や構造の選択にあたっては、各材料の音響データをよく検討して、効果のあがるように設計しなければならない。

⑧結果の確認

　対策の終了後は、必ずその効果を騒音測定等により確認する必要がある。また、十分な効果が得られていない場合は、必要により追加対策を講ずることになる。

　なお、騒音測定の一般的な注意としては、それぞれの測定目的により対象外の騒音が入らないように注意することや目的に合わせて適切な測定地点を選定することがきわめて重要である。特に等価騒音レベルなどのエネルギー値については、敏感な数値であることから細心の注意が必要である。さらに、騒音の測定が風に大きく影響されるため、ウインドスクリーン（防風スクリーン）を装着して測定しなければならない。また、壁等からの反射影響を除外するため、壁から 3.5 m 以上（少なくとも 2 m 以上）離し、地面からの影響等を除外するため高さ $1.2 \sim 1.5$ m（高層階などでは床からの高さ）で測定することが原則となっている。

測定結果の統計処理においても測定全体の精度を考慮して、有効桁数の取扱に注意し、いたずらに細かく計算する必要はない。一般的には、測定値は少数点第1位まで読み取って統計処理を行い、その最終結果は整数値で表示し、これと法令等の基準や対策目標とを比較して判断することになる。

(2) 計量法

騒音規制法に基づく騒音の測定は、計量法でいう「計量証明の事業」に該当するため、測定に使用する騒音計は、計量法第71条の条件に合格し、第72条第1項の検定証印が付されたものでなければならないとされている。また、この騒音計の検定認証は、有効期限が5年となっており、所有する騒音計を適切に管理するとともに、期限ごとに点検修理を行ったうで、校正事業者による検定を受ける必要がある。

この検定制度は、各測定器→基準器→国家標準器、と順に校正されていることにより計測器の精度を確保する仕組みであり、この体系を日本計量標準供給制度 (JCSS) と呼んでいる。我が国は、アジア太平洋試験所認定協力機構 (SPLAC) における多国間相互承認協約に1999年に加盟しており、JCSSは国際的な制度ともなっている。なお、一般ユーザーへの校正サービスを行うのが校正事業者で、この校正事業者の認定は、独立行政法人製品評価技術基盤機構 (NITE) が行っている。

(3) 評価量と測定量

法令に係る騒音測定は、騒音レベル (A特性音圧レベル) で測定することになっており、単位はデシベル (dB) である。以前用いられたホン (dBと同じ意味) は、現在では使用しないと改正されている。

この測定した値について集計や統計処理などをして算出するのが評価量で、法

表 4.3 法令で使用されている評価量と測定値

区 分	評 価 量	測 定 値
騒音に係る環境基準	等価騒音レベル (L_{Aeq})	L_{Aeq}
騒音規制法	90%レンジの上端値等 (L_{A5} 等)	L_{A5} 等
航空機騒音の環境基準	時間帯補正等価騒音レベル (L_{den})	単発騒音曝露レベル L_{AE} 等
新幹線の環境基準	最大値 ($L_{A\,max}$)	$L_{A\,max}$
在来線鉄道騒音指針	等価騒音レベル (L_{Aeq})	単発騒音曝露レベル L_{AE} 等
風力発電施設	残留騒音 +5 dB	

令等において採用されている騒音の評価量の主なものについて整理すると**表 4.3**のとおりである。

(4) 暗騒音補正

実際の騒音測定においては、対象としている騒音のみを測定することが困難な場合も生じる。デシベル合成の項で述べたが、対象外の騒音が 10 dB 以上低い場合は、ほとんど影響せず無視して構わないが、それ以外の場合は何らかの補正が必要となる。この補正を暗騒音補正と呼んでおり、JIS Z 8731 では、定常音に対して**表 4.4**に示すように、補正方法が指示値の差により定められている。

表 4.4 暗騒音補正

対象の音があるときのないときの指示差	4	5	6	7	8	9
補正量	−2		−1			

表に示したとおり、対象音と暗騒音の差が 10 dB 以上ある場合は、対象音は暗騒音に影響されないで測定されたとして、特段の補正は行わない。一方、その差が 4 dB 未満のときは、補正を行っても信頼性が著しく劣るので再測定等の措置をとり、4〜9 dB の場合に補正を行う。ただし、測定の基本は、暗騒音補正の必要でない場所と時間を選択するのが好ましいことは言うまでもない。

具体的な補正は、例えば、暗騒音が 60 dB の場所で、ある工場からの測定値が 65 dB だったとすると、**表 4.4**により −2 dB の補正により、工場からの騒音は 63 dB と推定することになる。なお、暗騒音という用語は、いろいろな意味で使われた経緯があるが、JIS Z 8731 では、**表 4.5**のように用語が整理されている。

表 4.5 暗騒音等の定義

総合騒音	ある場所におけるある時刻の総合的な騒音。
特定騒音	総合騒音の中で音響的に明確に識別できる騒音。騒音源が特定できることが多い。
残留騒音	ある場所におけるある時刻の総合騒音のうち、すべての特定騒音を除いた騒音。
暗 騒 音	ある特定の騒音に着目したときに、それ以外のすべての騒音。
初期騒音	ある地域において、何らかの環境の変化が生じる以前の総合騒音。

(5) 騒音レベルと音響パワーレベル

音源から放射される全音響パワー（音響出力ともいう）を使用すると、任意の場所の音圧レベルが計算できて予測や対策の検討で便利になる。この全音響パワー

を基準の音響パワー（10^{-12} W）で除して対数化して 10 倍したものが音響パワーレベルで、PWL と記述され、単位はデシベルである。

これは、単位時間に発生する音響エネルギーを対数表示したもので、幾何減衰のみを考慮すると、音圧レベル SPL は、点音源からの距離 r により下記のとおりであり、任意の地点までの減衰が計算できることになる。

$$SPL = PWL - 20 \log r - 11 \qquad （自由音場）$$

$$SPL = PWL - 20 \log r - 8 \qquad （半自由音場）$$

この音響パワーレベルの測定法は、①音圧法、②音響インテンシティー法に区分されるが、それぞれ JIS に測定手法が定めてある。ただし、実用的には、音源から一定の距離の地点で音圧を測定して、幾何減衰を逆算して見かけの音響パワーレベルを算出している。

また、A 特性を考慮する場合は、A 特性音響パワーレベルとよんでおり、一般機械や建設機械のラベリングなどで広く利用されるようになってきた。

4.2.2 測定機器
（1）サウンドレベルメータ（騒音計）

我が国では、騒音測定に JIS C 1502 に規定された普通騒音計、JIS C 1505 に規定された精密騒音計が広く利用されてきた。しかし、国内規格を国際規格へ整合させる必要性から、JIS C 1502 及び JIS C 1505 が廃止され、サウンドレベルメータ (騒音計) の規格として JIS C 1509–1 及び JIS C 1509–2 が発行された。名称については、騒音計が騒音レベル (A 特性補正回路) 以外の特性についても計測するものであることから、必ずしも適切でないとの指摘もあり、サウンドレベルメータという名称が採用されている。ただし、騒音計という名称が広く使われていることにかんがみ騒音計という呼び方も認められているが、旧 JIS においても英訳文では、国際規格と同じく Sound level meters(サウンドレベルメータ) と記載されていた。

この JIS C 1509–1 においては、サウンドレベルメータ (騒音計) を **表 4.6** のように区分している。ただし、一般に市販されているサウンドレベルメータ (騒音計) は、ほとんどすべての測定量が計測可能となっている。

データ処理手法の発展に伴い、サウンドレベルメータ（騒音計）の構成要素の

表 4.6 JIS C 1509-1 におけるサウンドレベルメータ (騒音計) の区分

区　分	測定量	説　明
時間重み付きサウンドレベルメータ	時間重み付きサウンドレベル	時間重み特性 F 及び S で測定する機器
積分平均サウンドレベルメータ	時間平均サウンドレベル	時間平均サウンドレベル(等価騒音レベル等) を測定する機器
積分サウンドレベルメータ	音響暴露レベル	音響暴露量 (単発騒音レベル等) を測定する機器

一部についてパソコンで処理することも可能になっており、今後は多様な機器や機能の組み合せによる計測が考えられている。

なお、合わせて記載しておくと、騒音計の検定に関しては JIS C 1516 (騒音計—取引又は証明用) が平成 26 年に規定されており、これについては騒音計という名称が使用されている。

(2) 規格の推移

最初の騒音計規格である JIS B 7201 は、昭和 27 年 (1952 年) に指示騒音計の名称で制定され、A 型及び B 型が規定されていた。これが、昭和 32 年 (1957 年) に JIS C 1502(指示騒音計) 及び JIS C 1503(簡易騒音計–昭和 63 年廃止) として制定され騒音規制に広く利用されてきた。その後、精密騒音計の規格化に合せ、指示騒音計の普通騒音計へ改名が昭和 52 年に行われた。さらに、国際規格との整合のために、JIS の全面的な改正が検討され、JIS C 1505 は、IEC 60651 の Type 1 に、JIS C 1502 は IEC 60651 の Type 2 に整合させる改正が平成 2 年 1 月に行われている。それから、約 15 年を経て、最新の国際規格 IEC 61672 シリーズと整合させて、サウンドレベルメータ (騒音計) の規格があらためて JIS C 1509 シリーズとして制定され、旧規格は廃止された。

このシリーズのうち、JIS C 1509–1 は、機器仕様の規格であり、許容限度の差と動作温度範囲の差のみにより**表 4.7** に示すように、サウンドレベルメータ (騒音計) をクラス 1 とクラス 2 に区分している。この改正により、普通騒音計、精密騒音計という名称がなくなり、クラス区分が採用されたが、この区分は基本的に許容限度と作動温度範囲のみの差で、機能的にはまったく同じとなっている。このクラス区分による相違の一部を**表 4.7** に示す。

また、後述する周波数重み付け特性 (周波数補正回路) としては、A 特性、C 特

表 4.7 JIS C 1509–1 におけるサウンドレベルメータ（騒音計）のクラス区分

項目		クラス 1	クラス 2
周波数重み付け特性における許容限度	100 Hz	±1.5	±2.0
〃	500 Hz	±1.4	±1.9
〃	1 000 Hz	±1.1	±1.4
作動温度範囲		−10〜50°C	0〜40°C

性，オプションとして Z 特性が規定され，従来の FLAT 特性についてはメーカーにまかされることになった．なお，附属書には，超音波の領域をカバーする AU 特性も記述されている．

時間重み付け特性 (動特性) については，従来どおり F 特性及び S 特性が規定されている．なお，I 特性 (インパルス) については，最近の知見から衝撃性騒音のラウドネス評価には適していないとの意見もあるが，いくつかの規格に採用されていることから附属書に記述されている．

なお，日本では騒音計は特定計量器に位置づけられているため，JIS C 1516（騒音計—取引又は証明用）で計量法の特定計量器として要求される要件のうち，構造及び性能に関わる技術上の基準，検査の方法などが規定されている．

(3) 周波数重み付け特性 (frequency weighting)

人の耳の感覚は，周波数により感じ方が異なっており，騒音測定では人の感じ方に対応した騒音の大きさの測定をするものでなければならない．その補正を行うものが周波数重み付け特性で聴感補正回路，周波数補正回路とも呼ばれる．我が国の規格では，周波数補正回路とよばれていたが，今回からは国際規格と同様

表 4.8 周波数重み付け特性

A 特性	騒音レベルの測定に使う特性で，等ラウドネス曲線の 40 phon の逆特性となっている．
C 特性	比較的レベルの高い騒音の測定に使われていた特性で，平坦特性の代り用いられる場合も多い．
Z 特性	新しく定められた平坦特性で，従来の FLAT 特性に比べて広い範囲において応答が 0 dB であることが求められている (オプション)．
FLAT 特性	各メーカーの作成する平坦特性で，応答が 0 dB の範囲が 31.5〜8 kHz に広がっていなければならない (オプション)．
AU 特性	可聴域の A 特性と超音波音域の U 特性をあわせた特性で付属書に記述されている．

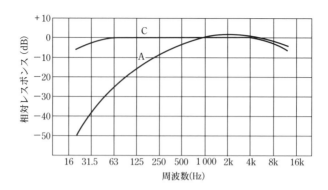

図 4.10　周波数補正特性（普通騒音計）

に,「周波数重み付け特性」と呼ぶことになり, JIS C 1509-1 における周波数重み付け特性を**表 4.8** に示した。この周波数重み付け特性は, サウンドレベルメータに内蔵されており, 実務的には,**図 4.10** にレスポンスを表示した A 特性及び C 特性がよく使われている。

なお, 各周波数重み付け特性は, 10〜20 kHz の範囲について dB により許容限度が規定されているが, 超音波領域を含む AU 特性については, 10〜40 kHz の範囲となっている。

(4) 時間重み付け特性 (time weighting)

従来は動特性ということばが使われていたが, 国際規格と同様に「時間重み付け特性」という用語が採用されている。ある規定された時定数で表される時間に対する指数関数である。具体的には, F 特性 (FAST : 早い動特性) と S 特性 (SLOW : 遅い動特性) が定義されており, インパルス用の I 特性については, 国際的にも異論が多いことなどから附属書に参考として記述されている。

なお, 周波数重み付けと時間重み付けを行ったものが時間重み付きサウンドレベルであり, A 特性時間 F 重み付きサウンドレベルなどと呼ぶ。従来の言い方で

表 4.9　時間重み付け特性

F 特性	一般的に使われる特性で, 時定数は 125 ms
S 特性	航空機騒音や新幹線騒音の測定に使われ, 時定数は 1s
I 特性	インパルス騒音を測定する特性で, 時定数は 35 ms

は動特性 F または S を使用した周波数補正音圧レベルとなる。この JIS C 1509 シリーズによる具体的な基本評価量として周波数重み付け特性 A 及び C、時間重み付け特性の F 及び S を組み合せた L_{AF}、L_{AS}、L_{CF}、L_{CS} が計測できることが、サウンドレベルメータ（騒音計）に求められている。

(5) 新しく採用された用語

今回、サウンドレベルという用語が採用されたが、これは、周波数重み付けを行った音圧レベルのことで、従来の言い方をすれば、周波数補正音圧レベルである。通常の用語使用においては、周波数重み付きサウンドレベルと時間重み付きサウンドレベルを区分する必要がある場合以外では、単にサウンドレベルと呼んでよいことになっている。

なお、我が国では、A 特性で重み付けをした音圧レベルを騒音レベルと呼んできた経緯があるため、これらについては引き続き使用してもよいとされた。これらの新たに採用された主な用語の一覧を表 **4.10** に示す。

表 **4.10** 新たに採用された主な用語

JIS C 1509 の用語	引き続き使用	IEC 61672 の用語
音圧レベル	―	・sound pressure level
時間重み付きサウンドレベル A 特性時間重み付きサウンドレベル	― 騒音レベル	・time weighted sound level ・A-weighted and time-weighted sound level
ピークサウンドレベル C 特性ピークサウンドレベル	―	・peak sound level ・peak C sound level
時間平均サウンドレベル 等価サウンドレベル A 特性時間平均サウンドレベル	― ― 等価騒音レベル	・time-average sound level ・equivalent continuous sound level ・time-average, A-weighted sound level
音響暴露量 A 特性音響暴露量	― 騒音暴露量	・sound exposure ・A-weighted sound exposure
音響暴露量レベル A 特性音響暴露量レベル	― 単発騒音暴露レベル	・sound exposure level ・A-weighted sound exposure level

(6) 主な測定量

JIS C 1509 シリーズの制定により、ここで定義された評価量が一般的に使用される機会が多くなると考えられ、主なものについて以下に整理した。

① 時間重み付きサウンドレベルの最大値

ある時間内の時間重み付きサウンドレベルの最大値を意味し、記録紙から読み

とったり、最大値の検出機能により計測される。我が国では、航空機騒音や新幹線鉄道騒音などの評価量の算出に使用されている。この最大値のことを我が国の法令ではピーク値と呼んでいるが、正確には最大値とピーク値は使い分けがされており、サウンドレベルメータ（騒音計）の指示機構を経て読み取られた最大の値が最大値で、ピーク値は絶対的な音圧の最大の値を意味している。この最大値は、動特性により異なる値を示すことから、周波数重み付け特性と時間重み付け特性を明示して使用することになっており、F 特性による最大 A 特性音圧レベルを $L_{A,Fmax}$、S 特性による最大 C 特性音圧レベルを $L_{C,Smax}$ などと記述する。

②ピーク音圧とピークサウンドレベル

　ピーク値は、ある時間において瞬時音圧の絶対値のもっとも大きな値であり、正弦波の場合には実効値 $\times\sqrt{2}$ になる。また、ピーク音圧レベルは、ある周波数重み付け特性で求めたピーク音圧をデシベル表示したものである。新しい規格によるサウンドレベルメータでは、$L_{C,peak}$ と記述される C 特性ピークサウンドレベルの測定機能が要求されている。

③時間平均サウンドレベル、等価サウンドレベル

　ある周波数重み付けをされた音圧について明示された時間でエネルギー平均したもので、一般的には、サウンドレベルメータの積分回路により算出される。我が国では、A 特性時間平均サウンドレベルのことを等価騒音レベルと呼び、法令などでも使用されている。この時間平均とは、騒音計測における平均が、原則としてエネルギー的な平均であることから、物理的な意味合いを明確に示した用語と言える。ここで重要な点は、何分、何時間、何日など平均した期間を明示することであり、時間平均という用語を使用することにより、理解しやすくなると考えられている。なお、量記号としても従来の L_{Aeq} という表示から $L_{A,T}$ のような平均時間 T を表示する記号が普及することになる。

④音響暴露量

　ある時間内またはある事象についての音圧の 2 乗の時間積算値とされている。ある事象とは、たとえば 1 機の航空機の通過や 1 列車の通過などを意味しており、一方、ある時間内とは、たとえば 1 時間の音響暴露量などで、この場合は 1 時間と計測した時間を明示する必要がある。A 特性で周波数重み付けを行って求めた音響暴露量は、A 特性音響暴露量 (E_A) とよばれ総エネルギーを示すものとなる。ある時間またはある事象について求めた A 特性音響曝露量は、騒音の評価や予測

の基礎量としてしばしば使われており、時間平均サウンドレベル (等価サウンドレベル) を算出する基礎量になる。従来、我が国では、「A 特性」により求めた量について「騒音」の用語を当てはめる場合が多く、この A 特性音響曝露量も騒音暴露量と呼ばれる。

⑤音響暴露量レベル

ある時間またはある事象の音響暴露量を基準化してデジベル表示したものであり、周波数重み付け特性に A 特性を使用した場合は、A 特性音響暴露レベルといい量記号には L_{AE} が使われる。この L_{AE} と A 特性音響暴露量 (E_A)、A 特性時間平均サウンドレベル (L_{AT}) の関係は下式のとおりである。

$$L_{AE} = 10 \log_{10}(E_A/E_0) = L_{AT} + 10 \log_{10}(T/T_0)$$

E_0：基準音響暴露量、T：測定時間、T_0：1 秒

我が国では、ある事象について 1 秒で基準化したものが単発騒音暴露レベル (L_{AE}) と呼ばれ、航空機騒音や鉄道騒音の評価予測の基礎量として広く使われてきた。今回からは、ある時間内での算出へも概念が拡張されており、たとえば 1 分間の音響暴露量レベルという用語の使用も考えられることになる。

(7) レベルレコーダ

騒音の測定においては、騒音レベル波形をチャートに記録することが行われており、そこで使用する記録計のことをレベルレコーダと呼んでいる。名称にレベルと入っているとおり、この機器は、一般の記録計とは異なり入力信号をレベル化回路によりチャートに出力する装置である。これにより、レベルレコーダの波形記録がサウンドレベルメータ（騒音計）の指針と同じようになり、騒音規制等に使用できることになる。ただし、最近は、サウンドレベルメータ（騒音計）の中に計算機能やメモリー機能が入っており、パソコンによる処理も増えている。このため、レベルレコーダが使用される例は減少している。なお、レベルレコーダの使用にあたっては、法令等に定められた動特性（時間重み付け特性）などを正確にセットし、紙送り速度として $1\,\mathrm{mm/s}$ または $3\,\mathrm{mm/s}$ が一般的に使用されている。また、レベルレコーダの規格については、JIS C 1512 に規定されている。

(8) 周波数分析

騒音の防止対策の検討を行うときは、騒音レベルの測定のみでは不十分な場合があり、周波数成分を詳しく検討する必要がある。このようなときに使用される

分析が周波数分析で、周波数帯ごとのバンド音圧レベルを求めるものと周波数のスペクトルを求めるものがある。前者の分析は、①定比フィルターによるオクターブ (あるいは 1/3 オクターブ、1/12 オクターブ) バンド分析、②定幅フィルターによる狭帯域分析がある。後者のスペクトルを求める機器としては、FFT 分析器によるデジタルフィルタリングによる分析が使用されており、発生源の解明などにしばしば利用されている。

しかし FFT 分析においては、波形を入力するときにゼロから始まらない場合にはゆがんだ波形と解釈される（ゼロから急に始まる開始波形になると解釈されて誤差になる）、入力開始時の誤差をなくすようにウインドウを使用する（通常ハニングウインドを使用する）と、大きさが正しくならないなど、解析結果を評価する場合には注意を要する点がある。

① 1/3 オクターブバンド分析

定比フィルターとしては、もっともよく使われている手法で、騒音に関しては、この 1/3 オクターブバンドで記録表示される場合が多い。

なお、JIS C 1513 によれば、フィルターの中心周波数 f_m は、遮断周波数 f_1 と f_2 の幾何平均で定義されており

$$f_m = \sqrt{f_1 f_2}$$

の関係がある。1/3 オクターブバンドの場合は

$$f_1 = \frac{f_m}{\sqrt[6]{2}} \qquad f_2 = \sqrt[6]{2}\, f_m$$

の関係となっている。

なお、オクターブバンド、1/3 オクターブバンドの中心周波数と帯域幅を**表 4.11**に整理した。

② FFT 分析

最近、急速に使用例が増大している周波数分析手法で、詳細な周波数分析が可能な方法である。

FFT 分析機の FFT とは高速フーリエ変換のことで、デジタルフィルタリング技術の向上により、騒音振動の分野でも広く使われるようになってきたものである。この FFT 分析器は、定周波数の狭帯域フィルタの分析に近いともいえるが、原理的にはフィルタ分析とは意味が異なるものである。この FFT 分析器は、高周波数領域の分解能が、1/3 オクターブバンドフィルタなどに比べ非常によく、騒

表 4.11 オクターブバンド、1/3 オクターブバンドの中心周波数

オクターブバンド		1/3 オクターブバンド	
中心	帯域幅	中心	帯域幅
16	11.2～ 22.4	12.5	11.2～ 14
		16	14～ 18
		20	18～ 22.4
31.5	22.4～ 45	25	22.4～ 28
		31.5	28～ 35.5
		40	35.5～ 45
63	45～ 90	50	45～ 56
		63	56～ 71
		80	71～ 90
125	90～ 180	100	90～ 112
		125	112～ 140
		160	140～ 180
250	180～ 355	200	180～ 224
		250	224～ 280
		315	280～ 355
500	355～ 710	400	355～ 450
		500	450～ 560
		630	560～ 710
1 000	710～ 1 400	800	710～ 900
		1 000	900～ 1 120
		1 250	1 120～ 1 400
2 000	1 400～ 2 800	1 600	1 400～ 1 800
		2 000	1 800～ 2 240
		2 500	2 240～ 2 800
4 000	2 800～ 5 600	3 150	2 800～ 3 550
		4 000	3 550～ 4 500
		5 000	4 500～ 5 600
8 000	5 600～11 200	6 300	5 600～ 7 100
		8 000	7 100～ 9 000
		10 000	9 000～11 200
16 000	11 200～22 400	12 500	11 200～14 000
		16 000	14 000～18 000
		20 000	18 000～22 400

音の周波数成分と発生機構等との関連を検討する場合などに効果的に利用することができる。

(9) 騒音の録音

騒音を生のデータとして保存することは、現場ではできない詳細分析を行うために重要であり、測定現場で録音することが行われる。この録音には、以前はアナログ式のテープに記録することが行われたが、その後デジタル方式のDATが利用されたりした。しかしテープを扱うのは制約が多いため、最近ではパソコンによる音楽の使用に合わせてWAVファイルなどによるデジタル記録が使用されている。さらに最近では、パソコンの使用が一般化されたため、デジタル方式のデータレコーダが利用されている。

①DATによる録音

以前は精度良く録音をする方法としてDATによるデジタル録音が使用された。このDATによる録音は、10～20kHzの帯域が録音可能、ダイナミックレンジも50dB以上とそれ以前のアナログ方式に比べて精度が高いために利用されたが、パソコンの普及に伴い一般化されたパソコンによるデジタル音声処理が普及したため、現在はほとんど使用されなくなっている。

②WAVファイルによる録音

WAVファイルはWindowsで使用される音(声)ファイルで、アナログデータである音をデジタル化したものである。保存形式が統一されており、種々のソフトウェアーで共通して使用できるようになっているが、データの圧縮方式については定められておらず使用者が自由に定められるようになっている。このWAVファイルのデータ圧縮については、PCM(無圧縮)、ADPCM(差分PCM)などが使われており、Windowsはこれらに対しては標準対応している。また、通常は、サンプリング周期は44.1kHz、量子化したデータは16ビットで表しており、デジタル化により音質劣化が生じないことから音楽用CDにも採用されている。このことから、20kHzあるいは8kHz以下を問題としている騒音の処理においても使用可能であり、実測データをWAVファイルで保存して必要により周波数分析を行うことが主流となると考えられる。また、最近は種々の分析ソフトウェアーが開発されつつあり、サンプリング周期も高速にできるようになっており、より高度な分析も行えるようになってきた。

4.2.3 騒音の測定手法

我が国の騒音規制について振り返ってみると、第2次世界大戦前から届出と行政指導による「事前規制」に重点が置かれてきた。しかし、昭和40年代にはいると騒音計など測定技術が発展してきたことから、測定法と基準値を定めて測定結果により「事後規制」を行うことが主流となり、測定方法等の整備統一が騒音行政において重要な事項となってきた。

当初の測定手法は、今日のような優れた機器が十分になかったため、アナログ式騒音計のメーターを測定員が読み取り、記帳する方式で行われていた。いわゆる5秒50回法であり、補助員が時計を見ながら5秒ごとに肩などに触れて、それを合図に測定員がアナログメータの針を読み取る手法が採用されていた。その後、自動的にレベルを記録するレベルレコーダが開発・普及し、チャートからデータを読み取り、騒音のタイプにより評価量を算出 (読み取り) する方式に変り、しばしば膨大なチャートがやりとりされるようになってきた。

さらに最近では、急速なデータ処理装置の発展により、デジタルデータによる処理が進んでいるが、工場等の規制指導においては、統計処理や除外音処理など見える形で残せるためレベルレコーダによる記録は重要である。

(1) 騒音規制法に定められた騒音のタイプ

騒音規制法においては、騒音の大きさの評価は、騒音の時間的変化により、騒音のタイプを4つに分類して評価している。この分類は、レベルレコーダに騒音レベルを記録させて判断することが一般には行われており、その分類を**図4.11**に示す。また、この分類に合わせて測定値の決め方は、**表4.12**に示すとおりとなっている。

①タイプ1

例えば、モーターが一定に回転しているとか、ファンが一定に回転している場合などで、定常騒音とよばれているもので、この場合は、その指示値を測定値とする。厳密には、一定値を示すことは稀で、通常は多少は変動しているが、変動が少なく数デシベル程度の場合は、最頻値をもって測定値とする。

②タイプ2

例えば、工場の切削機械や建設工事のハンマーなど高い騒音レベルが一定の間隔をおいて周期的または間欠的に生じる場合が考えられる。この場合は、ほぼ一定の最大値が繰り返し生じていると考えられ、最大値を数回読み取り、その算術

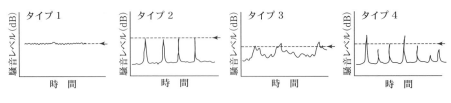

図 4.11 騒音の分類

表 4.12 時間変化別の評価量

区分		評価量
タイプ1	変動せずまたは変動が小さい場合	その値
タイプ2	周期的または間欠的に変動し最大値がほぼ一定の場合	最大値の算術平均
タイプ3	不規則かつ大幅に変動する場合	90%レンジの上端値（L_5）
タイプ4	周期的または間欠的に変動し最大値が一定でない場合	最大値の90%レンジの上端値

平均を測定値とする。

③タイプ3

道路交通騒音や多数の機械が稼働している場合など、騒音レベルが大きく変動している場合で、変動騒音とよばれているものである。この場合は、任意の時間から一定間隔に指示値を読み取り、サンプリングが十分な数（例えば50個以上）になるまで続ける。この得られたサンプル値から L_{A5} である90%レンジの上端値（時間率5%値）を算出して測定値とする。なお、最近の騒音計では、自動的に時間率値を算出する機能が備わっているので、1秒間隔で5～10分程度の測定が実施される場合が多い。

④タイプ4

鍛造機の作業など周期的または間欠的に高い騒音レベルが発生しているが、その最大値が一定でない場合である。この場合は、最大値を十分な数（例えば50個以上）になるまで読み取る。この得られた最大値から L_{A5} である90%レンジの上端値（時間率5%値）を算出して測定値とする。

このうち、タイプ1の場合は、最頻値を騒音計の表示から読み取るか、レベルレコーダの記録から読み取ることになる。タイプ2の場合は、基本的にレベルレコーダの記録から読み取ることが行われている。タイプ3の場合については、具体的なサンプリングの方法が問題となるが、騒音計の表示から読み取る場合は、5

秒間隔で50個のデータを読み取って算出することが行われてきた。レベルレコーダを使用する場合は、正確に読み取るために記録紙のたて線と交わるデータを読み取ることが行われており、この場合の読み取り値は、レベルレコーダの記録速度を1mm/sとすれば5秒間隔となる。なお、記録紙からの読み取り値は整数値で表わす。また、最新の処理機能を有する騒音計の場合は、1秒間隔で300〜600データ程度のサンプリングを行うことが行われている。タイプ4の場合は、基本的にレベルレコーダの記録から50個程度の最大値を読み取り、そのデータを並べ替えて L_{A5} 読み取ることが行われている。

(2) データ整理の注意点

騒音データの整理においてとくに注意しなければならないのが、有効桁数の処理である。アナログ機器により騒音レベルを人が読み取った時代は、整数値で読み取り、平均値も整数とする場合が多く、とくに疑問に思われることは少なかった。しかしながら、最近の測定装置の発達により、機器が小数点以下の数値を表示するために、測定データの四捨五入の方法について明確にしておく必要が生じている。

具体的にいうと、基準値が60 dB以下の場合において、測定あるいはデータ処理した値が、60.4 dBの場合に基準を超過しているかということになる。この場合は、測定値を整数に丸めて評価する必要があり、60.4⇒60となり、基準を満足することになる。一般に、基準値は60.0ではなく60と整数で記述されており、測定値は整数に四捨五入して評価することを前提としている。このことから、個別の測定値については、たとえば小数点第1位で統計処理を行い、その最終結果について、整数に四捨五入して基準値と比較して評価する必要がある。

(3) 等価騒音レベルの算出

等価騒音レベルは、騒音レベルが時間とともに変化する場合、測定時間内でこれと等しい平均二乗音圧を与える連続定常音の騒音レベルと定義されており、単位はdB、表示記号は L_{Aeq} が一般に使われている。しかしながら、時間的な平均を意味するものであることから、正しくは $L_{\mathrm{Aeq},T}$（たとえば $L_{\mathrm{Aeq,24h}}$）のように時間を入れて表示すべきものである。

この等価騒音レベルは、1960年代はエネルギー平均値とも呼ばれており、国際的には、1971年のISO/R 1996で始めて勧告された。一定時間内の騒音の総エネルギーの時間平均値をレベルで表示するもので、変動する騒音を安定的に表現で

き、かつ人間がどの程度暴露されたかを表現する上で優れているといわれている。そのため、わが国でも、中央値にかわって騒音に係る環境基準の評価量に採用され、平成11年4月から適用されている。

等価騒音レベルの算出は、①二乗積分法、②サンプリング法、③単発騒音暴露レベルから計算する方法などがありその算出式を次に示す。

① 二乗積分（定義式）

$$L_{Aeq} = 10 \log \int \frac{1}{t_2 - t_1} \frac{p_A^2(T)}{p_0^2} dt$$

$t_2 - t_1$：測定時間、p_A：A特性音圧の瞬時値、p_0：基準音圧

② サンプリング法

$$L_{Aeq} = 10 \log \frac{1}{N} \sum 10^{L_{pAi}/10}$$

N：サンプル数、L_{pAi}：i番目のA特性音圧のサンプル値

③ 単発騒音曝露レベルからの算出

$$L_{Aeq} = 10 \log \frac{1}{t_2 - t_1} \sum 10^{L_{AEi}/10}$$

$t_2 - t_1$：測定時間、L_{AEi}：i番目の単発騒音曝露レベル

二乗音圧を直接求める方式は、最近の積分型騒音計に採用されており、この方式が主流となっている。サンプリングによる方法は、以前に多く採用されていた方法であり、動特性によりサンプリング条件が変わるので注意が必要である。単発騒音曝露レベルからの算出は、間欠騒音などの場合に採用される手法で、我が国では、航空機騒音の環境基準、在来鉄道騒音の環境保全指針に採用されている。

（4）**JISによる騒音の分類**

JIS Z 8731では、騒音規制法での分類とは異なり、騒音を図 **4.12** のようにレベル波形や変動状況から分類している。このように騒音はレベル波形等が異なることから、それぞれに対応した評価量が考えられてきたが、最近では、これらについて特段の考慮をしなくても基本的には等価騒音レベルなどエネルギー的考え方で評価するのが適切との認識となっている。もちろん、すべてエネルギー値で評価できるものではなく、衝撃騒音等の扱いなどに課題が残っているが、原則として等価騒音レベルによる評価が基本となっていくと考えられる。

（5）騒音測定の一般的注意事項

① 機器の校正

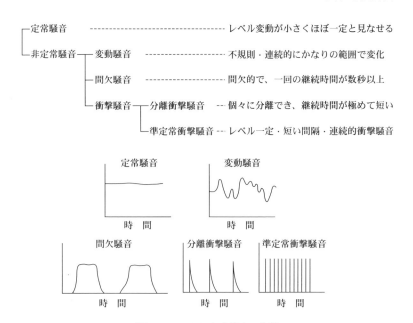

図 4.12　JIS による騒音の分類

　法令に基づく測定では、計量法 (平成 4 年法律第 51 号) 第 71 条の条件に合格した騒音計を使用しなければならないが、測定前の準備として一番重要なのはサウンドレベルメータ（騒音計）の精度の確保であり適切に校正を行わなければならない。この校正については、サウンドレベルメータ（騒音計）の内部信号による調整と音響校正器（ピストンホンが使用されることもある）による調整がある。最近の騒音計は精度が良くなってきており、検定の有効期限内では精度が保たれることも多くなってきている。しかし精度を確保するためには校正が必要で、この校正は平成 27 年の計量法に係る検定検査規則改正に伴い型式認定の方法や精度が変わったためにこの前後の騒音計では扱いが異なっている。すなわち平成 27 年以前に型式認定された騒音計では、内部信号による校正を行うことになっており、改正以降に型式認定を受けた機器では、音響校正器による校正をすることが原則になっている。

②電源の管理

　最近のサウンドレベルメータ（騒音計）は、機器の改良によりかなり長時間の

測定が可能になってきたが、マンガン電池により長時間の測定を行うのは多少無理がある。しかし、オキシライト乾電池やアルカリ乾電池など長時間用電池を使用すれば、ほぼ1昼夜の測定が可能となっている。ただし、電池の寿命は外気温度などにも影響されるため、あまり長時間チェックしないのは、好ましくなく10時間程度ごとの見回りは必要である。さらに長時間の無人測定などを行う場合は、商用電源を専用のパワーパックを通して使用するとか、特注の乾電池ボックスを作成することなどが行われている。

③マイクロホンの設置

　マイクロホンの設置位置については、基本的には、測定目的から定まるものであるが、いくつか注意する点もある。この騒音測定に使用されるマイクロホンは、かなり広い指向特性があり、あまりマイクロホンの方向について注意しなくても大丈夫であるが、基本的には音源の方向に向けて測定が行われる。また、環境騒音など、音源が不特定多数の場合は、三脚にサウンドレベルメータ（騒音計）またはマイクロホン部を取り付けて、上方45度程度に向けて測定を行う場合もある。

　なお、通常は、サウンドレベルメータ（騒音計）を三脚に取り付けて測定を行うが、多数の同時測定などにおいては、1箇所にサウンドレベルメータ（騒音計）本体を置き集中管理し、マイクロホンのみを三脚に取り付けて測定が行われる。この場合、マイクロホンと本体は、延長コードにより接続することになるが、適切に延長すれば50m程度までは延長可能である。

④反射音

　騒音測定では、マイクロホンが建物や地面からの反射音に影響されないように注意する必要がある。そのため、JIS Z 8731(環境騒音の測定手法) では、壁から3.5m以上離れるとなっている。しかしながら、一般の環境中では、常にこの距離が取れるとは限らないため、現実的には壁から可能な限り離れるとし、おおむね2m程度離れれば実務上は十分といわれている。

⑤風対策

　風も騒音測定に大きく影響する要因であり、一般環境中では、原則としてマイクロホンにウインドスクリーン (防風スクリーン) を装着して測定を行う。また、長時間測定などで雨天も予想される場合は、雨水が侵入しない構造となっている全天候型スクリーンを使用しなければならない。ただし、これらの防風スクリーンといえども、風速が6m/s以上の場合は影響を除外するのは困難といわれてお

り、二重または三重の特別なウインドスクリーンを用いるか、調査を中止し再調査を行う必要がある。

⑥無人測定

　最近は、24時間などの長時間測定が多く実施されるようになってきたため、夜間などでは、無人測定に頼らなければならない場合も多くなった。本格的に無人の連続測定を行うとすれば、測定器ボックスや測定室の設置を考えなければならないが、実務的にはより平易に無人測定を行う方法も検討しなければならない。

　屋内での無人測定は、単に測定器を自動測定にセットすれば良いので問題点は少ないが、外部に機器を設置する場合は、(ア) いたずら対策、(イ) 雨天対策、などで工夫が必要になる。このうち、いたずらについては、最近は少なくなっているが、マイクロホン等が目立たないように設置する必要がある。通常は、マイクロホンと本体を分離して、マイクロホンのみを外部に設置し、本体については付近の建物等の中に置くことが行われている。また、雨天対策としては、ぬれないように本体をビニール等に包み、マイクロホンついては全天候型スクリーンを設置するのが一般的である。ただし、いたずら対策を含めてマイクロホンを分離して設置する場合も多く、全天候ウインドスクリーンを装着したマイクロホンのみを動かないように固定することになる。

(6) 計量法と騒音測定

①計量

　我が国で使用する単位について、国際単位系 (SI) へ統一する必要が認識され、改正された「計量法」が平成5年11月に施行された。ここで法定計量単位としては国際単位系を原則とすることが定められ、騒音関係では、単位名としてのホンが削除されてデシベルへ統一された。この計量とは、長さ、質量、物質量など物象の状態量を計測することを指して、計量の基準となるものを計量単位と呼んでいる。

　この計量をするための器具を計量器といい、そのなかで取引及び証明に使用され、一般消費者の生活の用に供されるもので、計量法の規制を受けるものを特定計量器という。この特定計量器は、構造や器差の基準が定められており、検定を受けて合格したものには検定証印が付されていなければならず、環境用としては、騒音計、振動レベル計等が指定されている。

②計量証明

「計量単位により物象の状態を計り、公又は業務上他人に一定の事実が真実と表明すること。」を計量証明といい、この計量証明の事業には、登録制度が導入されている。この計量証明事業は、正確かつ公正に実施することが社会的に求められるため、一般計量証明事業と環境計量証明事業に区分して、登録制が採用されている。この事業登録は、(ア) 特定計量器等が基準に適合すること、(イ) 環境計量士等が計量管理を行うものであること、が登録要件となっている。

なお、国・地方公共団体及び中央労働災害防止協会、日本下水道事業団、作業環境測定機関、「浄化槽法」の指定検査機関については、「計量法」による登録を要しないことになっている。また、環境計量士については、(ア) 濃度に係る環境計量士、(イ) 音圧レベル及び振動加速度レベルに係る環境計量士、(ウ) 前2項以外に係る環境計量士 (一般環境計量士)、の区分が定められ、国家試験が実施されている。

③検定

特定計量器は、定められた基準に合格しなければならず、このことを検定といい、(ア) 構造が技術基準に適合すること (構造検定)、(イ) 器差が検定公差をこえないこと (器差検定)、が必要である。このうち、構造検定は、製造事業者があらかじめ当該製品について試験を受け、基準に適合している場合は、以後構造についての検定が簡略化されるが、この承認のことを型式承認と呼んでいる。また、測定器1台1台の器差が検定公差内であるかのチェックが器差検定で、取引上又は証明上の測定には、この検定を受けて検定証印の付された特定計量器を使用しなければならないと定められている。この検定証印の有効期間は、騒音計が5年、振動レベル計が6年であり、国の指定機関である (一財) 日本品質保証機構 (JQA) が、検定を実施している。この検定については、平成26年に制定された JIS C 1516「騒音計—取引又は証明用」にしたがって平成27年に特定計量器検定検査規則が改正され、この改正以前に型式認定を受けた騒音計と27年以降にこの改正検査規則に従って型式認定を受けた騒音計では精度や校正方法などが異なっている。なお、検定では経過措置として従来の型式認定機器は、平成39年10月までは改正前の検定公差等の基準によって検定に合格することが可能とされている。しかし、新しい型式認定機器のほうが計量性能である器差（誤差）及びその検査方法が厳しくなっており、正確な計量ができるように改正されていることから、速やかに新しい計量機器に移行していくことが望まれる。

なお、この検定制度とは別に、規格への適合を証明する検証制度が国際的な課題となっており、我が国においても、制度整備が検討されている。

④法規制に使用する機器

騒音に係る法令において「計量法第71条の条件に合格した騒音計」との記述があるが、この第71条は、構造の基準と器差の基準について記述している。これは、法令に基づく測定が計量証明の事業に該当するため、検定に合格した特定計量器の使用を求めているものであり、騒音計については、検定に合格した製品の利用と有効期間ごとに指定検定機関で器差検定を受け検定証印を付した機器を使用する必要がある。

4.2.4 建物の音響特性

(1) 屋内の騒音指針

建築物に対する質的な要求が高まるにつれて、遮音性能など音響特性を明示することが求められるようになっている。また、平成10年に改正された「騒音に係る環境基準」においては、幹線道路に近接する空間の建物の一部については、屋内に透過する騒音の基準が採用され、建物の音響特性に係る関心が高まっている。この仕組みは、幹線道路における騒音の実情にかんがみて建物の防音工事等を推進することが必要と考えられて導入されたもので、環境基準達成にむけて実施されるべき騒音対策においても、建物の耐騒音を高める施策が記述されている。

なお、同環境基準の審議においては、窓閉の状態の455例の建物を調べた結果として、平均23.8 dBの防音性能があったと報告されている。

(2) 遮音性能

建物の遮音性能を判断するものとしてJIS A 1419シリーズの附属書に遮音等級が規定されており、このJISを拡大したものが、日本建築学会から『建築物の遮音性能基準と設計指針』として作成されており、建築物やマンションのカタログでも使われるようになってきている。このJISによる遮音等級は、我が国で長く使われてきたものだが、JISの国際規格への整合という基本方針から、平成12年の改正により、新しい遮音等級として国際規格で定められた単一数値評価法が採用された。ただし、現行の遮音等級が従来から広く使われてきたことを考慮して、附属書に記述されることになった。この建物の音響特性については、①室内騒音の表示、②室間の遮音性能、③上下階における床衝撃音について、検討・表示す

るのが一般的である。

なお、建物の音響特性については、建築設計などでは、「遮音性能」という用語が一般的に使用されているが、行政では、「防音性能」という用語が使われている。これは、実際の家屋では種々の騒音伝搬や減衰効果が考えられ、必ずしも純粋な音響工学的な用語である遮音性能が馴染まないことから用いられている。

(3) 室内騒音の表示

室内騒音は、外部の騒音などにより規定され、その値は遮音性能、減音性能の判断基準となるもので、騒音レベル又は内部騒音等級 (N 値) で表される。この等級表示は、(63)、125、250、500、1k、2k、4kHz の 6 (7) つのオクターブバンド音圧の値により、すべての帯域である基準曲線を下回るとき、その曲線の名称により表示を行う。なお、この室内騒音は、外部騒音のほか給排水や空調機などの騒音を含むものであり、等価騒音レベルを用いて測定を行う。なお、建築学会で定めた適応等級の一部について整理すると表 4.13 のようになっており、dB 値又は N 値で表されている。ここで、推奨とは好ましい性能水準、標準とは一般的な性能水準、許容とはやむを得ない場合の性能水準とされている。

表 4.13 室内騒音に係る適用水準（日本建築学会）

建築物	室用途	推奨	標準	許容	推奨	標準	許容
集合住宅	居室	35	40	45	N-35	N-40	N-45
ホテル	客室	35	40	45	N-35	N-40	N-45
事務所	オープン事務室	40	45	50	N-40	N-45	N-50
学校	普通教室	35	40	45	N-35	N-40	N-45
病院	個室病室	35	40	45	N-35	N-40	N-45

(4) 室間の遮音性能

遮音性能は、JIS A 1417「建築物の空気遮断性能測定方法」に準拠し、建物の戸境壁や床の遮音性能を等級化して評価する指標である。この遮音性能の算出には、(63)、125、250、500、1k、2k、4kHz の 6 (7) つの 1/1 オクターブバンド帯で音圧レベルを測定し、基準曲線にあてはめて求める。なお、建築基準法による長屋及び共同住宅の遮音性能は、D 値に換算すると、D-40 に相当している。

また、建物外部の道路交通騒音や鉄道騒音などと室内のレベルにより算出する遮音性能についても同様に評価されている。この内外音圧レベル差の測定については、①帯域雑音法、②実騒音法、③内部音源法などがあり、状況により選択さ

表 4.14 室間の遮音性能に係る適用等級（日本建築学会）

建築物	室用途	部位	特別	推奨	標準	許容
集合住宅	居室	隣戸間界壁 隣戸間界床	D–55 D–55	D–50 D–50	D–45 D–45	D–40 D–40
ホテル	客室	客室間界壁 客室間界床	D–55 D–55	D–50 D–50	D–45 D–45	D–40 D–40
学校	普通教室	室間仕切壁	D–45	D–40	D–35	D–30

れる。なお、建築学会で定めた室間音圧レベル差に係る適応等級の一部について整理すると表 4.14 のようになっている。

(5) 上下階における床衝撃音

上下 2 室において、上階での歩行や物の落下により生じた床への衝撃が階下で聞こえる音を評価する指標である。床衝撃音は子供の飛びはねなどにより生じる重量床衝撃音、ハイヒールの歩行によって生じる軽量床衝撃音の 2 つがある。

床衝撃音に係る性能表示は、JIS A 1418 に定められており、衝撃音の周波数特性は、重量床衝撃音（63～500 Hz）、軽量床衝撃音（125～2 kHz）において、全てが基準曲線を下回るとき遮音等級（L 値）として評価する。この床衝撃音について、建築学会で定めた適応等級の一部を表 4.15 に示す。

表 4.15 床衝撃音に係る適用等級（日本建築学会）

建築物	室用途	衝撃源	特別	推奨	標準	許容
集合住宅	居室	重量衝撃源 軽量衝撃源	L–45 L–40	L–50 L–45	L–55 L–55	L–60 L–60
ホテル	客室	重量衝撃源 軽量衝撃源	L–45 L–40	L–50 L–45	L–55 L–50	L–60 L–55
学校	普通教室	重量衝撃源	L–50	L–55	L0–60	L–65

4.3 騒音の防止対策
4.3.1 対策の基本

騒音の防止対策では、一般的には図 4.13 に示すとおり、①発生源、②伝搬経路、③受音点、の3つの場で対策を検討する必要がある。そのため、発生場所、発生原因、発生時間、音の性質、伝搬経路、受音点の状況などについて詳しく調べる必要がある。

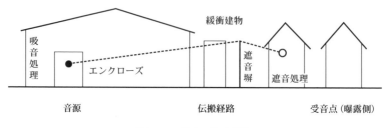

図 4.13 騒音の防止対策

このうち発生源の対策としては、音源の囲い込み（エンクローズ）や低騒音型の機械の導入などが行われており、技術も進歩してきている。それでも対策が困難な場合などは、工場集団化などで移転という手段が取られる場合もある。伝搬経路における対策としては、防音塀の設置や緩衝建物の配置が行われており、高架道路などでは、ノイズレデューサーなど新型の防音壁（塀）が開発整備されてきている。しかしながら、これらの対策でも効果がない場合には、曝露側である受音点において二重サッシなどの防音工事が実施されており、必要により公的な助成が行われる場合もある。

4.3.2 工場騒音の防止対策

工場や事業場からの騒音の防止は、基本的な流れのとおりであり、発生源対策、伝搬対策、受音点対策に区分して考えられている。この工場騒音は、騒音規制法においては、特定施設を設置している工場等からのすべての騒音を規制対象としていることから、工場の建屋内の騒音のみならず工場敷地の全体について騒音対策を考える必要がある。

特に、工場内には搬出入のトラックからの音重量物の上げ下ろしや移設を行うフォークリフトから発生する音やスピーカなど多くの音源が存在するため、①作

業場所や設置位置、②使用方法や作業方法、③使用時間や頻度などについて対処する必要がある。

(1) 発生源対策

基本的には、騒音や振動の少ない機器を使用するのが原則であり、行政としても低騒音機器の開発を各メーカーとも進めており、使用者側ではどの機器を選択するかの問題となる。なお、行政としても、低騒音型機器の導入を積極的に推奨する必要がある。

また、騒音の発生は、設置位置により異なるため、機器の設置にあたっては、不要な衝撃や振動が発生しないように適切に処理し、不必要な摩擦や不均衡を是正することが重要である。なお、床と機械の間に防振材を挿入して振動や固体伝搬音を遮断したり、重量のある基礎に機械を据えつけることも行われている。使用方法に関しても、周辺環境を考慮して運用時間や使用頻度等を工夫することも有効である。

(2) 音源の遮断

音源対策として、機械そのものに手を加えることが困難な場合も多い。その場合には、音源から外に音が出ないように遮断することが考えられる。そのために、機械全体の密閉が可能ならば、厚い材料などで密閉することが効果的で、エンクローズと呼ばれている。なお、この際には、機械の密閉材料に振動が伝わって騒音や振動が発生しないように適切な構造にしなければならない。

(3) 消音器の設置

空調機器やエンジンなど吸排気に伴って騒音が発生している場合には、吸排気の出入口やダクトの中間に消音器を設置することが考えられる。この消音器は、流体の動きには支障を生じさせず、伝わってくる騒音をなるべく通過させないように工夫したものである。その構造のうえから、①吸音ダクト型、②空洞型、③干渉型、④共鳴型、⑤吹き出し口型、等に分けられる。

(4) 音源室の吸音処理

音源の設置してある室内に、音のエネルギーが蓄積することにより騒音レベルが上昇するのを防ぐ目的で施される処理である。壁、天井、床などに吸音材を張り付けるもので、音源の性質に合わせて適切な吸音材を選択する。この対策は、外部への騒音低減対策のほか、室内での労働安全衛生面の騒音対策としても重要である。

(5) 音源室の遮音処理

音源室の壁が十分な遮音性能を有してないと、隣室や外部に騒音が伝搬する。そのために、音源室の壁、窓、出入口について十分な遮音性能を持たせることが必要で、一般的にいえば、重い材料とすると効果があがる。ただし、音が壁に振動として伝わり、それが思わぬ場所でまた空中音として放射される場合もあり、吸音処理や振動の遮断処理などを合わせて実施する必要もある。

また、構造や材料によって効果が大きく異なることから、遮音性能等を調べて低減すべき目標に対して適切な遮音材を選択することになる。また、単に設置すればよいというものでもなく、音響的に適切な施工が行われる必要があり十分に注意する必要がある。

(6) 遮音塀

音源と受音点の間に遮音塀を設置して、回折により騒音を防ぐこともしばしば行われている。一般には、工場の敷地境界に遮音塀を設置することが多いが、受音点近くがよいか発生源近くがよいかは、予測計算等により十分に検討する必要がある。

遮音塀としては、一般には音が透過しにくい材料により、十分に遮音効果の上がる高さの塀を設置することになる。生け垣や板張りの塀など騒音が漏れやすい構造のものは効果がなく、遮音性能のよいものを選択しなければならない。また、音源と受音点の間に倉庫や休憩所などを配置すると遮音塀と同様の効果が期待できる。

なお、最近は、高層の建築物が増えており、このような高さのある受音点では、騒音が直達する場合が多く、効果的な場所に遮音塀を設置する必要がある。

(7) 距離による低減

音源と受音点を引き離すことは、単純だが最も効果的な方法である。例えば、機械の設置においては、住宅側に音の大きい機械を設置しないことや、住宅より遠方に設置するなどの処置が重要である。さらに、機械によっては、騒音に指向性があるため、騒音が高くなる方向に住宅等がこないように配置することも必要である。

4.3.3 建設作業騒音の防止対策

建設作業騒音は、非常に大きな騒音を発生する場合も多く、かつ、一部作業につ

いては、対策が困難で、どうしても一定の音を出さざるをえない場合があり、苦情となりやすい騒音である。そのため、騒音規制法においても、騒音レベルのみならず、発生時間を含めて規制しており、対策の検討においてもこの点に留意しながら検討することになる。

　建設機械については、国土交通省の定める低騒音型もしくは超低騒音型の機械が増えつつあり、これらの積極的な使用が一番重要なことである。騒音規制法においては、一部の低騒音型等の機械を使用する作業については、特定建設作業から外しており、これらの機械の使用を促す意味をもっている。また、建設機械は、種々の現場で使用されており、機械への注油や点検など機械メンテナンスの徹底や騒音が小さくなるように作業方法を十分に工夫することも求められる。

　なお、建設作業においては、建設現場に敷地境界付近に遮音塀を設置して騒音伝搬を防いだり、防音シートで覆うなどの対策も有効であり実行すべき対策である。

(1) くい打機等を使用する作業

　最近のくい打機は騒音の低減が進んでおり、積極的にこれらの機器を使用することが求められている。特に、油圧による圧入式やアースオーガーであらかじめ穴を掘ってくいを挿入する方法などは、騒音が小さい工法である。また、やむをえず従来型を使用する場合は、防音カバーやエンジンマフラーなどの騒音対策を施す必要がある。

(2) びょう打機を使用する作業

　びょう打機によるリベット工法は、大きな騒音が生じて問題となることが多かったが、最近はハイテンションボルトの普及によりほとんど使われなくなっている。なお、インパクトレンチなどによるハイテンションボルトを使用する工法については、びょう打機からの誘導という面から特定建設作業から除外されているが、動力源によっては、騒音が生じる場合もあり、より低騒音な油圧式レンチや電動レンチを使用することが望ましい。

(3) さく岩機を使用する作業

　ビルの解体などで、機械的な衝撃によりコンクリートを破壊するなどの作業においては、相当な音量であるため作業時間の短縮と合わせて実施することになる。空圧方式の場合は、マフラー等による排気音の削減、油圧式及び電力式の場合は、防音カバーによる騒音低減などが考えられる。また、作業場所について回りを囲むように塀を設置することが推奨される。最近では、高層建築物の解体に対して、

低騒音低振動の新たな工法が実用化されている。

(4) 空気圧縮機を使用する作業

空気圧縮機（コンプレッサー）は、ビルの解体現場のさく岩機の動力として用いられることが多く、どちらかというと、さく岩機の騒音に課題がある。最近の空気圧縮機は、騒音対策が施されており、低騒音型となっているものも多く空気圧縮機からの直接音は小さくなっている。低騒音型以外の場合は、機械全体を上屋で覆ったり、遮音ボックスに入れたり、防音カバーを取り付けるなどの対策が必要である。

なお、最近では、マンション等の外壁清掃や給水管の更正・清掃工事にも空気圧縮機が使用されており苦情となることがあり注意する必要がある。

(5) コンクリートプラント及びアスファルトプラントを設けて行う作業

建設現場でコンクリートやアスファルトを製造するために設ける小型のプラントで、工事が終了すると他の現場に移動させるものである。最近は、現場でつくることは少なくなっており、生コン工場などから直接製品が運ばれてくる場合が多く、事例は少なくなっている。このような施設については、一時的なものであり、本格的な上屋をつくることは難しいため、廻りに囲い塀をつくるなどの措置が取られる。

(6) バックホウを使用する作業

油圧ショベルと呼ばれる建設機械で、ユンボ、パワーショベル、ショベルカーなど種々の名称で呼ばれている。この油圧ショベルの特徴は、ブレーカー、クラッシャー、カッター、バケットなど様々なアタッチメントを装着して建築現場で使用されている。これについては、低騒音型建設機械として指定されたものなど、騒音の発生が少ない機械を使用することが基本である。それ以外の機械を使用する場合には、敷地境界から極力離れて作業を行うとともに、短時間に作業を行ったり、アイドリングや無駄なカラぶかしを行わないようにする必要がある。

(7) トラクターショベルを使用する作業

ローダとも呼ばれる機械で、車体前方に大型のバケットを持ち、土砂、採石等の各種材料をすくい上げ、積み込む機械であり、低騒音型建設機械として指定されたものなど、騒音の発生が少ない機械を使用することが基本である。それ以外の機械を使用する場合には、敷地境界から極力離れて作業を行うとともに、短時間に作業を行ったり、無用な騒音を出さないように注意する。

（8）ブルドーザを使用する作業

　クローラ式（キャタピラ式）の走行装置と排土板（ドーザ）を持ち、主として掘削、運搬を行う機械であり、低騒音型建設機械として指定されたものなど、騒音の発生が少ない機械を使用することが基本である。それ以外の機械の場合には、敷地境界から極力離れて作業を行うとともに、短時間に作業を行ったり、アイドリングや無駄なカラぶかしを行わないようにする。

4.3.4　自動車騒音の防止対策

　自動車騒音問題は、最大の騒音問題となっており、関係機関においては、計画的総合的な施策の展開が求められており、自動車排ガス対策とも連携しながら、交通公害の低減化に努めなければならない。そのため、関係機関による協議会などにより十分な連絡体制を築く必要があり、情報の交換や調査研究の実施などの対策の推進に資するように措置する。また、自動車騒音の実態については、長期的に的確に把握する必要があり、騒音規制法に定める自動車騒音の常時監視を始め監視体制の整備については、特に留意する必要がある。

　なお、自動車騒音対策については、音源対策、交通流対策、道路構造対策、沿道対策に区分して議論されることが多く、それぞれの対策を着実に進める必要がある。

（1）音源対策

　自動車単体対策とも呼ばれ、騒音規制法に基づき許容限度が順次引き下げられてきた。最近では国際的な基準との調和も踏まえ、新たな加速走行騒音の試験方法（R 51–03）及び基準値（フェーズ1）が、平成28年10月から四輪車（新型車）に適用され、以後順次規制が強化される。

（2）交通流対策

　幹線道路などで自動車騒音を高める原因としては、交通量の増大やスピードの上昇が考えられる。交通量の分散や削減については、物流の合理化やバイパス道路の整備など広域的な対策により交通流を集中させないことが重要であり、特に都市内の通過交通については都市内を通過しないですむような対策を考えなければならない。また、都市部などでは、共同配送や公共交通機関の利用などに工夫を行い交通量の削減に努めるとともに、生活道路については無用なトラックなどが進入してこないような措置も求められている。

(3) 道路構造対策

　高架道路などでは、遮音壁（塀）が広く設置されており、ノイズレデューサーなど新型の遮音壁（塀）も開発されてきている。ただし、一般の道路においては、遮音壁（塀）の設置はなかなか困難で、不適切な場合も多いが、交差点の陸橋部分や住宅地と隔絶された道路などでは有効な対策である。また、高架道路については、裏面吸音板の設置などにより、併設道路の騒音が高架道路の裏面で反射するのを防ぐことも行われている。

　舗装面の対策としては、低騒音舗装と呼ばれる透水性舗装が広く実施されるようになってきた。さらに、騒音の低減に効果のある二層式舗装や弾性舗装などが研究開発されつつある。さらに、道路のメンテナンスも重要であり、路面段差の是正や痛んだ舗装面の修理は適切に行われなければならない。道路構造自体についても、環境対策として緩衝施設帯などを設けたり、同様の効果をねらって道路沿いにポケット公園等を設けるなどの対策も行われている。

(4) 沿道対策

　自動車騒音の現状をみると、音源対策のみでは騒音低減が困難となっており、沿道対策の充実が求められている。たとえば、幹線道路の第一列の建物については、緩衝物として機能させ、少なくとも後背地への騒音の進入を防ぐ措置が考えられる。そのため、間口率を大きくすることやバッファービル（緩衝建築物）の積極的誘導が行われている。まだ適用されている地域が少ないが、幹線道路の沿道の整備に関する法律などでは、一連の騒音対策の仕組みを定めており、関係地方公共団体では、建築制限条例により、沿道建築物の間口率の最低限度を定めている。

　また、幹線道路の沿道地域における住宅等については、道路交通騒音の現状からは、遮音性能の優れた建築物を誘導することも重要である。特に、前述のバッファービル自身においては、当然にも遮音性能の高い建築物が要求されるものであり、公的な助成の行われている例もある。

4.4 低周波音

(1) 超低周波音と低周波音

　低周波音については、昭和50年ごろから社会的に話題になり、マスコミでも取り上げられるようになった。さらに、最近の苦情例をみると、1〜20 Hzの超低周波音のみならず、20〜100 Hzの低い周波数の音が問題となっている事例が増えている。なお、我が国では、1/3オクターブ中心周波数で1〜20 Hzの「耳に聞こえない音」といわれる超低周波音と、20〜100 Hzの可聴域の音を合せて低周波音と呼んでいる。

　このうち、超低周波音については、橋梁、燃焼機器などから発生する例があり、中央高速道の阿知川橋及び葛野川橋で発生した事例などが有名である。一方、低い周波数の音については、空調機、コンプレッサーなどから発生し、住宅が近接した地区で問題となることがあり、近隣騒音問題として地方公共団体への苦情相談が増加している。一般に、高い周波数の遮音対策は比較的容易であるが、低い周波数については、対策が困難な場合も多く、こじれて長期化する例も多い。

(2) 低周波音の影響

　低周波音の影響としては、**表 4.16** に代表的な例を示す。

表 4.16 低周波の影響の代表例

心理的苦情	いらいら、睡眠影響
生理的苦情	圧迫感、頭痛、耳鳴り
物的苦情	建具の振動、置物の移動・ずれ

　ここで、訴えの多い心理的苦情、生理的苦情は、感覚閾値より少し高いレベルで発生するといわれている。また、最近苦情として多い20〜100 Hzの可聴域の音が卓越する場合は、不快感は騒音レベルによる評価では、過小に評価する可能性があり、十分に留意しながら測定評価しなければならないといえる。

(3) 超低周波音とG特性

　国際的には、20 Hz以下の超低周波音の測定についての検討が進んでいる。その流れのなかで、1995年にISO 7196として超低周波音の感覚補正特性としてG特性が定められ広く使用されるようになってきた。この超低周波音用のG特性は、**図 4.14** に示す周波数重み特性となっており、20 Hzを中心に補正を行うようになっている。我が国でもこのG特性を内蔵した測定器が販売されており、超低周波音を含む低周波音の測定が本格的に行われるようになってきた。

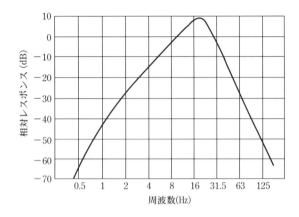

図 4.14 超低周波用の G 特性

(4) 低周波音の確認

　低周波音の測定の目的としては、(ア) 苦情の発生による調査、(イ) 現場把握や対策のための調査が多い。このうち、苦情の調査においては、何よりも、低周波音が発生していることの確認が重要である。「低周波音」がマスコミをにぎわしていることから、可聴域の騒音問題として解決すべき問題が、いたずらに低周波音問題とされている例もあり、注意しながら対処しなければならない。また、最近は、低周波振動や低周波電磁波などの用語がマスコミに登場しており、同じ低周波という用語を使うことから混乱する場合も多く、適切に事実を調査することが必要である。そこで、本格的な調査計画に先立って、予備調査を行うことが好ましく、必要により周辺住民等へのヒアリングを実施することが推奨される。

　ここにおいては、(ア) 耳で聞こえるか、(イ) 胸や腹を圧迫されるような感じがあるか、(ウ) 窓や戸などが揺れていないか、(エ) 窓や戸などがガタガタ音をたてていないかなどについて注意深く観察する必要がある。

　また、サウンドレベルメータ (騒音計) を使って簡易に低周波音の存在をチェックする場合は、C 特性の測定値と A 特性の測定値の差が 20 dB 以上の場合は、低周波成分が多い場合があると疑って措置する必要がある。これらの予備調査の結果から本格的に調査を行う必要が認められた場合は、苦情者宅の内外、発生源と思える施設周辺、苦情者が一番強く感じる場所で低周波音調査を行うことになる。

(5) 低周波音測定の注意点

　低周波音の測定は、1/3 オクターブバンド分析が行える G 特性付きの低周波音圧

レベル計が使われている。低周波音の影響が生じる周波数範囲はそれぞれ異なっているため、**表 4.17** に整理されているように区分して評価する必要があり、G 特性音圧レベルと 1〜80 Hz の 1/3 オクターブバンド音圧レベルの双方を測定する機器が必要となる。

表 4.17 測定すべき項目

感覚および睡眠への影響	G 特性補正音圧レベル、1/3 オクターブバンド音圧レベル
建具等のがたつき	1〜50 Hz の 1/3 オクターブバンド音圧レベル
圧迫感・振動感	1〜80 Hz の 1/3 オクターブバンド音圧レベル

低周波音の測定は、原則として時間重み付け特性 S を使用する。また、データの整理法は、低周波音の評価法が定まっていない現状では、騒音測定の例に準じて処理されている。すなわち、(ア) 定常とみなせる場合は読み取った値かエネルギー平均値、(イ) 大きく変動し最大値が明白な場合や衝撃音・間欠音の場合は最大値、で整理されている。なお、室内の測定においては、定在波 (部屋の中における固有振動ともいえ特定の地点で音圧が高くなる現象) に注意しながら、壁や窓から 1 m 以上はなれて、床上 1.2〜1.5 m で測定を行う。一般的には、一定間隔で細かく区切って測定するのがもっとも好ましい測定方法であるが、少なくとも影響がもっとも強く現れると思える地点を含む数箇所で測定を実施する必要がある。

風雑音対策としてウインドスクリーンを装着することが一般的に行われるが、低周波音の場合は大きな効果は期待できない。そこで、風が強い場合は、原則として測定を中止して、再測定を行う必要がある。

さらに、低周波音の場合は、一般の騒音と異なり風の強い日においては、屋内で風の影響は無いと思われる場合でも、外部における風の圧力変動が屋内まで伝わってきており、正確な測定は困難な場合が多い。そこで、風が強い場合は屋内での測定でも中止する必要がある。また、低周波音測定では、風雑音を除くと暗騒音レベルは低いため、暗騒音補正は一般的には行われない。その風雑音は、一般に大きく変動しており、暗騒音補正でその影響を除外することは困難であり、このような場合は、測定を中止しなければならない。

なお、環境庁 (現環境省) では、平成 12 年に「低周波音の測定方法に関するマニュアル」が作成されており、これらにより適切に措置する必要がある。

4.5 騒音に係る規格
4.5.1 国際規格と国内規格

　ISO(International Organization for Standardization) とは、国際標準化機構と訳されており、電気電子技術を除く分野での国際標準化を推進するため1946年に設立された国際機関で、本部はジュネーブにある。前身は、万国規格統一協会(ISA)で、我が国は1952年から参加しており、日本工業標準調査会(JISC)がメンバーになっている。このISO規格及び後述のIEC規格については、1979年に調印されたGATTの「貿易の技術的障害に関する協定」により、各国規格と国際規格の調和や諸手続の公開性が定められており、各国ともISO等の規格を尊重するようになっている。このISOでは、188のTC(Technical committee)と呼ばれる専門委員会で具体的な審議が行われ、TCの審議が終了すると、FDIS(最終規格案)として加盟国に送付されて投票にかけられ、75%以上の賛成によりIS(国際規格)となる。また、投票国の75%以上の賛成が得られずISとならなかった規格案についても、2/3以上の賛成でTS(技術仕様)、50%以上の賛成でPAS(公開有用仕様)として発行されている。

　IEC(International Electrotechnical Commission) とは、1906年に設立された電気電子技術の国際標準化を行っている機関で、国際電機標準会議と訳されている。略称は、IECであるが、仏語による表記では、語順の関係でCEIという表記になる。スイスのジュネーブに事務局があり、一国一機関のみが加入を認められており、日本からは日本工業標準調査会(JISC)が1953年に加盟している。IECは、1996年にCENELEC(欧州電気標準化機構)と協調して規格作業を行う協定を締結しており、原則としてIEC規格をCENELEC規格とし、場合によりCENELECでIEC原案作成を行うことなどが定められている。さらにCANENA(北米電気標準整合化評議会)との関係についても強化しており、これらの国際機関のうごきにも留意する必要がある。

　国際規格とは若干異なるが、大きな影響力をもっているものにEC指令がある。このEC指令は欧州指令と訳されているが、EU域内での規制撤廃や規格統一のためにEUから出される指令で、加盟国を拘束するものである。また、生産・流通等のEC指令実施のために、統一規格としてEN規格が定められており、この規格に適合している証として貼付する仕組みがCEマーキング制度である。このENとは、Norme Europeenne(仏語)のことであり、英語流では、European Standards

となる。EN 規格は EC 指令を実施するための統一規格という国家規格の地位が与えられており、EU 加盟各国は原則として EN 規格を国家規格として採用する義務と EN 規格に合致しない規格は撤回する義務を負っている。我が国としても欧州との貿易等において、これら EC 指令及び EN 規格に従う必要があるほか、EN 規格が ISO 規格や IEC 規格とは整合されていることから、きわめて重要な意味をもっている。

4.5.2 主な ISO 規格
(1) ISO 1996 シリーズ

環境騒音の測定等に関する規格で、旧版は、1982 年に ISO 1996–1(基本量及び手順)、1987 年に ISO 1996–2(土地利用に関するデータ収集) 及び ISO 1996–3(騒音限界への適用) が発行され、このうちの ISO 1996–1 が我が国の JIS Z 8731(環境騒音の表示・測定方法) の基になった規格である。その後、ISO では、ISO 1996 シリーズ全体の見直し、とくに環境騒音の評価に使用される評価騒音レベルの補正量について審議が進めら、2003 年になり、従来の3部構成を廃止して、改めて ISO 1996–1(基本量及び評価手順) と ISO 1996–2(音圧レベルの決定) が制定されている。このうち ISO 1996–1 においては、一般的評価量のほか、評価騒音暴露レベル、評価等価騒音レベルなどが定義され、複合日評価レベル (L_{Rden} 及び L_{Rdn}) も環境騒音の評価量として記述されている。これらの算出に用いる補正量については、付属書に示されており、具体的には各国が定めるとされている。また、我が国で低周波音と呼んでいる領域の音や社会反応調査における強い反応 (highly annoyed) の割合算出などについて情報も載せられており、今後我が国でも議論となる事項が含まれている。

(2) ISO 226

2003 年に第 2 版が発行された自由音場における純音の等ラウドネス曲線についての規格で最小可聴値が示されている。旧版は、Robinson–Dadson が 1956 年に公表したデータを基に作成されたが、今回の改正は、日本を含む各国の 18〜25 歳の正常な聴力をもつ被験者の最新データを使って作成されている。

(3) ISO 7029

2000 年に発行された年齢別による最小可聴値の統計的分布について記述した規格である。ここでは、18〜70 歳の男女別に示されており、分布が非対象であるため中央値を境に上側、下側に別けて標準偏差が示されている。

(4) ISO 9613 シリーズ

屋外伝搬における音の減衰について定めた規格で、アセスメントなどの広域的な予測において距離減衰計算にしばしば利用されている。ISO 9613-1(1993年：空気による音の吸収の計算) と ISO 9613-2(1996年：一般的計算方法) の2部が発行されている。

(5) ISO 7188

1994年に第2版が制定された自動車騒音に係る規格で、標準的な市街地走行の乗用車から放射される騒音の測定規格である。ここでは、加速度走行試験と定速走行試験を行い、両者の値にエンジン出力と車両重量を考慮して最終的な騒音値を算出する方法が採用されている。

(6) ISO 5130

1982年に制定された停車中の自動車の車外騒音について簡易測定法についての規格である。これは、使用過程車の整備不良や不法改造による騒音増加を防ぐために制定された測定法で、主として取締りに活用されるように簡便な手法となっている。

(7) ISO 3095

1975年に発行された鉄道車両の車外騒音の測定方法を定めた規格である。ここでは、各車両の最高速度及び都市間鉄道が 80 km/h、近郊鉄道と地下鉄が 60 km/h、トラムが 40 km/h における騒音レベルを測定し、必要により 1/3 オクターブ分析を行うものとされている。

4.5.3 主な IEC 規格

(1) IEC 61260

1995年8月に制定されたオクターブ及び 1/N オクターブバンドフィルターについての規格であり、この規格をもとに JIS C 1514 が定められている。ここで、1/N オクターブバンドの真の中心周波数 fm が $10^{3/10}$ のべき乗で記述されており、さらに 2 のべき乗による方法も記述されている。

(2) IEC 61672 シリーズ

従来のサウンドレベルメーター (Sound level meters) の規格である IEC 60651 と IEC 60804 を廃止して定められた新しいサウンドレベルメーターの規格である。3部で構成されており、2002年に IEC 61672-1(仕様)、2003年に IEC 61672-2(型

式評価試験) が発行されており、引続いて IEC 61672–3(定期試験) の発行も予定されている。我国の最新規格である JIS C 1509 シリーズはこの規格を基に作成されている。

4.5.4 主な EC 指令
(1) EC 機械指令

EC 機械安全指令又は MD 指令とも呼ばれており、主として産業用機械を対象とする EU の指令である。最初の指令は、89/392/EEC「機械設備に関する加盟国の法律を近似させるための指令」として出され、その後の追加指令を含めてニューアプローチ指令 98/37/EC として統合改正されている。

(2) EC 環境騒音指令

2002/49/EC として発せられた EU の指令で、環境騒音に関する評価と管理に関して指令しており、増加する騒音公害に対して、適切な対処を EU 加盟各国の大都市に要求している。ここでは、①騒音地図を作成してその情報を公開すること、②環境騒音低減のための行動計画を作ること、を各国に求めている。なお、評価量については、L_{den} と L_{night} となっており、各国は、具体的な規制について報告することになっている。

4.5.5 主な日本工業規格
(1) JIS C 1509–1(サウンドレベルメータ)

IEC 61672–1 を翻訳したサウンドレベルメータ (騒音計) の最新規格で、平成 17 年 (2005 年)3 月に制定され、長い間親しまれてきた JIS C 1502(普通騒音計)、JIS C 1505(精密騒音計) の両規格は、廃止された。この規格は、主として機器の仕様に係る規格であり、許容限度の差によりクラス 1 とクラス 2 に区分されており、周波数重み付け特性 (聴感補正) としては、A 特性、C 特性、オプションとして Z 特性が規定されている。時間重み付け特性 (動特性) としては、F 及び S が規定されている。なお、I(インパルス) については、最近の知見から、衝撃性騒音のラウドネス評価には適していないとの意見もあるが、いくつかの国際規格に採用されていることから、原規格と同様に附属書に記述された。この改正においては、国際整合の面から IEC の原規格に忠実に翻訳され、いくつかの新たな用語が採用された。また、A 特性・C 特性及び F・S の時間重み付きサウンドレベルの最

大値 ($L_{A,Fmax}$、$L_{A,Smax}$、$L_{C,Fmax}$、$L_{C,Smax}$) 及び C 特性ピークサウンドレベル ($L_{C,peak}$) を算出する機能をサウンドレベルメータに設けることも記述された。これらの評価量は、各種の規格で採用されており、これらに対処したものである。

(2) JIS C 1509–2 (サウンドレベルメータ)

　IEC 61672–2 の国際整合規格として平成 17 年 (2005 年) 3 月に制定されたサウンドレベルメータにかかる一連の規格である。この規格は、サウンドレベルメータの型式評価試験に関する事項について定めている。この型式評価試験は、提出された 3 台の評価品のうち 2 台を選び、少なくとも 1 台については、この規格の手順によりすべての検査を行うとされている。試験としては、①環境試験、②静電場試験、③無線周波試験、④無線周波エミッション及び商用電源への妨害、⑤電気音響試験が定められている。なお、引き続き 1509–3、1509–4 の発行が計画されている。

(3) JIS C 1512 (騒音レベル、振動レベル記録用レベルレコーダ)

　昭和 57 年 (1982 年) に制定された、騒音計および振動レベル計に接続して使用される指数応答型の特性をもつレベルレコーダの規格である。その後、平成 8 年 (1996 年) 4 月に、周波数範囲に係る改正が行われている。このレベルレコーダは、騒音計や振動レベル計を接続して、騒音規制基準の評価などに活用されている。最近は、測定器のデジタル化が進んでおり電子データとして記録することが多くなってきたが、騒音測定記録のチェックが行いやすいことから利用されている。

(4) JIS C 1513 (オクターブ及び 1/3 オクターブバンド分析器)

　昭和 58 年 (1983 年) 3 月に制定された騒音や振動を周波数分析する時に使用する分析器についての規格で、当時の国際規格である ISO 266、IEC pub.225 (変更された名称は IEC 60225) などに基づいて制定されている。フィルターの急峻性により、オクターブフィルターとして I 型、II 型、1/3 オクターブフィルターとして II 型、III 型に区分して記述してある。

　この IEC 60225 は、1/3 より狭いフィルターを含む、任意に分割した $1/N$ オクターブに対応するとして、1995 年になり、IEC 61260 に改正され、これを受けて、JIS C 1514 も制定されることになった。これにより、内容が重複する等により、JIS C 1513 の廃止が問題となった。しかしながら、この IEC 61260 や JIS C 1514 がフィルターに係る規格であり、分析器としての性格を有する JIS C 1513 とは異なる性格であることや、この規格が「計量法」で引用されていることから、従来の

考え方を踏襲して、旧 IEC 60225(1996 年) に基づくフィルター規格の分析器として存置されることになった。

(5) JIS C 1514(オクターブ及び 1/N オクターブフィルター)

平成 14 年 (2001 年)7 月に制定されたオクターブ及び 1/N オクターブフィルター等についての規格で、1995 年の IEC 61260 の翻訳規格である。任意の N に対して適用され、JIS C 1613 に規定されたオクターブフィルター II 型がこの規格では、クラス 1〜2、1/3 オクターブフィルター III 型がクラス 0 に相当する。また、オクターブフィルター I 型、1/3 オクターブフィルター II 型は、この規格に該当しなくなっている。

また、真の中心周波数 f_m については、

$$f_m = (G^{x/n})(f_r) \quad (x:0 \text{ または正、負の整数})$$

とされ、G としては、10 のべき乗 ($10^{3/10}$) と 2 のべき乗が示されており、10 のべき乗を推奨している。なお、f_r としては、1 000 Hz とされている。

(6) JIS C 1516（騒音計—取引又は証明用）

平成 26 年（2014 年）12 月に制定された規格で、計量法の特定計量器として騒音計に要求される、構造及び性能にかかる技術上の基準、検定の方法などを規定している。IEC 61672–1 及び IEC 61672–2 を基に JIS C 1509–1 を参照して計量法の検定の基になる性能などを規定している。この JIS を基にして、平成 27 年 4 月に特定計量器検定検査規則が改正され、平成 27 年 11 月に施行されて騒音計の検定制度が改正されている。検定の改正で主な点は次のとおりである。

① 使用環境に応じた耐環境性能などの性能要求事項と検査方法の追加
② 計量性能である器差とその検査方法の厳格化
③ レベル調整は音響校正器による調整を原則化

(7) JIS Z 8731（環境騒音の表示・測定方法 ）

この規格は、昭和 32 年の制定以来、すべての騒音の測定方法に係る基礎的な規格として機能してきた。その後、昭和 58 年に等価騒音レベルの採用など大規模な改正が行われ、その際に機械騒音等の測定については、それぞれの規格で定めることになった。さらに平成 11 年（1999 年）になり、ISO 規格との整合性を考慮して、環境騒音に係る測定法に純化した規格として、全面的に改正されている。

なお、当初の JIS Z 8731 では、まず B 特性で測定するとされ、65 dB 以下なら

ばA特性、80 dB以上ならばC特性で測定するとなっていた。しかし、この方法では手間のかかること、A特性が比較的聴感に近いこと、などから昭和41年の改正で、現在のようにA特性のみで測定することに規格が改正されている。

その後、この規格は騒音測定の基本として長い間活用され、法令や告示において引用されていたが、等価騒音レベルが国際的に評価量の主流になってきたため、1983年（昭和58年）に等価騒音レベルなどを導入して、ISO規格に準拠するように改訂された。さらに、平成11年（1999年）になり、ISO 1996-1の翻訳規格として改正が行われ、対象を環境騒音にかぎり、規格名称も「環境騒音の表示・測定方法」に変更された。

資料編　審議会答申

§1 騒音の評価手法等の在り方について（答申）
（平成 10 年 5 月 22 日　中央環境審議会）

中環審第 132 号
平成 10 年 5 月 22 日

環境庁長官
大木　浩　殿

中央環境審議会会長
近藤　次郎

騒音の評価手法等の在り方について（答申）

　平成 8 年 7 月 25 日付け諮問第 38 号をもって中央環境審議会に対して諮問のあった「騒音の評価手法等の在り方について」について、下記のとおり結論を得たので答申する。

記

　平成 8 年 7 月 25 日付け諮問第 38 号により中央環境審議会に対し諮問のあった「騒音の評価手法等の在り方について」については、騒音振動部会に騒音評価手法等専門委員会を設置し、同専門委員会において最新の科学的知見の状況等を踏まえ、騒音に係る環境基準（以下単に「環境基準」という。）における騒音評価手法の在り方及びこれに関連して再検討が必要となる基準値等の在り方について検討が行われ、その結果が別添の専門委員会報告として騒音振動部会に報告された。
　騒音振動部会においては、上記報告を受理し、審議した結果、騒音の評価手法等の在り方について、騒音評価手法等専門委員会の報告を採用することが適当であるとの結論を得た。
　よって、本審議会は次のとおり答申する。

はじめに
　昭和 46 年に設定された現行の環境基準では、騒音の評価手法として騒音レベルの中央値（$L_{50,T}$）によることを原則としてきた。しかし、その後の騒音影響に関する研究の進展、騒音測定技術の向上等によって、近年では国際的に等価騒音レベル（$L_{Aeq,T}$）によることが基本的な評価方法として広く採用されつつある。このような動向を踏まえると、環境基準における騒音の評価手法の在り方について再検討が必要となる。
　また、騒音の評価手法の再検討に関連して環境基準の基準値等の在り方についても再検討が必要となるが、その際には、現行の環境基準が設定された以降の騒音影響に

関する科学的知見の集積や、騒音問題の現状及び今後の対策の方向を踏まえて検討する必要がある。

騒音問題の現状をみると、一般地域については全国の測定地点の約7割で環境基準を達成しているが、道路交通騒音については各種の道路交通騒音対策の推進が図られているものの、環境基準の達成率は極めて低いまま推移し、また、幹線道路沿道においては要請限度を超える地区が多数見られるなど、道路交通騒音は深刻な状況にある。

このような状況の中で、平成7年3月の中央環境審議会の答申「今後の自動車騒音低減対策のあり方について（総合的施策）」において、自動車単体対策、道路構造対策、交通流対策及び沿道対策を適切に組み合わせて、総合的かつ計画的に自動車騒音問題を解決すべきであることが示された。その中で、特に幹線道路の沿道については、土地利用の適正化や住居の防音性能の向上等の道路に面する地域の実態に即した効果的な沿道対策を講じることが必要であることが示された。

今般、環境基準の基準値等の在り方を検討するに当たっては、現行基準値を単に換算するのではなく、新たな科学的知見に基づいて望ましいレベルを検討するとともに、上記の答申に示された今後の自動車騒音低減対策の基本的な考え方を具体化する見地から、道路に面する地域の実態に即した効果的な沿道対策を促す視点を加えるなど、道路交通騒音対策の推進に環境基準が目標としてより効果的に機能しうるものとする必要がある。

本報告はこのような基本的な考え方に基づき、騒音の評価手法の在り方及びこれに関連して再検討が必要となる基準値等の在り方について基本的な内容を示したものである。

1. 騒音の評価手法の在り方

騒音のエネルギーの時間的な平均値という物理的意味を持つ等価騒音レベル（$L_{Aeq,T}$）による騒音の評価手法は、以下の利点がある。

間欠的な騒音を始め、あらゆる種類の騒音の総曝露量を正確に反映させることができる。

環境騒音に対する住民反応との対応が、騒音レベルの中央値（$L_{50,T}$）に比べて良好である。

の性質から、道路交通騒音等の推計においても、計算方法が明確化・簡略化される。

等価騒音レベルは、国際的に多くの国や機関で採用されているため、騒音に関するデータ、クライテリア、基準値等の国際比較が容易である。

しかし、一方で、騒音レベルの変動に敏感な指標であるため、騒音の変動が大きい場合には、騒音レベルの中央値に比べてより長い測定時間を必要とすることから、測定の安定性と実用性の確保が重要となる。

以上から総合的に判断すると、騒音の評価手法としては、これまでの騒音レベルの中央値による方法から等価騒音レベルによる方法に変更することが適当である。

2. 評価の位置及び評価の時間等

(1) 環境基準の評価の原則

評価の位置

現行の環境基準においては、地域の騒音を代表すると思われる地点又は騒音に係る問題を生じやすい地点で評価することとされているが、騒音の影響は、騒音源の位置、住宅の立地状況等の諸条件によって局所的に大きく変化するものであるため、その評価は、個別の住居、病院、学校等（以下「住居等」という。）が影響を受ける騒音レベルによることを基本とし、住居等の建物の騒音の影響を受けやすい面における騒音レベルによって評価することが適当である。これにより、環境基準が個別の住居等の生活環境保全の目標としてその機能を果たすことが可能となる。

現行環境基準においては、著しい騒音を発生する工場及び事業場の敷地内、建設作業の場所の敷地内、飛行場の敷地内、鉄道の敷地内及びこれらに準ずる場所は測定場所から除くこととされており、この考え方を踏襲することが適当である。

なお、**5.**（2）に述べる屋内へ透過する騒音に係る基準については、騒音の影響を受けやすい面における屋外の騒音レベルから当該住居等について見込まれる防音性能を差し引いた値をもって評価を行うことが適当である。

　評価の時間
　ア）評価の期間
環境基準は、継続的又は反復的な騒音の平均的なレベルによって評価することが適当であるため、評価の期間は、継続又は反復の期間に応じて決める必要があるが、一般的には1年程度を目安として、そのうち平均的な状況を呈する日を選定して評価することが適当である。

　イ）1日における評価の時間
環境基準は、時間帯区分ごとの全時間を通じた等価騒音レベルと騒音影響の関係に関する科学的知見に基づいて設定されるため、時間帯区分ごとの全時間を通じた等価騒音レベルによって評価を行うことが原則である。測定を行う場合、時間帯を通じての連続測定を行うことが考えられるが、騒音レベルの変動等の条件に応じて、実測時間を短縮することも可能である。この場合、連続測定した場合と比べて統計的に十分な精度を確保しうる範囲内で適切な実測時間を定めることが必要である。

　推計の導入
必要な実測時間が確保できない場合や（2）に示すように地域として環境基準の達成状況を面的に把握する場合等においては、積極的に推計を導入することが必要である。

(2) 環境基準の達成状況の地域としての把握の在り方

一般地域（道路に面する地域以外の地域）においては、騒音の音源が不特定・不安定であるが、道路に面する地域と比べると地域全体を支配する音源がなく、地域における平均的な騒音レベルをもって評価することが可能であると考えられることから、原則として一定の地域ごとにその地域を代表すると思われる地点を選んで評価することが適当である。

道路に面する地域においては、一定の地域ごとに面的な騒音曝露状況として地域内の全ての住居等のうちの基準値を超過する戸数、超過する割合等を把握することによって評価することが適当である。この場合、地域内の全ての住居等における騒音レベルを測定することは極めて困難であるため、当面は実測に基づく簡易な推計によることが考えられるが、並行して、各種の推計モデルを用いた計算による騒音の推計手法を確立することが必要である。

3. 評価手法の変更に伴う環境基準値の再検討に当たっての考え方
(1) 科学的知見の集積と社会実態の変化

　　今回の評価手法の変更に伴う環境基準値の再検討に当たっては、現行環境基準が設定されてから約25年が経過し、この間に騒音影響に関する新たな科学的知見の集積、建物の防音性能の向上等の変化が見られることから、騒音影響に関する科学的知見について、睡眠影響、会話影響、不快感等に関する等価騒音レベルによる新たな知見を検討するとともに、建物の防音性能について、最近の実態調査の結果等を踏まえて適切な防音性能を見込むことが適当である。

(2) 地域補正等

　　環境基準の指針値を導くに当たっては、土地利用形態に着目した地域補正を行うことが適当である。また、後述するように、道路に面する地域においては、地域補正に加えて、道路の属性及び道路への近接性に着目した指針値設定を行うことが適当である。

(3) 騒音影響に関する屋内指針の設定

　　環境基準の指針値の検討に当たっては、生活の中心である屋内において睡眠影響及び会話影響を適切に防止する上で維持されることが望ましい騒音影響に関する屋内騒音レベルの指針（以下「騒音影響に関する屋内指針」という。）を設定し、これが確保できることを基本とするとともに、不快感等に関する知見に照らした評価を併せて行うことが必要である。

　　騒音影響に関する屋内指針は、睡眠影響及び会話影響に関する科学的知見を踏まえ、表1のとおりとすることが適当である。

表1　騒音影響に関する屋内指針

	昼間［会話影響］	夜間［睡眠影響］
一般地域	45 dB 以下	35 dB 以下
道路に面する地域	45 dB 以下	40 dB 以下

(4) 建物の防音性能

　　建物の防音性能については、通常の建物において窓を開けた場合の平均的な内外の騒音レベル差（防音効果）は10 dB、窓を閉めた場合は建物によって必ずしも一様でないが、通常の建物においておおむね期待できる平均的な防音性能は25 dB 程度であると考えられる。

(5) 時間帯の区分

　　現行の環境基準では、昼間、夜間に加えて朝、夕の時間帯を設けているが、特に朝、夕の時間帯に固有の騒音影響に関する知見がないこと等を考慮して、朝、夕の時間帯の区分は設けないこととすることが適当である。

　　昼間、夜間の時間帯の範囲については、平均的な起床・就眠の時刻を参考にすると、昼間は午前6時から午後10時まで、夜間を午後10時から翌日午前6時までとして、都道府県等による差を設けず、一律に適用することが適当である。

(6) 対象騒音の範囲

　　現行の環境基準は、航空機騒音、鉄道騒音及び建設作業騒音には適用しないものとされており、今回の環境基準の指針値の検討に当たってもこの考え方を踏襲する

こととする。

4. 一般地域における環境基準の指針値
(1) 一般地域の地域補正を行う類型区分

　一般地域については、前述の地域補正の考え方を踏まえ、現行の環境基準と同様にA地域（主として住居の用に供される地域）、B地域（相当数の住居と併せて商業、工業等の用に供される地域）及びAA地域（療養施設、社会福祉施設等が集合して設置される地域等特に静穏を要する地域）の類型ごとに指針値を設定することが適当である。

(2) 一般地域の環境基準の指針値

　3. に示した考え方により、A地域について望ましいレベルを導くとともに、これに地域補正を加えて検討した結果、一般地域の環境基準の指針値を表2のとおりとすることが適当である。

表2　一般地域の環境基準の指針値

	昼間	夜間
特に静穏を要する地域（AA地域）	50 dB 以下	40 dB 以下
主として住居の用に供される地域（A地域）	55 dB 以下	45 dB 以下
相当数の住居と併せて商業、工業等の用に供される地域（B地域）	60 dB 以下	50 dB 以下

5. 道路に面する地域の環境基準の指針値
(1) 道路に面する地域の範囲等

　道路に面する地域については、一般地域とは別に環境基準の指針値を設定することとするが、A地域のうち、1車線の道路（幅員が5.5m未満の道路をいう。）に面する地域については、道路交通騒音が支配的な音源である場合が少ないと考えられるので、一般地域の環境基準を適用することが適当である。

　また、AA地域については、当該地域の特性にかんがみ、道路に面する場合であっても補正を行わず、一般地域の環境基準を適用することが適当である。

　道路に面する地域の指針値を適用する範囲は、道路交通騒音が支配的な音源である範囲とすることが適当であり、道路からの距離により道路に面する地域の範囲を規定することは適当ではない。

(2) 道路に面する地域の環境基準の類型区分等
　① 土地利用形態による類型区分

　道路に面する地域の類型区分については、我が国の都市の一般的な構造を踏まえ、専ら住居の用に供される地域（以下「C地域」という。）並びに、主として住居の用に供される地域（C地域を除く。）及び相当数の住居と併せて商業、工業等の用に供される地域（以下「D地域」という。）とすることが適当である。

　② 幹線交通を担う道路に近接する空間（以下「幹線道路近接空間」という。）における特例の必要性

　幹線道路近接空間については、その騒音実態、居住実態等の実情にかんがみれば、道路に面する地域の類型区分に応じた環境基準の指針値を一律に適用することは適

当でなく、別途固有の環境基準の指針値を設定して総合的な対策の目標とする必要があると考えられる。

　すなわち、欧米諸国と比較して狭隘な国土に高密度の人口集積がある我が国の国土条件の下においては、土地利用形態による類型区分にかかわらず道路交通や地域の状況によっては屋外の騒音低減対策には物理的あるいは技術的な制約があることに加え、現実に幹線道路近接空間において居住実態があり、行政としてはその生活環境を適切に保全することが必要であるため、幹線道路近接空間について、その特別な条件を前提とした上で、道路に面する地域の屋内指針を満たすことができる範囲内で固有の目標を環境基準の指針値の特例として定め、これによって幹線道路近接空間の特別な条件に対応した具体的な施策の推進を促すこととすることが適当である。

　この場合、幹線交通を担う道路の範囲は、道路網の骨格を成す道路が該当するように定めること、また、幹線道路近接空間の範囲は道路端からの距離により定めることとし、具体的な距離は、騒音の減衰特性、家屋の立地状況等を勘案して定めることが適当である。

③　幹線道路近接空間における指針値の特例

　幹線道路近接空間の指針値の特例については、その居住実態等を踏まえ、窓を閉めた屋内において騒音影響に関する屋内指針が確保されるよう屋外の指針値を導出することとする。この場合、昼間 70 dB 以下、夜間 65 dB 以下とすることが考えられ、このレベルが確保されていれば、ある程度窓を開けた状態でもかなりの程度の会話了解度が確保できると考えられること、不快感等に関する知見に照らしても容認しうる範囲内にあると考えられること等から、住居全体としては生活環境を適切に保全することができるものと考えられる。また、このレベルは土地利用形態による類型区分にかかわらず設定するものであるが、結果として、幹線道路近接空間全体として現行の環境基準値と同等の範囲内であると考えられる。

　幹線道路近接空間に存する住居等（以下「幹線道路近接住居等」という。）については、主として窓を閉めた生活が営まれている場合には、必要な防音性能を確保することにより屋外で環境基準の指針値が達成された場合と実質的に同等の生活環境を保全することができると考えられる。

　幹線道路近接空間においては、地域の状況によっては屋外の騒音低減対策のみでは早期に十分な改善を図ることが困難であると考えられることから、地域の実情に応じて屋外騒音の低減のための諸対策と併せて防音性能の向上を含む沿道対策の推進を促すことが必要である。環境基準は原則として屋外の騒音レベルについて設定されるものであり、屋内の指針値は環境基準とは別の対策目標として位置付けることが適当ではないかという考え方もあるが、環境基準は屋外の騒音レベルで示すことを原則としつつも、幹線道路近接空間については、その特別な条件にかんがみ建物の防音性能の向上等の沿道対策の推進も視野に入れた対策の目標として環境基準を機能させるため、その指針値の特例の中で屋内の指針値を位置付けることが適当である。

　このため、騒音の影響を受けやすい面の屋内において主として窓を閉めた生活が営まれていると認められる住居等については、幹線道路近接空間における指針値の特例として設定した屋外の指針値に代わるものとして、屋内へ透過する騒音（以下、

単に「透過する騒音」という。）に係る指針値を設定し、これを適用することができるものとすることが適当である。

透過する騒音に係る指針値は、以上の趣旨で導入するものであり、生活環境の保全を図る観点からその適切な運用を図る必要がある。

(3) 道路に面する地域の環境基準の指針値

3. に示した地域補正等の考え方及び (2) を踏まえ検討した結果、道路に面する地域の環境基準の指針値を表3のとおりとすることが適当である。

表3　道路に面する地域の環境基準の指針値

	昼間	夜間
専ら住居の用に供される地域（C地域）	60 dB 以下	55 dB 以下
主として住居の用に供される地域（C地域を除く）及び相当数の住居と併せて商業、工業等の用に供される地域（D地域）	65 dB 以下	60 dB 以下

この場合において、幹線交通を担う道路に近接する空間については、道路に面する地域の指針値の特例として上表にかかわらず次表の指針値のとおりである。

	昼間	夜間
幹線交通を担う道路に近接する空間	70 dB 以下	65 dB 以下

騒音の影響を受けやすい面において、主として窓を閉めた生活が営まれていると認められる場合については、透過する騒音に係る指針値（屋内へ透過する騒音が昼間 45 dB 以下、夜間 40 dB 以下であることをいう。）によることができる。

6. 環境基準の指針値の達成期間等

(1) 一般地域の環境基準の指針値の達成期間

一般地域においては現行環境基準と同様に、環境基準設定後直ちに達成又は維持されるよう努めるものとすることが適当である。

(2) 道路に面する地域の環境基準の指針値の達成期間

新たに設置する道路においては、道路に面する地域の環境基準の指針値が供用後直ちに達成されるよう努めることとすることが適当である。

既設道路においては、環境基準の指針値を現に下回っている場合にはこれを維持し、現に超過している場合には、関係行政機関及び関係地方公共団体の協力のもとに、自動車単体対策、道路構造対策、交通流対策、沿道対策等を総合的に講ずることにより 10 年を目途として達成されるよう努めるものとすることが適当である。また、幹線交通を担う道路に面する地域であって、交通量が多くその達成が著しく困難なものにおいては、対策技術の大幅な進歩、都市構造の変革等と相俟って、10 年を超えて可及的速やかに達成されるよう努めるものとすることが適当である。

(3) 幹線交通を担う道路の著しい騒音が直接到達する住居等の達成評価

　　幹線道路近接住居等に準ずるものとして、幹線道路近接空間の背後のC地域又はD地域に立地している中高層の集合住宅などで、その中高層部に生活の中心があり、そこへ道路からの著しい騒音が直接到達している場合、騒音レベルとしては幹線道路近接住居等ほどではないにせよ、広い範囲から騒音が到達するため、屋外騒音を低下させることが困難である場合が多い。

　　したがって、このような住居等において、騒音の影響を受けやすい面において主として窓を閉めた生活が営まれていると認められる場合にあっては、建物の防音対策の推進を促す見地からも、その屋内で透過する騒音に係る指針値を満たす場合には、環境基準を達成しているとみなすことが適当である。

　　このような達成評価は、以上の趣旨で行うものであり、生活環境の保全を図る観点からその適切な運用を図る必要がある。

(4) 幹線道路近接空間における騒音対策の総合的推進

　　幹線道路近接空間に立地する住居等において、騒音の影響を受けやすい面の屋内において主として窓を閉めた生活が営まれていると認められる場合には、屋内へ透過する騒音に係る指針値によることができることとするものであるが、地域の実情等に応じて、自動車単体対策、道路構造対策及び交通流対策による屋外騒音の低減対策と建物の防音性能の向上を含む沿道対策を適切に組み合わせることにより環境基準の達成に努める必要がある。

　　幹線道路近接空間における指針値の設定は幹線交通を担う道路に近接して住居等が多数立地する我が国の国土条件等を踏まえたものであるが、幹線交通を担う道路に面して大規模な再開発を行おうとする場合等において可能な場合には当該道路の沿道に非住居系の土地利用を誘導するよう努めることが適当である。また、住居立地が避けられない場合においては、一定の防音性能の確保を求めていくことが必要である。

　　さらに、幹線交通を担う道路の新設に当たっては、道路計画において騒音低減のための可能な限りの配慮を行うとともに、周辺の土地利用状況を踏まえつつ、沿道における非住居系の土地利用への誘導や建物の防音性能の確保等の沿道対策を道路計画と一体的に計画していくよう努める必要がある。

(5) 高騒音地域における対策の優先的実施

　　平成7年3月の中央環境審議会答申において、「21世紀初頭までに道路に面する住宅等における騒音を夜間に概ね要請限度以下、その背後の沿道地域における騒音を夜間に概ね環境基準以下に抑える」ことが当面の目標とされており、各地域レベルの対策協議もこの方向で進行中である。

　　したがって、対策の継続性の観点から、夜間の現行要請限度を総合した値として、夜間等価騒音レベル73dBを目安として、これを超える地域における騒音対策を優先的に実施するものとすることが適当である。

7. 今後展開するべき施策

(1) 道路に面する地域について今後展開するべき施策

　　平成7年3月の中央環境審議会答申「今後の自動車騒音低減対策のあり方について（総合的施策）」及びその後の社会情勢の推移等を踏まえ、道路交通騒音対策を強

力に推進するとともに、新たな環境基準の達成を図るために、特に以下の施策を早急に展開する必要がある。
　ア）自動車単体対策の促進と低騒音な自動車の普及
　平成4年中央公害対策審議会中間答申及び平成7年中央環境審議会答申において示された自動車単体に係る騒音の許容限度設定目標値の早期達成に努めるとともに、更なる自動車単体の騒音低減に努める必要がある。
　また、従来型の自動車に比較して低騒音な電気自動車、CNG車等の低公害車の大量普及を促進する必要がある。
　イ）高騒音地域にプライオリティを置いた対策の段階的かつ計画的な実施
　騒音の状況が深刻な地域における関係機関の対策協議を一層促進し、高騒音地域の解消を図り、次いで環境基準の達成を目指して、総合的かつ計画的な対策推進を図るための枠組みを強化する必要がある。
　なお、一般国道43号及び阪神高速道路（県道高速神戸西宮線及び県道高速大阪西宮線）に係る訴訟における最高裁判決は、個別の事案における民事賠償責任について、侵害行為の態様と侵害の程度、被侵害利益の性質と内容、侵害行為の持つ公共性ないし公益上の必要性の内容と程度等を比較検討するほか、侵害行為の開始とその後の継続の経過及び状況、その間に採られた被害の防止に関する措置の有無及びその内容、効果等の事情をも考慮し、これらを総合的に考察した結果示された判断であると考えられ、全国的には本報告に示す環境基準の指針値を対策の目標として、その達成に向けて施策の段階的かつ計画的な実施が必要である。
　ウ）沿道対策の推進強化
　欧米諸国の対策の考え方を参考として、道路沿道への住居立地に当たっては、地域の特性に応じて、その構造を防音性能が高く、騒音の影響を受けにくいものとするよう普及啓発を行うことが必要である。また、道路の新設に当たっては、沿道対策を一体的かつ計画的に推進していくことに努める必要がある。
　また、我が国の沿道対策に関する代表的な制度としては「幹線道路の沿道の整備に関する法律」があり、今後とも道路交通騒音が深刻な地域での対策手段として、その充実と適用拡大を図るべきであるが、さらに、幹線道路近接住居等の屋内へ透過する騒音に係る指針値等に対応して、既設住居については防音工事助成の抜本的な拡充を図るとともに、沿道耐騒音化対策のための規制や助成のスキームを整備すべきである。
　さらに、上記の施策のための基本的条件として、敷地の騒音状況に関する情報提供や住宅の防音性能を入居者に対して明示させる方策等を確立するべきである。
　エ）新環境基準に対応したモニタリング体制の確立
　道路に面する地域の環境基準について示した道路交通騒音の基準超過戸数等による評価を実施するに当たっては、騒音レベルの推計方法の開発や沿道土地利用に関する各種データベースの整備等多くの課題があるが、国と地方公共団体の緊密な連携の下に、早急にモニタリングのための体制整備を図る必要がある。このため、地方公共団体における適切なモニタリングの実施のための支援措置を講じるとともに、的確で効率的なモニタリングを行うための技術開発を促進する必要がある。
(2) その他の騒音対策等
　① 道路交通以外に起因する騒音の対策

法に基づく現行の規制を適切に実施するとともに、技術開発の促進、移転に対する支援等の土地利用対策等を進めることが必要である。また、近隣騒音を防止するため、普及啓発等の対策を進める必要がある。

② 科学的知見の充実

環境基準の指針値は、現時点で得られる科学的知見に基づいて設定されたものであるが、常に適切な科学的判断が加えられ、必要な改定がなされるべき性格のものである。このためには、騒音の睡眠への影響、騒音に対する住民反応等に関し、特に我が国の実態に基づく知見の充実に努めることが必要である。

むすび

以上に示した新たな環境基準の検討結果においては、騒音の評価手法について等価騒音レベルに変更するとともに、個別の住居等の騒音レベルによる評価を基本とすることとしており、これにより、騒音のより適切な評価が可能となるとともに、環境基準が生活環境保全の目標としてより効果的に機能を果たすことが可能となる。

また、環境基準の指針値については、騒音影響に関する等価騒音レベルによる新たな科学的知見等に基づいて導いたものであるが、一般地域及び道路に面する地域ともに現行の環境基準値に比べ全体として強化されたものとなっている。

幹線道路近接空間における指針値の特例は、我が国の国土条件、自動車交通の状況等の下で、このような空間に現実に住居等が多数立地し、また、対策面での制約等があることを踏まえ、その生活環境を適切に保全するために設けたものであるが、これは、環境基準の対策の目標としての性格を重視し、効果的な沿道対策等を促すものとすることが重要と判断したものである。

政府は、以上のような趣旨を踏まえ、その適切な運用を図りつつ、環境基準の達成に向けて、制度的枠組みの拡充を含め総合的な騒音対策の推進に取り組むべきである。

参考資料

1. 騒音の評価手法について（L_{50} から L_{Aeq} への変更）

騒音評価手法としての L_{50} と L_{Aeq} との一般的特性を比較すると次のとおり。

	L_{Aeq}	L_{50}
基本的特性	・騒音のエネルギー平均値（dB表示値） ・突発的、間欠的な音に影響される。（時間的、空間的安定性は高くない＝感度が高い。） ・騒音の変動特性によらず適用でき複合騒音にも適用容易。	・騒音レベルの中央値 ・突発的、間欠的な音に影響されにくい。（時間的、空間的安定性が高い＝感度が低い。） ・騒音の特性が異なる場合や複合騒音の場合の評価が困難。 　また、異なる騒音に対する測定結果を相互に比較することが困難。
	両指標により同時に計測した場合、騒音の変動の度合いにより程度は異なるが、通常 L_{Aeq} の方が L_{50} よりも値が大きくなる。	

	L_{Aeq}	L_{50}
住民反応との関係	間欠的な騒音をはじめ騒音の暴露量が数量的に必ず反映されるため住民反応と比較的よく対応する。	L_{Aeq}と比較すれば、間欠的な騒音が数量的に反映されにくいため、住民反応との相関はあまりよくない。
予　　測	騒音のエネルギーを時間平均したものであるので、予測地点の騒音分布を再現しなくても騒音のエネルギー平均値を予測すれば足りる点で予測計算が簡略化・明確化される。	騒音分布に左右されるので、厳密には、予測地点における騒音分布を再現する必要がある点で予測計算が行いにくい。（ただし、経験式による予測の実績はあり）
測　　定	騒音レベルの変動に敏感な指標であるため、変動が大きい場合には、ある程度の時間をかけて測定しなければ安定したデータが得られない。（安定性と実用性の両立が課題）	比較的短時間の測定で安定したデータを得ることができる。
国際的動向	国際的に多くの国や機関で採用されており、国際的なデータの比較が非常に容易。	国際的にはほとんど使用されていないので、国際的なデータの比較が難しい。

2. 現行環境基準値と新環境基準指針値の比較

一般地域

地域の区分	現行環境基準 ($L_{50,T}$)		現行環境基準 ($L_{Aeq,T}$換算値)		新環境基準指針値 ($L_{Aeq,T}$)	
	昼	夜	昼	夜	昼	夜
特に静穏を要する地域　　AA	45	35	50	40	50 dB	40 dB
主として住居の用に供される地域　A	50	40	55	45	55 dB	45 dB
相当数の住居と併せて商業、工業等の用に供される地域　B	60	50	63	54	60 dB	50 dB

道路に面する地域

地域の区分	現行環境基準 ($L_{50,T}$)		現行環境基準 ($L_{Aeq,T}$ 換算値)		新環境基準指針値 ($L_{Aeq,T}$)	
	昼間	夜間	昼間	夜間	昼間	夜間
専ら住居の用に供される地域　　　　C	55～60	45～50	67	65	60 dB	55 dB
主として住居の用に供される地域及び住居と併せて商工業等の用に供される地域　D	55～65	45～60	67～72	65～70	65 dB	60 dB

幹線道路近接空間の特例

地域の区分	現行環境基準 ($L_{50,T}$)		現行環境基準 ($L_{Aeq,T}$ 換算値)		新環境基準指針値 ($L_{Aeq,T}$)	
	昼間	夜間	昼間	夜間	昼間	夜間
幹線道路近接空間	55～65	45～60	67～72	65～70	70 dB (45 dB)*	65 dB (40 dB)*

＊屋内へ透過する騒音に係る基準

注）表中 $L_{Aeq,T}$ への換算値は地方公共団体等による $L_{Aeq,T}$ と $L_{50,T}$ の同時計測結果により $L_{Aeq,T}$ と $L_{50,T}$ の関係式を求めて導出したもの。

3. 道路に面する地域の現状における騒音レベル推計値

(1) 騒音レベル（道路端推計値）別超過道路延長（両側 km、％）

		55 dB 超	60 dB 超	65 dB 超	70 dB 超	75 dB 超	80 dB 超	合計
夜間	C 地域	5 100 km 91.1 %	3 900 69.4	1 700 30.4	400 7.1	50 0.9	0 0.0	5 600 100.0
	D 地域	39 800 96.1	34 200 82.6	20 100 48.6	8 000 19.3	1 550 3.7	20 0.1	41 400 100.0
	夜間計	44 900 95.5	38 100 81.1	21 800 46.4	8 400 17.9	1 600 3.4	20 0.1	47 000 100.0
昼間	C 地域	5 600 100.0	5 400 96.4	4 500 80.4	1 800 32.1	100 1.8	0 0.0	5 600 100.0
	D 地域	41 300 99.8	40 500 97.8	37 200 89.9	22 600 54.6	4 000 9.7	100 0.2	41 400 100.0
	昼間計	46 900 99.8	45 900 97.7	41 700 88.7	24 400 51.9	4 100 8.7	100 0.2	47 000 100.0

注)
① 平成6年度道路交通センサスデータ及び環境庁作成の L_{Aeq} 予測式により道路端の騒音レベルを推計。
② 推計対象：都市高速道路を除く道路交通センサス対象道路であって、用途地域内に存する区間

(2) 騒音レベル別超過戸数（道路端からの距離別両側戸数、％）

		55 dB 超	60 dB 超	65 dB 超	70 dB 超	75 dB 超	80 dB 超	合計
夜間	10 m 以内	870 千戸 97.4 %	785 87.9	497 55.7	181 20.3	25 2.8	0 0.0	893 100.0
	20 m 以内	1 676 88.2	1 218 64.1	622 32.7	195 10.3	25 1.3	0 0.0	1 900 100.0
	30 m 以内	2 131 75.3	1 377 48.7	650 23.0	195 6.9	25 0.9	0 0.0	2 830 100.0
	50 m 以内	2 583 55.3	1 486 31.8	658 14.1	195 4.2	25 0.5	0 0.0	4 673 100.0
昼間	10 m 以内	891 99.8	881 98.7	824 92.3	511 57.2	82 9.2	2 0.0	893 100.0
	20 m 以内	1 873 98.6	1 742 91.7	1 170 61.6	549 28.9	83 4.4	2 0.1	1 900 100.0
	30 m 以内	2 699 95.4	2 161 76.4	1 246 44.0	552 19.5	83 2.9	2 0.1	2 830 100.0
	50 m 以内	3 786 81.0	2 460 52.6	1 269 27.2	553 11.8	83 1.8	2 0.1	4 673 100.0

注)
① 平成6年度道路交通センサスデータ及び環境庁作成の L_{Aeq} 予測式により道路端の騒音レベルを推計。
② 推計対象：都市高速道路を除く道路交通センサス対象道路であって、用途地域内に存する区間
③ 沿道の建物の立地状況については、東京都の都市計画情報のデータベースから、用途地域、道路幅員及び沿道人口密度ランクにより、全国の沿道に外挿して推定。
④ 道路端以外の沿道騒音分布については、　の沿道建物の立地状況（建物密度、建物の高さ等）から、騒音の減衰量を推定。

§2 騒音の評価手法等の在り方について (報告)
(平成 10 年 5 月 22 日　中央環境審議会騒音振動部会騒音評価手法等専門委員会)

　平成 8 年 7 月 25 日付け諮問第 38 号により中央環境審議会に対し諮問のあった「騒音の評価手法等の在り方について」については、同審議会騒音振動部会に騒音評価手法等専門委員会が設けられ、最新の科学的知見の状況等を踏まえ、騒音に係る環境基準(以下単に「環境基準」という。)における騒音評価手法の在り方及びこれに関連して再検討が必要となる基準値等の在り方について検討を行ってきた。
　環境基準における騒音の評価手法の在り方及び一般地域のうち主として住居の用に供される地域(以下「住居系地域」という。)における環境基準の指針値等に関する検討結果については、平成 8 年 11 月に本専門委員会の中間報告として取りまとめた。
　その後、一般地域のうち住居系地域以外の地域及び道路に面する地域における環境基準の指針値について当専門委員会において引き続き検討を行ってきた。
　また、道路に面する地域の環境基準の指針値の設定は、道路交通騒音対策の在り方と深く関わるため、道路交通騒音対策の基本的な在り方が示された平成 7 年 3 月の中央環境審議会答申「今後の自動車騒音低減対策のあり方について(総合的施策)」を踏まえて検討を行った。
　以上の検討の結果を、中間報告の内容と合わせて取りまとめたのでここに報告する。

1. 騒音評価手法の在り方
　騒音のエネルギーの時間的な平均値という物理的意味を持つ等価騒音レベル($L_{Aeq,T}$)による騒音の評価手法は、以下の利点がある。
　① 間欠的な騒音を始め、あらゆる種類の騒音の総曝露量を正確に反映させることができる。
　② 環境騒音に対する住民反応との対応が、騒音レベルの中央値($L_{50,T}$)に比べて良好である。
　③ ①の性質から、道路交通騒音等の推計においても、計算方法が明確化・簡略化される。
　④ 等価騒音レベルは、国際的に多くの国や機関で採用されているため、騒音に関するデータ、クライテリア、基準値等の国際比較が容易である。
　しかし、一方で、騒音レベルの変動に敏感な指標であるため、騒音の変動が大きい場合には、騒音レベルの中央値に比べてより長い測定時間を必要とし、測定の安定性と実用性が課題となる。
　以上から判断すると、測定に係る一部課題はあるものの、騒音の評価手法としては、これまでの騒音レベルの中央値による方法から等価騒音レベルによる方法に変更することが適当である(別紙 1)。

2. 評価の位置及び評価の時間等
(1) 環境基準の評価の原則
　　① 評価の位置
　　　騒音の影響は、騒音源の位置、住宅の立地状況等の諸条件によって局所的に大き

く変化するものであるため、その評価は、個別の住居、病院、学校等（以下「住居等」という。）が影響を受ける騒音レベルによることを基本とし、住居等の建物の騒音の影響を受けやすい面における騒音レベルによって評価することが適当である。

騒音の影響を受けやすい面は、通常、音源側の面であると考えられるが、開放生活（庭、ベランダ等）側の向き、居寝室の位置等により音源側と違う面となることがある。また、音源が不特定な場合には、開放生活側の向き等を考慮して騒音の影響を受けやすい面を選ぶ必要がある。

また、騒音の影響を受けやすい面は、住居等の高さも考慮して選ぶ必要がある。現行環境基準においては、地上1.2〜1.5mを原則としているが、当該住居等において最も住民が騒音の影響を受けやすい生活の中心となる階の高さとすることを原則とすることが適当である。例えば、中高層の集合住宅においては、個々の住居の存する階で評価することが適当である。

建物直近においては当該建物による反射の影響が考えられるので、これを避けうる位置で評価する必要があり、これが困難な場合には実測値を補正することが必要である。

現行環境基準においては、著しい騒音を発生する工場及び事業場の敷地内、建設作業の場所の敷地内、飛行場の敷地内、鉄道の敷地内及びこれらに準ずる場所は測定場所から除くこととされている。今回の環境基準の見直しに当たってもこの考え方を踏襲することが適当である。

なお、5.(3)に述べる屋内へ透過する騒音に係る指針値については、以上の評価の位置における屋外の騒音レベルから当該住居等について見込まれる防音性能を差し引いた値をもって評価を行うことが適当である。

② 評価の時間

ア）評価の期間

環境基準は、継続的又は反復的な騒音の平均的なレベルによって評価することが適当である。騒音が継続され又は反復される期間ないし周期は騒音の発生源によって異なり、これに応じて適切な測定、評価を行う必要があり、1年程度の期間を目安として評価することが適当である。

この場合、年間を通じた測定に基づく評価を実施することも考えられるが、測定の実施可能性等の見地から、1年間のうち平均的な状況を呈する日を選定して評価することが適当である。また、その選定に当たっては、祭りの音等一時的な音を避けうる日を選ぶこと、雨天等の日を避けること等が必要である。また、周辺の事業場等の事業活動の平均的な状況を反映する曜日を選ぶこと、道路に面する地域においては休日と平日の交通量の変化等を勘案しつつ、道路交通騒音が平均的な状況を呈する日を選ぶ必要がある。

イ）一日における評価の時間

環境基準は、時間帯区分ごとの全時間を通じた等価騒音レベルと騒音影響の関係に関する科学的知見に基づいて設定されるため、時間帯区分ごとの全時間を通じた等価騒音レベルによって評価を行うことが原則である。したがって、現行環境基準においては、特に覚醒及び就眠の時刻に注目して測定することとされているが、等価騒音レベルによる新環境基準における評価に当たっては、時間帯区分中の特定の時刻に注目することは適当でない。

測定を行う場合、時間帯を通じての連続測定を行うことが考えられるが、騒音レベルの変動等の条件に応じて、実測時間を短縮することも可能である。この場合、連続測定した場合と比べて統計的に十分な精度を確保しうる範囲内で適切な実測時間を定めることが必要である。
③ 推計の導入
環境基準の評価は、実測による場合の他、交通流や道路構造等のデータからの推計又は実測と推計を組み合わせた方法によることが可能である。また、必要な実測時間が確保できない場合や(2)に述べるような地域として環境基準の達成状況を把握する場合等においては、積極的に推計を導入することが必要である。

(2) 環境基準の達成状況の地域としての把握の在り方
地域における騒音の評価は、全国又は地域における一般的な騒音状況に関する情報及び対策の実施に当たって有益な情報の収集を目的とするものである。環境基準の達成状況の地域としての把握の在り方は次のとおりである。
① 一般地域(道路に面する地域以外の地域)
一般地域においては、騒音の音源が不特定・不安定であるが、道路に面する地域と比べると地域全体を支配する音源がなく、地域における平均的な騒音レベルをもって評価することが可能であると考えられることから、原則として一定の地域ごとにその地域を代表すると思われる地点を選んで評価することが適当である。
② 道路に面する地域
道路に面する地域においては、一般地域と異なり騒音の音源が特定されていること、道路端からの距離等によって騒音レベルが大きく変化すること、評価の結果が道路交通騒音対策の計画的、体系的な推進に反映される必要があることなどから、一定の地域ごとに面的な騒音曝露状況として地域内の全ての住居等のうちの基準値を超過する戸数、超過する割合等を把握することによって評価することが適当である。
この場合、地域内の全ての住居等における騒音レベルを測定することは極めて困難であり実際的でないため、当面は実測に基づく簡易な推計によることが考えられるが、並行して、各種の推計モデルを用いた計算による騒音の推計手法を確立することが必要である。また、実測と推計を組み合わせることにより、推計の精度を向上させ、より信頼性の高い面的な曝露状況の把握を行う手法の開発も行う必要がある。

3. 評価手法の変更に伴う環境基準値の再検討に当たっての考え方
(1) 現行の環境基準値設定の考え方
現行の環境基準値の設定に当たっては、騒音影響に関する科学的知見から生活環境上の影響がほとんど生じない屋内騒音レベルに、建物の防音性能を見込んで、屋外において維持されることが望ましいレベルを導き、更に住民の苦情、心理的影響等に関する知見と照らし合わせた上でこれを基礎指針並びに一般地域のうち住居系地域の指針値とした。これに都市騒音の実態や住民反応の違いなどを考慮して土地利用形態による地域補正を加えるとともに、騒音影響に関する科学的知見に照らして評価した上で、一般地域における地域の類型別の環境基準値を設定している。
また、道路に面する地域については、道路の公共性、沿道地域の受益性、道路交通騒音の実態等を考慮して、一般地域の基準値にさらに地域補正を加えるとともに、

騒音影響に関する科学的知見に照らして評価した上で、一般地域とは別に地域の類型及び道路の区分別の環境基準値を設定している。
(2) 科学的知見の集積と社会実態の変化
　今回の評価手法の変更に伴う環境基準値の再検討に当たっては、現行環境基準が設定されてから約25年が経過し、この間に騒音影響に関する新たな科学的知見の集積、建物の防音性能の向上等の変化が見られることから、騒音影響に関する科学的知見について、睡眠影響、会話影響、不快感等に関する等価騒音レベルによる新たな知見を検討するとともに、建物の防音性能について、最近の実態調査の結果等を踏まえて適切な防音性能を見込むことが適当である。
(3) 地域補正等
　土地利用形態に着目した地域補正については、諸外国においても広く取り入れられている考え方である。たとえば、米国環境保護庁（USEPA）の「インフォメーション」(1974)では、「普通の郊外のコミュニティ（工業から離れている）」、「都市住宅地」及び「店、職場、主要道路のある都市住宅地」の間で5dBずつの地域補正を行った例を紹介しており、国際標準化機構（ISO）においては、「都市の住宅地（交通の激しい道路や工業地帯の近く以外）」と「騒がしい都会の住宅地（比較的交通の激しい道路や工業地帯の近く）」とで5dBの地域補正を提案している。
　また、騒音に対する住民意識（うるささ等）に関する社会調査においても、一般に、住居系のような騒音レベルの比較的低い地域と商工混在地域や道路に面する地域のような騒音レベルの比較的高い地域では環境騒音に対する住民意識の現れ方に差異があると言われている。
　環境基準の指針値を導くに当たっては、現行の環境基準と同様、原則としてこのような考え方を踏襲して地域補正を行うことが適当である。また、後述するように、道路に面する地域においては、地域補正に加えて、道路の属性及び道路への近接性に着目した指針値設定を行うことが適当である。
(4) 騒音影響に関する屋内指針の設定
　環境基準の指針値の検討に当たっては、生活の中心である屋内において睡眠影響及び会話影響を適切に防止する上で維持されることが望ましい騒音影響に関する屋内騒音レベルの指針（以下「騒音影響に関する屋内指針」という）を設定し、これが確保できることを基本とするとともに、不快感等に関する知見に照らした評価を併せて行うことが必要であると考えられる。
　等価騒音レベルを基礎指標として得られている騒音影響に関する科学的知見に照らし、そのクライテリアを整理すると、騒音影響に関する屋内指針として適切なレベルは次のとおり整理することができる（別紙2）。
① 睡眠影響
　一般地域については、音の発生が不規則・不安定であり、このような騒音による睡眠影響を生じさせないためには、屋内で35dB以下であることが望ましいとされている。しかし、高密度道路交通騒音のように騒音レベルがほぼ連続的・安定的である場合には、40dBが睡眠影響を防止するための上限であるとの知見があることや連続的な騒音の睡眠影響に関するその他の科学的知見を総合すると、道路に面する地域については、40dB以下であれば、ほぼ睡眠影響をまぬがれることができ、睡眠影響を適切に防止できるものと考えられる。

② 会話影響

　1 m の距離でくつろいだ状態で話して 100 ％明瞭な会話了解度を確保するためには、通常の場合、屋内で 45 dB 以下であることが望ましい。また、これは一般地域か道路に面する地域かを問わない知見と考えられる。

　以上から、騒音影響に関する屋内指針は、等価騒音レベルで、夜間については、睡眠影響に関する知見を踏まえ、一般地域 35 dB 以下、道路に面する地域 40 dB 以下とし、昼間については、会話影響に関する知見を踏まえ、一般地域及び道路に面する地域とも 45 dB 以下とすることが適当であると考えられる。

　これをまとめると、騒音影響に関する屋内指針は表 1 のとおりとなる。

表 1　騒音影響に関する屋内指針

	昼間 [会話影響]	夜間 [睡眠影響]
一般地域	45 dB 以下	35 dB 以下
道路に面する地域	45 dB 以下	40 dB 以下

(5) 建物の防音性能

　建物の防音性能に関する最近の実態調査の結果などから、通常の建物において窓を開けた場合の平均的な内外の騒音レベル差（防音効果）は 10 dB 程度、窓を閉めた場合は建物によって必ずしも一様でないが、通常の建物においておおむね期待できる平均的な防音性能は 25 dB 程度であると考えられる（別紙 3）。

(6) 時間帯の区分

　現行の環境基準では、昼間、夜間に加えて朝、夕の時間帯を設けているが、特に朝、夕の時間帯に固有の騒音影響に関する知見がないこと等を考慮して、朝、夕の時間帯の区分は設けないこととすることが適当である。

　昼間、夜間の時間帯の範囲については、環境基準の指針値が睡眠影響及び会話影響等に関する科学的知見を基に設定されるものであるため、平均的な起床・就眠の時刻が参考となる。

　平成 7 年の全国調査（NHK 生活文化研究所「国民生活時間調査」）の結果によれば、起床及び就眠の時刻は、成人はおよそ午後 11 時台に就眠し、午前 6 時台に起床する場合が多い。また、60 歳以上の者は、成人と起床時刻にさほど差はないが、就眠時刻は午後 10 時台と早まる傾向にある。なお、10 歳以下の子供の就眠時刻は成人よりも早いと考えられ、これらの者の生活環境の保全も考慮する必要がある。

　したがって、昼間は午前 6 時から午後 10 時まで、夜間を午後 10 時から翌日午前 6 時までとすることが適当である。

　なお、都道府県による就眠及び起床時間の差が小さいこと、地域を超えた道路交通騒音対策を講じる必要があることなどを勘案すると、時間帯の区分については都道府県等による差を設けず一律に適用することが適当である。

(7) 対象騒音の範囲

　現行の環境基準は、航空機騒音、鉄道騒音及び建設作業騒音には適用しないものとされており、今回の環境基準の指針値の検討に当たってもこの考え方を踏襲する。

4. 一般地域における環境基準の指針値

(1) 一般地域の地域補正を行う類型区分
　一般地域については、前述の地域補正の考え方を踏まえ、現行の環境基準と同様にA（主として住居の用に供される地域）、B（相当数の住居と併せて商業、工業等の用に供される地域）、AA（特に静穏を要する地域）の類型ごとに指針値を設定することが適当である。
(2) 一般地域の環境基準の指針値
　① 主として住居の用に供される地域（A地域）
　　A地域については、騒音影響に関する屋内指針に、窓を開けた生活実態も考慮して建物の防音効果を10 dBと見込めば、屋外において、昼間55 dB以下、夜間45 dB以下となるが、この騒音レベル（$L_{dn} = 55\,dB：L_{dn}$は夜間の騒音レベルに10 dBを加えて算出した24時間の等価騒音レベル）であれば不快感等に関する知見に照らしても非常に不快であると感じる人がほとんどいないと考えられることから、住居近傍の屋外における静穏保持の見地からも望ましいレベルである。
　　したがって、A地域における環境基準の指針値は、昼間55 dB以下、夜間45 dB以下とすることが適当である。
　② 相当数の住居と併せて商業、工業等の用に供される地域（B地域）
　　地域補正に関する考え方を総合すると、B地域については、A地域に+5 dBの地域補正を加えることとし、昼間60 dB以下、夜間50 dB以下とすると、ある程度窓を開けた状態（防音効果が15 dBとなる状態）においても、騒音影響に関する屋内指針を満たすことができる。また、不快感等に関する知見に照らすと、この騒音レベル（$L_{dn} = 60\,dB$）では非常に不快であるとの回答確率が10 %程度にとどまる。
　　以上から、B地域の環境基準の指針値を昼間60 dB以下、夜間50 dB以下とすることが適当である。
　③ 特に静穏を要する地域（AA地域）
　　療養施設、社会福祉施設等が集合して設置される地域等は、病人、高齢者等が多数療養等を行っており、特に静穏を要すると考えられるため、各時間の区分とも一律にA地域より5 dB低く設定し、AA地域の環境基準の指針値を昼間50 dB以下、夜間40 dB以下とすることが適当である。
　　以上を整理すると、一般地域の環境基準の指針値は表2のとおりとなる。

表2　一般地域の環境基準の指針値

	昼　間	夜　間
特に静穏を要する地域（AA地域）	50 dB以下	40 dB以下
主として住居の用に供される地域（A地域）	55 dB以下	45 dB以下
相当数の住居と併せて商業、工業等の用に供される地域（B地域）	60 dB以下	50 dB以下

5. 道路に面する地域の環境基準の指針値
(1) 道路に面する地域の範囲等

道路に面する地域については、一般地域とは別に環境基準の指針値を設定することとするが、A地域のうち、1車線の道路（幅員が5.5m未満の道路をいう。）に面する地域については、道路交通騒音が支配的な音源である場合が少ないと考えられるので、一般地域の環境基準を適用することが適当である。

また、AA地域については、当該地域の特性にかんがみ、道路に面する場合であっても補正を行わず、一般地域の環境基準を適用することが適当である。

道路に面する地域の環境基準の指針値を適用する範囲は、道路交通騒音が支配的な音源である範囲とすることが適当である。この場合、道路交通騒音の影響を受ける範囲は、道路構造や沿道の立地状況等によって大きく異なるため、道路からの距離により道路に面する地域の範囲を規定することは適当でない。

(2) 道路に面する地域の環境基準の類型区分
① 土地利用形態による類型区分

現行環境基準は、道路に面する地域を、一般地域と同様の考え方でA地域とB地域に分け、更に、車線数の違いによる区分を設けた上で、一般地域に対して地域補正を行っており、道路に面する地域について合計4種類の環境基準値を設けている。

しかし、道路に面する地域におけるA地域とB地域の騒音実態には、0～2dB程度しか差がないという調査結果が得られている（別紙4）。また、我が国における土地利用分布を都市計画の用途地域について見ると、都市の骨格を成す幹線道路に面する地域には住専系用途地域（第一種低層住居専用地域、第二種低層住居専用地域、第一種中高層住居専用地域及び第二種中高層住居専用地域をいう。以下同じ。）以外の住居系用途地域及び商工業系用途地域が帯状に分布している一方、住専系用途地域は、その多くが、幹線道路に面する地域から更に奥まった比較的静穏と思われる空間に面的に分布しており、幹線道路の道路交通騒音から保護されているのが一般的な構造と考えられる（別紙5）。

このような我が国の都市の一般的な構造を踏まえると、道路に面する地域における土地利用形態に即した類型区分としては、住専系用途地域と、その他の住居系用途地域及び商工業系用途地域に分けて指針値を設定することが適当である。

また、車線数に関しては、幹線道路であっても2車線である道路が多く、かつ、一般に2車線道路においては4車線以上の道路に比較して音源である交通流と沿道の建物とが接近しているため、一概に4車線以上の道路が2車線の道路よりも沿道における騒音レベルが高いとは言えないことに留意し、車線数による類型区分は行わないことが適当である。

以上から、道路に面する地域の類型区分を次のとおりとすることが適当である。
  ○ 専ら住居の用に供される地域（以下「C地域」という。）
  ○ 主として住居の用に供される地域（C地域を除く。）及び相当数の住居と併せて商業、工業等の用に供される地域（以下「D地域」という。）
② 幹線交通を担う道路に近接する空間における特例
  a）騒音等の実態

幹線交通を担う道路に面する地域であって、当該道路に近接する空間（以下「幹線道路近接空間」という。）に存する住居等（例えば当該道路に直接面して立地する住居等。以下「幹線道路近接住居等」という。）においては、次のような顕著な騒音実態や居住実態がある。

i) 幹線道路近接空間における騒音実態等

　幹線道路近接住居等の道路側の屋外空間は、道路交通騒音に直接曝露されている空間であり、道路に面する地域の平均的な騒音レベルよりも著しく高い騒音レベルとなっている。

　しかし、その反面で、道路交通騒音は、道路端近傍において距離に応じた騒音レベルの減衰が特に大きいという特性を有するため、幹線道路近接住居等が影響を受ける騒音レベルは、当該住居等の道路と反対の側ではかなり低くなっており、幹線道路近接空間における高レベルの騒音の影響は、必ずしも幹線道路近接住居等の生活空間全般にわたるものではないと考えられる。

ii) 幹線道路近接空間における土地利用の実態等

　i)に述べたような騒音実態にもかかわらず、我が国の幹線道路の沿道においては、都市、郊外部を問わず住居が多数立地しているのが現状である。また、職住接近や都心居住の必要性等から、今後とも都市の幹線道路の沿道においては、住居系用途地域ばかりでなく、高い容積率が許容される商工業系用途地域においても住宅の建設が進むものと考えられる。

　このような住居立地は、幹線道路近接空間におけるi)に述べたような顕著な騒音実態を前提とするものであり、騒音レベルの高い側における窓開け時の静穏の確保が難しい場合には、主として窓を閉めた生活が営まれている場合が少なくないものと考えられる。

b) 幹線道路近接空間における特例の必要性

　幹線道路近接空間については、上記のような騒音実態、居住実態等の実情にかんがみれば、道路に面する地域の類型区分に応じた環境基準の指針値を一律に適用することは適当でなく、別途固有の環境基準の指針値を設定して総合的な対策の目標とする必要があると考えられる。

　すなわち、欧米諸国と比較して狭隘な国土に高密度の人口集積がある我が国の国土条件の下で、道路交通や地域の状況によっては屋外の騒音低減対策に物理的あるいは技術的な制約があることに加え、現実に幹線道路近接空間において居住実態がある以上、行政としてはその生活環境を適切に保全することが必要であるため、幹線道路近接空間についても、その特別な条件を前提とした上で、道路に面する地域の屋内指針を満たすことができる範囲内で固有の目標を環境基準として定め、これによって幹線道路近接空間の特別な条件に対応した具体的な施策の推進を促すこととすることが適当である。

　このため、幹線道路近接空間については、道路に面する地域の環境基準の指針値の特例として、幹線道路近接空間における特別の条件を前提とした上で生活環境を適切に保全するための指針値を設定する。

　この場合、幹線交通を担う道路の範囲は、道路網の骨格を成す道路が該当するように定めること、また、幹線道路近接空間の奥行きは道路端からの距離により定めることとし、その具体的な距離は、騒音の減衰特性、家屋の立地状況等を勘案して定めることが適当である。

(3) 道路に面する地域の環境基準の指針値

① 専ら住居の用に供される地域（C地域）

　地域補正に関する考え方を総合すると、C地域はA地域に対して昼間+5dBの

補正を行うことが考えられる。また、騒音影響に関する屋内指針において、道路に面する地域の睡眠影響に関する指針値が一般地域のそれに対して 5 dB 高くなっていることから、夜間については更に +5 dB 補正し、A 地域に対して計 +10 dB の補正を行うことが考えられる。

　そこで、昼間 60 dB 以下、夜間 55 dB 以下とすると、ある程度窓を開けた状態（防音効果が 15 dB となる状態）においても、騒音影響に関する屋内指針を満たすことが可能である。また、不快感等に関する知見に照らすと、この騒音レベル（L_{dn} = 62.4 dB）では非常に不快であるとの回答確率が 10 % 強程度にとどまる。

　以上から、C 地域における環境基準の指針値を昼間 60 dB 以下、夜間 55 dB 以下とすることが適当である。

② 主として住居の用に供される地域（C 地域を除く。）及び相当数の住居と併せて商業、工業等の用に供される地域（D 地域）

　①の場合と同様に、地域補正に関する考え方を総合し、本類型については、A 地域に対して昼間 +10 dB の補正を行うことが考えられる。また、騒音影響に関する屋内指針において、道路に面する地域の睡眠影響に関する指針値が一般地域のそれに対して 5dB 高くなっていることから、夜間については更に +5 dB 補正し、A 地域に対して計 +15 dB の補正を行うことが考えられる。

　そこで、昼間 65 dB 以下、夜間 60 dB 以下とすると、少し窓を開けた状態（防音効果が 20 dB となる状態）においても、騒音影響に関する屋内指針を満たすことが可能である。また、不快感等に関する知見に照らすと、この騒音レベル（L_{dn} = 6 74 dB）では、非常に不快であるとの回答確率が 20 % 程度にとどまる。

　以上から、D 地域における環境基準の指針値を昼間 65 dB 以下、夜間 60 dB 以下とすることが適当である。

③ 幹線道路近接空間における特例

　a）幹線道路近接空間における指針値の特例

　幹線道路近接空間については、その居住実態等を踏まえ、窓を閉めた屋内において、道路に面する地域の騒音影響に関する屋内指針が確保されるよう環境基準の指針値を導出することとする。

　我が国の平均的な家屋の防音性能は 25 dB と見込めることから、窓を閉めた屋内において、騒音影響に関する屋内指針（昼間 45 dB 以下、夜間 40 dB 以下）を満たすためには、屋外で昼間 70 dB 以下、夜間 65 dB 以下とすることが考えられる。

　我が国の風土、生活様式等のもとで、昼夜にわたって完全に窓を閉めた生活を前提とできない地域あるいは住居等もあると考えられるが、昼間 70 dB、夜間 65 dB が確保されていれば、昼間において、ある程度窓を開けた状態でもかなりの程度の会話了解度が確保できると考えられ、また、住居等によっては、居寝室の配置等の工夫によって、騒音の影響を受けにくい面において一部窓を開けた状態でも騒音影響に関する屋内指針を満たすことができる。さらに、不快感等に関する知見に照らすと、この騒音レベル（L_{dn} = 72.4 dB）では、非常に不快であるとの回答確率は 25 % 程度に達するが、幹線道路近接空間における居住実態にかんがみると、容認しうる範囲内にあると考えられる。

　したがって、住居全体としては生活環境を適切に保全することができるものと考えられる。

以上から、幹線道路近接空間における特例に係る指針値を、昼間 70 dB 以下、夜間 65 dB 以下とすることが適当である。

b) 幹線道路近接空間における透過する騒音に係る指針値

幹線道路近接住居等においては、(2)　に述べたような居住実態にかんがみると、交通量が多く騒音が著しい道路に面する側の屋内においては、主として窓を閉めた生活が営まれている場合が少なくないと考えられる。そのような場合においては、既存の住居等については、防音工事により建物の防音性能を高め、また、新築又は改築される住居等については、必要な防音性能を確保することにより屋外で環境基準の指針値が達成された場合と実質的に同等の生活環境を保全することができると考えられる。

幹線道路近接空間においては、地域の状況によっては屋外の騒音低減対策のみでは早期に十分な改善を図ることが困難であると考えられることから、地域の実情に応じて屋外騒音の低減のための諸対策と相俟って防音性能の向上を含む沿道対策の推進を促すことが必要である。環境基準は原則として屋外の騒音レベルについて設定されるものであり、屋内の指針値は環境基準とは別の対策目標として位置付けることが適当ではないかという考え方もあるが、建物の防音性能の向上を含む沿道対策の推進も視野に入れた対策の目標として機能させるためには、幹線道路近接空間における指針値の特例の中で屋内の指針値を位置付けることが適当である。

このため、騒音の影響を受けやすい面の屋内において主として窓を閉めた生活が営まれていると認められる住居等については、幹線道路近接空間における指針値の特例として設定した屋外の指針値に代わるものとして、屋内へ透過する騒音（以下、単に「透過する騒音」という。）に係る指針値を設定し、これを適用することができることとすることが適当である。透過する騒音の指針値としては、道路に面する地域の騒音影響に関する屋内指針の値とすることが適当である。

以上を整理すると、道路に面する地域の指針値は表 3 のとおりとなる。

表3　道路に面する地域の環境基準の指針値

	昼　間	夜　間
専ら住居の用に供される地域（C 地域）	60 dB 以下	55 dB 以下
主として住居の用に供される地域（C 地域を除く）及び相当数の住居と併せて商業、工業等の用に供される地域（D 地域）	65 dB 以下	60 dB 以下

この場合において、幹線交通を担う道路に近接する空間については、道路に面する地域の指針値の特例として上表にかかわらず次表の指針値のとおりである。

	昼　間	夜　間
幹線交通を担う道路に近接する空間	70 dB 以下	65 dB 以下

騒音の影響を受けやすい面において、主として窓を閉めた生活が営まれていると認められる場合については、透過する騒音に係る指針値（屋内へ透過する騒音が昼間 45 dB 以下、夜間 40 dB 以下であることをいう。）によることができる。

6. 一般地域の環境基準の指針値の達成期間等
(1) 現行環境基準の超過状況

全国の地方公共団体における平成8年度の測定結果によると、一般地域における現行環境基準の超過の状況は、A地域の測定地点（6 012地点）では超過率41％であり、B地域の測定地点（2 874地点）では同14％であった。年によって測定地点の一部に変動があるものの、この傾向は従来と同様である。

(2) 環境基準の指針値の達成見通しと達成期間

環境基準の指針値と、現行環境基準値を実測事例の解析に基づき等価騒音レベルに換算した値とを比較すると、B地域における環境基準の指針値は3～4dB程度厳しくなるが、AA地域及びA地域では概ね同程度の値となる（別紙6）。

地方公共団体における騒音レベルの中央値と等価騒音レベルの同時計測事例によると、環境基準の指針値に対する超過率は、A地域では現行環境基準とほぼ同程度（昼間は2～3割程度、夜間は5割程度）となり、B地域では若干の増加（昼間は1割から2割程度へ増加、夜間は2割から4割程度へ増加）となっている。

新しい環境基準の指針値における一般地域の地域類型は現行環境基準と同じであることを考慮すると、新しい環境基準の指針値は、A地域では現行環境基準と同等の超過率となり、B地域では環境基準の指針値は3～4dB程度厳しくなるものの超過率は若干の増加にとどまることが見込まれる。さらに、A地域における測定地点が3分の2以上を占めるため、一般地域全体としてはおおむね同様の超過率となることが見込まれる。また、対策面では騒音規制法に基づき、環境基準の達成に向けて施策の推進が図られているところである。

したがって、一般地域においては現行環境基準と同様に、環境基準設定後直ちに達成又は維持されるよう努めることとすることが適当である。

7. 道路に面する地域の環境基準の指針値の達成期間等
(1) 環境基準の指針値の現状における超過状況

平成6年度道路交通センサスを基に、道路に面する地域の現状における騒音レベルを推計した結果から、環境基準の指針値のうち透過する騒音に係る指針値を除く指針値の超過状況は、道路端の騒音レベルによる延長評価で、夜間は約21 800 km（46％）程度、昼間は約24 400 km（52％）程度となるものと推定される（別紙7）。また、沿道直近（道路端から10 m以内）に評価位置を持つ住居等の超過戸数は、夜間は約50万戸（56％）、昼間は約51万戸（57％）程度となるものと推定される。（ただしここでは、幹線交通を担う道路の範囲を、高速自動車国道、一般国道、都道府県道及び4車線以上の市町村道と仮定して推計した。）

(2) 道路に面する地域の環境基準の指針値の達成見通しと達成期間

① 対策の効果と環境基準の指針値の達成見通し

発生源としての自動車単体対策については、これまでに大幅な騒音低減が行われているが、更に、現在予定されている平成4年及び平成7年の中央公害対策審議会及び中央環境審議会答申に基づく自動車騒音に係る単体規制適合車に全て代替された場合、定常走行状態となる直線路付近の沿道における自動車騒音は、現況に対して、0.9～1.3dBの低減効果が見込まれる。道路構造対策のうち、低騒音舗装については車種や速度域により効果が異なるが、平均して2～3dBの低減効果があると

考えられる（施工後概ね5年間の効果）。また、環境施設帯や遮音壁については、低騒音舗装等より大きな低減効果を見込むことができる（別紙8）。

これらのうち、自動車単体対策が達成された場合、(1)の集計において、道路端の騒音レベルによる延長評価で、夜間の超過状況は46％から40％に低下し、沿道直近（道路端から10m以内）に評価位置が存する住居等の夜間の超過状況は56％から48％に低下するものと推定されるが、道路延長にして約18 700 km、住宅戸数にして約43万戸が環境基準の屋外指針値が未達成のまま残されることとなる。

更に地域の状況に応じた対策の組み合わせにより道路端の騒音レベルが仮に2 dB程度低下して合計3 dB低下したとすれば、道路端の騒音レベルによる延長評価で、夜間の超過状況は現況の46％から28％に低下し、沿道直近（道路端から10m以内）に評価位置が存する住居等の夜間の超過状況は現況の56％から34％に低下するものと推定されるが、このような場合においても、道路延長にして約13 400 km、住宅戸数にして約31万戸が環境基準の屋外指針値未達成のまま残されることになる。

この場合、自動車単体対策以外の対策の推進による効果については、たとえば環境施設帯や遮音壁については、用地買収が必要であったり、道路へのアクセスが制限されるなどの原因から、少なくとも全国一律に見込むことは難しい。また、大型車の通行禁止措置等については、迂回路を確保することや、物流拠点の整備等による物流システムの改善等の様々な条件が必要となってくる。

したがって、諸対策の推進により一定の改善は見込まれるものの、このような対策の性質と、上記の対策効果の程度からして、幹線交通を担う道路で交通量が多い場合を中心として、屋外では達成に長期間を要する地域が多数存在するものと考えられる。

② 道路に面する地域の環境基準の指針値の達成期間

新たに設置される道路においては、道路に面する地域の環境基準の指針値が供用後直ちに達成されるよう努めることとすることが適当である。

既設道路においては、環境基準の指針値を現に下回っている場合にはこれを維持し、現に超過している場合には、関係行政機関及び関係地方公共団体の協力のもとに、自動車単体対策、道路構造対策、交通流対策、沿道対策等を総合的に講ずることにより10年を目途として達成されるよう努めるものとすることが適当である。また、幹線交通を担う道路に面する地域であって、交通量が多くその達成が著しく困難なものにおいては、対策技術の大幅な進歩、都市構造の変革等と相俟って、10年を超えて可及的速やかに達成されるよう努めることとすることが適当である。

(3) 幹線交通を担う道路の著しい騒音が直接到達する住居等の達成評価

幹線道路近接住居等に準ずるものとして、中高層の集合住宅などで、幹線道路近接空間の背後のC地域又はD地域に立地しているが、その中高層部に生活の中心があり、そこへ当該道路からの著しい騒音が直接到達している場合が考えられる。このような住居等においては、騒音レベルとしては幹線道路近接住居等ほどではないにせよ、広い範囲から騒音が到達するため、屋外騒音を低下させることが困難である場合が多く、また、生活実態としても、道路に面する側については主として窓を閉めた生活が営まれている場合が少なくないと考えられる。

したがって、このような住居等において、騒音の影響を受けやすい面において主

として窓を閉めた生活が営まれていると認められる場合にあっては、建物の防音対策の推進を促す見地からも、その屋内で透過する騒音に係る指針値を満たす場合には、環境基準を達成しているとみなすことが適当である。
(4) 幹線道路近接空間における騒音対策の総合的推進

　　幹線道路近接空間に立地する住居等において、騒音の影響を受けやすい面の屋内において主として窓を閉めた生活が営まれていると認められる場合には、透過する騒音に係る指針値によることができるとするものであるが、地域の実情等に応じて、自動車単体対策、道路構造対策及び交通流対策による屋外騒音の低減対策と建物の防音性能の向上を含む沿道対策を適切に組み合わせることにより環境基準の達成に努めるものとする必要がある。

　　幹線道路近接空間における指針値の設置は幹線交通を担う道路に近接して住居等が多数立地する我が国の国土条件等を踏まえたものであるが、幹線交通を担う道路に面して大規模な再開発を行おうとする場合等において可能な場合には当該道路の沿道に非住居系の土地利用を誘導するよう努めることが適当である。また、住居立地が避けられない場合においては、一定の防音性能の確保を求めていくことが必要である。

　　さらに、幹線交通を担う道路の新設に当たっては、道路計画において騒音低減のための可能な限りの配慮を行うとともに、周辺の土地利用状況を踏まえつつ、沿道における非住居系の土地利用への誘導や建物の防音性能の確保等の沿道対策を道路計画と一体的に計画していくよう努める必要がある。

(5) 高騒音地域における対策の優先的実施

　　道路交通騒音が非常に高い地域において人口の集積があるのが我が国の特徴であることにかんがみれば、非常に高い道路交通騒音に曝されている地域の対策を特に優先的に実施する必要がある。

　　この点については、平成7年3月中央環境審議会答申において、「21世紀初頭までに道路に面する住居等における騒音を夜間に概ね要請限度以下、その背後の沿道地域における騒音を夜間に概ね環境基準以下に抑える」ことが当面の目標とされており、各地域レベルの対策協議もこの方向で進行中である。

　　したがって、対策の継続性の観点から、夜間の現行要請限度の換算値を総合した値として、夜間等価騒音レベル73dBを目安として、これを超える地域における騒音対策を優先的に実施するものとすることが適当である（別紙9）。

8. 今後展開するべき施策
(1) 道路に面する地域について今後展開するべき施策
　① これまでの経緯

　　道路交通騒音対策の基本的な考え方については、平成7年3月の中央環境審議会答申「今後の自動車騒音低減対策のあり方について（総合的施策）」に示されているところである。同答申では、道路交通騒音問題を社会経済システム全体にかかわる問題としてとらえ、総体としての解決を図っていくべきであるという基本的認識から、自動車単体対策、交通流対策、道路構造対策及び沿道対策を適切に組み合わせて、総合的かつ計画的に道路交通騒音問題を解決すべきものとした。

　　また、今後の施策の推進に当たり踏まえるべき、同答申後の情勢として以下のよ

うな動きがある。

　ア）平成4年中央公害対策審議会中間答申及び平成7年中央環境審議会答申において示された自動車単体に係る騒音の許容限度設定目標値については、平成8年4月及び平成9年4月の「自動車騒音低減技術評価検討会」の報告により、大型トラック等を除く車種につき平成10年から12年頃までに達成できる見込みが示された。

　イ）平成7年7月7日、「国道43号・阪神高速道路騒音排気ガス規制等請求事件」に関する最高裁判決が下され、道路交通騒音等による沿道住民の生活妨害について国と阪神高速道路公団の賠償責任が認められた。関係省庁は同判決を重く受け止め、同地域における対策の推進に加え、全国の騒音が深刻な地域について、平成7年12月1日「道路交通騒音の深刻な地域における対策の実施方針」を取りまとめ、これを受けて道路交通騒音が深刻な地域を抱える全国の都道府県で取組が促進されている。

　ウ）都心部の活性化、職住接近社会の実現等の観点から容積率の緩和等都市中心部等における住宅供給施策が強化された。この結果都市の都市部の道路沿道において住宅の建設が促進されるものと考えられる（別紙10）。

② 諸外国の状況

　諸外国の騒音対策について調査した結果、欧米諸国においては、道路交通騒音対策に関する制度的枠組みとして、高騒音地域における建物の防音化促進、地域レベルの対策計画の制度化、沿道騒音に関する情報の公表等について制度が近年急速に整備されつつある（別紙11）。

　また、道路の新設にあっては道路の設置者側で対策をとるべきものとする一方、既設の幹線道路沿道に住宅等を建設する場合にあっては立地者による防音性能の確保を求める施策がとられている。

　環境基準の指針値の達成に向けて早急に展開すべき施策

　①に述べたこれまでの経緯を踏まえ、道路交通騒音対策を強力に推進するとともに、②の諸外国の状況も参考としつつ、環境基準の指針値の達成に向けて特に以下の施策を早急に展開するべきである。

　ア）自動車単体対策の促進と低騒音な自動車の普及

　平成4年中央公害対策審議会中間答申及び平成7年中央環境審議会答申において示された自動車単体に係る騒音の許容限度設定目標値の早期達成に努めるとともに、更なる自動車単体の騒音低減に努める必要がある。

　また、従来型の自動車に比較して低騒音な電気自動車、CNG車等の低公害車の大量普及を促進する必要がある。

　イ）高騒音地域にプライオリティを置いた対策の段階的かつ計画的な実施

　我が国の道路交通騒音は総じて厳しい状況にあるが、騒音が高レベルで人口が集積しているなど騒音の状況が深刻な地域については、対策を優先的に進める必要がある。

　既に、平成7年3月の中環審答申及び同年12月の関係5省庁の局長連名通知により、地域レベルの道路交通騒音対策に関する協議が進められているが、今後こうした関係機関の対策協議を一層促進し、高騒音地域の解消を図り、次いで環境基準の達成を目指して、総合的かつ計画的な対策推進を図るための枠組みを強化する必要がある。

なお、一般国道43号及び阪神高速道路（県道高速神戸西宮線及び県道高速大阪西宮線）に係る訴訟における最高裁判決は、個別の事案における民事賠償責任について、侵害行為の態様と侵害の程度、被侵害利益の性質と内容、侵害行為の持つ公共性ないし公益上の必要性の内容と程度等を比較検討するほか、侵害行為の開始とその後の継続の経過及び状況、その間に採られた被害の防止に関する措置の有無及びその内容、効果等の事情をも考慮し、これらを総合的に考察した結果示された判断であると考えられ、全国的には本報告に示す環境基準の指針値を目標として、その達成に向けて施策の段階的かつ計画的な実施が必要である。

　ウ）沿道対策の推進強化
　欧米諸国の対策の考え方を参考として、道路沿道への住居立地に当たっては、地域の特性に応じて、その構造を防音性能が高く、騒音の影響を受けにくいものとするよう普及啓発を行うことが必要である。また、道路の新設に当たっては、沿道対策を一体的かつ計画的に推進していくことに努める必要がある。
　また、我が国の沿道対策に関する代表的な制度としては「幹線道路の沿道の整備に関する法律」があり、今後とも道路交通騒音が深刻な地域での対策手段として、その充実と適用拡大を図るべきであるが、さらに、幹線道路近接住居等の透過する騒音に係る指針値等に対応して、既設住居については防音工事助成の抜本的な拡充を図るとともに、沿道耐騒音化対策のための規制や助成のスキームを整備すべきである。
　さらに、上記の施策のための基本的条件として、敷地の騒音状況に関する情報提供や住宅の防音性能を入居者に対して明示させる方策等を確立するべきである。
　エ）新環境基準に対応したモニタリング体制の確立
　道路に面する地域の環境基準について示した道路交通騒音の基準超過戸数等による評価を実施するに当たっては、騒音レベルの推計方法の開発や沿道土地利用に関する各種データベースの整備等多くの課題があるが、国と地方公共団体の緊密な連携の下に、早急にモニタリングのための体制整備を図る必要がある。このため、地方公共団体における適切なモニタリングの実施のための支援措置を講じるとともに、的確で効率的なモニタリングを行うための技術開発を促進する必要がある。

(2) その他の騒音対策等
　① 道路交通以外に起因する騒音の対策
　法に基づく現行の規制を適切に実施するとともに、技術開発の促進、移転に対する支援等の土地利用対策等を進めることが必要である。また、近隣騒音を防止するため、普及啓発等の対策を進める必要がある。
　② 科学的知見の充実
　環境基準の指針値は、現時点で得られる科学的知見に基づいて設定されたものであるが、常に適切な科学的判断が加えられ、必要な改定がなされるべき性格のものである。このためには、騒音の睡眠への影響、騒音に対する住民反応等に関し、特に我が国の実態に基づく知見の充実に努めることが必要である。

§3 騒音の評価手法等の在り方について（報告　別紙）
（平成 10 年 5 月 22 日　中央環境審議会騒音振動部会騒音評価手法等専門委員会）

別紙 1　騒音の評価手法について（L_{50} から L_{Aeq} への変更）

騒音評価手法としての L_{50} と L_{Aeq} との一般的特性を比較すると次のとおり。

	L_{Aeq}	L_{50}
基本的特性	・騒音のエネルギー平均値（dB 表示値） ・突発的、間欠的な音に影響される。（時間的、空間的安定性は高くない＝感度が高い。） ・騒音の変動特性によらず適用でき複合騒音にも適用容易。	・騒音レベルの中央値 ・突発的、間欠的な音に影響されにくい。（時間的、空間的安定性が高い＝感度が低い。） ・騒音の特性が異なる場合や複合騒音の場合の評価が困難。 　また、異なる騒音に対する測定結果を相互に比較することが困難。
	両指標により同時に計測した場合、騒音の変動の度合いにより程度は異なるが、通常 L_{Aeq} の方が L_{50} よりも値が大きくなる。	
住民反応との関係	間欠的な騒音をはじめ騒音の暴露量が数量的に必ず反映されるため住民反応と比較的よく対応する。	L_{Aeq} と比較すれば、間欠的な騒音が数量的に反映されにくいため、住民反応との相関はあまりよくない。
予　　測	騒音のエネルギーを時間平均したものであるので、予測地点の騒音分布を再現しなくても騒音のエネルギー平均値を予測すれば足りる点で予測計算が簡略化・明確化される。	騒音分布に左右されるので、厳密には、予測地点における騒音分布を再現する必要がある点で予測計算が行いにくい。（ただし、経験式による予測の実績はあり）
測　　定	騒音レベルの変動に敏感な指標であるため、変動が大きい場合には、ある程度の時間をかけて測定しなければ安定したデータが得られない。（安定性と実用性の両立が課題）	比較的短時間の測定で安定したデータを得ることができる。
国際的動向	国際的に多くの国や機関で採用されており、国際的なデータの比較が非常に容易。	国際的にはほとんど使用されていないので、国際的なデータの比較が難しい。

別紙 2 騒音影響に関する科学的知見（睡眠、会話影響及び住民意識調査関連資料）

1. 睡眠影響

騒音の睡眠影響に関する研究においては、一般に連続的な騒音については、$L_{Aeq,T}$ によりその量—反応関係が求められているが、間欠的な騒音については、騒音の最大値（L_{Amax}）や、一夜における暴露回数を用いて評価することが適切であるとの見方も有力となっている。次表のうち、間欠的な騒音を対象とした研究についても騒音の最大値及び暴露回数を主たる評価尺度としたものが多いが、ここでは一律に $L_{Aeq,T}$ への換算値により整理してある。

騒音レベル	科学的知見の例
	（睡眠影響が見られた騒音レベルの下限値）
L_{Aeq} 45（屋内）	Vallet, et al. (1983) (*1)c Thiessen, et al. (1983) (*2)c Eberhardt, et al. (1987) (*3)c Griefahn (1986) (*4)c
L_{Aeq} 40（屋内）	
	影山他 (1995) (*6)c; Vallet, et al. (1983) (*1)c; Öhrström, et al. (1990) (*5)i Eberhardt, et al. (1987) (*3)i
L_{Aeq} 35（屋内）	Griefahn (1986) (*7)i（一夜の暴露回数により限界値に差） Öhrström, et al. (1990) (*5)i
L_{Aeq} 30（屋内）	Öhrström (1993) (*8)i

（上図のサフィックスのうち「c」は連続的な騒音を扱ったもの、「i」は間欠的な騒音を扱ったもの。）

(*1) 連続的な道路交通騒音によるフィールド実験の結果、L_{Aeq} 48 dB 以上でレム睡眠に影響が見られ、L_{Aeq} 38 dB 以上で覚醒時間に影響が見られたことから、限界値として 37 dB を提案。

(*2) L_{Aeq} 47 dB の連続的な道路交通騒音の場合、L_{Aeq} 32 dB の対象夜に比べて目覚めの回数が 12.6 % 増加。

(*3) 連続的な道路交通騒音による実験室実験の結果 L_{Aeq} 35 dB ではレム睡眠等への影響が見られず、L_{Aeq} 45 dB では影響が見られた。

また、L_{Amax} 55 dB の自動車通過音が一夜に 50 回（L_{Aeq} 36 dB）の場合には L_{Amax} 45 dB の自動車通過音が一夜に 50 回（L_{Aeq} 29 dB）の場合に比べてレム睡眠の短縮と覚醒時間の増加が認められた。

(*4) ピーク騒音の突出度が比較的低い高密度道路交通騒音による実験室実験の結果、L_{Aeq} 44 dB までの暴露ではレム睡眠等に影響が見られず、L_{Aeq} 44.5 dB 以上では影響が見られたことから、高密度道路交通騒音における余裕のある上限値として L_{Aeq} 40 dB を提案。

(*5) $L_{\max}$ 60 dB の大型車通過音の発生回数を 4、8、16、64/夜と変えて被験者に提示した結果、16 回/夜（L_{Aeq} 38 dB）という間欠的暴露により入眠時間の延長、覚醒反応の増加及び主観的睡眠感の劣化がみられた。

$L_{\max}$ 50 dB の大型車通過音では、発生回数を 4、8、16、64/夜と変えて被験者に提示した結果、64 回/夜（L_{Aeq} 31 dB）という間欠的暴露により入眠時間の延長、覚醒反応の増加及び主観的睡眠感の劣化がみられた。

(*6) 幹線道路沿道に住む人へのアンケート調査の結果、L_{Aeq} 約 38 dB 以上の場合に不眠症、不眠傾向者が有意に多くなっている。

(*7) ノイズイベントのピークレベルと一夜における暴露回数の定量的関係を試算。たとえば、L_{Amax} 55 dB のノイズイベントが一夜に 6 回の場合には覚醒反応を防止できる。

(*8) 自動車通過音（L_{Amax} 45 dB）の 32 回/夜という間欠的暴露（L_{Aeq} 30 dB）により「音に対して敏感」という自覚がある人の覚醒反応の増加、主観的睡眠感の劣化あり。

2. 聴力影響

1974 年の USEPA のインフォメーションは、多年にわたる騒音暴露による聴力障害（最小可聴値の変化）の確率と騒音レベルの関係及び 1 年間における暴露の時間や間欠騒音と連続騒音の違いによる影響の分析を行っている。以下は、40 年の暴露の後でも聴覚影響の可能性を十分小さくできるレベルとして示されたもの。

騒音レベル	科学的知見の例
$L_{\text{Aeq}}(8)$ 78 dB 以下	一日 8 時間、年 250 日の間欠騒音の暴露を受けた場合の聴覚影響の可能性を十分小さくできる範囲（USEPA, 1974, *9）
$L_{\text{Aeq}}(24)$ 71 dB 以下	一日 24 時間、年 365 日の間欠騒音の暴露を受けた場合の聴覚影響の可能性を十分小さくできる範囲（USEPA, 1974, *9）

3. 会話影響

1974 年の USEPA のインフォメーションに騒音の会話に対する影響がまとめられており、その後 US-FICON（*10）、WHO（*11）等で引用されている。同資料には、屋内の会話について、通常の声で話した場合について騒音レベル—文章了解度の連続的な関係が示されている。これによれば、100 % の文章了解度を得るためには周囲の騒音レベルは 45 dB 以下、同 99 % では 55 dB 以下、同 95 % では 65 dB 以下であることが示されている。

騒音レベル	科学的知見の例
L_{Aeq} 65 dB（屋内）	通常の居室内で、1 m の距離で、通常の声で話して 95 %の文章了解度（USEPA, 1974, *9）
L_{Aeq} 55 dB（屋内）	通常の居室内で、1 m の距離で、通常の声で話して 99 %の文章了解度（USEPA, 1974, *9）
L_{Aeq} 45 dB（屋内）	通常の居室内で、1 m の距離で、通常の声で話して 100 %の文章了解度（USEPA, 1974, *9）

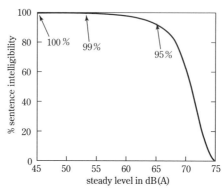

図 1　通常の居室内における通常の声での文章了解度と背景騒音の関係（*9）

4．住民意識調査（不快感）

　交通騒音とアンケートに対する住民の意識の関係については多数の研究が行われてきたが、1978 年、Schultz はそれらのうち 12 の文献（161 データ）をとりまとめて交通騒音（L_{dn}）と住民の回答（「非常に不快（Highly Annoyed）」との回答率：うるささに関する 7 段階評価のうち最もうるさいほうの 2 段階を回答した人の比率）の関係を示した（*12）。その後、データの追加や回帰式の推定が行われ、また、交通機関別に曲線が描かれたりしたが（*13）、それらの研究の蓄積の過程を通じ、騒音レベル—住民の回答の関係としては Schultz のものが概ね支持されてきたと考えられる（*10, *11）。交通機関別に描かれた曲線によれば、道路交通騒音に対し、例えば L_{dn} 65 dB では 15 %程度、同 70 dB では 20 %程度が「非常に不快」と回答している。
　また、Community Noise（1995, Berglund & Lindvall）は、騒音レベル—住民の回答の関係には多くのばらつきがあるとしながらも、多くの場合に低いアノイアンスしか生じないレベルとして L_{dn} = 55 dB を挙げている。
　日本においては環境庁が幹線道路沿道を含む交通騒音について住民の意識の調査を行っているが（*14）、それによれば、L_{dn} 65 dB の環境下における回答率は 10～17 %（用途地域により幅がある。）、同 70 dB での回答率は 10～25 %（同）となっている（ただし、道路交通騒音だけでなく他の交通騒音も混合したデータによる分析、また、5 段階評価のうちうるさいほうの 2 段階を回答した人の割合）。

また、名古屋市等で行った調査をもとに久野等が行った分析（*15）によると、L_Aeq(24) が 65.6 dB 以上の住民のうち「騒がしい」（「静か」～「騒がしい」までの5段階のうち最悪の評価）と回答したのは約 30 % であった（ただし、道路に面する地域と一般地域を混合したデータによる）。

騒音レベル	科学的知見の例
L_dn 75 dB（屋外）	道路交通騒音に対して非常に不快であるとの回答率が約 30 %（1992, Finegold et al., *13）
L_dn 70 dB（屋外）	道路交通騒音に対して非常に不快であるとの回答率が約 20 %（1992, Finegold et al., *13） 交通騒音に対して非常に不快であるとの回答率が 10～25 %（1977、環境庁、*14）
L_dn 65 dB（屋外）	道路交通騒音に対して非常に不快であるとの回答率が約 15 %（1992, Finegold et al., *13） 交通騒音に対して非常に不快であるとの回答率が 10～17 %（1977、環境庁、*14）
L_dn 60 dB（屋外）	道路交通騒音に対して非常に不快であるとの回答率が約 10 %（1992, Finegold et al., *13）
L_dn 55 dB（屋外）	道路交通騒音に対して非常に不快であるとの回答率が数%程度（1992, Finegold et al., *13）
L_dn 50 dB（屋外）	道路交通騒音に対して非常に不快であるとの回答率が 0 % に近い（1992, Finegold et al., *13）
L_Aeq(24) 65.6 dB 以上（屋外）	都市騒音に対して「騒がしい」との回答率約 30 %（1995、久野等、*15）

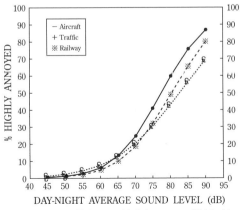

図2　非常に不快との回答率と L_dn の関係（*13）

(文献リスト)

*1) Vallet, M., et al. (1983) "Long Term Sleep Disturbance due to Traffic Noise, *Journal of Sound and Vibration*, **90**, 173–191.
*2) Thiessen, G. J., et al. (1983) "Effect of Continuous Traffic Noise on Percentage of Deep Sleep, Waking and Sleep Latency," *Journal of Acoustical Society of America*, **73**, 225–229.
*3) Eberhardt, J. L., et al. (1987) "The Influence of Continuous and Intermittent Traffic Noise on Sleep," *Journal of Sound and Vibration*, **116**, 445–464.
*4) Griefahn, B. (1986) "A Critical Load for Nocturnal High-Density Road Traffic Noise," *American Journal of Industrial Medicine*, **9**, 261–269.
*5) Öhrström, E., et al. (1990) "Sleep Disturbance by Road Traffic Noise—A Laboratory Study on Number of Noise Effects," *Journal of Sound and Vibration*, **143**, 93-101.
*6) 影山他（1995）「大都市における不眠症の疫学調査（第2報）：睡眠時騒音環境の症例対照調査」日本騒音制御工学会技術発表会講演論文集、117–120.
*7) Griefahn, B., (1990) "Präventivmedizinische Vorschläge für den Nächtlichen Schallschutz, "*Zeitschrift für Lärmbekämpfung*, **37**, 7–14.
*8) Öhrström, E.(1993) "Effects of Low Levels from Road Traffic Noise during Night—A Laboratory Study on Number of Events, Maximum Noise Levels and Noise Sensitivity, "*Noise as a Public Health Problem, Proceedings of the Sixth International Congress*, Vol.3, 359–366.
*9) US Environmental Protection Agency (1974) "Information on Levels of Environmental Noise Requisite to Protect Public Health and Welfare with an Adequate Margin of Safety, "550/9-74-004.
*10) Federal Interagency Committee on Noise (1992), "Federal Agency Review of Selected Airport Noise Analysis Issues, "Spectrum Sciences and Software, Inc.
*11) Berglund, B., et al. (Eds.) (1995) "Community Noise-Document Prepared for the World Health Organization," *Archives of the Center for Sensory Research*, **2**, 1–195.
*12) Schultz, T. (1978) "Synthesis of Social Surveys on Noise Annoyance, "*Journal of Acoustical Society of America*, **64**, 377–405.
*13) Finegold, L. S. (1994) "Community Annoyance and Sleep Disturbance: Updated Criteria for Assessing the Impacts of General Transportation Noise on People, "*Noise Control Engineering Journal*, **42**, 25–30.
*14) 環境騒音・振動実態調査結果報告書（1977年、環境庁委託業務）
*15) 久野他（1995）「等価騒音レベルと環境基準」騒音制御、**19**, 82–86.

別紙 3　建物の防音性能の状況

1. 現行環境基準設定時
　建物の防音性能については、当時の建物実態を踏まえ、一律に概ね10 dB程度と見込まれた。

2. 最近の実態調査等の結果
　建物の防音性能に関する最近の実態調査等の結果より、建築物の現場における実測事例について整理した。結果をまとめると次のとおりである。

　窓開の状態（103 例）

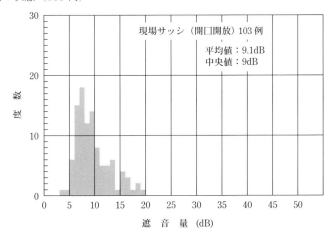

　窓閉の状態（二重サッシ及び防音工事完了後の調査を除く 455 例）

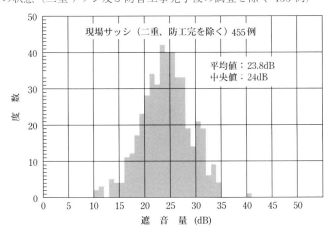

別紙 4　地方公共団体における L_{50} と L_{Aeq} の同時計測結果の解析

道路に面する地域

A 地域 2 車線	L_{50}				L_{Aeq}			
	朝	昼	夕	夜	朝	昼	夕	夜
騒音レベル（dB）	61.1	64.2	62.9	54.0	68.1	69.2	68.2	64.7
データ数	895	1,046	902	973	895	1,046	902	973

A 地域 2 車線超	L_{50}				L_{Aeq}			
	朝	昼	夕	夜	朝	昼	夕	夜
騒音レベル（dB）	65.9	67.4	66.2	59.9	69.8	70.0	69.0	66.3
データ数	685	727	690	723	685	727	690	723

沿道 A 地域	63.2	65.5	64.3	56.5	68.8	69.5	68.5	65.4

B 地域 2 車線以下	L_{50}				L_{Aeq}			
	朝	昼	夕	夜	朝	昼	夕	夜
騒音レベル（dB）	60.2	63.8	62.9	54.7	67.9	68.6	68.0	64.4
データ数	469	668	469	563	469	668	469	563

B 地域 2 車線超	L_{50}				L_{Aeq}			
	朝	昼	夕	夜	朝	昼	夕	夜
騒音レベル（dB）	67.1	69.6	68.1	61.9	71.6	72.1	71.1	68.7
データ数	591	648	594	623	591	648	594	623

沿道 B 地域	64.0	66.7	65.8	58.5	70.0	70.3	69.7	66.7

（注）　地方公共団体において平成元年から 7 年の間に L_{50} と L_{Aeq} の同時計測を行ったデータを集計解析したもの。

別紙5　用途地域の分布状況

用途地域	幹線道路延長比	面積比（全国）
住専系用途地域	5 600 km (12.0 %)	682 千 ha (41.6 %)
住専系以外の住居系用途地域	20 600 km (44.3 %)	529 千 ha (32.3 %)
商業系用途地域	10 400 km (22.4 %)	130 千 ha (7.9 %)
工業系用途地域	9 900 km (21.3 %)	295 千 ha (18.0 %)
合計	46 500 km (100 %)	1 636 千 ha (100 %)

*住専系用途地域：第一種低層住居専用地域、第二種低層住居専用地域
　　　　　　　　　第一種中高層住居専用地域、第二種中高層住居専用地域
*商業系用途地域：商業地域、近隣商業地域
*工業系用途地域：準工業地域、工業地域
*幹線道路：平成6年度道路交通センサス対象道路（1車線道路を除く）で沿道に
　　　　　用途地域が設定されているものの両側延長
*幹線道路延長比は環境庁集計、面積比は平成7年度建設白書による。

別紙6　現行環境基準（L_{50}）に相当する L_{Aeq} 値の換算

(1) 一般地域に係る現行環境基準（L_{50}）に相当する L_{Aeq} 値の換算（例）

一般地域の現行環境基準値と新環境基準指針値の比較

地域の区分	現行環境基準 ($L_{50,T}$)		現行環境基準 ($L_{Aeq,T}$ 換算値)	
	昼間	夜間	昼間	夜間
特に静穏を要する地域　　　AA 地域	45	35	50	40
主として住居の用に供される地域　A 地域	50	40	55	45
相当数の住居と併せて商業、工業等の用に供される地域　B 地域	60	50	63	54

注）地方公共団体において実施された実測事例の解析に基づき、現行環境基準値（L_{50}）を L_{Aeq} に換算した値である。

(2) 道路に面する地域に係る現行環境基準（L_{50}）に相当する L_{Aeq} 値の換算（例）

地域の区分		手前側車線中央から測定地点までの距離 (*1)	時 間 の 区 分	
			昼 間	夜 間
A地域のうち道路に面する地域	2車線	・3〜 5 m	[66.6 dB]	[64.8 dB]
		5〜10 m	[64.3 dB]	[62.5 dB]
		10〜15 m	[62.9 dB]	[59.4 dB]
		15 m 以上	[60.9 dB]	[57.3 dB]
			（55 ホン以下）（50 ホン以下）	（45 ホン以下）
	2車線超	3〜 5 m	[69.3 dB]	[67.3 dB]
		・5〜10 m	[67.4 dB]	[65.1 dB]
		10〜15 m	[66.2 dB]	[62.5 dB]
		15 m 以上	[64.7 dB]	[60.5 dB]
			（60 ホン以下）（55 ホン以下）	（50 ホン以下）
B地域のうち道路に面する地域	2車線以下	・3〜 5 m	[71.9 dB]	[69.9 dB]
		5〜10 m	[70.6 dB]	[67.7 dB]
		10〜15 m	[69.5 dB]	[65.5 dB]
		15 m 以上	[68.5 dB]	[63.6 dB]
			（65 ホン以下）（60 ホン以下）	（55 ホン以下）
	2車線超	3〜 5 m	[71.9 dB]	[72.5 dB]
		・5〜10 m	[70.6 dB]	[70.3 dB]
		10〜15 m	[69.5 dB]	[68.5 dB]
		15 m 以上	[68.5 dB]	[66.8 dB]
			（65 ホン以下）（65 ホン以下）	（60 ホン以下）

*1) 手前側車線中央からの測定地点までの距離であり、手前側車線中央から道路端までの距離については、通常の規格の平面道路の場合は 6〜7 m 程度である。
　　ただし、実際の道路環境センサスにおける手前側車線中央から測定地点までの距離は、2車線の場合は 3〜5 m が多く、4車線の場合 5〜7 及び 8〜10 m が多い。
　　なお、道路環境センサスの測定地点については、多くの場合、道路端又はその近傍である。

*2) （　）内は L_{50} の現行基準値であり、［　］内はこれを同時計測された道路環境センサスデータにより L_{Aeq} に換算した値。

別紙 7　道路に面する地域の現状における騒音レベル推計値

(1) 騒音レベル（道路端推計値）別超過道路延長（両側 km、％）

		55 dB 超	60 dB 超	65 dB 超	70 dB 超	75 dB 超	80 dB 超	合　計
夜間	C 地域	5 100 km 91.1 %	3 900 69.4	1 700 30.4	400 7.1	50 0.9	0 0.0	5 600 100.0
	D 地域	39 800 96.1	34 200 82.6	20 100 48.6	8 000 19.3	1 550 3.7	20 0.1	41 400 100.0
	夜間計	44 900 95.5	38 100 81.1	21 800 46.4	8 400 17.9	1 600 3.4	20 0.1	47 000 100.0
昼間	C 地域	5 600 100.0	5 400 96.4	4 500 80.4	1 800 32.1	100 1.8	0 0.0	5 600 100.0
	D 地域	41 300 99.8	40 500 97.8	37 200 89.9	22 600 54.6	4 000 9.7	100 0.2	41 400 100.0
	昼間計	46 900 99.8	45 900 97.7	41 700 88.7	24 400 51.9	4 100 8.7	100 0.2	47 000 100.0

注）
　　平成 6 年度道路交通センサスデータ及び環境庁作成の L_{Aeq} 予測式により道路端の騒音レベルを推計。
　　推計対象：都市高速道路を除く道路交通センサス対象道路であって、用途地域内に存する区間

(2) 騒音レベル別超過戸数（道路端からの距離別両側戸数、％）

		55 dB 超	60 dB 超	65 dB 超	70 dB 超	75 dB 超	80 dB 超	合　計
夜間	10 m 以内	870 千戸 97.4 %	785 87.9	497 55.7	181 20.3	25 2.8	0 0.0	893 100.0
	20 m 以内	1 676 88.2	1 218 64.1	622 32.7	195 10.3	25 1.3	0 0.0	1 900 100.0
	30 m 以内	2 131 75.3	1 377 48.7	650 23.0	195 6.9	25 0.9	0 0.0	2 830 100.0
	50 m 以内	2 583 55.3	1 486 31.8	658 14.1	195 4.2	25 0.5	0 0.0	4 673 100.0
昼間	10 m 以内	891 99.8	881 98.7	824 92.3	511 57.2	82 9.2	2 0.0	893 100.0
	20 m 以内	1 873 98.6	1 742 91.7	1 170 61.6	549 28.9	83 4.4	2 0.1	1 900 100.0
	30 m 以内	2 699 95.4	2 161 76.4	1 246 44.0	552 19.5	83 2.9	2 0.1	2 830 100.0
	50 m 以内	3 786 81.0	2 460 52.6	1 269 27.2	553 11.8	83 1.8	2 0.1	4 673 100.0

注)
① 平成6年度道路交通センサスデータ及び環境庁作成の L_{Aeq} 予測式により道路端の騒音レベルを推計。
② 推計対象：都市高速道路を除く道路交通センサス対象道路であって、用途地域内に存する区間
③ 沿道の建物の立地状況については、東京都の都市計画情報のデータベースから、用途地域、道路幅員及び沿道人口密度ランクにより、全国の沿道に外挿して推定。
④ 道路端以外の沿道騒音分布については、　の沿道建物の立地状況（建物密度、建物の高さ等）から、騒音の減衰量を推定。

別紙8　各種対策効果の概要

①自動車単体対策 　現在予定されている単体規制（平成4年中央公害対策審議会答申及び平成7年中央環境審議会答申に基づくもの）適合車に全て代替した場合	車種により 0.9～1.3 dB
②道路構造対策 　低騒音舗装 　環境施設帯（片側10 m） 　遮音壁（平面構造に高さ3 mの遮音壁）	約3 dB（A）前後 約7 dB（A） 約10 dB（A）
③交通流対策 　速度10 km/hの低減で 　交通量2割削減で	約1 dB（A） 約1 dB（A）
④沿道対策 　住宅と道路の間に空き地を設けた場合 　（セットバック等）　車道端から10 mで 　　　　　　　　　　〃　　　　20 mで 　緩衝建築物を設けた場合、建物の道路面裏側で	約5 dB（A） 約8 dB（A） 約15～20 dB（A）

注）各種措置が一定の条件下で講じられた場合における当該措置の効果について環境庁が推計したもの及び既存資料による。

別紙9　騒音規制法に基づく要請限度と L_{Aeq} への換算値

			現行要請限度 （L_{50}）	換算値 （L_{Aeq}）
1、2種 （住居系）	2車線	夜間	55	69.9
	2車線超	夜間	60	70.3
3、4種 （商工系）	1車線	夜間	60	73.9
	2車線	夜間	65	75.0
	2車線超	夜間	65	72.9

別紙 10　都市における住宅供給施策

1. 事業計画等
(1) 公共投資基本計画
　　21世紀初頭までに、3大都市圏の都心地域において、中堅勤労者向けを中心に良質な住宅を160万戸供給
(2) 第7期住宅建設5箇年計画（平成8〜12年度）
　　大都市圏の都心部において供給される住宅戸数50万戸
(3) 大都市供給基本方針（平成8〜17年度）
　　各圏域の都心部に係る区域の住宅の供給目標量
　　　・首都圏50万戸、近畿圏37万戸、中部圏13万戸

2. 審議会答申
(1) 土地政策審議会答申（平成8年11月21日、抜粋）
　（都心居住の推進）
　　大都市等の都心部に居住の確保を図ることは、通勤時間の短縮、コミュニティの維持、インフラ運営の効率性等の観点から、重要な課題である。
　　そのため、都心共同住宅供給事業や市街地再開発事業等により都市基盤施設の整備と良質な住宅の供給を一体的に実施するとともに、まちなみ誘導型地区計画制度や都心居住型総合設計制度等の活用により、必要に応じ建築規制の弾力化を推進する必要がある。
　　また、国、地方公共団体、公団等からなる協議会を設け、各々の企画力、信用力、技術力等を結集するとともに、地方公共団体に協力して公団のまちづくりの能力を活用する必要がある。
(2) 建築審議会答申（平成9年3月24日、抜粋）
　（都心地域等高密度市街地における居住空間の形成）
　　大都市地域等において、居住機能と業務商業機能とのバランスの回復を図りつつ、都心部にふさわしい新たな居住ニーズに応える方向で市街地の再編を行う必要がある。このため、高層高容積住宅の供給促進を図るべき地域を都市計画に位置づけるとともに、採光、通風、開放性等の確保に留意しつつ、日照等従来の価値観のみにとらわれない居住スタイルに対応した市街地の形成に向けた新たな建築ルールを定めることが必要である。

3. 法令
(1) 大都市地域における住宅及び住宅地の供給の促進に関する特別措置法の改正
　　　　　　　　　　　　　　　　　　　　　　　　　　（平成7年3月改正公布）
　① 都心共同住宅供給事業の追加
　　・東京23区、大阪市及び名古屋市の重点供給地域
　　・敷地面積 $300m^2$、10戸、専用床面積 $50m^2$ 以上等の要件
　　・補助制度（共用部分及び関連公益的施設（エレベータ等））
　　　　事業者が自治体→国が1/3補助

事業者が自治体以外→自治体の事業者に対する補助額の1/2を国が自治体に補助
② その他
住宅街区整備促進区域の要件緩和等
(2) 都市計画法及び建築基準法の改正（平成9年6月改正公布）
○ 都市計画に高層住居誘導地区を新設
・対象：第1種住居地域、第2種住居地域、準住居地域、近隣商業地域又は準工業地域であって容積率が400％と定められた地域
・容積率：住居については1.5倍まで緩和可能
・前面道路幅員による容積率制限及び斜線規制の合理化、日影規制の適用除外

別紙11　諸外国の道路交通騒音に関する基準等の概要

諸外国の道路交通騒音に関する基準等の概要（1）基準値等

	新設道路についての基準値等	既存道路についての基準値等	
		騒音低減対策に関するもの	沿道の住宅立地に関するもの
アメリカ	○連邦補助道路の新設・大規模改良に際しての騒音低減クライテリア L_{Aeq} (h) (ex) 静穏を要する土地　57dB 　　 公園、学校等　　 67dB 　　 市街地中心　　　72dB	（特に基準等は存在しない）	○連邦住宅都市開発省の住宅融資の騒音クライテリア L_{dn} 受容可能　　　　　　65dB以下 一般的受容不可能　　65〜75dB 受容不可　　　　　　75dB超え
イギリス	○土地補償法による騒音の補償基準 ・L_{10} (6-24h) 68dBを超過 ・又はその道路の影響により1dB以上の増加 （建物の道路側近傍） 注) 1994年に提案された改正案では、L_{Aeq}で 　　昼 65dB　夜 59dB	（特に基準等は存在しない）	○環境省の計画政策ガイダンスの騒音クライテリア 住宅開発計画に対し　L_{Aeq} (23-7h) 許可　　　昼 55dB以下　夜 45dB以下 条件付許可　〃 55〜63dB　〃 45〜57dB 原則不許可　〃 63〜72dB　〃 57〜66dB 拒否　　　　〃 72dB以上　〃 66dB以上
ドイツ	○連邦インミッション防止法に基づく道路騒音限界値 地区　　　　　　　　　L_{Aeq} (22-6h) 病院、学校等　　　　昼 57dB 夜 47dB 住宅地　　　　　　　〃 59dB　〃 49dB 中心地・村落・混在地区 〃 64dB　〃 54dB 商業・工業地区　　　〃 69dB　〃 59dB （最も暴露されている居住側の建物近傍） 注) 音源側の対策で上記目標値を達成できない場合には以下を目標に建物に防音対策を施す。 　　昼 40dB以下　夜 30dB以下	○連邦長距離道路の騒音低減改善指針 　　　　　　　　L_{Aeq} (22-6h) 住居地　　　昼 70dB　夜 60dB 混在地区　　〃 72dB　〃 62dB 商業地区　　〃 75dB　〃 65dB （最も暴露されている居住側の建物近傍） 音源側の対策又は、道路管理者が防音工事費の3/4を助成	○各州の建築法で採用されている都市計画目標値並びに防音義務づけ基準（DINの規格） 　　　　　　　　　　L_{Aeq} (22-6h) (ex) 一般住宅　昼 55dB　夜 45/40dB 　　 混在地区　 〃 60dB　 〃 50/45dB 　　 商業地区　 〃 65dB　 〃 55/50dB ○連邦遠距離道路法により、連邦高速道路等の沿道一定幅は建築の禁止又は制限。
フランス	○騒音防止法による道路施設の最大許容騒音レベル 地区　　　　　　　L_{Aeq} (22-6h) (ex) 静かな環境の住宅　昼 60dB 夜 55dB 　　 その他の住宅　　 〃 65dB　〃 60dB 　　 商・工業地区　　 〃 65dB （最も暴露されている居住側の建物近傍） 注) 音源側の対策で上記目標値を達成できない場合には以下を目標に建物に防音対策を施す。 　　建物遮音量≧実騒音−目標値＋25≧30 dB	○1982年通達により高騒音地帯（L_{Aeq} (8-20h) 70〜75dB（建物近傍））を抽出しその解消を目指した。 ○1992年騒音防止法により、政府は高音地帯を解消し、騒音レベルを60dB以下にする計画を記載した報告書を国会に提出することとされた。 ○状況により家屋の防音対策と音源側の対策を使い分けた報告書を公表（財源未確定のため国会には未提出）	○1992年騒音防止法により、県知事は、道路を騒音レベルにより分類。その分類と道路との距離により30dBから45dBまでの防音性能を規定。それらの内容は、市町村の土地使用図に明記される。 ○都市計画法により、幹線道路周辺において住居等の建築を許可せず、又は特別の条件を付けることができる。

注) ここに掲げた基準値等はその性格や評価方法等が一様ではないため、単純に数値を比較するのは注意を要す。

諸外国の道路交通騒音に関する基準等の概要（2）
新設道路／既設道路の区分に応じた騒音対策の各国比較

		フランス	ドイツ	イギリス	アメリカ
新設道路	行政による対策	・環境アセスにおいて一軒ごとに騒音を評価 ・屋外基準達成が困難な場合には、防音工事も選択肢	・環境アセスにおいて一軒ごとに騒音を評価 ・屋外基準達成が困難な場合には、防音工事も選択肢	・環境アセスにおいて一軒ごとに騒音を評価 ・屋外基準レベルを超える等の場合は防音のための補償が原則	・環境アセスにおいて一軒ごとに騒音を評価 ・地域類型のひとつとして屋内目標を適用する類型を設定
新設道路	居住者の責務等	―	―	―	―
既存道路	行政による対策	・高騒音地帯については、防音工事、防音への税制優遇等 ・騒音地図の公表	・高騒音地帯については防音工事等 ・市町村が騒音低減計画 ・騒音地図の公表	特になし	特になし
既存道路	立地者の責務等	・沿道防音規制 ・沿道立地規制（高速道路等） ・建築の防音性能規定	・沿道防音規制 ・沿道立地規制（高速道路等） ・建築の防音性能規定	・自治体による宅地開発計画への規制（国によるガイドライン）	・連邦住宅都市開発省の立地基準あり

騒音の評価手法等の在り方について（諮問）

諮問第 38 号
環大企第 249 号
平成 8 年 7 月 25 日

中央環境審議会会長
近藤 次郎　殿

環境庁長官
岩垂 寿喜男

騒音の評価手法等の在り方について（諮問）

環境基本法第 41 条第 2 項第三号の規定に基づき、次のとおり諮問する。

「最近の科学的知見の状況等を踏まえ、騒音の評価手法等の在り方について、貴審議会の意見を求める。」

（諮問理由）
　昭和 46 年に設定された一般地域及び道路に面する地域に係る騒音環境基準では、測定結果の評価については中央値（L_{50}）によることを原則としてきたが、その後、騒音測定技術が向上し、近年では国際的に等価騒音レベル（L_{eq}）が採用されつつあること等の動向を踏まえ、騒音の評価手法の再検討を行う必要がある。
　ついては、最近の科学的知見の状況等を踏まえ、上記環境基準における騒音の評価手法の在り方、及びこれに関連して再検討が必要となる基準値等の在り方について、意見を求めるものである。

§4 環境保全上緊急を要する航空機騒音対策について当面の措置を講ずる場合における指針について
(昭和46年12月27日　中央公害対策審議会)

近年、航空輸送の著しい増加に伴い、空港周辺地域において航空機騒音による被害が増大し、生活環境保全上深刻な社会問題となっている。

とくに、一部の既存空港周辺における航空機騒音の被害は看過しがたい状況にあり、緊急にその対策を講ずる必要があることにかんがみ、この場合におけるよるべき指針およびその達成のための対策について鋭意討議した結果、以下の結論をえた。

1. 指針設定の基礎

航空機騒音の被害を防止するためには、騒音の少ない機種の導入、騒音証明制度の採用、空港周辺地域における土地利用の適正化等の施策を総合的に堆進する必要がある。しかしながら、これらの施策の達成には、相当の期間を要するので、現在の著しい被害状況を早急に改善するためには、当面、音源対策の強化を図るほか、住居に対する防音工事等騒音障害防止措置を緊急に講ずることが必要であり、このため必要な法制度の整備を図るものとする。

この指針は現在被害の最も著しい東京国際空港および大阪国際空港を対象とするものであるが、その他の地域においても航空機騒音による被害の状況ならびに近い将来の騒音の状況を予測して、これに準じて必要な措置を講ずることが望ましい。

この指針は生活環境保全上、当面緊急に措置を講ずるためのものであり、航空機騒音防止対策の全般に係る環境基準については、今後別途審議するものとする。

2. 指針

(1) 夜間とくに深夜における航空機の発着回数を制限し、静穏の保持を図るものとする。

(2) 空港周辺において、航空機騒音が、一日の飛行回数100機から200機として、ピークレベルのパワー平均で90ホン(A)から87ホン(A)(これはWECPNLで85、NNIで55にあたる。)以上に相当する地域について、緊急に騒音障害防止措置等を講ずるものとする。

3. 指針達成のための対策

(1) 音源対策について

　ア　ジェット機の発着は午後10時から翌日午前7時までの間(ただし、東京国際空港における国際便については、午後10時30分から翌日午前6時までの間)緊急その他やむを得ない場合を除き行なわないものとする。

　　この場合、東京国際空港における午後10時30分から午後11時までの間の現行の国際便については、当分の間発着を認めるものとし、午後10時から午後11時までの間の国際便の発着は原則として、海上を経由して行なうものとする。

　イ　大阪国際空港における深夜のプロペラ機の発着については、段階的に減少させるものとする。

ウ　上記のほか、発着回数を抑制するとともに、航行の方法を改善することにより、被害の減少に努めるものとする。
　エ　離陸又は着陸の経路、時間その他の航行の方法について、公共用飛行場周辺における航空機騒音による障害の防止等に関する法律第3条第1項の規定に基づく告示等により実効を期すること。
　オ　エンジンテスト等航空機の整備に伴う騒音の防止を図るため、必要な施設の整備、作業時間の制限等を行なうこと。
(2) 騒音障害防止措置について
　ア　緊急に騒音障害防止措置を講ずる地域の指定は1日の飛行時間内におけるWECPNL 85を基準として行なうものとする。
　　なお、WECPNLは飛行回数、経路等について標準的な条件を設定し、値を算出するものとする。
　イ　上記の地域においては、既設の住居に対する防音工事の助成措置を講ずるほか、とくに騒音の著しい区域については、移転を積極的に推進する措置を講ずること。
(3) 騒音監視について
　ア　騒音の監視はホン(A)で行ない、1日の全航空機の騒音について、その各ピークレベルを測定するとともに、WECPNLを算出するものとする。
　　測定地点は飛行経路、音量等について問題を生じやすい地点を選ぶものとする。
(注)　この場合ホン(A)からWECPNLを算出するには次式による。

$$\mathrm{WECPNL} \fallingdotseq \overline{\mathrm{dB(A)}} + 10 \log N - 27$$

　$\overline{\mathrm{dB(A)}}$……ピークレベルのパワー平均
　N…………1日の飛行時間内におけるウェイトをつけた機数
　（午前7時～午後7時の機数 N_1、午前7時～午後10時の機数 N_2、午後10時～翌日午前7時の機数 N_3 としたとき、$N = N_1 + 3N_2 + 10N_3$）
　イ　測定の結果、ピークレベルが各測定点について、予め設定された限度をこえている場合には、厳重な処置をとるものとする。
　ウ　監視測定の結果については、適宜公表するものとする。

§5 航空機騒音に係る環境基準の設定について（答申）
（昭和48年12月6日　中央公害対策審議会）

　近年、航空輸送の著しい増加に伴い、飛行場周辺地域において航空機騒音による被害が増大し、生活環境保全上深刻な社会問題となっている。

　このため、本審議会は、さきに「環境保全上緊急を要する航空機騒音対策について当面の措置を講ずる場合における指針について」を答申したところであるが、引き続き、騒音振動部会特殊騒音専門委員会において、航空機騒音に係る諸対策を総合的に推進するにあたっての目標となるべき環境基準の設定について検討した結果、別添の専門委員会報告がとりまとめられた。本審議会においては、この報告をもとに各飛行場周辺における航空機騒音の現状、騒音低減のための方法等を総合的に審議した結果、航空機騒音に係る環境基準（以下「環境基準」という。）としては、以下のように定めるべきものと考える。

　なお、環境基準を維持達成するためには、政府は音源対策の強化、土地利用の適正化等、別紙「環境基準の設定に伴う課題について」に掲げる諸施策を総合的かつ強力に推進する必要がある。

1. 環境基準
　環境基準は、地域の類型ごとに次表の基準値の欄に掲げるとおりとする。

地域の類型	基　　準　　値
I	WECPNL 70 以下
II	WECPNL 75 以下

　　（注）1.　「地域I」とは、都市計画法にいう第1種住居専用地域及び第2種住居専用地域等、主として住居の用に供される地域とし、「地域II」とは、その他の地域とする。
　　　　 2.　この表は1日当たりの離着陸回数が10回以下の飛行場及び離島にある飛行場には適用しないものとする。

2. 測定方法等
（1）測定機器

　　測定機器は、日本工業規格 C1502 に定める指示騒音計若しくは国際電気標準会議 Pub/179 に定める精密騒音計、又はこれらに相当する測定機器を用いる。

　　この場合、聴感補正回路はA特性とし、また、動特性は緩（Slow）とする。

（2）測定方法

　　ア　測定は原則として連続7日間行い、暗騒音より10dB以上大きい航空機騒音のピークレベル及び機数を記録するものとする。

　　イ　航空機騒音の評価は、上記ピークレベル及び機数から1日ごとのWECPNLを算出し、そのすべての値をパワー平均して行うものとする。

この場合、WECPNL を算出するには次式を用いるものとする。
$$\text{WECPNL} = \overline{\text{dB(A)}} + 10 \log N - 27$$

(注) $\overline{\text{dB(A)}}$ とは、1日の各ピークレベルのパワー平均をいい、N とは、時間帯による重みづけをした1日の機数で、$N = N_1(7時〜19時の機数) + 3N_2(19時〜22時の機数) + 10N_3(22時〜7時の機数)$ をいう。

(3) 測定場所

測定は屋外で行うものとし、測定点は当該地域の航空機騒音を代表すると思われる地点を選定するものとする。

(4) 測定時期

測定時期は、航空機の飛行状況、風向等の気象条件等を勘案して、その地点の航空機騒音を代表すると思われる時期を選定するものとする。

3. 達成期間等

環境基準は、飛行場の区分ごとに次の表に示す期間で達成するものとするが、達成期間が長期にわたる場合には、中間的に同表に示す改善目標値を達成しつつ、段階的に行うものとする。

なお、自衛隊等が使用する飛行場周辺についても、平均的離着陸回数及び機種並びに人家の密集度に基づいて、同表に示す公共用飛行場の区分に準じて環境基準の維持達成に努めるものとする。

飛行場の区分			達成期間	改善目標値 (単位 WECPNL)
新設飛行場			直ちに	―
既設飛行場	第三種空港及びこれに準ずる飛行場		直ちに	―
	第二種空港（福岡空港を除く。）	A	5年以内	―
		B	10年以内	5年目標 「屋外で85以下」又は「屋外85以上の地域において屋内で65以下」
	第一種空港及び福岡空港		10年を越える期間で可及的速やかに	5年目標 「屋外で85以下」又は「屋外85以上の地域において屋内で65以下」 10年目標 「屋外で75以下」又は「屋外75以上の地域において屋内で60以下」
新東京国際空港			10年以内	5年目標 「屋外で85以下」又は「屋外85以上の地域において屋内で65以下」

(備考) 1. 既設飛行場の区分は本環境基準の定められた日における区分とする。
2. 第二種空港のうち、AとはBを除くものをいうものとし、Bとはターボジェット発動機を有する航空機が定期航空運送事業として離着陸するものをいうものとする。

なお、環境基準の達成に極めて長期間を要する地域に引き続き居住を希望する者に対しては、防音工事等を行うことにより、環境基準が達成された場合と同等の屋内環境が保持されるようにするものとする。

（別　紙）
環境基準の設定に伴う課題について

　航空機騒音に係る環境基準の維持達成を図るため、公共用飛行場及び自衛隊等が使用する飛行場について、以下の諸施策を総合的かつ強力に推進する必要がある。

1. 音源対策の強化

　騒音証明制度の導入及び低騒音機の研究開発を進めるとともに、現用機種の改良及び低騒音大型機等への変更を積極的に進める措置を講ずること。また、騒音の影響を減少するため、滑走路の方向及び使用方法の改善、離着陸回数の抑制等の措置を講ずること。

　なお、自衛隊等が使用する飛行場についても、これらに準じた音源対策を講ずること。

2. 土地利用の適正化

（1）航空機騒音の特性を考慮し、飛行場周辺地域における土地利用計画を樹立し、その促進を図ること。特に、現在、航空機騒音の著しい地域（例えばWECPNL85以上の地域）については、住居を移転し、遮断緑地、飛行場用地、倉庫、工場その他の騒音による影響を受けない施設の用地等とすることにより、早急に被害の軽減を図ること。

（2）環境基準の達成のため、飛行場周辺における土地利用の適正化を進めていくにあたっては、現行の都市計画法等の制度のみでは達成が困難と考えられるので、飛行場周辺の土地利用規制については、新たな法制度を設ける必要があること。

3. 汚染者負担の原則

　公共用飛行場周辺における環境基準達成のための防音対策、用地買収等に要する費用については、各飛行場ごとに、負担することを原則とし、これらの費用を料金等に反映させる等の措置を検討すること。

4. 環境アセスメントの推進

　飛行場の建設又は拡張の際には、航空機騒音による被害を未然に防止するため、飛行場の立地、形態、使用方法、周辺の土地利用及び開発等に関する環境アセスメント手法を確立し、その推進を図ること。

5. 監視測定体制の整備

　航空機騒音の状況を常に適切に測定評価するとともに、有効な防止対策を促進するため、航空機騒音の監視測定体制を早急に整備し、また、それが適正に維持管理されるよう努めること。

6. 調査研究の推進

　環境基準の維持達成のための各種施策の推進に併せて、航空機騒音の影響、測定方法等に関する調査研究を更に進めることとし、必要に応じて環境基準の見直しについて検討すること。

7. その他

環境基準が達成されるまでの間において、特に、飛行場周辺住民の睡眠確保を図るため、深夜における航行制限の実施に努めること。

§6 航空機騒音に関する環境基準について（報告）
（昭和48年4月12日　中央公害対策審議会騒音振動部会特殊騒音専門委員会）

近年、航空輸送の著しい増加に伴い、空港周辺地域において航空機騒音による被害が増大し、生活環境保全上深刻な社会問題となっている。

このため、本委員会は、さきに「環境保全上緊急を要する航空機騒音対策について当面の措置を講ずる場合における指針について」を報告したところであるが、ひき続き、航空機騒音に係る諸対策を総合的に推進するにあたっての目標となるべき環境基準の設定に際し、その基礎となる指針（指針値、測定方法等）について検討した結果、以下の結論を得たので別紙資料を付し報告する。

1. 指針設定の基礎

航空機騒音に係る環境基準の指針設定にあたっては、聴力損失など人の健康に係る障害をもたらさないことはもとより、日常生活において睡眠障害、会話妨害、不快感などをきたさないことを基本とすべきである。

本委員会は、このような考えのもとに航空機騒音の日常生活に及ぼす影響に関する住民への質問調査、道路騒音、工場騒音による住民反応との比較、聴覚等に及ぼす影響についての調査研究等に関する内外の資料を参考として検討した。

この結果をもとに、さらに航空機騒音対策を実施するうえで、エンジンの製造が外国に依存していること、航空機騒音の影響が広範囲におよぶこと、その他輸送の国際性、安全性等種々の制約があるので、これらの点を考慮して指針を設定した。

2. 評価単位

航空機騒音の評価単位としては、次式により求められる WECPNL を用いる。

$$\text{WECPNL} = \overline{\text{dB(A)}} + 10\log_{10} N - 27$$

ただし、$\overline{\text{dB(A)}}$ とは、1日の各ピークレベルのパワー平均、N とは、$N = N_1 + 3N_2 + 10N_3$

$$\begin{bmatrix} N_1 \text{ は } 7\text{時}\sim 19\text{時の機数} \\ N_2 \text{ は } 19\text{時}\sim 22\text{時の } \prime\prime \\ N_3 \text{ は } 22\text{時}\sim 7\text{時の } \prime\prime \end{bmatrix}$$

とする。

3. 指針値

環境基準の指針値は WECPNL 70 以下とする。ただし、商工業の用に供される地域においては、WECPNL 75 以下とする。

4. 測定方法等

(1) 測定機器

測定機器は、日本工業規格 C1502 に定める指示騒音計もしくは国際電気標準会議 Pub179 に定める精密騒音計、またはこれらに相当する測定機器を用いる。この

場合、聴感補正回路は A 特性とし、また、動特性は緩（Slow）とする。
(2) 測定方法
    a. 測定は、原則として連続 7 日間行い、暗騒音より 10 dB 以上大きい航空機騒音のピークレベルおよび機数を記録する。
    b. 測定結果の評価は、1 日毎の WECPNL を算出し、そのすべての値をパワー平均して行なう。
(3) 測定場所
    測定は屋外で行なうものとし、測定点は、当該地域の航空機騒音を代表すると思われる地点を選定する。
(4) 測定時期
    測定時期は、航空機の飛行状況、風向等の気象条件等を勘案して、その地点の航空機騒音を代表すると思われる時期を選定する。

5. 指針値の達成期間

指針値は、新設空港周辺地域にあっては直ちに、既設空港周辺地域にあっては速やかに達成維持を図る。

ただし、既設の国際空港ならびにこれに準ずる大規模空港の周辺地域については、航空機騒音の実情等にかんがみ、速やかに指針値を達成することが極めて困難と考えられるので、暫定的に改善目標値を設定することにより、段階的に騒音の軽減を図りつつ、極力指針値の速やかな達成を図る。

6. 指針値達成のための施策

航空機騒音による被害を防止し、指針値を達成するため、将来における交通輸送体系のあり方、その中において航空輸送および各空港ごとの果すべき役割等を考慮し、下記の諸施策を総合的に推進するものとする。
(1) 音源対策の強化
    騒音証明制度の導入、低騒音機の研究開発を進めるとともに、各空港ごとの航空機発着回数および発着機種の制限の措置を講じ、また、住宅地域への影響を避けるため、滑走路の方向および使用方法の改善、航行の方法の改善等の措置を講ずること。なお、自衛隊等が使用する飛行場についても、これらに準じた音源対策を講ずること。
(2) 土地利用の適正化
    航空機騒音の特性を考慮し、空港周辺地域における土地利用計画を樹立推進し、また、このため、各種関連法規の整備活用を図ること。
    とくに、現在、航空機騒音の影響が著しい地域については、住居を移転し、遮断緑地、飛行場用地等とすることにより、早急に被害の軽減を図ること。

付　言

本委員会としては、航空機騒音に係る環境基準について以上のとおり報告するが、これはもとより空港周辺地域の住民の生活環境を保全するうえで維持されることが望ましい基準として検討したものであり、できる限り早急にこれが実現を望むものである。しかしながら、本報告に述べたとおり、特に国際空港等の大規模空港では音源対

策を講ずるにあたって各種の制約があり、また、土地利用の適正化を図るべき地域も広範に及ぶため、本報告に示す指針値の達成は容易でなく、かつ相当の期間を要するものと考えられる。

したがって、本委員会としては、指針値が達成されるまでの間においては、先に報告した「環境保全上緊急を要する航空機騒音対策について当面の措置を講ずる場合における指針について」に沿って、周辺住民の生活妨害を軽減するため、深夜の運航制限ならびに住宅の防音工事、移転補償等の対策が鋭意実施される必要があることを付言する。

(別紙資料)

航空機騒音に係る環境基準設定の基礎となる指針の根拠等について

1. 評価単位について

航空機騒音は他の一般騒音に比べて間欠的であり、かつ、ピークレベルが高く、また、特異な音質を有するため、従来から各国において種々の評価単位が考案され、用いられてきた。

わが国においては、ピークレベル dB (C) と飛行回数をもってする方法が空港周辺の学校等の建物の防音工事の基準として利用されている。また、1機毎の航空機騒音のうるささをあらわす単位として「PNL」がISOから提案され、英国においては、このPNLに飛行回数を加味したNNI (Noise and Number Index) が提唱され、防音工事の基準に利用されている。

さらに、ICAO (International Civil Aviation Organization) において、PNLに1機ごとの継続時間補正および純音補正を入れたEPNLが騒音証明制度の単位として採用されており、また、最近、航空機の1日の総騒音量を評価する単位としてWECPNL (Weighted Equivalent Continuous Percieved Noise Level) が提案されている。

このWECPNLは、航空機騒音の特徴をよく取り入れた単位であり、航空機騒音の評価単位の国際標準として採用されているので、本委員会においてもこの単位を採用した。

ICAOにより提案されたWECPNLは、EPNLを1機ごとの航空機騒音について求め、騒音発生時間帯により機数の補正を行なった1日あたりの総騒音量を1日の時間で平均し、次式により求められる。

$$\text{WECPNL} = \overline{\text{EPNL}} + 10\log_{10} \frac{10 \times N}{60 \times 60 \times 24} \qquad (1)$$

$$\left[\begin{array}{l}\overline{\text{EPNL}}: 1機ごとのEPNLの1日パワー平均 \\ N: 1日の時間帯により補正された機数で \\ \quad N = N_1(7:00\sim19:00) + 3N_2(19:00\sim22:00) \\ \qquad + 10N_3(22:00\sim7:00)\end{array}\right]$$

現用航空機においては、EPNL $\doteqdot$ dB (A) + 13とみなしうるところから、これらを (1) 式に代入して下記の略算式が得られる。

$$\text{WECPNL} \doteqdot \overline{\text{dB(A)}} + 10\log_{10} N - 27 \qquad (2)$$

$$\left[\begin{array}{l}\overline{dB(A)}:1 機ごとのピークレベルの 1 日パワー平均 \\ N:(1) 式に同じ\end{array}\right]$$

　本委員会としては、測定上の便宜あるいは (1) 式と (2) 式で求められた値にそれほど差異がないこと等の理由から、WECPNL の算定式として (2) 式を採用することとした。

　なお、WECPNL 70 および 75 に相当するピークレベルのパワー平均および NNI を下表に示す。

WECPNL	機　　数	ピークレベルの パワー平均	NNI
70	25	81dB（A）	35.0
	50	78	36.5
	100	75	38.0
	200	72	39.5
	300	70	40.5
75	25	86	40.0
	50	83	41.5
	100	80	43.0
	200	77	44.5
	300	75	45.5

（注）　夕方（19:00～22:00）の運航回数比を 20 %とし、夜間（22:00～7:00）の運航回数を 0 として計算したもの

2. 指針値について

　航空機騒音が住民に及ぼす影響については、従来、各国において各種の調査研究が行なわれている。これまでに得られた資料によれば、航空機騒音と住民被害の関係は次のとおりである。
(1) 横田、大阪（伊丹）およびロンドン（ヒースロー）空港周辺における地域の NNI と住民被害との関係についての調査によれば、下表に示すように、NNI35 で訴え率の比較的低い就眠（睡眠）妨害で 5～27 %、訴え率の比較的高いテレビの聴取妨害で 32～54 %となっており、NNI45 では、就眠（睡眠）妨害で 8～38 %、テレビの聴取妨害で 65～73 %に達している。
(2) アメリカでは、NEF（Noise Exposure Forecast）という評価量を用いて、空港周辺の土地利用の勧告ならびに住民反応の推定を行なっているが、NEF30 以下であれば、住居地域であっても、新建設にあたって特別な遮音は必要でなく、住民反応としては、若干の苦情が起り、また、ある種の活動が妨げられる可能性がある程度としている。NEF30 は、飛行回数 200 機、継続時間 10 秒として、NNI 約 45 に相当する。
　また、NASA（米航空宇宙局）は、1970 年、国際空港を有する米国の 7 都市について、空港周辺の騒音暴露の調査と、総計 8 207 名にのぼる面接調査を行ない、多変量解析の結果、不快感（annoyance）の有意な減少をはかるには、CNR

(Composite Noise Rating) で 93 以下の値にする必要があると報告しており、これを同報告の換算式にしたがって、NNI に換算すると 37 に相当する。

表　NNI と影響の訴え率

	調査場所	就眠妨害	会話妨害	家の振動	覚醒	TV 聴取妨害	読書・思考
NNI=35 (30〜40)	ロンドン (1961)[1]	27	45	52	47	51	
	ロンドン (1967)[2]	5	19	22	27	54	
	横田 (1970)[3]	(19)	35			32	32
	大阪 (1965)[4]		40			43	28
NNI=45 (40〜50)	ロンドン (1961)[1]	38	68	72	60	72	
	ロンドン (1967)[2]	8	38	38	37	73	
	横田 (1970)[3]	(25)	51			68	38
	大阪 (1965)[4]		63			65	58

(注)　1)　Wilson レポート
　　　2)　ロンドン空港第 2 次調査、評点 (N/1) 1.6 の場合の百分率で、$L + 12 \log_{10}(N + 1) - 87$ より計算
　　　2)　ロンドン空港第 2 次調査、評点 (N/1) 2.3 の場合の百分率で、$L + 12 \log_{10}(N + 1) - 87$ より計算
　　　3)　東京都調査、（　）内の数値は夜の睡眠妨害
　　　4)　関西都市騒音対策委員会調査、評点（1〜5）3 以上の％および 4 以上の％の平均

(3) フランスでは、分類指数（Classification Index）R という評価量を用い住民調査を行なっているが、R88 が許容しうる環境の上限（limit for acceptable environment）とし、また、土地利用の制限が行なわれないのは R84 未満である。R84 は、飛行回数 200 機で、NNI46 にほぼ相当する。

(4) オランダでは、dB(A) から算出される総騒音負荷量（Total Noise Load）B という評価量を用いて住民調査を行なったが、その結果、不快感の最大受忍レベル（maximum tolerable level）は、B45 あるいは NNI で約 42 であるとしている。

(5) ドイツでは、平均不快感指数（Mean Annoyance Index）$\overline{Q}$ という評価量を用いて、空港周辺の土地利用計画指針を示しているが、$\overline{Q}67$ 未満であれば、原則として建築制限は行なわれない。$\overline{Q}67$ に相当する NNI は、飛行回数 200 機、1 機の継続時間 10 秒として、約 43 である。

(6) その他、Yeowart は、許容しうる（acceptable）ということは、地域住民が航空機騒音によって悩まされることなく、また、生活様式を変更する必要のない状態と解釈し、多くの文献にもとづいて、NNI で 29、NEF で 15 としているが、資料の不確実性から、±5 の変動範囲を認めている。NNI29 の場合は、McKennel の航空機騒音に対する不快感の平均百分率では約 30％ である。

Robinson は、許容限界（acceptable limit）として、NNI で 38±2 を提唱している。これは McKennel の航空機騒音に対する不快感の平均百分率で約 40％、Griffith および Langdon の不満尺度（dissatisfaction scale）から求めた百分率で約 35％ に相当する。また、Schultz は、文献的考察から、NNI35 を長期的目標とすべきであると称している。

これらの資料から判断すると、NNI でおおむね 30～40 以下であれば航空機騒音による日常生活の妨害、住民の苦情等がほとんどあらわれない。また、各国における建築制限等、土地利用が制約される基準はこの値を相当うわまわっている。したがって、環境基準の指針値としては、その中間値 NNI35 以下であることが望ましい。

しかし他方、航空機騒音については、その影響が広範囲に及ぶこと、技術的に騒音を低減することが困難であることその他輸送の国際性、安全性等の事情があるので、これらの点を総合的に勘案し、航空機騒音の環境基準としては WECPNL70 以下とすることが適当であると判断される。WECPNL70 は、機数 200 機の場合、ほぼ NNI40 に相当し、25 機の場合 NNI35 に相当する。

このような趣旨にかんがみ、新空港の建設、住宅団地の造成等を行なう場合には、上記指針値よりさらに低い値以下となるよう十分配慮し、その対策を事前に講ずることが必要である。

なお、WECPNL70 は、道路騒音等の一般騒音の中央値と比較した場合には、各種生活妨害の訴え率からみると、ほぼ 60dB（A）に相当する。また、1 日の総騒音量でみると WECPNL70 は連続騒音の 70PNdB と等価であり、一般騒音の PNdB と dB（A）との差（13～15）およびパワー平均と中央値との差（2～3）を考慮すると、一般騒音の中央値 55dB（A）にほぼ相当する。

一方、一般の騒音に係る環境基準においても、地域類型別に基準値が定められていることから、航空機騒音に係る環境基準についても地域差を設けることが適当であると考えられる。この場合、商工業地域の航空機騒音に係る環境基準の指針値は、一般騒音について中央値 65dB（A）を上限値としているところから、訴え率からみて、これに相当する WECPNL75 を採用したものである。

3. 測定方法等について
(1) 測定方法

航空機騒音の飛行スケジュールは、現状ではほぼ 1 週間単位で編成されていることを考慮し、原則として連続 7 日間の測定を行なうものとする。なお、自衛隊等が使用する飛行場のように必ずしもスケジュールが一定していない場合には、飛行状況よりみて適当と思われる日数について連続測定を行なうものとする。

上記測定により得られたピークレベルおよび時間帯ごとの機数から、1 日毎の WECPNL を算出し、各日の値の全てをパワー平均して求められる値によって測定

結果を評価するものとする。

なお、参考までに、下記にパワー平均の算出方法を示す。

$$\overline{X} = 10\log_{10}\left[\frac{1}{n}\sum_{i=1}^{n}10^{\frac{X_i}{10}}\right]$$

$$\begin{bmatrix} \overline{X}：パワー平均値 \\ X_i：各データ値 \\ n：データ個数 \end{bmatrix}$$

また、航空機騒音の測定にあたって、暗騒音との関係が問題となるが、自動測定記録の場合に、航空機騒音の判別は暗騒音との差が 10 dB 以下では困難であること、ピークレベルを個々に暗騒音レベルによって補正して得られる WECPNL の値と補正を要しないピークレベルだけで得られる値との間にほとんど差がないこと等の点を考慮して、暗騒音（航空機のピークレベル測定時の暗騒音レベル）より 10 dB 以上大きいものについてのみ、ピークレベルおよび機数を測定するものとする。

(2) 測定場所および時期

測定点として、当該地域において航空機騒音の影響を最も受けていると思われる地点、その他環境基準の達成状況を把握し、対策を講ずるうえで必要と思われる地点を選定し、原則として家屋周辺の地上 1～10 m の位置で、なるべく暗騒音の低いところにおいて測定を行なうものとする。

なお、航空機騒音の推移はもとより、土地利用状況の推移をも想定して、年次的に達成状況を把握できるよう、固定点を設けて測定することが望ましい。

測定時期については、航空機の飛行状況、気象条件等を考慮すれば、四季毎に行なうことが望ましいが、年間を通して航空機騒音の状況がそれほど変化しない場合には、年 1～2 回の測定でも良いものと考えられる。

4. 指針達成のための施策について

指針値の達成を図るためには、まず第一に、報告において述べた各種の音源対策を強力に推進することが必要である。しかし、音源対策にはおのずから制約があるため、航空機騒音の程度に応じた空港周辺地域の土地利用を計画的に行なうことが不可欠である。この場合、土地利用を合理的に実現するためには、空港ごとに将来の利用状況を勘案して予測騒音コンター図を作成し、これに合致した土地利用計画を策定することが必要である。計画の策定にあたっては、上記指針値を基本とし、さらに、WECPNL75～85 の地域については、専ら工業または農業等の用に供する地域として利用されるよう、また、WECPNL85 以上の地域については、空港に関連する施設、公園緑地等の施設が設置されるように配慮すべきである。

また、本報告においては、評価単位として WECPNL を採用し、夜間の機数 1 機は昼間の 10 機に相当するものとし、夜間の運航を重視している。しかし、夜間においては、睡眠におよぼす影響を考慮し、住居の集合している地域における航空機の運航制限等が特に必要であると考える。

5. 指針値の見直しについて

本報告は、現在までに得られた内外の諸資料を基礎としたものであるが、新たな

知見によって改訂の必要があると判断された場合には、速やかに再検討を加える必要がある。

　特に、発着機数が 20 機程度の空港の周辺地域について、Yeowart は、ピークレベル 90 PNdB（約 77 dB（A））以下とすべきであるという提案をしており、また、スウェーデンにおいても、ピークレベルで約 80 dB（A）以下が望ましいとしていることもあり、発着機数の少ない空港における問題について、調査検討を進める必要がある。

§7 環境保全上緊急を要する新幹線騒音対策について当面の措置を講ずる場合における指針について
（昭和47年12月19日　中央公害対策審議会）

　昭和46年9月27日付をもって環境庁長官から諮問のあった特殊騒音に係る環境基準のうち鉄道騒音に係る基準については、当審議会は騒音振動部会に特殊騒音専門委員会を設け、鋭意審議を重ねてきたところであるが、騒音評価方法、周辺住民に及ぼす影響等なお調査研究すべき課題が多く残されており、当審議会においては、これら事項についてさらに検討を行ない、その成果を待って環境基準を設定すべきものと考える。

　しかしながら、新幹線鉄道騒音が周辺住民に対し、各種の被害をもたらしており、一部の地域においては深刻な社会問題となっている現状にかんがみ当審議会はとりあえず既存の新幹線鉄道騒音対策について当面の措置を講ずる場合における指針を定めることとし検討した結果以下のとおり結論をえた。政府においては、この答申に沿ってすみやかに対策を講ずることが必要と考える．

1. 指針
(1) 新幹線鉄道騒音の騒音レベルが、住居等の存する地域において、80ホン(A) (dB(A))以下となるよう音源対策を講ずること。
(2) 音源対策を講じても特殊な線路構造等のため、なお騒音を低減することが特に困難な場合には、85ホン(A)以上の地域内に存する住居等について、屋内における日常生活が著しくそこなわれないよう、障害防止対策を講ずること。
(3) 病院、学校その他特に静穏の保存を要する施設の存する地域については、特段の配慮をすること。

2. 測定方法
(1) 新幹線鉄道騒音の測定は、住居等の用に供されている建物から原則として1メートル離れた場所において、当該建物の存する側の線路を連続して通過する6本の列車の走行に伴い発生する騒音について行ない、その最大レベルの算術平均を求めることによって測定値を得るものとする。ただし、こだま停車駅付近における測定は、速度が著しく低い列車を除いて行なうものとする。
(2) 騒音の測定器は、日本工業規格C 1502に定める指示騒音計、国際電気標準会議Pub 179に定める精密騒音計又はこれらと同程度以上の性能を有する測定器とする。この場合において、動特性は緩（スロー）とするものとする。

3. 指針達成のための方策
(1) 新幹線騒音の音源対策として、防音壁の設置および改良のほか橋梁等の線路構造および車両の改良等の措置を講ずるものとする。
　なお、以上の措置を講じても現在の防止技術では騒音を低減することが困難な場合もあるので、早急に技術の開発を図り80ホン(A)以下となるようにするものとする。

(2) 新幹線騒音の障害防止対策として、騒音の状況、地域の態様などを勘案して、既設の住居等に対する防音工事の助成措置、建物の移転補償措置等を実施するものとし、また、このため必要な法制度の整備を図るものとする。

4. 対策実施に当たって留意すべき事項
　　指針達成のための対策を実施するに当たっては、あわせて次の事項に留意するものとする。
(1) トンネルの出入口等については、騒音防止のほか風圧防止のためにも特別の措置を講ずること。
(2) 振動による被害の著しい場所については、振動についても考慮すること。
(3) 夜間の保線工事については、作業方法の改善等により騒音の低減を図ること。

§8 新幹線鉄道騒音に係る環境基準の設定について（答申）
（昭和50年6月28日　中央公害対策審議会）

　新幹線鉄道騒音問題は、輸送の増加等に伴い被害が増大し、一部の地域において生活環境保全上深刻な社会問題となつているほか、新幹線鉄道の建設をめぐつて沿線地域において公害反対運動が提起されている等この解決は極めて重要な課題となつている。

　本審議会は、先に既設の新幹線鉄道について「環境保全上緊急を要する新幹線鉄道騒音対策について当面の措置を講ずる場合における指針について」を答申したところであるが、引き続き、騒音振動部会特殊騒音専門委員会において新幹線鉄道騒音に係る諸対策を総合的に推進するに当つての行政上の目標となるべき環境基準について検討した結果、別添の専門委員会報告がとりまとめられた。

　これを基に、騒音振動部会においては、慎重な審議を行い、とくに達成の方途と可能性について繰り返し検討を重ねた。

　その結果、設定されるべき環境基準が日本国有鉄道のみを対象とする基準であり、当該企業体における技術及び体制の現状や経営の実態から、当該企業体のみの措置によつては達成を期することが困難であること、従つて当該企業体を管掌する政府においても積極的かつ有効な措置をとることが欠くべからざるものであることと認めた。すなわち、当該企業体が達成への隘路とする技術開発、実施体制、財源措置等の諸問題について関係省庁が一体となつて協力し、地方公共団体の協力をも得て措置することなしには基準達成が期せられないものと認めた、

　よつて、本審議会は、政府が以下に定める環境基準を目標として設定し、全力をあげて達成に取り組み、可及的速やかに沿線地域の生活環境保全を実現するよう努力することを要望して答申を行うものである。

　なお、政府に対する要望の趣旨は、別途、附帯決議をもつて示し、具体的な事項については、別紙課題によつて示すこととする。

1. 環境基準
(1) 環境基準は、地域の類型ごとに次表の基準値の欄に掲げるとおりとする。

地域の類型	基準値
I	70ホン以下
II	75ホン以下

　　（注）Iをあてはめる地域は主として住居の用に供される地域とし、IIをあてはめる地域は商工業の用に供される地域等　以外の地域であつて通常の生活を保全する必要がある地域とする。
(2) (1)の環境基準の基準値は、次の方法により測定・評価した場合における値とする。
　ア　測定は、上り及び下りを含めて、原則として連続して通過する20本の列車について、通過列車騒音のピークレベルを読み取つて行うものとする。

なお、測定時期としては、特殊な気象条件にある時期及び当該地点における
　　列車速度が通常時より低いと認められる時期を避けるものとする。
　イ　測定は、屋外において原則として地上1.2mの高さで行うものとし、その測
　　定点としては、当該地域の新幹線鉄道騒音を代表すると認められる地点又は新
　　幹線鉄道騒音が問題となる地点を選定するものとする。
　ウ　評価は、読み取つたピークレベルのうちレベルの高い半数をパワー平均して
　　行うものとする。
　エ　測定機器は、計量法（昭和26年法律第207号）第88条の条件に合格した騒
　　音計を用いるものとする。
　　　この場合において、聴感補正回路はA特性とし、動特性は緩（slow）とする。
(3)　(1)の環境基準は、新幹線鉄道が午前6時から午後12時までの間に限り運行さ
　れる場合に適用するものとし、当該時間以外の時間に運行されることとなる場合は、
　必要な改定を行うものとする。

2. 達成目標期間

　環境基準は、関係行政機関及び関係地方公共団体の協力のもとに、新幹線鉄道の
沿線区域の区分ごとに、次表の達成目標期間の欄に掲げる期間を目途として達成さ
れ、又は維持されるように努めるものとする。この場合において、新幹線鉄道騒音
の防止のための施策を総合的に講じても当該達成目標期間で環境基準を達成するこ
とが困難と考えられる区域においては、家屋の防音工事等を行うことにより環境基
準が達成された場合と同等の屋内環境が保持されるようにするものとする。

沿線区域の区分			達成目標期間		
			既設新幹線鉄道に係る期間	工事中新幹線鉄道に係る期間	新設新幹線鉄道に係る期間
a	80ホン以上の区域		3年以内	開業時に直ちに	開業時に直ちに
b	75ホンを超え80ホン未満の区域	イ	7年以内	開業時から3年以内	
		ロ	10年以内		
c	70ホンを超え75ホン以下の区域		10年以内	開業時から5年以内	

備考
　1. 沿線区域の区分の欄のbの区域中イとは地域の類型Ⅰに該当する地域が連続す
　　る沿線地域内の区域をいい、ロとはイを除く区域をいう。
　2. 達成目標期間の欄中既設新幹線鉄道、工事中新幹線鉄道及び新設新幹線鉄道と
　　は、それぞれ次の各号に該当する新幹線鉄道をいう。
　　(1)　既設新幹線鉄道　　東京・博多間の区間の新幹線鉄道
　　(2)　工事中新幹線鉄道　　東京・盛岡間、大宮・新潟間及び東京・成田間の区間の
　　　新幹線鉄道
　　(3)　新設新幹線鉄道　　(1)及び(2)を除く新幹線鉄道

3. 達成目標期間の欄に掲げる期間のうち既設新幹線鉄道に係る期間は、環境基準が定められた日から起算する。

3. 騒音対策の実施方針
(1) 新幹線鉄道に係る騒音対策を実施するに際しては、当該沿線区域のうち a の区域に対する騒音対策を優先し、かつ、重点的に実施するものとする。
(2) 既設新幹線鉄道の沿線区域のうち b の区域及び c の区域に対する騒音対策を実施するに際しては、当該沿線区域のうち a の区域における音源対策の技術開発及び実施状況並びに実施体制の整備及び財源措置等との関連における障害防止対策の進ちょく状況等をかん案して、逐次、その具体的実施方法の改訂を行うものとする。

§9 「新幹線鉄道騒音に係る環境基準の設定について（答申）」に関する附帯決議
（昭和50年6月28日　中央公害対策審議会）

　本審議会は、新幹線鉄道騒音に係る環境基準について、本日、環境庁長官に対し答申した。
　本答申に基づき設定される環境基準を維持達成するためには、技術開発、実施体制の整備、財源措置等発生原因者たる日本国有鉄道のみによつては解決が困難な多くの問題点をかかえており、このため、政府は、全力をあげて次に掲げる課題に取り組み、早急にその実施を図る必要がある。
1. 新幹線鉄道騒音の防止のための施策を推進するに際しては、関係各省庁間の連絡調整を十分に行い、政府一体となつてこれにあたる体制をとるよう措置すること。
2. 音源対策に関する技術開発を推進するため、実効ある措置をとること。とくに、当面、既設新幹線鉄道に関する技術開発に重点を指向すること。
3. 障害防止対策及び土地利用規制等に関して必要な法律の整備又は行政措置について、早急に検討すること。
4. 障害防止対策を推進するため、沿線住民及び関係地方公共団体の理解と協力を得て、実施体制の整備を図ること。
5. 新幹線鉄道騒音対策に要する費用については、汚染者負担の原則が適用されるべきであり、このため、騒音料の賦課等による財源措置について検討すること。

　以上決議する。

別　紙
環境基準の設定に伴う課題について
　新幹線鉄道騒音の防止のための施策を推進するに当つては、音源対策に関する技術開発に多大の困難があること、また、その技術開発及び障害防止対策には巨額の費用が見込まれること、さらに障害防止対策その他の周辺対策を行うためには、実施体制の総合的な整備が必要であること等の問題点があり、これらの問題を早急に解決することが必要である。また、発生原因者が日本国有鉄道という単一の企業体であるという特殊性に伴つて、環境基準が規制基準として要請される懸念があることにも十分に配慮する必要がある。このような認識のもとに、政府は、新幹線鉄道騒音に係る環境基準（以下「環境基準」という。）の維持達成を図り、新幹線鉄道沿線地域の生活環境を保全するため、以下の諸施策を総合的かつ強力に推進する必要がある。

1. 音源対策の強化
（1）新幹線鉄道騒音防止のためには、レール及び車輪をできる限り平滑にするよう保守管理の徹底を図る必要があるほか、レール振動の高架への伝搬防止、車体のロングスカートと近接遮音壁の併用、防音壁の防振措置、逆L型防音壁あるいは全覆フードの設置等について、早急に技術開発を進め、保守管理・運転保安等の面も考慮しつつ、早期に実施に移すよう努める必要があること。とくに東京・新

大阪間の新幹線鉄道については、構造物の強度限界等の問題があるので、この区間に対する技術開発を促進すること。
　　また、新幹線鉄道を新設する際には、無道床鉄桁を設置しないこととするほか、可能な範囲で切取り、盛土、地下トンネル等の線路構造とし、高架構造とする場合でも、できる限り構造物を重量化・強度化することによつて、事前に十分な騒音防止措置を講ずる必要があること。
(2) これらの音源対策とあわせて周辺対策を講じても環境基準を達成目標期間内に達成することができない場合は、環境基準が達成されるよう、運行方法の改善によつて騒音の影響の軽減を図ること。

2. 障害防止対策の推進
　前記1(1)の音源対策には、技術的制約があると予想されるとともに、とくに東京・新大阪間の沿線地域のうち騒音の著しい区域に対して早期に改善措置を講ずる必要があるので、次に掲げる方針により障害防止対策を講ずること。
(1) 新幹線鉄道騒音の著しい地域に存する住居、学校、病院等に対して、必要と認められる場合には、防音工事等を実施すること。
(2) 新幹線鉄道騒音のとくに著しい地域に存する住居、学校、病院等に対して、騒音対策とあわせて振動対策その他の環境対策を実施する必要があると認められる場合には、移転補償を実施すること。
(3) 学校、病院その他とくに静穏を必要とする施設に対しては、施設内における教育、生活環境の保全について特段の配慮をするとともに、可及的速やかに措置すること。

3. 土地利用の適正化
(1) 地方公共団体は、新幹線鉄道の沿線地域を含む地域に係る土地利用計画を決定し、又は変更しようとする場合は、この環境基準の維持達成に資するよう配慮する必要があること。
　　また、新幹線鉄道の路線位置の決定に際しては、沿線地域の土地利用及び公共施設の配置の現況及び将来計画を十分配慮するとともに、これらに関する都市計画を担当する地方公共団体等と十分調整を図る必要があること。
(2) 移転補償の跡地等については、これを緑地、倉庫、緩衝施設その他騒音による影響を受けない施設等に有効に利用することが望ましいこと。また、これらの跡地利用を含め沿線地域において適正な土地利用を進めていくに当つては、現行の都市計画法等の制度のみでは十分ではないので、新幹線鉄道沿線地域の土地利用規制等に関する新たな法制度について検討する必要があること。
(3) 環境保全計画、公共施設整備計画等の観点から有効と認められる場合には、新幹線鉄道沿線地域に道路、公園、緩衝地帯その他の公共施設等を有機的かつ適正に配置・整備することが望ましいこと。また、このためには、国の行政機関相互並びに国及び地方公共団体の間において調整を図る必要があること。

4. 総合施策の必要性
　環境基準の維持達成を図るためには、新幹線鉄道騒音の防止に関する技術の開発

及びその実施に最大限の努力を払うとしても、極めて広範囲な周辺対策が必要になるものと考えられる。

また、そのための業務には、家屋防音工事の助成、移転及び跡地利用に関する住民及び地方公共団体との折衝、都市計画等の諸計画との調整等極めて複雑かつ困難な面が多く、単に発生原因者としての日本国有鉄道のみの措置を待つては、これらの業務の早期推進は期しがたい。

従つて、周辺対策の実効ある推進を図るためには、沿線住民及び関係地方公共団体の協力を得て、達成の基本的な方針を定めるとともに、関係行政機関相互の密接な連絡調整のもとに、財源に対する措置、法制度の整備等について検討し、早急に実施しうる体制を整備することが必要であること。

5. 財源措置

新幹線鉄道騒音対策に要する費用については、汚染者負担の原則が適用されるべきであり、このため、騒音料の賦課等について検討すること。

6. 環境影響事前評価の実施

新幹線鉄道の建設に際し、新幹線鉄道騒音等による影響を未然に防止するため、路線決定、線路構造の選定、周辺の土地利用等に関して環境影響事前評価手法を確立し、その実施の推進を図ること。

なお、とくに路線の位置決定については、努めて市街地を避ける等その影響の未然防止に十分配慮する必要があること。

7. 調査研究の推進

新幹線鉄道騒音の影響、測定、評価、対策技術等に関する調査研究をさらに進めるとともに、必要に応じて環境基準の見直しについて検討すること。

8. その他

(1) 停車場近辺の在来線との併行区間などで、在来線とあわせて対策を施行しなければ環境基準の目的を達成することができない場合は、両者の音源対策によつて措置するよう努めるほか、周辺対策は騒音レベルの著しく高い区域についてとりあえず措置するものとし、総合的な全体対策については、周辺の都市計画事業等、在来線に係る環境対策の方針等を考慮しつつ総合的に実施していく必要があること。

(2) 新幹線鉄道騒音対策の実施に際しては、振動対策その他の環境対策を有機的に連携させて実施する必要があること。

§10 新幹線鉄道騒音に係る環境基準について（報告）
（昭和50年3月29日　中央公害対策審議会騒音振動部会特殊騒音専門委員会）

　新幹線鉄道騒音問題は、輸送の増加等に伴い被害が増大し、一部の地域において生活環境保全上深刻な社会問題となっているほか、新幹線鉄道の建設をめぐって沿線地域において公害反対運動が提起されている等この解決は極めて重要な課題となっている。
　本委員会は、先に既設の新幹線鉄道について「環境保全上緊急を要する新幹線鉄道騒音対策について当面の措置を講ずる場合における指針について」を報告したところであるが、引き続き新幹線鉄道騒音に係る諸対策を総合的に推進するに当たっての目標となるべき環境基準の設定に際し基礎となるべき指針（指針値、測定方法、達成期間等）について検討した結果、以下の結論を得たので報告する。
　なお、新幹線鉄道騒音に係る環境基準を維持達成するためには、政府は、常に沿線住民の立場を考慮し、別紙「環境基準の設定に伴う課題について」に掲げる諸施策を総合的かつ強力に推進する必要がある。

1. 指針設定の基本方針
　新幹線鉄道騒音に係る環境基準（以下「環境基準」という。）の設定に当たっては、騒音の特性及び環境基準の基本的性格にかんがみ、聴力損失その他人の健康に係る障害をもたらさないように配意することはもとよりのこととし、更に、生活環境を保全するため、睡眠障害、会話妨害等の日常生活障害をもたらさないことを基本とすべきである。
　従って、本委員会は、指針の設定に当たり、睡眠障害等に関する研究資料、新幹線鉄道騒音の日常生活に及ぼす影響に関する住民反応調査、道路交通騒音、航空機騒音等による住民反応との比較調査等に関する資料等をもとにして検討を行った。更に、新幹線鉄道騒音の防止技術の現状及び見通し、沿線地域に対する障害防止対策及び土地利用対策の現状及び見通し、道路交通騒音・航空機騒音に係る環境基準との斉合性等についても併せて考慮した。
　なお、本指針は、新幹線鉄道が午前0時から午前6時までの間においては運行されないことを前提として設定したものである。従って、将来、深夜運行が実施されることとなった場合には、本指針は見直す必要がある。
　また、本指針は、専ら新幹線鉄道騒音について設定したものであるので、新幹線鉄道以外のいわゆる在来鉄道の騒音に係る環境基準については、今後の調査結果を待って検討する予定である。

2. 環境基準の指針値
　環境基準の指針値は、地域の類型ごとに次表の指針値の欄に掲げるとおりとする。

地域の類型	指針値
I	70 ホン以下
II	75 ホン以下

(注) Iをあてはめる地域は主として住居の用に供される地域とし、IIをあてはめる地域は商工業の用に供される地域等　以外の地域であって通常の生活を保全する必要のある地域とする。

3. 測定方法等

(1) 測定は、上り及び下りを含めて、原則として連続して通過する20本の列車について行い、通過列車騒音のピークレベルを読み取るものとする。
　　なお、測定時期としては、特殊な気象条件にある時期及び当該地点における列車速度が通常時より低いと認められる時期を避けるものとする。
(2) 測定は、屋外において原則として地上1.2mの高さで行うものとし、その測定点としては、当該地域の新幹線鉄道騒音を代表すると認められる地点又は新幹線鉄道騒音が問題となる地点を選定するものとする。
(3) 新幹線鉄道騒音の評価は、読み取ったピークレベルのうちレベルの高い半数をパワー平均して行うものとする。
(4) 測定機器は、計量法（昭和26年法律第207号）第88条の条件に合格した騒音計を用いるものとする。
　　この場合において、聴感補正回路はA特性とし、動特性は緩（Slow）とする。

4. 達成期間

環境基準の指針値は、新幹線鉄道の沿線区域の区分ごとに、次表の達成期間の欄に掲げる期間で達成され、又は維持されるように努めるものとする。この場合において、新幹線鉄道騒音の防止のための施策を総合的に講じても当該達成期間で環境基準の指針値を達成することが困難と考えられる区域においては、家屋の防音工事等を行うことにより環境基準の指針値が達成された場合と同等の屋内環境が保持されるようにするものとする。

沿線区域の区分			達成期間		
			既設新幹線鉄道沿線地域に係る期間	工事中新幹線鉄道沿線地域に係る期間	新設新幹線鉄道沿線地域に係る期間
a	80ホン以上の区域		3年以内	開業時に直ちに	開業時に直ちに
b	75ホンを超え80ホン未満の区域	イ	7年以内	開業時から3年以内	
		ロ	10年以内		
c	70ホンを超え75ホン以下の区域		10年以内	開業時から5年以内	

備考
 1. 沿線区域の区分の欄のbの区域中イとは、地域の類型 に該当する地域が連続している沿道地域内の区域をいい、ロとはイを除く区域をいう。
 2. 達成期間の欄中既設新幹線鉄道、工事中新幹線鉄道及び新設新幹線鉄道とは、それぞれ次の各号に該当する新幹線鉄道をいう。
  (1) 既設新幹線鉄道　東京・博多間の区間の新幹線鉄道
  (2) 工事中新幹線鉄道　東京・盛岡間、大宮・新潟間及び東京・成田間の区間の新幹線鉄道
  (3) 新設新幹線鉄道　(1) 及び (2) を除く新幹線鉄道
 3. 達成期間の欄に掲げる期間のうち、既設新幹線鉄道に係る期間は環境基準が定められた日から起算する。

別　紙
環境基準の設定に伴う課題について

　新幹線鉄道騒音に係る環境基準（以下「環境基準」という。）の維持達成を図り、新幹線鉄道沿線地域の生活環境を保全するため、政府は、以下の諸施策を総合的かつ強力に推進する必要がある。

1. 音源対策の強化
(1) 新幹線鉄道騒音防止のためには、レール及び車輪をできる限り平滑にするよう保守管理の徹底を図る必要があるほか、レール振動の高架への伝搬防止、車体のロングスカートと近接遮音壁の併用、防音壁の重量化及び防振措置、逆 L 型防音壁あるいは全覆フードの設置等について、早急に技術開発を進め、保守管理、運転保安等の面も考慮しつつ、早期に実施に移すよう努める必要があること。
　また、新幹線鉄道を新設する際には、無道床鉄桁を設置しないこととするほか、可能な範囲で切取り、盛土、地下トンネル等の線路構造とし、高架構造とする場合でも、できる限り構造物を重量化・強度化することによって、事前に十分な騒音防止措置を講ずる必要があること。
(2) これらの音源対策と併せて周辺対策を講じても、環境基準を達成期間内に達成することができない場合は、環境基準が達成されるよう、運行方法の改善によって騒音の影響の軽減を図ること。

2. 障害防止対策の推進
(1) 新幹線鉄道騒音の著しい地域に存する住居、学校、病院等に対して、必要と認められる場合には、移転補償、防音工事等の障害防止対策を実施すること。この場合において、移転を積極的に希望する者に対しては、優先的に移転補償を実施すべきであること。
(2) 学校、病院その他特に静穏を必要とする施設に対しては、屋内における生活環境の保全について特設の配慮をすることが望ましいこと。

3. 土地利用の適正化
(1) 地方公共団体は、新幹線鉄道の沿線地域を含む地域に係る土地利用計画を決定

し、又は変更しようとする場合は、この環境基準の維持達成に資するよう配慮する必要があること。また、新幹線鉄道の路線位置の決定に際しては、沿線地域の土地利用及び公共施設の配置の現況及び将来計画を十分配慮するとともに、これらに関する都市計画を担当する地方公共団体等と十分調整を図る必要があること。
(2) 移転補償の跡地等については、これを緑地、倉庫、緩衝施設その他騒音による影響を受けない施設等に有効に利用することが望ましいこと。また、これらの跡地利用を含め沿線地域において適正な土地利用を進めていくに当たっては、現行の都市計画法等の制度のみでは十分ではないので、新幹線鉄道沿線地域の土地利用に関する新たな法制度を設ける必要があること。
(3) 環境保全計画、公共施設整備計画等の観点から有効と認められる場合には、新幹線鉄道沿線地域に道路、公園、緩衝地帯その他の公共施設等を有機的かつ適正に配置・整備することが望ましいこと。また、このためには、国の行政機関相互並びに国及び地方公共団体の間において調整を図る必要があること。

4．環境影響事前評価の実施

　新幹線鉄道の建設に際し、新幹線鉄道騒音等による被害を未然に防止するため、路線決定、線路構造の選定、周辺の土地利用等に関して環境影響事前評価手法を確立し、その実施の推進を図ること。

　なお、特に路線の位置決定については、努めて市街地を避ける等被害の未然防止に十分配慮する必要があること。

5．調査研究の推進

　新幹線鉄道騒音の影響、測定、評価、対策技術等に関する調査研究をさらに進めるとともに、必要に応じて環境基準の見直しについて検討すること。

6．総合施策の必要性

　環境基準の維持達成を図るためには、新幹線鉄道騒音の防止に関する技術の開発並びにその実施に最大限の努力を払うとしても、極めて広範囲な周辺対策が必要になるものと考えられる。また、そのための業務には、家屋防音工事の助成、移転及び跡地利用に関する住民及び地方公共団体との折衝、都市計画等の諸計画との調整等、極めて複雑かつ困難な面が多いと考えられる。

　従って、周辺対策の実効ある推進を図るためには、沿線住民の理解と協力及び関係地方公共団体の積極的な参画を得て、達成の基本的な方針を定めるとともに、関係行政機関相互の密接な連絡調整のもとに、財源に対する措置、法制度の整備等について検討し、早急に実施しうる体制を整備することが必要であること。

7．その他

　新幹線鉄道騒音対策の実施に際しては、振動対策その他の環境対策を有機的に連携させて実施する必要があること。

§11 新幹線鉄道騒音に係る環境基準設定の基礎となる指針の根拠等について（特殊騒音専門委員会報告添付資料）
（昭和50年3月29日　中央公害対策審議会騒音振動部会特殊騒音専門委員会）

新幹線鉄道騒音に係る環境基準の設定に当たって基礎となるべき指針を報告するに際し、その考え方の根拠等を以下に述べる。

1. 本環境基準の目的等

新幹線鉄道騒音に係る環境基準は、沿線地域における生活環境を保全し、健康の保護に資することを目的として設定されるものであり、その基本的な考え方は、一般騒音及び航空機騒音に係る環境基準と同様である。

この場合において、沿線地域における生活環境は、屋内・屋外ともに保全されることが必要であり、本委員会としては、他の騒音に係る環境基準と同様に屋外における基準値を設定し、これを維持達成することにより同時に屋内における通常の生活環境も保全されるようにするという考え方にもとづき指針値を定めることとした。

ただし、このような考え方とは別に、屋外における指針値と併せて屋内における指針値を設定すべきであるという考え方もあるが、屋内における空間利用はかなり特定されているため、各種の利用目的ごとに屋内指針値を設ける必要があること、家屋の遮音性能は多様であるため、屋内・外の騒音レベル差は各戸毎に異なること等を考慮すると、屋内における指針値は、総合的な対策を講じていくうえでの行政上の目標である環境基準の性格になじみ難いと判断し、屋内における通常の生活行動、一般的な家屋の遮音性能を考慮しつつ、屋外における指針値を定めることとした。

こうした考え方から、音源対策等による施策を総合的に講じても環境基準の達成が困難な場合における対策として、家屋自体に施す防音工事対策を位置づけることとした。

鉄道騒音に関しては、2、3の国における排出基準の例等はあるものの環境基準として設定された類例は外国には未だない。このため基準設定に際しての基礎となるべき事項について、参考とすべき諸外国の調査研究は少なく、本委員会としては、主に我国における各種の調査研究等を基礎として、以下のような考え方で指針を設定することとした。

2. 評価方法について

(1) 新幹線鉄道騒音の特徴

新幹線鉄道騒音は、間欠的に発生する騒音であり、以下のような特性を持っている。

ア　回数、時間及び間隔

3月10日現在、東海道新幹線における運行回数は上り・下りあわせて約230回/日、山陽新幹線の大阪―岡山間では約100回/日及び岡山―博多間では約70回/日である。また、現在の運行時間は各区間ともおおむね午前6時から午後11～12時までの17～18時間で、これを運行回数で除した平均運行間隔は、東

海道新幹線では約 5 分、山陽新幹線の大阪—岡山間では約 11 分、岡山—博多間では約 15 分となる。
　イ　列車毎の騒音物理特性
　　新幹線列車が通過した場合の標準的な騒音レベル変化は図-1 の通りであり、ほぼ台形の変化を示す。この場合の騒音継続時間は、通過速度が 200 km/時の場合で約 7.2 秒、100 km/時の場合で 14.4 秒となり、また、ピークレベルは、線路構造、速度、上り・下りの別等によって異なるほか、各列車によっても多少異なる。図-2 は、上下線中心から 25 m 離れた地点での線路構造別の新幹線鉄道騒音レベルである。
　　なお、新幹線鉄道騒音の衝撃性及び周波数特性の問題については、騒音レベルの立ち上り速度が通常の場合 20 ホン/秒程度であること、及び、周波数特性には顕著な純音成分が含まれていないことから、これらについて特段の考慮は必要ないものと判断した。

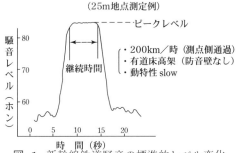

図-1　新幹線鉄道騒音の標準的レベル変化

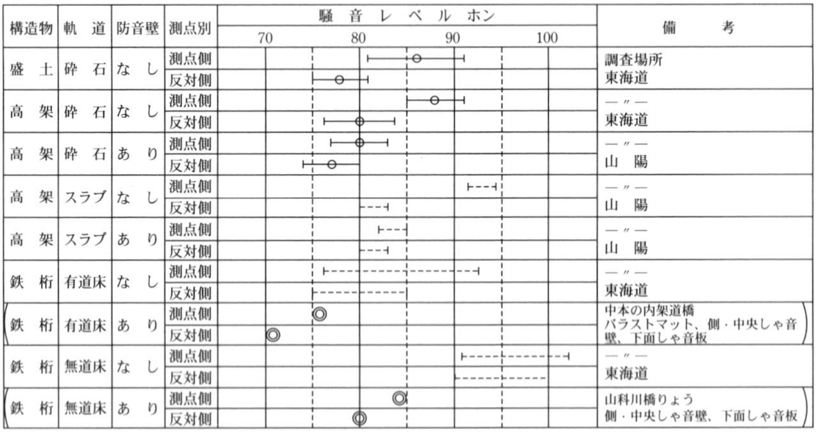

構造物	軌道	防音壁	測点別	騒音レベル ホン 70　80　90　100	備考
盛土	砕石	なし	測点側		調査場所
			反対側		東海道
高架	砕石	なし	測点側		—〃—
			反対側		東海道
高架	砕石	あり	測点側		—〃—
			反対側		山陽
高架	スラブ	なし	測点側		—〃—
			反対側		山陽
高架	スラブ	あり	測点側		—〃—
			反対側		山陽
鉄桁	有道床	なし	測点側		—〃—
			反対側		東海道
鉄桁	有道床	あり	測点側		中本の内架道橋 バラストマット、側・中央しゃ音壁、下面しゃ音板
			反対側		
鉄桁	無道床	なし	測点側		—〃—
			反対側		東海道
鉄桁	無道床	あり	測点側		山科川橋りょう 側・中央しゃ音壁、下面しゃ音板
			反対側		

(注)　1　測定位置は上下線中心から25m、地上1.2mの高さの屋外である。
　　　2　速度は160km/時以上のものを選び200km/時に速度換算した。
　　　3　——— は測定値の90％範囲を、—○— はその平均値を、また、------ は測定数の少ないため測定値の全範囲を示す。
　　　4　◎新たに対策を行いつつある例を示す。

図-2　線路構造別の新幹線鉄道騒音レベル（ピークレベル、slow）

(2) 評価単位

　上記のような特徴を持つ新幹線鉄道騒音の評価単位を定めるに当たって、特に考慮すべき要素は、回数、ピークレベル及び継続時間である。これら3要素を含む騒音の評価単位には、L_{eq} あるいは航空機騒音の評価単位として用いられているECPNL等がある。L_{eq} については欧州において鉄道騒音の評価に用いられる動きがあり、また、新幹線鉄道騒音は航空機騒音と同様に間欠的な騒音であることから、これらを本指針における評価単位とすることも検討したが、本委員会としては以下のような理由から、当面、新幹線鉄道騒音の評価にあたって、ピークレベルのみを用いることとした。

ア　東北大学工学部による東海道及び山陽新幹線沿線における社会影響調査によれば、同一の騒音レベルに対する住民のうるささの訴え率は、むしろ、列車通過回数の少ない山陽新幹線沿線の方が高いという結果が示されている。従って、本調査の結果では、住民の訴え率に関しては、東海道新幹線と山陽新幹線の回数差（約200回/日と約80回/日）よりも、他の要因が大きく関与していると見られること。

イ　ISO の R 1996「社会反応に関する騒音評価」において提案されている一定時間内における騒音の継続時間総和の割合による補正の考え方は表-1のとおりであり、ある程度の継続時間の差については考慮しなくてもよいことが示されていること。

表-1　ISO-R 1996 における騒音継続時間割合による補正の考え方

問題とする時間内における騒音の継続時間割合	補正値
100～56 %	0
56～18	−5
18～ 6	−10
6～ 1.8	−15
1.8～0.6	−20
0.6～0.2	−25
0.2 以下	−30

ウ　変動騒音の評価単位として ISO（国際標準化機構）から提案されている L_{eq}（等価騒音レベル）、D. W. Robinson が提案している NPL（Noise Pollution Level）等を用いて、とりあえず、回数等を加味した新幹線鉄道騒音の評価をすることも考えられるが、現在までにわが国で行われた新幹線鉄道等の鉄道の騒音に関する社会影響調査（東北大学工学部、環境庁、東京都等）からこれら評価単位を用いることの可否を十分検討することができないこと。

　以上のことから、往復100～250回/日程度であればとくに回数を考慮しなくてもよいと考えられ、また、数十から100回/日程度の場合でもこれに準じて差し支えないと考えられるため、今後の見通しをも含めて、新幹線鉄道の評価にあたって回数を考慮しないものとした。このように、本委員会としては、今回の新

幹線鉄道騒音の環境基準のための指針においては、騒音レベルのみに着目した評価単位を採用することとしたが、今後、対象となる騒音の回数、継続時間等の範囲が拡がった場合の評価、新幹線鉄道騒音と道路交通騒音等との比較、新幹線鉄道騒音と他の騒音が複合した場合の評価等を行う必要性が増してくると考えられる。このため、回数や継続時間を加味した L_{eq} 等による評価に関する検討を含めて、今後とも引続き新幹線鉄道騒音の評価方法について調査研究を進め、必要に応じて環境基準の評価単位を再検討すべきものと考える。

3. 指針値について

(1) 基本的考え方

騒音による影響としては、聴力への影響、脈拍、血液成分等に及ぼす生理的影響、うるささ等の心理的影響及び睡眠、会話等の日常生活に及ぼす影響が考えられる。騒音による影響に関する各種の調査研究結果からみれば、聴力への影響及び生理的影響は心理的影響あるいは日常生活に及ぼす影響が生ずる騒音レベルよりかなり高いレベルで生ずるものであり、また、生理的影響は心理的影響あるいは日常生活に及ぼす影響を介して生ずるものであると考えられる。

新幹線鉄道騒音によるこれらの影響に関して行われた室内実験や社会影響調査の結果からみれば、新幹線鉄道騒音についても上記とほぼ同様のことが言えると判断されるところから、本指針値を定めるに当たっては、新幹線鉄道騒音による心理的影響及び日常生活に及ぼす影響を中心に検討を行った。

(2) 指針値の基礎

新幹線鉄道騒音によるうるささ等の心理的影響あるいは睡眠、会話等の日常生活に及ぼす影響については、実験室においても各種の研究が行われているが、今回の指針値の検討にあたっては、これらの研究を参考としつつも、主として新幹線鉄道の沿線地域で行われた騒音に対する住民反応の調査を基礎とした。

アンケート調査による住民反応では、騒音のほかにも居住環境、職業など種々の要因が関与するが、調査の計画に際しての慎重な配慮と統計的手法による解析とによって、騒音がもたらす社会的影響を客観的かつ科学的に把握することが可能であると考えられる。

新幹線鉄道騒音に関する住民反応調査としては、昭和47年7月に行われた東北大学工学部の調査及び同年10月に行われた環境庁の調査があるが、これらは上記の要件を満たすものと考えられる。これら調査の結果による新幹線鉄道騒音レベルと多少とも影響を受けているという住民反応の関係は表–2のとおりであるが、東海道新幹線について見れば、別の機関が全く異なる対象者について行った調査にもかかわらず両者の結果はよく一致していることが示されている。

表-2 新幹線鉄道騒音に関する住民反応

項目	線名	調査主体	正反応の割合					
			60 %	50 %	40 %	30 %	20 %	10 %
就眠妨害	東海道新幹線	東北大	87 ホン	84 ホン	82 ホン	80 ホン	77 ホン	75 ホン
	山陽新幹線	〃	82	76	75	71	67	—
安眠妨害	東海道新幹線	東北大	87	85	82	79	76	73
	山陽新幹線	〃	80	77	74	71	69	66
電話妨害	東海道新幹線	環境庁	80	78	76	73	70	66
	東海道新幹線	東北大	81	79	77	74	72	69
	山陽新幹線		79	76	73	70	67	64
会話妨害	東海道新幹線	環境庁	79	77	74	71	66	55
	東海道新幹線	東北大	80	77	75	73	71	69
	山陽新幹線		77	74	72	70	67	65
びっくりする	東海道新幹線	東北大	88	85	83	80	77	75
	山陽新幹線		84	81	77	74	71	68
総合判断	東海道新幹線	環境庁	80	79	77	73	68	—

(注) 1. 正反応とは以下のものをいう。
　　　環境庁調査:「時々ある」+「わりあい頻繁にある」+「頻繁にある」または 7 段階法の 4 以上
　　　東北大学調査:リッカート尺度上での正反応(妨害を受けるという反応)
　　2. 騒音レベルは測点側を通過した場合の騒音レベルの平均値である。
　　3. 環境庁調査においても各項目について調査を行っているが、解析の結果、睡眠妨害等の項目については、訴え率に関して騒音以外の要因がかなり寄与していることが判明したため、騒音レベルと訴え率との関係は求めていない。

　また、東北大学が行った調査の結果から、東海道新幹線と山陽新幹線を比較すると、同じ訴え率になる騒音レベルは、山陽新幹線の方が東海道新幹線よりも概ね 5 ホン程度低くなっており、山陽新幹線沿線住民の反応の方が厳しいという結果になっている。これは、調査の時点では山陽新幹線が開通後半年足らずであったのに対し、東海道新幹線は開通後 8 年も経過していたため、沿線住民に新幹線鉄道騒音に対する心理的な慣れや生活上の対応があることによると考えられるほか、山陽新幹線の方が比較的住環境の良好な地域を通過している部分が多いこと等の事情にもよると考えられる。
　次に、これらの調査結果を基礎として指針値を検討する場合、どの程度の訴え率を中心に考えるかの判断が必要となるが、今回は以下の理由から、何らかの影響を受けていると訴える住民が 30 % 以下となる新幹線鉄道騒音レベルが指針値の基礎となると考えた。
ア 前述の住民反応調査あるいは航空機騒音に関する英国におけるアンケート調

査等においては、比較的静かだと思われる地域においても、何らかの影響を受けていると訴える住民が5〜10％はいること。
イ　表–2において、例えば「就眠妨害＋安眠妨害」あるいは「電話妨害＋会話妨害」というように、各項目を同じ範ちゅうに入ると思われるものに分類して見ると、20％以下では同じ訴え率となる騒音レベルの値にかなりバラツキが多いことから、20％以下の場合は、訴え率に新幹線鉄道騒音以外の要因がかなり関与していると見られること。以上のことから、表–2において訴え率が30％以下となる新幹線鉄道の騒音レベルを見ると、項目ごとに多少異なるが、総合的には概ね70〜75ホンであると判断される。本委員会としては、この値をもって、新幹線鉄道騒音の環境基準設定のための指針値の基礎とした。

(3) 地域補正及び時間補正

心理的影響や日常生活に及ぼす影響を問題として騒音に係る基準を定める場合には、居住環境条件や生活行動形態を考慮して、基準値に地域性状による差や時間帯による差を設けることが通常である。

まず、地域性状によって基準値に差を設けるという点については、ISOのR1996「社会反応に関する騒音評価」において、表–3のような地域補正が提案されており、また、「騒音に係る環境基準」及び「航空機騒音に係る環境基準」において地域類型別に基準値が設けられていることから、今回も地域類型別に指針値を定めることとした。

地域の類型をいくつに区分するかについては種々の考え方があるが、わが国においては土地利用の純化が進んでおらず、地域の性状がそれほど明確には区分できないこと、あるいは、新幹線鉄道騒音は新幹線沿線地域という帯状の限定された地域での問題であることから考えると、類型を細分する意味はあまりないと考えられる。従って、本指針においては、住居が主体の地域であって、より静穏の保持が必要となる「主として住居の用に供される地域（　類型）」及び「その他の地域であって通常の生活を保全する必要がある地域（　類型）」の2類型に区分して指針値を定めることとした。

この場合における両類型の指針値の差については、前述の住民反応調査においては明らかにされていないため、航空機騒音に係る環境基準の考え方、ISO—R1996における考え方等を参考にして、5ホンとし、(2)で結論づけた基礎となる数値の下限である70ホンを「主として住居の用に供される地域」の指針値とし、上限である75ホンを「その他の地域であって通常の生活を保全する必要がある地域」の指針値とすることが適当であると考える。

表–3　各種地域の住居敷地内に関して基準の基本値にほどこす補正値

地　域　の　類　型	補正値ホン
1　田園住宅地、病院、保養地域	0
2　郊外住宅地、道路交通のほとんどないところ	＋5
3　都市住宅地	＋10
4　若干の工場、商社、幹線道路などのある都市住宅地	＋15
5　市街地（商業、貿易、官庁街）	＋20
6　工業地域	＋25

なお、これらの地域類型を実際の地域にあてはめる際には、都市計画法に基づく用途地域のうち、第1種及び第2種住居専用地域並びに住居地域として定められた地域のほか、用途地域が定められていない地域であっても住居が密集しておりとくに良好な住環境を保全する必要があると認められる地域を「主として住居の用に供される地域」と判断すべきものと考える。また、その他の地域のうち、住宅の建築が禁じられている工業専用地域あるいは現にほとんど人の住んでいない山林・原野や農耕地を除く地域は、「通常の生活を保全すべき地域」と判断すべきものと考える。

次に、時間帯によって基準値に差を設けるという点については、今回は以下のように考えた。

ア 前述の住民反応調査の結果によると、表-2に示されているように、睡眠妨害に関する住民の訴え率は、むしろ、他のものに関する訴え率よりも低いという結果になっていることから、朝6時から夜11～12時までという現在の運行状況を前提とする限りにおいては、差し当たり夜間の指針値を別に設けないこととした。

イ 住民反応調査の結果によると、時間帯の中では夕刻から夜間（19時～22時）にかけて新幹線鉄道騒音をうるさいと感じている住民が多いが、この時間帯における影響が新幹線鉄道騒音に対する住民の訴え率に全体的に反映していると思われる。上述の指針値はかかる訴え率に基づいて定めたものであるところから、差し当たり時間帯を区分して指針値を定めないこととした。

(4) 他の基準との比較

各種の騒音について様々な観点から基準が定められているが、中でも道路交通騒音及び航空機騒音は新幹線鉄道騒音と社会的条件が類似していることから、これら騒音に関する環境基準値と本指針値とを比較した。

比較の方法はいろいろあるが、本委員会としては、住民反応調査による訴え率にもとづく比較と騒音エネルギー量にもとづく比較を行った。

ア 訴え率にもとづく比較

新幹線鉄道騒音に関する住民反応調査については前述したとおりであるが、道路交通騒音及び航空機騒音に関しても同様に、我が国において住民反応調査が行われており、それらの結果による騒音の物理量と住民の各種の訴え率の関係は表-4のとおりである。

これらの結果から同じ訴え率を示す場合の新幹線鉄道騒音のピークレベルの平均と道路交通騒音の中央値あるいは航空機騒音のWECPNL値との関係を示したのが図-3である。この図において、最小自乗法から回帰線を求めて、今回の　類型の地域における指針値である新幹線鉄道騒音のピークレベル70ホンに相当するそれぞれの値を見ると、道路交通騒音では中央値50～60ホン、また、航空機騒音ではWECPNL70～74となっている。また、　類型の指針値である新幹線鉄道騒音のピークレベル75ホンに相当するのは、中央値58～68ホン及びWECPNL77である。

表-4 各種騒音に関する住民反応調査結果

		単位	影響項目	訴え率 (%)				
				10	30	50	70	90
道路交通騒音	大阪市内（大阪市）	ホン（中央値）	会話	50	60	67	77	—
	東京都区部（東京都）	ホン（中央値）	電話 会話 うるささ	50 50 —	60 65 47	70 75 56	80 — 63	— — 73
航空機騒音	大阪国際空港周辺 （関西都市騒音対策委員会）	WECPNL ≒ NNI + 30	会話	70	77	83	87	90
	横田基地周辺（東京都）	WECPNL ≒ NNI + 30	会話	55	65	73	82	90
	東京国際空港周辺（環境庁）	WECPNL	電話 会話	74.0 74.0	77.5 78.0	79.5 80.0	81.0 81.5	83.0 83.5
新幹線鉄道騒音	東海道新幹線（東北大）	ホン （ピークレベル）	電話 会話 うるささ	69 69 60	74 73 67	79 77 74	84 81 80	89 85 87
	山陽新幹線（東北大）	ホン （ピークレベル）	電話 会話 うるささ	64 65 57	70 70 63	76 74 69	82 78 75	88 82 81
	東海道新幹線（環境庁）	ホン （ピークレベル）	電話 会話 うるささ	61 60 55	72 71 74	79 75 78	84 81 82	99 87 86

（注）1. 各調査結果から、電話妨害、会話妨害及びうるささの項目のみ抽出した。なお、航空機騒音のうるささについては、飛行場によってバラツキが多く相関が低いため、これを除外した。
2. 大阪国際空港周辺及び横田基地周辺の騒音量はNNIで求められているが、1日の機数200機程度としてWECPNLに換算した。

イ 騒音エネルギー量にもとづく比較

ISOから提案されている L_{eq} の考え方をもとに、新幹線鉄道騒音と道路交通騒音あるいは航空機騒音の騒音エネルギー的関係を概略的に示したものが図-4である。L_{eq} は問題とする時間内の騒音総エネルギー量を平均化して騒音レベル（ホン）で表わすという評価単位であって、例えば、新幹線鉄道騒音のピークレベル及び継続時間をそれぞれ80ホン及び7.2秒とすると、現在の東海道新幹線（230回/日）では24時間 L_{eq} 値が約63ホン、山陽新幹線の大阪－岡山間（100回/日）では約59ホンとなる。

本指針値が達成された場合、各列車毎のピークレベルのうち、上位から半数

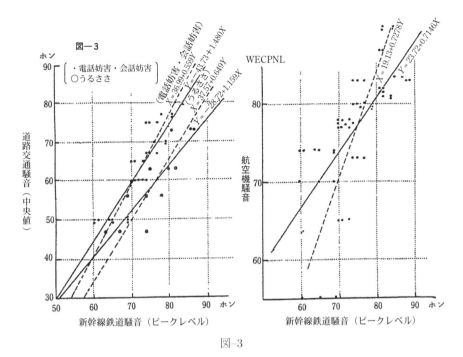

図—3

についてのパワー平均値が Ⅰ類型及び Ⅱ類型でそれぞれ 70 ホン及び 75 ホンとなるところから、ピークレベル全体のパワー平均値は 69 ホン及び 74 ホン程度になると想定される。この場合の L_{eq} 値は Ⅰ類型において 48〜52 ホン、Ⅱ類型で 53〜57 ホンとなる。

一方、道路交通騒音においては、一般的に 中央値（ホン）≒ L_{eq} − (2〜3) であり、航空機騒音においては、WECPNL 値（19:00〜22:00 の機数 20 %、22:00〜7:00 の機数 0 % とした場合）≒ L_{eq} + (14〜15) である。従って、今回の指針値 70 ホン及び 75 ホンはエネルギー的には、道路交通騒音の中央値 45〜50 ホン及び 50〜55 ホンに相当し、また、航空機騒音の WECPNL 値 62〜67 及び 67〜72 程度に相当する。ただし、この場合、道路交通騒音は 1 日を通して同様レベルであると仮定しているため、昼間の時間帯を考える場合には、今回の指針値に相当する中央値は少し大きくなる。

以上の検討の結果からみると、比較の方法について多少の問題はあるが、指針値とした Ⅰ類型 70 ホン及び Ⅱ類型 75 ホンを道路交通騒音及び航空機騒音の環境基準における基準値と比較した場合、大きな不斉合はないものと判断される。

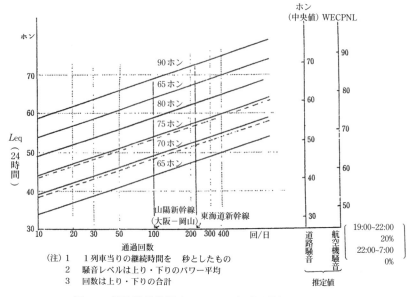

図-4 新幹線鉄道騒音のレベル及び回数と L_{eq} の関係

表-5 騒音に係る環境基準（昭和 46 年 5 月 25 日閣議決定）

地域の類型	時間の区分			該 当 地 域
	昼 間	朝・夕	夜 間	
AA	45ホン(A)以下	40ホン(A)以下	35ホン(A)以下	療養施設が集合して設置される地域など、とくに静穏を要する地域
A	50ホン(A)以下	45ホン(A)以下	40ホン(A)以下	主として住居の用に供される地域
B	60ホン(A)以下	55ホン(A)以下	50ホン(A)以下	相当数の住居と併せて商業、工業等の用に供される地域

「道路に面する地域」	時間の区分		
	昼 間	朝・夕	夜 間
A 地域のうち 2 車線を有する道路に面する地域	55ホン(A)以下	50ホン(A)以下	45ホン(A)以下
A 地域のうち 2 車線を超える車線を有する道路に面する地域	60ホン(A)以下	55ホン(A)以下	50ホン(A)以下
B 地域のうち 2 車線以下の車線を有する道路に面する地域	65ホン(A)以下	60ホン(A)以下	55ホン(A)以下
B 地域のうち 2 車線を超える車線を有する道路に面する地域	65ホン(A)以下	65ホン(A)以下	60ホン(A)以下

（備考）騒音レベルは中央値である。

表-6 航空機騒音に係る環境基準（昭和 48 年 12 月 27 日環境庁告示）

地域の類型	基準値（単位 WECPNL）	該　当　地　域
	70 以下	専ら住居の用に供される地域
	75 以下	以外の地域であって通常の生活を保全する必要がある地域

（備考）

$$\text{WECPNL} = \overline{\text{dB (A)}} + 10 \log N - 27$$

$$\begin{bmatrix} \overline{\text{dB (A)}}; \text{ピークレベルのパワー平均} \\ N; N_1 + 3N_2 + 10N_3 \\ \begin{cases} N_1 \text{とは } 7:00 \sim 19:00 \text{ の概数} \\ N_2 \text{とは } 19:00 \sim 22:00 \text{ の概数} \\ N_3 \text{とは } 22:00 \sim 7:00 \text{ の概数} \end{cases} \end{bmatrix}$$

4. 測定方法等について

(1) 測定方法

測定方法については、新幹線鉄道騒音の特性、地方公共団体における測定体制等を考慮して、以下のような考え方により定めた。

今後建設される新幹線路線をも含めて考えた場合には、停車駅等の関係から、必ずしも測点側を通過する列車の騒音レベルの方が高いとは限らない地点が多くなると想定されることから、上りと下りを含めて、連続して通過する列車について騒音測定を行うことが妥当と考えられる。また、通過列車の上り・下りの別、列車毎のスピードの差異等を考えれば、測定地点における新幹線鉄道騒音の代表的な状態を把握するためには、20 本程度以上の列車については、測定を行う必要があると考える。

ただし、運行回数が少ないため、4 時間程度測定しても通過列車が 20 本に満たない場合には、その時間内に測定できる本数について測定することとしてもよいと考えられるほか、ピークレベルが上りと下りではそれぞれほぼ一定値を示す場合には、最小限 10 本まで減じてもよいものと考える。

また、測定は、測定機器の動特性の緩 (slow) を用いて行うこととしたが、これは、速 (fast) を用いた場合、新幹線鉄道の騒音レベルが全体的な変動に細かいレベル変動が重畳してあらわれ、機器誤差や読み取り誤差の影響が大きくなると考えられることによる。

なお、測定に際しては、新幹線鉄道騒音の継続時間、測定点付近における暗騒音（中央値、90 % レンジ上・下端）を併せて測定しておくことが望ましい。

(2) 測定地点

環境基準は地域としての目標であるところから、新幹線鉄道騒音の状態も地点としてではなく、地域として把握する必要があり、このためには、当該地域における新幹線鉄道騒音を代表すると認められる地点を選定して測定を行う必要がある。

また、測定地点は、建物等による遮音、反射等を考慮して、なるべく線路の見通せる開放された場所に選ぶ必要があるほか、暗騒音による測定値への影響を避

けるため、できる限り暗騒音レベルが新幹線鉄道騒音のピークレベルより10ホン以上低い場所に選ぶ必要がある。

しかし、新幹線鉄道騒音の影響地域は比較的限定されているため、測定地点選択の余地があまりないと想定されるところから、道路交通騒音等による暗騒音のレベルがかなり高い地点で測定を行わざるを得ない場合も多いと考えられる。このような場合には、当該地点における暗騒音が低くなる時間帯を選んで測定するよう努める必要があるが、それでもなお、暗騒音による影響、とくに道路交通騒音等の不規則変動騒音の影響が避けられない場合には、レベルレコーダーを併用して、列車通過中の騒音レベルのうち暗騒音の影響を受けていないと認められる部分を読みとることとし、それも不可能な場合には、当該列車についての測定結果を評価の際に除外するものとする。

なお、測定は原則として地上1.2mの高さで行うものとするが、線路に近接した高層住宅等、高い場所において新幹線鉄道騒音が問題となっている場合には、障害防止対策等に資するため、問題となっている高さにおいても測定を行っておくことが望ましい。

(3) 評価方法

測定結果の評価の方法としては、測定された各列車のピークレベルの全てについて平均又はパワー平均をする方法、測定している側の軌道を通過した列車のピークレベルのみについて平均又はパワー平均をする方法等種々考えられるが、間欠的な音の場合、騒音のうるささの程度は、ピークレベルの高いものに左右される傾向が強いと考えられるところから、それを評価の対象とする考え方をとることとした。多くの場合は、測定している側の軌道を通過する列車のピークレベルの方が、反対側の軌道を通過する列車のピークレベルより高いが、通過列車毎の速度差等を考えれば、地点によっては必ずしも測定している側の軌道を通過する列車のピークレベルの方が高いとは限らないことから、上りと下りを合わせて連続して通過する20本の列車について測定したピークレベルのうち、上位10個の値についてパワー平均したものをもって評価の対象とすることとした。なお、(1)に述べた理由により、測定したピークレベルの数が20に満たない場合は、得られたピークレベルのうち上位半数についてパワー平均したものをもって評価することとなる。また、評価の対象となるピークレベルの最大値と最小値の差が4ホン以下の場合にはパワー平均の代りに算術平均してもほぼ同一の結果が得られる。

なお、本指針においてピークレベルとは、新幹線列車が通過する際の1列車毎の騒音レベルの最大値をいうものである。

5. 達成期間について

(1) 基本的考え方

環境基準を設定するに際しては、それを達成するための目標期間を併せて示すことが、各種行政施策の実効を期するうえで必要である。

本委員会としては、以下のような基本的な考え方に基づいて達成期間の検討を行った。

ア 環境基準の達成期間を定めるに当たっては、騒音防止対策の技術開発及び対策を講じていくための体制等の現状及び今後の見通しを勘案する必要があるが、

現時点における達成可能性のみにとらわれることなく、騒音防止のための技術開発の可能性、対策のための強力な実施体制の整備及び必要な財政措置を前提とした今後の努力目標としての達成期間が設定されるべきものであること。
　イ　達成のための対策は、著しい被害を受けている区域から順次実施すべきものであること。
　ウ　現時点においても、環境アセスメントを十分に実施しうる路線、すなわち、今後新たに建設が着手される路線については、開業時に直ちに維持・達成すべきものであること。
　エ　現時点において建設が行われていて、営業が開始されていない路線については、開業時までに、環境アセスメント及びこれに基づく騒音防止対策を実施することにより、極力環境基準の維持・達成を図るとともに、開業時までに達成しえない地域についても、開業後速やかに達成すべきものであること。
　オ　既に開業されている路線については、対策の実施方法を勘案しつつ、極力速やかな達成を期するべきものであること。
(2)　指針値達成の技術的可能性
　　新幹線鉄道騒音レベルを低減させる方法について、国鉄等において現在までに行われた各種の実験結果を総合すると以下の通りである。
　ア　車両の改良
　　　車両の改良としては、先ず車輪の改良が挙げられる。車輪振動を少なくする防音車輪で約1～2ホンの低減効果があるが、車輪部と車軸部とを振動絶縁した弾性車輪では、安全性の問題があってその効果を把握するには至っていない。
　　　また、台車部分をカバーする台車遮音板、側スカートをできるかぎり下方に延伸する方法（ロングスカート）等の車体の改良によって、約1～2ホンの低減効果が認められているが、線路両側に設置された防音壁がある場合にはその効果が認められない。
　　　なお、今回の指針値を達成していくためには、集電スパーク音、車体の風切り音などが無視できなくなると考えられるため、その防止方法について今後検討していく必要がある。
　イ　線路構造の改良
　　　スラブ軌道の場合、高架橋の上面露出部を砕石等でカバーすること（消音バラスト）により、約1～2ホンの低減効果が見られる。また、軌道スラブ下面にゴムマット（スラブマット）を貼付することによってもある程度の効果が期待されるが、安全性等の確認を必要とする。
　　　道床軌道の場合、道床下にゴムマット（バラストマット）を敷くことによって、高架橋直下では効果があるが、遠方では効果が少なく、上下線中心から25mの地点では2ホン程度の低減効果があるにすぎない。コンクリート高架橋の下部を覆う下部遮音板も遠方に対する効果は比較的少ない。
　　　東海道新幹線においてのみ見られる騒音レベルが最も高い無道床鉄桁の場合は、遮音壁、制振材、下面遮音板等によって20ホン程度の低減効果が得られている例がある。

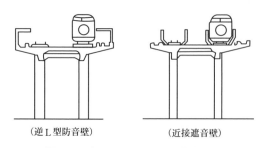

図-5　逆L型防音壁と近接遮音壁

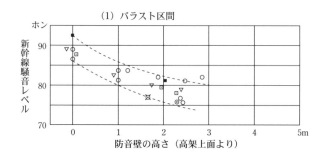

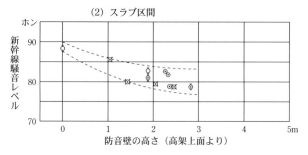

図-6　防音壁の高さと騒音レベル

(注) 1. 凡例
　　○　高架・直型防音壁（吸音材なし）（線路から約3m離れ）
　　⊙　高架・直型防音壁（吸音材あり）　バラスト区間　マットあり
　　⊙　高架・近接遮音壁　　　　　　　　バラスト区間　マットあり
　　ⓒ　高架・逆L型防音壁（吸音材あり）バラスト区間　マットあり
　　▽　盛土・直型防音壁（吸音材なし）
　　⊡　平地・直型防音壁（吸音材あり）　　　　（R・Lで測定）
　　■　平地・直型防音壁（線路から8.0m離れ）（R・Lで測定）
　　⊠　平地・逆L型防音壁（吸音材あり）　　　（R・Lで測定）
2. 通過側地上1.2m、上下線中心より25mの地点

ウ　防音壁の設置

　　線路両側に設置される防音壁は、現段階において最も効果的な音源対策であると考えられる。現在使用されている直立防音壁（高さ約 2 m）の効果は上下線中心から 25 m 離れた地点において 6～7 ホンである。防音壁の高さを 2m 以上にすることによって効果は多少増加するが、耐風強度、日照障害等の問題が大きくなるところから、代替策として逆 L 型防音壁、近接遮音壁が開発されている。これら防音壁の効果は直立防音壁に比較して 2～3 ホン大きいが、点検・保守作業等が困難になるなど解決すべき問題が残されている。（図–6）

エ　全覆フード

　　線路をフードで全面的に覆う方式であり、騒音についてほぼ 70 ホン程度まで低減できるが、日照阻害の範囲が拡大するとともに、外観上及び保守管理上の問題が生ずると思われる。また、既設の新幹線鉄道においてこの全覆フードを設置するには、構造物強度が不足する区間があるほか、その施工が夜間作業となる等、具体的な実施には極めて困難な面があると考えられる。

　以上の結果を総括的に示したのが表–7 であるが、これらに見る限りにおいては、現段階で実施可能な技術的手段を講じても、大半の区間では、通常、騒音レベルの最も高い上下線中心から 25 m の地点で 80 ホンをやゝ下回る程度が現在までの実験結果からは一応の限度であると考えられる。

　しかしながら、レール振動の高架への伝搬防止、車体下部の改良、ロングスカートと近接遮音壁の併用、防音壁の振動防止など、更に騒音防止効果を高める技術について検討すべき余地が残されているところから、これらの研究調査になお一層の努力を払い、早急に効果的な音源対策技術の開発を促進すべきものと考える。また、今後建設される路線については、以上のような技術的可能性を踏まえて設計・施工を行う必要があるほか、状況の許す限り、盛土、切取り、地下トンネル等の線路構造とし、また、高架の場合でも、できる限り構造物を重量化することによって騒音の防止を図る必要がある。

(3) 達成期間

　　(2) で述べたように、現在実施可能と考えられる各種の技術的手段を講じても、音源対策のみによって指針値の完全達成を図ることは望めないと考えられる。従って、今後、音源においてより騒音を低減させるよう一層の努力を払う必要があるが、指針値の早期達成を図るには、周辺対策を併せて行う必要があるものと考え、以下のように達成期間を定めた。

ア　既設新幹線

　　現在、営業を行っている東海道新幹線（東京－大阪間）及び山陽新幹線（大阪－博多間）については、音源における対策の実施に種々の制約があるため、前述したように、騒音レベルの最も高い地点において 80 ホン程度まで低減させるのが限度であると考えられる。

　　このため、音源対策によっては指針値が達成されない区域が残るものと考えられ、これらの地域においては音源対策と併せて周辺対策を講じざるを得ないと判断される。この場合、指針値として屋外の値を定めていることから、周辺対策としては住居等の移転対策が原則となるものと考えられる。しかし、現在 80 ホンを超えている影響の著しい線路に近い区域については、振動対策、日照

表-7 騒音防止技術開発の成果

	テーマ　効果　ホン	試験中	1~2	3~4	5~7	8~10	11~12	12以上	備考
車両	防音車輪		○						
	弾性車輪	○							
	増粘着研磨子改良			○					
	振動絶縁ゴム	—							
	台車遮音板		○						
	スカート延伸と吸音材	○							
	タイヤフラット研削				○				フラット40~50mmの場合
軌道	防振レール	○							
	レール防振材	—							
	バラストマット		○						
	スラブマット		○						
	消音バラスト		}○						
	吸音材								
	波状摩耗研削				○				波状摩耗0.15mm
コンクリート	防音壁				○				$h=1~1.9$ m
	近接遮音壁					○			
	逆L型防音壁（吸音材つき）					○			
	吸音材		○						
	高架スラブ厚増加	○							
	桁支承弾性化	○							
鉄桁	全覆フード							27	
	下覆い遮音板							}16	有道床バラストマット併用
	制振材								
	防音壁							}19	無道床
	遮音板防振支持								
	制振コンクリート								

（注）効果は上下線中心より25.0 m 地上から1.3 m の高さの値

対策等も考慮して住居等の移転が主な対策となるにしても、それより外方の区域については、居住者の意志、跡地利用その他沿線地域における土地利用等を勘案すると、実質的には家屋に施す防音工事対策が主体となるものと考えられる。なお、家屋防音工事の実験結果の例は表-8のとおりである。

表-8　家屋防音工事の実験結果例

建物種別		改造部分	屋内・外の騒音レベル差	
			改造前	改造後
木造	既存家屋	窓・ふすま	15〜18 ホン	22〜23 ホン
	テストハウス（湿式工法）	窓・天井・内外壁	22	40〜42
	〃（乾式工法）	窓・天井・内外壁	21	32〜33
鉄骨	既存家屋	窓・ふすま・天井	20〜24	33〜35

　現在、既設新幹線沿線で指針値を超える区域に所在する住居の数は表-9のとおりと推定されており、現段階で考えられる対策実施体制、財政措置等を前提とした場合は、これら住居のための周辺対策にはかなりの長期間を要するものと思われる。
　しかしながら、本委員会としては、今後、政府及び国鉄における強力な実施体制の整備と十分な財政措置を前提として、先般の緊急対策の指針とした80ホン以上の区域については3年以内に、また、その他の区域は10年以内に達成されるよう努めるべきであると考える。なお、75〜80ホンの区域のうち、住居地域が連続しているなどの区域においては先行して対策を講じ、7年以内に達成すべきものとした。

表-9　周辺対策対象住居戸数

項目／区間	総延長（km）	対象住居戸数 地域区分			計
		住居地域	商工業地域	その他地域	
東京・新大阪	516	44 千戸	19 千戸	14 千戸	77 千戸
新大阪・岡山	164	13	5	3	21
岡山・博多	398	22	6	6	34
計	1 078	79	30	23	132

イ　工事中新幹線
　現在、既に建設の段階に入っている東北新幹線（東京－盛岡間）、上越新幹線（大宮－新潟間）及び成田新幹線（東京－成田間）については、開業までに指針値達成のための努力を最大限に行うべきであるが、それでもなお、指針値を超える区域が残ると想定される。しかし、これらの路線については、概ね75ホンを目途として音源対策及び周辺対策を行うこととし、なお、75ホンを超える一部区域については、開業後3年以内に達成すべきものと考える。また、その他の区域についても、開業後5年以内には達成すべきものと考える。
ウ　新設新幹線

今後、実施計画が策定される路線については、本指針値を前提として十分に環境アセスメントを行い、路線の決定及び線路構造物の設計・施工にあたって十分な配慮を行うことによって、開業時に達成されているべきものとした。

(4) その他

停車場近辺の在来線との併行区間などで、在来線とあわせて対策を施行しなければ環境基準の目的を達成することができない場合は、両者の音源対策によって措置するよう努めるほか、周辺対策は騒音レベルの著しく高い区域についてとりあえず措置するものとし、総合的な全体対策については、周辺の都市計画事業等、在来線に係る環境対策の方針等を考慮しつつ総合的に実施していく必要があると思われる。

§12 騒音の評価手法等の在り方について（自動車騒音の要請限度）（答申）
（平成11年10月6日　中央環境審議会）

中環審第165号
平成11年10月6日

環境庁長官
清水 嘉与子　殿

中央環境審議会
会長　近藤 次郎

騒音の評価手法等の在り方について（自動車騒音の要請限度）（答申）

　平成8年7月25日付け諮問第38号をもって中央環境審議会に対して諮問のあった「騒音の評価手法等の在り方について」のうち自動車騒音の要請限度については、別添のとおりとすることが適当であるとの結論を得たので答申する。

記

　平成8年7月25日付け諮問第38号により中央環境審議会に対し諮問のあった「騒音の評価手法等の在り方について」のうち、騒音規制法（昭和43年法律第98号）第17条第1項の規定に基づく指定地域内における自動車騒音の限度を定める命令（昭和46年6月23日総理府・厚生省令第3号）で定める自動車騒音の限度（以下「要請限度」という。）における騒音の評価手法の在り方及びこれに関連して再検討が必要となる要請限度の限度値等の在り方について、別添の騒音評価手法等専門委員会報告が騒音振動部会に報告された。

　騒音振動部会においては、上記報告についての審議を行うとともに、騒音振動部会報告（案）を公表して、意見を募集し、寄せられた意見について検討を行った結果、自動車騒音の要請限度の評価手法等の在り方について、騒音評価手法等専門委員会の報告を採用することが適当であるとの結論を得るとともに、騒音振動部会報告をとりまとめた。

　よって、本審議会は次のとおり答申する。

　自動車騒音の要請限度における騒音の評価手法として等価騒音レベルを採用するとともに、これに関連して要請限度の限度値等を見直し、別紙のとおり改正することが適当である。

　また、自動車騒音は依然として厳しい状況にあり、生活環境の保全を図る上で、自動車騒音問題の解決は緊要の課題である。要請限度は、都道府県知事が交通規制を要

請する基準となるものであるが、要請限度以下に騒音を低減し、更に環境基準を達成するためには、交通規制のみならず、自動車単体対策のほか、地域の状況に応じて、道路構造対策、交通流対策、沿道対策等を効果的に推進する必要がある。政府においては、これら諸対策の総合的な推進に取り組むとともに、そのための関係機関の一層の連携強化、騒音の実態等の把握及び結果の公表、騒音に関する知識の普及、騒音対策技術の開発研究、騒音影響に関する調査研究等を一層推進するべきである。

別　紙

　騒音規制法（昭和43年法律第98号）第17条第1項の総理府令で定める限度は、次の表のとおりとする。ただし、同表に掲げる区域のうち学校、病院等特に静穏を必要とする施設が集合して設置されている区域又は騒音に係る環境基準について（平成10年環境庁告示第64号）にいう「幹線交通を担う道路」の区間の全部又は一部に面する区域に係る同項の総理府令で定める限度は、都道府県知事（騒音規制法施行令（昭和43年政令第324号）第4条第2項に規定する市にあっては、市長。以下同じ。）及び都道府県公安委員会が協議して定める自動車騒音の大きさとすることができる。

（等価騒音レベル）

	区域の区分	時間の区分	
		昼　間	夜　間
1	第a種区域及び第b種区域のうち1車線を有する道路に面する区域	65 dB	55 dB
2	第b種区域のうち2車線以上の道路に面する区域	70 dB	65 dB
3	第a種区域のうち2車線以上の道路に面する区域及び第c種区域のうち車線を有する道路に面する区域	75 dB	70 dB

　この場合において、騒音に係る環境基準にいう「幹線交通を担う道路に近接する空間」については、上表にかかわらず、特例として次の表のとおりとする。

（等価騒音レベル）

昼　間	夜　間
75 dB	70 dB

備考
1. 第a種区域、第b種区域及び第c種区域とは、それぞれ次の各号に掲げる区域として都道府県知事が定めた区域をいう。
(1)　第a種区域　専ら住居の用に供される区域
(2)　第b種区域　主として住居の用に供される区域
(3)　第c種区域　相当数の住居と併せて商業、工業等の用に供される区域
2. 車線とは、1縦列の自動車（二輪のものを除く。）が安全かつ円滑に走行するため必要な幅員を有する帯状の車道の部分をいう。

3. 昼間とは午前6時から午後10時までの間をいい、夜間とは午後10時から翌日の午前6時までの間をいう。
4. 騒音の測定・評価は、原則として道路の交差点を除く部分を対象とし、道路に接して住居等が立地している場合には道路端において行い、道路に沿って非住居系の土地利用がなされ、道路から距離をおいて住居等が立地している場合には、住居等に到達する騒音レベルを測定できる地点において行うものとする。

　この場合、地上からの高さは、当該地点の鉛直線上において騒音が最も問題となる位置とし、一般的な平地における道路の場合は、原則として地上1.2mとする。
5. 騒音の評価手法は、等価騒音レベルによるものとし、連続する7日間のうち当該自動車騒音の状況を代表すると認められる3日間について測定を行い、時間の区分ごとに全時間を通じてエネルギー平均した値によって評価することとする。
6. 騒音の測定は、当該道路に係る自動車騒音を対象とし、自動車騒音以外の騒音や当該道路以外の道路に係る自動車騒音による影響がある場合は、これらの影響を測定値から補正することとする。
7. 騒音の測定方法は、原則として日本工業規格 Z 8731 に定める騒音レベル測定方法によるものとする。

　建物の前で測定を行い、当該建物の反射の影響が無視できない場合には実測値を補正するなど適切な措置を行う必要があり、原則としては当該影響を避けうる位置で測定することとする。

§13 騒音の評価手法等の在り方について（自動車騒音の要請限度）（報告）
（平成 11 年 10 月 6 日　中央環境審議会騒音振動部会騒音評価手法等専門委員会）

　平成 8 年 7 月 25 日付け諮問第 38 号により中央環境審議会に対し諮問のあった「騒音の評価手法等の在り方について」のうち、騒音に係る環境基準（以下単に「環境基準」という。）における騒音の評価手法等の在り方については、最新の科学的知見の状況等を踏まえ、平成 10 年 5 月 22 日に同審議会騒音振動部会騒音評価手法等専門委員会より報告がなされ、同日、中央環境審議会より答申された。
　その後、騒音規制法第 17 条第 1 項の規定に基づく指定地域内における自動車騒音の限度を定める命令（昭和 46 年 6 月 23 日総理府・厚生省令第 3 号）で定める自動車騒音の限度（以下「要請限度」という。）における騒音の評価手法の在り方及びこれに関連して再検討が必要となる要請限度の限度値等の在り方について、騒音評価手法等専門委員会において引き続き検討を行った。
　その結果をとりまとめたので、ここに報告する。

1. 検討の基本的考え方
　今回の検討は、要請限度における騒音の評価手法の在り方及びこれに関連して再検討が必要となる限度値等の在り方について検討するものであるので、騒音規制法に基づく現行の要請限度の制度を前提として、現行の要請限度との継続性に留意しつつ検討を行うものとする。
　また、要請限度は環境基準の達成に向けて講じられる諸施策の一つであることから、改正後の環境基準との整合性に留意しつつ検討を行うものとする。

2. 要請限度の評価手法の在り方
　現行の要請限度は旧環境基準と同じ評価手法である中央値（$L_{50,T}$）によって騒音の評価を行っている。
　他方、環境基準において、以下のような利点から等価騒音レベル（$L_{Aeq,T}$）が評価手法として採用された。
　　間欠的な騒音を始め、あらゆる種類の騒音の総曝露量を正確に反映させることができる。
　　環境騒音に対する住民反応との対応が、騒音レベルの中央値（$L_{50,T}$）に比べて良好である。
　　の性質から、道路交通騒音等の推計においても、計算方法が明確化・簡略化される。
　　等価騒音レベルは、国際的に多くの国や機関で採用されているため、騒音に関するデータ、クライテリア、基準値等の国際比較が容易である。
　このため、新要請限度における騒音の評価手法としては、環境基準と同一の評価手法によることとし、等価騒音レベルを採用することが適当である。

3. 自動車騒音の測定・評価について

(1) 測定・評価の位置

　現行の要請限度における測定場所は、原則として、道路（交差点を除く。）に面し、かつ、住居、病院、学校等の用に供される建築物から道路に向かって1mの地点とされており、旧環境基準における測定場所と同様の規定である。

　他方、環境基準においては、個別の住居、病院、学校等（以下、「住居等」という。）が影響を受ける騒音レベルによることを基本とし、住居等の建物の騒音の影響を受けやすい面における騒音レベルによって評価することとされた。

　これは、環境基準が住居等の受音側の騒音レベルを評価するものであることを明らかにしたものであるが、要請限度は交通規制という発生源側の対策の要否を判断する際の基準であり、住居等の立地を前提とした上で、自動車騒音の発生源側の騒音レベルを把握するものであるため、測定・評価の位置の考え方は、環境基準とは異なるものである。このため、現行の要請限度における測定地点については、このような要請限度の性格を踏まえ、その表現を整理し直すことが望ましい。

　具体的には、道路に接して住居等が立地している場合には、発生源側の騒音レベルとして道路端における騒音レベルを測定することが適当である。

　一方、道路に沿って緑地帯、公園、田畑や店舗、工場があるなど非住居系の土地利用がなされ、道路から距離をおいて住居等が立地している場合には、道路端から住居等までの距離を考慮し、住居等に到達する騒音レベルを発生源側の騒音レベルととらえて、測定・評価することが適当である。

　また、測定・評価の位置の高さについては、現行の要請限度の測定方法を踏襲して、新要請限度においても、測定・評価地点における鉛直線上において騒音が最も問題となる位置とし、一般的な平地における道路の場合は原則として地上1.2mとすることが適当である。

(2) 測定・評価の時間

　現行の要請限度においては、1日当たりの測定回数は時間帯の区分ごとに1時間当たり1回以上の測定を4時間以上（当該区分の時間が4時間に満たない場合は当該区分の全時間）とされており、旧環境基準で時間帯の区分ごとに1～2回以上とし、特に覚醒及び就眠の時刻に注目して測定するものとされていたことと比べると、より多くの測定回数を必要としている。また、測定日数については、現行の要請限度においては、連続する7日間のうち当該自動車騒音の状況を代表すると認められる5日間について測定することとされている。

　これは、要請限度が、その測定結果により都道府県知事が都道府県公安委員会へ交通規制を要請する基準であることから、自動車騒音の状況をより的確に把握する必要があることによると考えられる。

　他方、環境基準においては、1年間のうち平均的な状況を呈する日を選定して評価することとされ、1日における時間帯の区分ごとの全時間を通じた等価騒音レベルによって評価することが原則とされた。

　この環境基準における評価の方法は、現行の要請限度の測定回数と比べ、騒音の状況をより厳密に把握できる方法と考えられるので、新要請限度の1日当たりの測定・評価の方法については、環境基準における測定・評価の方法によることとし、時間帯の区分ごとの全時間を通じた等価騒音レベルによって評価することを原則とすることが適当である。

このように、新要請限度において、1日当たりの測定方法を現行の要請限度における測定方法と比べ、1日の騒音の状況をより厳密に把握できるものとすることにより、現行の要請限度のように5日間とする必要はなく、一般に3日間程度の測定で十分な安定性を確保できると考えられる。したがって、新要請限度に係る測定・評価の日数は、連続する7日間のうち当該自動車騒音の状況を代表すると認められる3日間について測定することが適当である。また、測定結果については、等価騒音レベルの性質に照らし、時間帯の区分ごとにエネルギー平均した値によって評価することが適当である。

(3) 測定の方法

　現行の要請限度においては、騒音の測定は当該道路に係る自動車騒音を対象とし、自動車騒音以外の騒音や住居等が面する当該道路以外の道路に係る自動車騒音による影響がある場合は、これらの要因による影響を測定値から補正する運用が図られており、新要請限度においてもこれを踏襲することが適当である。

　また、現行の要請限度においては、騒音の測定方法は、日本工業規格 Z 8731 に定める騒音レベル測定方法によるものとされており、環境基準においても測定を行う場合は原則として日本工業規格 Z 8731 に定める騒音レベル測定方法によることとされている。従って新要請限度においても、測定の方法は原則として日本工業規格 Z 8731 によることが適当である。

　なお、道路に面する建物の前で測定を行い、当該建物の反射の影響が無視できない場合には実測値を補正するなど適切な措置を行う必要があり、原則としては当該影響を避けうる位置で測定することが適当である。

4. 区域の区分

(1) 地域による区分

　現行の要請限度における区域の区分は、旧環境基準の下で、騒音規制法第3条第1項の規定に基づいて都道府県知事が指定する地域について、「特定工場等において発生する騒音の規制に関する基準」第1条第2項各号に定める区域の区分に合わせ、第1種～第4種の区域の区分を用いている。ただ、この4種類の区域の区分ごとに限度値がすべて異なるものではなく、環境基準において規定された道路に面する地域以外の地域（以下、「一般地域」という。）（1車線の場合）については第1種区域と第2種区域で限度値に差があるが、環境基準において規定された道路に面する地域については旧環境基準の地域の類型区分に対応して第1種区域と第2種区域及び第3種区域と第4種区域はそれぞれ同じ限度値が定められ、区分としては、実質的には集約されたものとなっている。

　他方、環境基準においては、地域の類型区分が旧環境基準から変更されたが、現行の要請限度が、道路に面する地域については旧環境基準の地域の類型区分に対応していたことも踏まえ、環境基準との整合性を図る観点から、新要請限度の区域の区分は、騒音規制法第3条第1項の規定に基づいて都道府県知事が指定する地域において、環境基準の地域の類型区分の考え方に合わせたものとすることが適当である。具体的には、環境基準のA類型に対応する区分を第　種区域（専ら住居の用に供される区域。）、B類型に対応する区分を第　種区域（主として住居の用に供される区域）、C類型に対応する区分を第　種区域（相当数の住居と

併せて商業、工業等の用に供される区域）と区分することが適当である。

また、第 1 種区域及び第 2 種区域のうち 1 車線の道路に面する地域については、一般地域の環境基準が適用されることから、新要請限度においてもこれに対応する区分を設けることが適当である。

なお、環境基準において、療養施設、社会福祉施設等が集合して設置される地域など特に静穏を要するとされた AA 類型に対応する地域については、現行の要請限度においても固有の区域の区分が設けられておらず、また現行の要請限度の中で都道府県知事が都道府県公安委員会と協議して命令に定める要請限度値よりも低い値を定めることができる旨の規定があるため、新要請限度においても、この現行の規定を踏襲することにより対応することが適当である。（6.（3）参照）

（2）車線による区分

現行の要請限度においては、車線数による区域の区分が設けられている。これは、旧環境基準が、車線数による類型区分を設けていたことに対応する。

他方、道路に面する地域の環境基準においては、車線数による類型区分を設けていないので、新要請限度においても車線数による区分は設けず、環境基準の類型区分に合わせるのが適当である。

なお、車線については、現行の要請限度の規定を踏襲し、1 縦列の自動車（二輪のものを除く。）が安全かつ円滑に走行するために必要な幅員を有する帯状の車道の部分とすることが適当である。

5．時間帯の区分

現行の要請限度における時間帯の区分は、旧環境基準における時間帯の区分と一致させている。

他方、環境基準においては、時間の区分を従来の朝・昼間・夕・夜間の 4 区分から昼間、夜間の 2 区分に変更し、昼間を午前 6 時から午後 10 時までの間、夜間を午後 10 時から翌日の午前 6 時までの間としている。

このため、新要請限度の時間帯の区分は環境基準の時間帯の区分に合わせ、昼間は午前 6 時から午後 10 時までの間、夜間は午後 10 時から翌日午前 6 時までの間とすることが適当である。

6．要請限度値

（1）限度値設定の考え方

要請限度の限度値については、現行の要請限度との継続性、環境基準値の設定に当たって検討した騒音影響に関する等価騒音レベルによる科学的知見、騒音の実態等を踏まえ検討を行うこととする。

① 現行の要請限度との継続性

現行の要請限度においては、旧環境基準の類型区分に対応して限度値に差が設けられている。新要請限度においても、この考え方を踏襲し、環境基準の類型区分に対応して新要請限度の区域の区分に応じて限度値に差を設けることが適当である。

なお、このような区域の区分ごとの差は、環境基準において地域補正の考え方から類型区分ごとに設けられた環境基準値の差にも対応するものである。

また、現行の要請限度は旧環境基準に比べて区分により5 dB～15 dB加算した値となっている。（別紙1）現行の要請限度との継続性の見地からは、新要請限度についても、環境基準にある値を加算したものとなるように定めることが考えられる。その際、現行の要請限度では車線数による区分に応じて5 dB～15 dBと加算に幅があるが、新要請限度においては車線数による区分を統合しており、加算の幅も統合する必要がある。

② 環境基準値の設定に当たって検討した騒音影響に関する科学的知見

　　　会話影響、睡眠影響に関する知見としては、環境基準値の設定の基礎となった騒音影響に関する屋内指針（一般地域：昼間45 dB以下、夜間35 dB以下、道路に面する地域：昼間45 dB以下、夜間40 dB以下）（別紙3）を尊重し、新要請限度の限度値はこれを大幅に上回るおそれのある値とすることは適当ではない。社会調査の結果から、一般に環境騒音が5 dB程度変化すると住民はその変化を検知するという知見が得られていること（別紙3）から、騒音影響に関する屋内指針より5 dBを超える値を生じせしめるような限度値（屋外）を設けることは適当ではない。

　　　また、環境基準は、騒音影響に関する屋内指針を満たすために必要な建物の防音効果について、建物の平均的な防音性能と窓の開閉状態を考慮して、地域の類型に応じ一定の大きさを想定しているが、要請限度においては、その性格上、環境基準で想定したものよりも窓開けの程度に多少制約が加わるものとして限度値（屋外）を設けることが考えられる。

　　　不快感等に関する知見に照らすと、昼間75 dB、夜間70 dB（$L_{dn}=77.4$ dB）では、非常に不快であるとの回答確率が約35%、昼間80 dB、夜間75 dB（$L_{dn}=82.4$ dB）では非常に不快であるとの回答確率が約50%に達することを考慮する必要がある。（別紙3）

③ 騒音の実態

　　　平成6年度道路交通センサスを基に、道路に面する地域の現状における騒音レベルを推計した結果、道路端での騒音レベルで、L_{Aeq}で昼間80 dBの超過延長は全延長のうち0.2%とほとんどなく、また、夜間75 dBの超過延長も全延長の3.4%と少ない。（別紙4）

④ 幹線交通を担う道路に近接する空間の特例

　　　環境基準において幹線交通を担う道路に近接する空間の特例が設けられたことに対応して、環境基準において規定された幹線交通を担う道路に近接する空間については、新要請限度においても特例を設けることが適当である。この場合、要請限度は、発生源側の対策の要否を判断する際の基準として、屋外の騒音レベルで定めるものであることから、限度値も屋外の騒音レベルで定めることが適当である。

(2) 新要請限度の限度値

　　　以上を総合的に考慮し、新要請限度の限度値を次の表のとおりとすることが適当である。

要請限度値

区域の区分	時間の区分	
	昼　間	夜　間
1　第　種区域及び第　種区域のうち1車線を有する道路に面する区域	65 dB	55 dB
2　第　種区域のうち2車線以上の道路に面する区域	70 dB	65 dB
3　第　種区域のうち2車線以上の道路に面する区域及び第　種区域のうち車線を有する道路に面する区域	75 dB	70 dB

環境基準において規定された幹線交通を担う道路に近接する空間についての特例

昼　間	夜　間
75 dB	70 dB

（注）第　種区域、第　種区域、第　種区域とは、それぞれ次の各号に掲げる区域として都道府県知事が定めた区域をいう。
　(1) 第　種区域：専ら住居の用に供される区域
　(2) 第　種区域：主として住居の用に供される区域
　(3) 第　種区域：相当数の住居と併せて商業、工業等の用に供される区域

(3) 地域の特性に応じた要請限度値の設定について
　　現行の要請限度においては、都道府県知事及び都道府県公安委員会が協議して定める値とすることができるとの規定がある。これは、地域の実情に応じた運用ができるようにする点で必要であるので、この規定を踏襲し、学校、病院等特に静穏を必要とする施設が集合して設置されている区域又は幹線交通を担う道路の区間の全部又は一部に面する区域に係る騒音規制法第17条第1項の総理府令で定める限度は、地域の実情によって都道府県知事（騒音規制法施行令（昭和43年政令第324号）第4条第2項に規定する市にあっては市長。）及び都道府県公安委員会が協議して定める自動車騒音の大きさとすることができるとすることが適当である。

7. 道路交通騒音対策の推進

　要請限度は、都道府県知事が交通規制を要請する基準となるものであるが、要請限度以下に騒音を低減し、更に環境基準を達成するためには、交通規制のみならず、自動車単体対策のほか、地域の状況に応じて、道路構造対策、交通流対策、沿道対策等を効果的に推進する必要があり、これら諸対策の総合的な推進とそのための関係機関の一層の連携強化が望まれる。

§14 騒音の評価手法等の在り方について（自動車騒音の要請限度）（報告　別紙）
（平成 11 年 10 月 6 日　中央環境審議会騒音振動部会騒音評価手法等専門委員会）

別紙 1　騒音に係る旧環境基準及び現行要請限度について

1. 旧環境基準　　（単位：ホン　L_{50}）

地域の区分		基準値		
		昼間	朝夕	夜間
A	（1 車線道路）	50*	45*	40*
	2 車線道路	55	50	45
	2 車線超	60	55	50
B	2 車線以下の道路	65	60	55
	2 車線超	65	65	60

2. 現行要請限度　　（単位：dB　L_{50}）

	区域の区分		基準値（環境基準値との差）		
			昼間	朝夕	夜間
1	第 1 種	1 車線道路	55 (+5*)	50 (+5*)	45 (+5*)
2	第 2 種		60 (+10*)	55 (+10*)	50 (+10*)
3	第 1 種及び第 2 種	2 車線道路	70 (+15)	65 (+15)	55 (+10)
4		2 車線超	75 (+15)	70 (+15)	60 (+10)
5	第 3 種及び第 4 種	1 車線道路	70 (+5)	65 (+5)	60 (+5)
6		2 車線道路	75 (+10)	70 (+10)	65 (+10)
7		2 車線超	80 (+15)	75 (+10)	65 (+5)

（*注）A 地域の 1 車線道路に面する地域は、一般地域（道路に面する地域以外の地域）の環境基準が適用される。

（備考）

1. A をあてはめる地域は主として住居の用に供される地域とすること。

2. B をあてはめる地域は相当数の住居と併せて商業、工業等の用に供される地域とすること。

1. 第 1 種区域
   良好な住居の環境を保全するため、特に静穏の保持を必要とする区域

2. 第 2 種区域
   住居の用に供されているため、静穏の保持を必要とする区域

3. 第 3 種区域
   住居の用にあわせて商業、工業等の用に供されている区域であって、その区域内の住民の生活環境を保全するため、騒音の発生を防止する必要がある区域

4. 第 4 種区域
   主として工業等の用に供されている地域であって、その区域内の住民の生活環境を悪化させないため、著しい騒音の発生を防止する必要がある区域

別紙2　環境基準の地域の類型と要請限度の区域の区分の比較

区分　　　　地域	旧環境基準 一般地域	旧環境基準 道路に面する地域	現行要請限度 1車線	現行要請限度 2車線	現行要請限度 2車線超	環境基準 一般地域	環境基準 道路に面する地域	新要請限度 一般地域	新要請限度 道路に面する地域
第1種低層住居専用地域	A地域	A地域（2車線、2車線超）	第1種	第1種 第2種	第1種 第2種	A地域 B地域	A地域（2車線以上）	第Ⅰ種 第Ⅱ種（1車線）	第1種（2車線以上）
第2種低層住居専用地域									
第1種中高層住居専用地域			第2種						第Ⅱ種（2車線以上）
第2種中高層住居専用地域							B地域（2車線以上）		
第1種住居地域									
第2種住居地域									
準住居地域									
近隣商業地域	B地域	B地域（2車線以下、2車線超）	第3種 第4種	第3種 第4種	第3種 第4種	C地域	C地域（車線を有する道路）		第Ⅲ種（車線を有する道路）
商業地域									
準工業地域									
工業地域									
工業専用地域	指定しない								

（注1）　現行要請限度の区域の区分及び時間の区分は、「騒音規制法の一部を改正する法律の施行について」（S46.9.20　環大特第6号・環大自第2号　環境庁大気保全局長から各都道府県知事あて）において、指定地域の区域及び時間の区分は、原則として特定工場等において発生する騒音の規制に関する基準として設定された区域及び時間の区分と一致させて定めることとされている。

（注2）　環境基準のB、C地域については、一般地域（道路に面する地域以外の地域）では別の値が設定されているが、道路に面する地域では同じ値が設定されている。

（注3）　新要請限度の中の第　種、第　種、第　種区域の定義は次の通り。
　　　　第　種区域：専ら住居の用に供される区域
　　　　第　種区域：主として住居の用に供される区域
　　　　第　種区域：相当数の住居と併せて商業、工業等の用に供される区域

別紙3　騒音影響に関する科学的知見等

1. 睡眠影響、会話影響

睡眠影響、会話影響に関する知見により、環境基準の設定に際し、騒音影響に関する屋内指針が設定されている。

騒音影響に関する屋内指針

	昼間 [会話影響]	夜間 [睡眠影響]
一般地域	45 dB 以下	35 dB 以下
道路に面する地域	45 dB 以下	40 dB 以下

※出典　騒音評価手法等専門委員会報告（H10.5.22）

2. 住民意識調査（不快感）

交通騒音とアンケートに対する住民意識（不快感）の関係について、環境基準の設定に関して以下の表が採用されている。

騒音レベル	科学的知見の例
L_{dn} 75 dB（屋外）	道路交通騒音に対して非常に不快であるとの回答率が約 30 %（1994, Finegold et al. *1）
L_{dn} 70 dB（屋外）	道路交通騒音に対して非常に不快であるとの回答率が約 20 %（1994, Finegold et al. *1） 交通騒音に対して非常に不快であるとの回答率が 10〜25 %（1977, 環境庁 *2）
L_{dn} 65 dB（屋外）	道路交通騒音に対して非常に不快であるとの回答率が約 15 %（1994, Finegold et al. *1） 交通騒音に対して非常に不快であるとの回答率が 10〜17 %（1977, 環境庁 *2）
L_{dn} 60 dB（屋外）	道路交通騒音に対して非常に不快であるとの回答率が約 10 %（1994, Finegold et al. *1）
L_{dn} 55 dB（屋外）	道路交通騒音に対して非常に不快であるとの回答率が数％程度（1994, Finegold et al. *1）
L_{dn} 50 dB（屋外）	道路交通騒音に対して非常に不快であるとの回答率が 0 %に近い（1994, Finegold et al. *1）
$L_{Aeq(24)}$ 65.6 dB 以上（屋外）	都市騒音に対して「騒がしい」との回答率約 30 %（1995, 久野 等 *3）

※出典　騒音評価手法等専門委員会報告（H10.5.22）

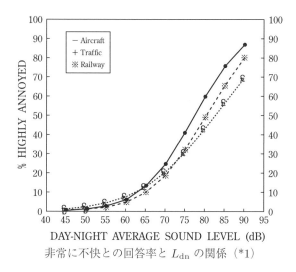

非常に不快との回答率と L_{dn} の関係 (*1)

3. 聴力影響

1974年の USEPA のインフォメーションの分析によると40年の曝露の後でも聴覚影響の可能性を十分小さくできるレベルとして以下が示されている。

騒音レベル	科学的知見の例
$L_{Aeq(8)}$ 78 dB 以下	1日8時間、年250日の間欠騒音の曝露を受けた場合の聴覚影響の可能性を十分小さくできる範囲 (USEPA, 1974 *4)
$L_{Aeq(24)}$ 71 dB 以下	1日24時間、年365日の間欠騒音の曝露を受けた場合の聴覚影響の可能性を十分小さくできる範囲 (USEPA, 1974 *4)

※出典　騒音評価手法等専門委員会報告 (H10.5.22)

4. 騒音レベルの変化と住民意識

社会調査の結果から、久野他 (*5)(*6) は、自宅周辺の静かさに関する住民の意識は約5 dB (A) または10 dB (A) ステップで変化していることを示している。また、香野他 (*7) は、人がうるささを訴える action を起こすのは、その人が大きい音環境の中で生活する人であれ、小さい音環境の中で生活する人であれ、その人の平均的な騒音曝露レベルよりも約4 dB (A) 大きい L_{Aeq} の騒音にさらされた時であるという結果を得ている。

(文献リスト)

(*1) Finegold, L. S. (1994) "Community Annoyance and Sleep Disturbance : Updated Criteria for Assessing the Impacts of General Transportation Noise on People," *Noise Control Engineering Journal*, **42**, 25–30.

- (*2) 環境騒音・振動実態調査結果報告書、(1977年、環境庁委託業務).
- (*3) 久野 他（1995）「等価騒音レベルと環境基準」騒音制御、**19**, 82–86.
- (*4) US Environmental Protection Agency (1974) "Information on Levels of Environmental Noise Requisite to Protect Public Health and Welfare with an Adequate Margin of Safety," 550/9–74–004.
- (*5) 久野 他（1990）「「静かさ」に関する住民意識の分析」日本音響学会誌、**46**、716–722.
- (*6) 久野 他（1987）「住環境騒音の L_{eq} による評価」騒音制御、**11**、98–102.
- (*7) 香野 他（1979）「日常生活における騒音曝露量（騒音曝露と個人の反応に関する研究その I）」日本音響学会誌、**35**、235–243.

別紙4　道路に面する地域の現状における騒音レベル推計値

騒音レベル（道路端推計値）別超過道路延長（両側 km、%）

	区　分	55 dB超	60 dB超	65 dB超	70 dB超	75 dB超	80 dB超	合計
夜間	第　種区域のうち2車線以上の道路に面する区域	5 100 km 91.1 %	3 900 69.4	1 700 30.4	400 7.1	50 0.9	0 0.0	5 600 100.0
	第　種区域のうち2車線以上の道路に面する区域及び第　種区域のうち車線を有する道路に面する区域	39 800 96.1	34 200 82.6	20 100 48.6	8 000 19.3	1 550 3.7	20 0.1	41 400 100.0
	夜間計	44 900 95.5	38 100 81.1	21 800 46.4	8 400 17.9	1 600 3.4	20 0.1	47 000 100.0
昼間	第　種区域のうち2車線以上の道路に面する区域	5 600 100.0	5 400 96.4	4 500 80.4	1 800 32.1	100 1.8	0 0.0	5 600 100.0
	第　種区域のうち2車線以上の道路に面する区域及び第　種区域のうち車線を有する道路に面する区域	41 300 99.8	40 500 97.8	37 200 89.9	22 600 54.6	4 000 9.7	100 0.2	41 400 100.0
	昼間計	46 900 99.8	45 900 97.7	41 700 88.7	24 400 51.9	4 100 8.7	100 0.2	47 000 100.0

注）
① 平成6年度道路交通センサスデータ及び環境庁作成の L_{Aeq} 予測式により道路端の騒音レベルを推計。
② 推計対象：都市高速道路を除く道路交通センサス対象道路であって、用途地域内に存する区間

別紙 5　騒音規制法（抜粋）……略
別紙 6　騒音規制法第 17 条第 1 項の規定に基づく指定地域内における自動車騒音の
　　　　限度を定める命令……略
別紙 7　道路交通法（抜粋）……略
別紙 8　騒音に係る環境基準について（環境庁告示）……略

騒音の評価手法等の在り方について（諮問）
　　　（平成 8 年 7 月 25 日）

諮問第38号
環大企第249号
平成 8 年 7 月 25 日

中央環境審議会会長
近藤　次郎　殿

環境庁長官
岩垂　寿喜男

騒音の評価手法等の在り方について（諮問）

　環境基本法第 41 条第 2 項第三号の規定に基づき、次のとおり諮問する。

「最近の科学的知見の状況等を踏まえ、騒音の評価手法等の在り方について、貴審議
会の意見を求める。」

（諮問理由）
　昭和 46 年に設定された一般地域及び道路に面する地域に係る騒音環境基準では、測
定結果の評価については中央値（L_{50}）によることを原則としてきたが、その後、騒
音測定技術が向上し、近年では国際的に等価騒音レベル（L_{eq}）が採用されつつある
こと等の動向を踏まえ、騒音の評価手法の再検討を行う必要がある。
　ついては、最近の科学的知見の状況等を踏まえ、上記環境基準における騒音の評価
手法の在り方、及びこれに関連して再検討が必要となる基準値等の在り方について、
意見を求めるものである。

§15 今後の自動車騒音低減対策のあり方について（総合的施策）（答申）
（平成7年3月31日　中央環境審議会）

　平成5年11月30日付け諮問第1号により中央環境審議会に対して諮問がなされた「今後の自動車騒音低減対策のあり方について」のうち総合的施策については、下記のとおりとすることが適当であるとの結論を得たので答申する。

記

　自動車騒音の低減に係る有効な諸施策をさらに推進して行く観点から、平成3年6月環境庁長官から中央公害対策審議会に対し、「今後の自動車騒音低減対策のあり方について」の諮問がなされ、先ず自動車単体対策について騒音振動部会で審議が開始された。一方、それ以外の総合的施策（道路構造対策等）については、中間答申が出された平成4年11月に中央公害対策審議会交通公害部会において審議が開始されたが、環境基本法の制定に伴い、平成5年11月には中央環境審議会に審議の場が移された。その後平成6年4月に中央環境審議会交通公害部会に道路交通騒音対策専門委員会が設置され、施策の一層の推進に向けた専門的な観点からの審議が開始され、その結果が別添の専門委員会報告としてとりまとめられた。
　交通公害部会においては、上記報告を受理し、審議した結果、今後の自動車騒音低減対策を的確に推進するためには、道路交通騒音対策専門委員会の報告を採用し、総合的施策を推進することが適当であるとされた。
　よって、当審議会は、次のとおり答申する。

はじめに
　自動車交通は、わが国において、国民生活の向上、国民経済の発展を支える基盤となっている反面、深刻な交通公害問題をもたらしており、今日に至るまでその解決をみていないことは誠に憂慮するべきことである。
　今日、自動車交通は我々の生活に深く溶け込んでいる。即ち、自動車の利用は、大型トラックによる産業用資材の輸送等産業に直接関わる利用の他、通勤や買い物等の生活に直結した利用があり、また、都市における小売業等、生活に密着した産業においても自動車による配送はかかせない要素となっている。これら全ての自動車交通が私たちの生活空間の中に組み入れられ、また、生活自体も自動車交通から多大な恩恵を受けつつ成立しており、なおかつそこで大きな経済活動が営まれている。このような社会においては、必然的に自動車交通からの被害と利益とが交互に複雑に関係することとなる。
　また、自動車騒音問題を考える場合、わが国では、国民生活や経済活動が極めて高密度に営まれているということが考慮されるべきである。すなわち、可住地面積当たりで見た場合、わが国は、人口、国民総生産、さらには自動車保有台数についても、欧米諸国に比べて格段に高い水準にあり、これがわが国の自動車騒音問題の背景となっている。またわが国においては、都市と産業の急速な発達に道路網及び物流センター

等の基本的都市施設の整備が必ずしも追い付いていないことから、通過交通が都市内に流入したり、大型貨物車が都市内を通行する状況等も生じている。わが国では、騒音の発生源である自動車交通と、その受け手である沿道の立地者が近接しており、自動車騒音問題が、単に交通量、自動車単体の騒音レベル等の発生源の要因だけでなく、その地点の道路構造や沿道の土地利用等の局所的要因に大きく影響されるものであることから考えても、このようなわが国の基本的条件は、自動車騒音対策の困難性と、わが国の現状に合わせた対策の必要性を示唆するものと言えよう。

　環境基本計画においては、環境への負荷を低減するため、経済社会システムそのものを変革すること、また、そのような社会の実現のために公平な役割分担の下にあらゆる主体が相互に協力・連携して取り組むこと及び各種施策の有機的連携を図りつつ施策を進めることの必要性が示されたが、自動車騒音問題の解決にあたってもそのような観点が必要である。すなわち、第一に自動車単体から発生する騒音の低減が図られることが重要であるが、自動車騒音問題の原因が、道路構造や建築物の構造等の沿道の町並みの状況、また、大型貨物車の市街地への流入ひいては大都市への過度の機能集中にも求められることから、自動車騒音問題を社会経済システム全体にかかわる問題としてとらえ、総体としての解決を図って行くことが必要である。また、自動車利用者、沿道への立地者等自動車騒音問題に係わる各主体が、自動車騒音の原因となっている度合いや、自動車交通から受けている受益等に基づき公平に役割分担を行い、総合的かつ計画的に対策を推進することが必要である。

　本答申はこのような基本的な考え方に基づき、今後の自動車騒音低減対策についての基本的な方向を示したものである。

第1章　自動車騒音をめぐる昨今の状況

　自動車騒音の問題は、環境基準を達成していない地点や騒音規制法に基づく要請限度を超える地点が引き続き多数見られるように、依然として厳しい状況にあるが、これはこれまで講じられてきた単体対策等の騒音低減施策の効果を上回る交通量の増加と、大型車の増加、夜間交通量の増加といった質の変化によるものと考えられる。

　自動車騒音を含む交通公害対策のあり方については、昭和58年中央公害対策審議会答申（以下「58年答申」という）において、発生源対策、道路構造対策等の既存の施策を推し進めるとともに、物流対策、沿道土地利用対策を含めた総合的施策を推進すべきであるとする視点が打ち出された。58年答申以降10数年を経た現在、指摘された各施策の進捗とそこで現れた問題点を概観すると次のようにまとめられる。

　①　自動車単体の騒音については、昭和51年6月の中央公害対策審議会の答申に示された目標値に沿って数次にわたる規制強化が実施され、加速走行騒音については、昭和46年規制に比べ6～11デシベルの低減が図られた。また、平成4年11月30日の中央公害対策審議会中間答申においてさらに1～3デシベルの低減を図ることが適当であるとされている。さらに、平成7年2月28日の中央環境審議会答申「今後の自動車騒音低減対策のあり方について（自動車単体対策関係）」においては、定常走行騒音について、昭和46年規制に比べ1デシベルから6デシベルの低減を図るとともに、不正改造等による騒音の抑止のため、車種区分に応じて昭和61年から平成元年までの間に逐次導入された近接排気騒音について、現行の規制に比べ3デシベルから11デシベルの低減を図ることが適当であるとされている。

② 道路構造対策は、高速自動車国道等自動車専用道を中心に遮音壁の設置等が着実に進められてきた。また、一定規模以上の新設道路については国および地方自治体により、環境影響評価を行うことが制度化され、その結果を踏まえて道路構造の視点から沿道環境に対する配慮もなされるようになった。しかし、既存の一般道路では沿道アクセスを確保する必要から構造対策が難しく、対応可能な箇所が限られていることから対策は進んでいない。

③ 58年答申では、交通流、特に大型車交通については、住宅地から分離された低公害走行ルートを整備しこれに集約化する必要性が唱われた。こうした「低公害走行ルート」としての機能を持つ高速自動車国道等の高規格幹線道路の整備は都市間を連絡する地方部で大幅な延伸を見たが、その一方、大都市圏では環状道路等の整備が未完成であるため、依然として大型車が都市内一般道に流入している状況にある。

また、環境にとっても望ましい物流体系の合理化、効率化を目指して、物流施設の整備、共同輸配送への支援施策等が講じられてはいるが、それを上回る形で、貨物輸送の自動車への依存度の増大、ジャスト・イン・タイムの配送方式や宅急便の普及による貨物の小口化と積載効率の低下等の物流構造の変化が急速に進み、むしろ貨物車の交通量は増加する傾向にある。

④ 沿道対策では、昭和55年に制定された幹線道路の沿道の整備に関する法律（以下「沿道法」という）の活用が期待されたが、現在までに111.6kmが沿道整備道路に指定されるにとどまっており、自動車騒音低減の実態を踏まえると活用は十分とは言えない状況にある。

都市計画の面では、幹線道路沿道における非住居系用途の指定が推奨されているが、大都市地域においては、高い地価に見合った土地の高度利用を行うため、住宅を中高層化する場合が多く、相対的に利用可能な容積が大きい幹線道路沿道でマンション等が多く立地している。また、政策的にも、土地の高度利用により住宅の供給を促進するための諸施策がとられており、そのような諸施策が、幹線道路沿道の非住居化による道路交通騒音問題の発生の防止という環境上望ましい土地利用を促進しない場合がある。

自動車騒音の問題は、騒音を発生する自動車交通に起因することは言うまでもないが、あわせて道路構造と、受け手である沿道土地利用の三者の関連の中で発現する。58年答申はこれら三者に対する根源に遡った総合的対策が必要であるとしている。

しかし、10年あまりを経た現在、特に大都市地域では、産業構造、都市構造及び生活様式の大きな変化の中で、58年答申で目指した大型車交通の分離、幹線道路沿道の非住居化といった状況には必ずしも至っていない。

第2章　今後の自動車騒音低減対策の基本的考え方

第1章に述べた昨今の状況の下、今後の自動車騒音対策は以下に述べる基本的な考え方に則って進められることが適当である。

2-1　自動車騒音低減対策の基本理念

自動車単体対策、道路構造対策、交通流対策（以下本報告では道路構造対策及び交通流対策の2対策を「道路・交通流対策」という）及び沿道対策を適切に組み合わせて、総合的かつ計画的に自動車騒音問題を解決すべきである。第一義的には、自動車騒音対策は、自動車単体対策及び道路・交通流対策により行われるべきであるが、自動

車単体対策、道路・交通流対策相互及び沿道対策の分担の関係は固定的ではなく、交通流の状況、騒音の状況、道路種別及び沿道の土地利用の状況により柔軟に考慮すべきものと考えられる。例えば、都市における一般幹線道路の中には、沿道アクセスの必要性から遮音壁を連続させることが困難な路線、又は沿道土地利用の稠密性から新たな土地の確保を必要とする環境施設帯の設置等が困難な路線が多く存在する。このような場合、道路・交通流対策を行うことは当然であるが、それだけではなく沿道対策も鋭意行って着実に自動車騒音による問題の発生を防止していくことが必要である。

2–2　自動車単体対策

自動車単体の騒音については、平成4年11月30日の中央公害対策審議会中間答申「今後の自動車騒音低減対策のあり方について」及び平成7年2月28日の中央環境審議会答申「今後の自動車騒音低減対策のあり方について（自動車単体対策関係）」の両答申に示された低減目標の早期実現に向け鋭意努力を行うべきである。

2–3　幹線道路沿道における住居立地

マンション等の住居は、沿道立地型のサービス施設、商業施設やオフィス等に比較して、より静穏な環境が必要な施設であると考えられる。従って、特に激甚な騒音が生じているか、あるいは生じることが予想される幹線道路の沿道においては、土地利用を非住居系に誘導することが望ましい。またその他の幹線道路の沿道においても、自動車騒音による問題の発生の防止の観点から住居の立地は望ましくないが、住宅供給の必要性等から住居の立地が避けられない実態もある。従って、幹線道路沿道への住居立地に当たっては、地域の特性に応じて、その構造を防音性能が高く、騒音の影響を受けにくいものとすることが必要である。

また、道路に面する建物を緩衝建築物として沿道区域と一体として計画することにより、静穏な住区を形成すること等によって、自動車騒音による問題が発生しない良質な沿道環境を形成することが必要である。

2–4　沿道地域の実態に即した施策

地価、沿道立地の需要の種類（商業、住居等）等の沿道の地域特性は、ひとつの路線の中でも、また、ひとつの都市の中でも多様であると考えられ、そのような沿道地域の実態に即した効果的な沿道対策を講じることが必要である。

2–5　都市構造等の変革

環境保全の観点から望ましい交通体系を形成するためには、大都市への機能集中の抑制を図りつつ、公共交通機関の整備、新たな物流システムの導入、中距離の物流拠点間の幹線輸送を中心とした、鉄道及び海運の積極的活用を通じた適切な輸送機関の選択の推進等、自動車交通の需要を調整する交通需要マネジメント施策、広域物流ネットワークや広域物流拠点の形成や環状道路等の整備等都市内への大型貨物車の流入を避けるための施策を、都市構造、物流構造等を変革する観点から実施していくことが必要である。

このような都市構造や物流構造に係る施策は、自動車騒音の激甚な沿道地域への緊急の対処方法としてより、中長期的取組として期待されるものであるが、このような変革を促進する手段のひとつとして、諸外国において実施または計画されている経済的な負担措置等をわが国に適用した場合の自動車騒音防止上の効果について早急に検討を開始することが必要である。

第3章　今後講ずべき自動車騒音低減対策

　第2章に述べた基本的な考え方に則り、今後の自動車騒音低減対策として以下に述べる施策が進められることが適当である。

3-1　既設の一般幹線道路における自動車騒音低減対策の方向

3-1-1　地域レベルでの各行政主体及び住民の連携並びに基本的な方針づくりの必要性

　既設の一般幹線道路の沿道の中には、今後とも住居の立地が続くと考えられる地域もあり、そのような地域においては、将来自動車騒音問題が生じる可能性は高くなると考えられる。このような既設の一般幹線道路の中には、先述したとおり、沿道へのアクセスの必要性や沿道の都市化の状況から、遮音施設を設置することが出来ず、自動車単体対策及び道路・交通流対策だけでは自動車騒音を大幅に下げることが困難な道路が存在する。

　また、道路構造対策のために道路用地を確保する際にも、土地区画整理等の都市計画手法の適用が必要な場合もある。これらのことは、自動車単体対策、道路・交通流対策及び沿道対策が一体となった対策の必要性を示している。

　さらに、既設の一般幹線道路においては、同じ路線でも地域により、自動車交通、騒音及び沿道の状況がさまざまであることから、地域の実情を十分に踏まえた対策が必要となる。

　このようなことから、沿道対策が必要な既設の一般幹線道路においては、市町村等地域レベルで、環境、都市、道路、警察、建築、交通等各行政主体及び住民の間の連携を強化することが重要である。また、道路・交通流対策と沿道対策が一体となり、かつ、道路直近の地域と背後地とが一体となった、地域を中心とする自動車騒音低減対策に関する基本的な方針を策定することも必要である。

3-1-2　施策の考え方

　第11次道路整備五箇年計画説明資料においては、21世紀初頭に幹線道路における夜間環境基準を概ね達成することが見込まれている。

　しかし、既設の一般幹線道路のなかには、夜間に要請限度を超過する等騒音のレベルが高く、沿道に住居が集合している等対策が比較的困難であり、かつ緊急を要する区間が存在していることから、各種対策は、そのような区間から優先的に実施して行くことを基本とするべきである。

　また、そのような区間であって、遮音壁や環境施設帯の設置のための用地確保の見通しが立たない等の理由により、環境基準の達成になお長期間を要する区間については、21世紀初頭までに、道路に面して立地する住宅等における騒音を夜間に概ね要請限度以下に、またその背後の沿道地域における騒音を夜間に概ね環境基準以下に抑えることを当面の目標として、その達成のために必要な諸施策を特定し、その計画的実施を図るべきである。

　その際の基本的考え方は以下のとおりである。

3-1-2a)　可能な限りの道路構造対策

　交通量に見合う車線数及び道路幅員となるような道路の拡幅、環境施設帯及び自動車騒音の緩衝空間としても有効な広幅員歩道の設置並びに交通流、騒音及び沿道の状況を勘案した遮音壁及び副道等の設置等の対策を計画的に鋭意推進していくべきである。

また、遮音壁や環境施設帯の設置が困難な場合においても、緑化を組み合わせた低遮音壁の設置、低騒音舗装、立体交差部における遮音壁の設置等の道路構造対策を実施することが必要である。

3-1-2b) 防音性能に優れた住宅の誘導

特に自動車騒音が著しく、かつ、抜本的な道路構造対策が困難な沿道に立地する住宅は、地域の特性に応じて、防音性能が高く騒音の影響を受けにくい建築物であることが必要である。また、そのような住宅の防音性能の向上を促進するべく、一般幹線道路の沿道における防音性能に配慮した住宅の構造・仕様に関する規定及び財政的な誘導措置を検討するべきである。

3-1-2c) 自動車騒音に強い沿道空間の形成の促進

多様な沿道条件に対応するため、沿道整備計画の策定、土地区画整理事業及び再開発事業等の多様な整備手法の活用により、自動車騒音に強い街並みの形成を目指すことが必要である。

地区計画等の都市計画においても、幹線道路に面した地域においては、非住居系に誘導するための用途規制等を行うことにより、自動車騒音防止のための配慮が必要である。

沿道整備道路の指定に当たっては、交通量、夜間騒音レベル等を考慮し、優先的に対応すべき区間から行うとともに、順次、指定道路を拡大することにより、沿道法の一層の活用を推進するべきである。

また、沿道整備計画の策定にあたっては、沿道の土地利用状況に応じて、多様で騒音に強い街並みを形成すべく、沿道法関連規定の柔軟な運用を行うべきである。

沿道土地利用を非住居系に誘導すべき地域(オフィス街等)においては、沿道法等に基づく住居系の用途制限の積極的な活用等により、極力将来の住居立地を回避することを検討すべきである。

以上、a)～c)までの施策を3-1-1に述べた基本的な方針の中に盛り込んでいくべきである。

3-2 既設の自動車専用道路における自動車騒音低減対策の方向

本分類の道路は、沿道アクセスが制約されているため、周辺環境に配慮した遮音壁の設置が行いやすいことから、自動車単体対策、道路・交通流対策により騒音問題を解決することを基本としつつ、必要に応じて3-1で述べた施策を講じていくべきである。

3-3 新設道路の計画時等における自動車騒音低減対策の方向

道路の計画段階において、当該道路が市街地部以外を通過する場合には、可能な限り人家連担部を避けることが必要である。また、計画交通量に見合った道路幅員の確保、十分な幅員の歩道、環境施設帯、周辺環境に配慮した遮音壁等の設置を検討することにより、自動車騒音の防止の観点からの十分な事前配慮が必要である。さらに、特に大都市圏での幹線道路の新設にあたっては、交通、騒音、沿道の状況等を勘案しつつ、必要に応じて、半地下化又は地下化を検討することが必要である。

沿道の都市計画の策定時においては、自動車騒音の著しい地域又は著しくなると予想される地域においては、住宅以外の建築物の立地により、自動車騒音による問題の発生を防止するため、沿道の状況を勘案しつつ、可能な限り非住居系用途地域の指定を行う等の措置が必要である。

3-4 各道路に共通の事項

3-4-1 交通流対策
3-4-1a) 交通管理の実施
現に激甚な自動車騒音の被害を受けている地域では、それぞれの地域の状況に応じて、夜間時間帯の速度規制、夜間、週末における都心部への大型貨物車の進入禁止あるいは進入規制等の交通規制の実施について検討するとともに、交通管制システム及び信号機の高度化や情報提供システムの整備等により自動車騒音の軽減を図るべきである。

3-4-1b) バイパス、環状道路の整備等による道路交通ネットワークの形成
都市内道路交通に関しては、一部都市内道路への交通負荷の偏りの解消による自動車騒音の低減の観点から、沿道の環境保全に配慮しつつ、都市内道路ネットワークの整備を推進する必要がある。また、都市内に流入する交通の削減に資するバイパス及び環状道路の整備並びに大型物流施設の郊外への配置を、沿道の環境保全に配慮しつつ行う必要がある。

都市間道路交通に関しては、既存の都市間幹線道路への偏った交通負荷を軽減する観点からも、沿道の環境保全に配慮した高規格幹線道路等の着実な整備を図るべきである。

3-4-1c) 道路利用者の規範意識の確立
著しい速度違反、過積載による違法運行等を防止し、道路利用者の規範意識を確立すべく、関係事業者に対する指導、監督を徹底し、さらに広報啓発活動及び取締りを鋭意行うべきである。

3-4-2 新技術の研究開発の促進
低騒音舗装、裏面吸音板等の新技術の普及に向けた研究・開発を鋭意推進するべきである。

特に、低騒音舗装については、舗装路面の経年変化に関する研究を行い、供用時の低騒音レベルを持続するような舗装技術の研究開発を行う必要がある。

また、防音性能が高く、騒音の影響を受けにくい住宅についての研究・開発が必要である。

3-4-3 自動車騒音低減対策を反映する騒音の評価方法等の必要性
全国の自動車騒音の状況を的確に評価するためのデータの収集法法等の調査体系について検討を行うことが適当である。

また、緩衝建築物の建築等騒音に強い街並みの整備による沿道の騒音低減効果を反映する騒音データの収集方法等の調査体系について検討を行うことが適当である。

さらに、幹線道路沿道におけるマンション等の中高層建築の上層部における騒音の把握手法に関する検討を行うことが適当である。

3-4-4 防音性能の優れた住居の誘導
自動車騒音が著しいか、あるいは著しくなると予想される道路沿道に立地する住宅は、地域の特性に応じて、防音性能が高く騒音の影響を受けにくい建築物とすることが必要である。

また、そのための知識・技術に関する普及啓発、幹線道路沿道の騒音状況についての情報提供の仕組みについて検討することが必要である。

さらに、一定の場合については、防音性能に配慮した住宅の構造・仕様に関する規定及び財政的な誘導措置について検討すべきである。

むすび

　今後の自動車騒音低減対策のあり方に関する見解は、以上のとおりである。
　先に述べたとおり、真に豊かな国民生活を実現するため、21世紀を展望して、総合的な自動車騒音低減対策を着実に推進していかなければならないが、これらの対策は、多くの主体に関連するとともに、その実施に長期間を要するものであるところから政府の策定する関連諸計画においてその方向性を明確に位置づけ、一貫した視点のもとにその達成に努めるべきである。

§16 今後の自動車騒音低減対策のあり方について（総合的施策）（報告）

（平成7年3月22日　中央環境審議会交通公害部会道路交通騒音対策専門委員会）

1. 検討の経緯

　道路交通騒音の低減対策については、従来より、自動車単体対策、道路構造対策等の推進が図られてきたが、自動車交通量の増加等により、幹線道路の沿道地域を中心に道路交通騒音は依然として厳しい状況にある。

　このような状況の中、道路交通騒音の低減に係る有効な諸施策をさらに推進して行く観点から、平成3年6月環境庁長官から中央公害対策審議会に対し、「今後の自動車騒音低減対策のあり方について」と題する諮問がなされ、先ず自動車単体対策について騒音振動部会で審議が開始された。一方、それ以外の対策（道路構造対策、交通流対策、沿道対策）については、騒音振動部会の中間答申が出された平成4年11月に中央公害対策審議会交通公害部会において審議が開始された。その後環境基本法の制定にともない、平成5年11月には中央公害対策審議会にかわって中央環境審議会が設置され、それまでの検討が継承された。平成6年4月中央環境審議会交通公害部会の下に道路交通騒音対策専門委員会（以下「本委員会」という。）が設置されて、施策の一層の推進に向けて専門的な観点からの審議が行われてきた。

　本報告は、自動車単体対策以外の施策の総合的な推進方策について、各種の施策の進展による改善の見込みや進捗状況を示した上で、道路交通騒音の低減に関する国の施策の方向を明確にすべく本委員会において検討した結果をとりまとめたものである。

2. 58年答申の要点

　昭和40年代から始まる急激なモータリゼーションの進展と、それに伴う交通公害が深刻化する中で、昭和55年6月、環境庁長官は中央公害対策審議会に対し、今後の交通公害対策の中長期的な施策のあり方について諮問した。この諮問を受けた中央公害対策審議会では、物流を含む交通体系の見直しと、交通施設周辺の土地利用の適正化を含む都市構造の転換という2つの観点から、交通公害部会の下に物流専門委員会及び土地利用専門委員会を設置して検討を重ね、昭和58年4月、「今後の交通公害対策のあり方について」とする答申（以下「58年答申」という。）を提出した。

　58年答申では、交通公害が我が国の社会経済活動や国土利用のあり方と密接にかかわっているという基本的認識の下に、その根源まで遡った、多面的、総合的な対策を着実かつ計画的に推進することを、今後の交通公害対策の基本的な考え方としている。

　その上で、今後講ずべき交通公害対策の方向として、次の2つの事項を指摘している。

（1）物流・大型車対策の重視

　大型トラックが自動車公害の大きな原因となっているとの認識から、「住宅地等と隔離された低公害走行ルートを整備して大型トラック輸送をこれに集約するとともに、公害対策費用の原因者負担を適切に行うことにより、望ましい物流体系を実現することが重要である。」とし、対策費用の負担の問題も含め、大型車対策を重視したこと。

（2）沿道における住居の立地抑制

従来の交通施設整備事業においては、その配置や構造について公害防止の配慮が充分でなく、また、
　土地利用政策において、交通公害防止の観点から適切な土地利用を計画的かつ強力に実現するための立法的・行政的措置が充分ではなかったことから、大規模な交通施設の周辺において交通公害の影響を受けやすい市街地の形成を抑止することができなかったとの認識に基づき、「交通施設について公害を防止・軽減できるよう構造面の質的向上を図るとともに、交通施設周辺の土地利用の適正化を図るため、幹線道路の沿道の整備に関する法律（以下、「沿道法」という）等の現行制度に基づく施策を強力に推進するほか、必要に応じて土地利用規制の導入等を検討し、交通施設と周辺土地利用との整合性を確保することが重要である。」としたこと。
　特に沿道土地利用対策については、昭和55年に施行された沿道法の積極的活用を提唱するとともに、必要に応じ、緩衝建築物の建築を含め、幹線道路沿道の非住居化、道路交通騒音問題の未然防止のための土地利用規制等による住居の立地抑制を行って行くことを基本的方針として打ち出したこと。

3．58年答申以降の施策の推進状況等
　58年答申が出されてほぼ10年が経過した現在、我が国の社会経済活動に占める自動車交通のウエイトはますます大きくなりつつあるが、同答申以降の道路交通騒音対策の進捗を、自動車単体対策、交通流（特に物流、大型車交通）対策、道路構造対策及び土地利用対策の各視点から整理すると次のようになる。
（1）自動車単体対策
　自動車単体の騒音については、昭和51年6月の中央公害対策審議会の答申に示された目標値に沿って数次にわたる規制強化が実施され、加速走行騒音については、昭和46年規制に比べ6～11デシベルの低減が図られた。また、平成4年11月30日の中央公害対策審議会中間答申においてさらに1～3デシベルの低減を図ることが適当であるとされている。さらに、平成7年2月28日の中央環境審議会答申「今後の自動車騒音低減対策のあり方について（自動車単体対策関係）」においては、定常走行騒音について、昭和46年規制に比べ1デシベルから6デシベルの低減を図るとともに、不正改造等による騒音の抑止のため、車種区分に応じて昭和61年から平成元年までの間に逐次導入された近接排気騒音について、現行の規制に比べ3デシベルから11デシベルの低減を図ることが適当であるとされている。
　窒素酸化物削減対策の一環として普及促進が図られている電気自動車は、現行の騒音規制車に比べても、さらに5～8デシベルの低減が見込めるため、将来においては騒音対策としての効果も有すると考えられる。
（2）交通流対策
　バイパス、環状道路等の整備が進められるとともに、全国で14 000 kmのネットワークを完成することを目標とする高規格幹線道路網の供用延長は、昭和58年度末の約3 400 km（高速自動車国道のみ）から、平成5年度末には約6 100 km（うち高速自動車国道約5 600 km）へ大幅に延伸した。
　これに伴い、貨物車走行（台kmベース）に占める高速自動車国道及び都市高速道路の割合は全国で12％（昭和58年）から14％（平成2年）へ、東京圏で17％（昭和58年）から21％（平成2年）へと増加し、58年答申において「低公害走行ルー

ト」として意図された高速道路等への貨物車（物流）の集約化傾向がみられた。しかしながら、大都市圏では環状道路等の整備が未完成であるため、依然として大型車が都市内一般道路に流入している状況にある。

昭和58年当時からの物流の大きな変化としては、自動車のシェアのさらなる拡大と宅配便等の小口貨物の急増があげられる。すなわち、旅客輸送及び貨物輸送における自動車分担率の変化を見ると、ここ数年では横ばいの傾向が見られるものの、旅客輸送（人kmベース）は56.5％（昭和58年）から59.6％（平成4年）に、貨物輸送（tkmベース）では45.8％（昭和58年）から50.6％（平成4年）へとそれぞれ増加しており、代表的な小口貨物である宅配便はその取扱い量が2億7800万個（昭和58年）から11億8300万個（平成4年）へと4.3倍の増加を見た。また、貨物の小口化とともに貨物車の積載効率の低下が見られる。

また、幹線道路における大型車類混入率は昼間12時間で22.5％（昭和58年）から24.8％（平成2年）へ、夜間12時間では36.5％（昭和58年）から37.3％（平成2年）へと増加している。

こうした中で、物流効率化対策としては、「流通業務市街地の整備に関する法律」に基づく物流施設の整備、「中小企業流通業務効率化促進法」に基づく共同輸配送への支援などが行われており、貨物交通量の低減に一定の役割を果たすことが期待されるほか、平成5年11月には、物流の効率化等の観点から、車両総重量等車両諸元の制限の緩和（25t規制）が行われた。

(3) 道路構造対策

昭和59年8月の閣議決定（「環境影響評価の実施について」）に基づき、一定規模以上の道路事業について環境影響評価のための、実施要項及び技術指針が定められ、昭和61年3月から新しい道路環境影響評価制度が実施されている。また、ほとんどの都道府県、政令指定都市で、環境影響評価条例、要綱等が定められており、一定規模以上の道路事業については、環境影響評価を行うことが制度化されている。このような制度により道路構造対策の必要性について事前に評価されることとなった。

また、既存道路については、沿道からのアクセスが制約される自動車専用道路を中心に遮音壁の設置等が着実に進められているが、一般道路では沿道からのアクセスを確保する必要から、騒音等の影響を遮断あるいは隔離する道路構造対策が難しく、対策可能な箇所が限られている。

(4) 土地利用対策

　　沿道法の進捗状況

幹線道路沿道の道路交通騒音による障害を防止し、適正かつ合理的な土地利用を図るための新しい法制度として、沿道法が昭和55年に制定され、昭和57年の一般国道43号及び阪神高速道路3号線の沿道整備道路指定を皮切りに、都道環状7号線（昭和58年～平成2年）、同8号線（昭和58年～平成6年）、一般国道4号（昭和59年）及び一般国道23号（昭和59年）で平成6年9月までに合計111.6kmが沿道整備道路に指定されている。

しかしながら、現在の道路交通騒音の実態を踏まえると、沿道整備道路の指定延長は、充分と言えるものではない。

　　幹線道路沿道の立地状況

土地利用規制の面では、平成4年の都市計画法の改正に伴う建設省通達において、

「幹線道路の沿道にふさわしい業務の利便の増進を図る地域について住居系用途の指定を極力避けること、この場合特に自動車交通が多い幹線道路に面する地域で、道路交通騒音が著しい地域、又は著しくなると予想される地域については、近隣商業、商業、準工業地域を定めること」とされており、道路交通騒音が著しい地域では非住居系用途地域の指定が推奨されている。

しかしながら、大都市地域においては、高い地価に見合った土地の高度利用を行うため、建物を高層化することが多い。この場合、それらの中高層建築の全階層を満たす程の業務、商業系の需要は見込めない一方、大都市地域における住宅需要が極めて大きいことから、低層部については業務、商業系の利用を図りつつ、中高層部を住宅として利用するケースが多くなっている。

さらに、幹線道路沿道では一般的に容積率が大きく設定され、結果として利用可能な容積が相対的に大きくなることから、道路交通騒音問題の生じやすい幹線道路沿道に住居系の利用を伴った中高層建築物が立地する結果となっている。

また、政策的にも、大都市地域の住宅需要に対処する施策として、かつ1980年代半ばからの地価の高騰に対処する施策として、住宅・宅地の供給促進策がとられているほか、幹線道路沿道においては、都市防災不燃化促進事業による耐火建築物への建替え促進と併せて土地の高度利用による住宅供給の促進を図る施策がとられている。また、都市部における定住人口の減少に歯止めをかける視点から都心居住促進策もとられており、これらの諸施策の結果として、都市内幹線道路沿道での住居系の土地利用が助長される状況が生じている。

4. 道路交通騒音の現状

平成5年(1月~12月)に、全国の自治体が「当該地域の騒音を代表すると思われる地点」又は「騒音に係る問題を生じやすい地点」において行った道路交通騒音の測定結果によると、全国4,605測定地点のうち、環境基準を達成できなかった地点(朝、昼間、夕及び夜間の4時間帯すべて又はそのいずれかで非達成)は全国で3988地点に及んでおり、また、上記の測定地点のうち平成元年から平成5年まで継続して測定している1600地点の測定結果を見ると、環境基準非達成地点数及び要請限度超過地点数が引き続き高い水準で推移している。

また、全国の平成2年度道路交通センサス観測区間について、交通量、道路構造及び沿道の用途地域を考慮して推定した夜間環境基準及び夜間要請限度超過状況を見ると、図1及び図2に見られるように夜間環境基準超過地点は都市間を結ぶ主要な幹線道路及び大都市圏内で面的に高密度で分布していることがわかる。さらに、夜間要請限度超過地点の分布は、密度は粗くなるものの、3大都市圏で依然として高密度に分布している状況が見られる。

○平成 2 年度道路交通センサスの交通量を用いて推定した、公私境界高さ 1.2 m の夜間平均騒音が、環境基準を超える地点。
○高速道路を除く一般道路について、平面構造として推定。遮音壁等は考慮していない。
○地域の類型は都市計画用途地域に応じ、また用途地域未指定、都市計画区域外は B 類型として設定。

図1　夜間環境基準超過地点推計図

○平成 2 年度道路交通センサスの交通量を用いて推定した、公私境界高さ 1.2 m の夜間平均騒音が、要請限度を超える地点。
○高速道路を除く一般道路について、平面構造として推定。遮音壁等は考慮していない。
○区域の区分は都市計画用途地域に応じ、また用途地域未指定、都市計画区域外は 3、4 種区域として設定。

図2　夜間要請限度超過地点推計図

5．道路交通騒音に関する問題点
(1) 道路交通騒音の原因
① 道路及び交通の現状に関する問題点
a）交通体系及び道路ネットワークに関する問題点
ア）交通体系全体の問題点
　　各地域において道路交通騒音の発生源である自動車の交通量が増大しており、旅客輸送、貨物輸送ともに自動車の輸送分担比率が増加傾向にある。
　　貨物輸送については、国内貨物総輸送量（tkm ベース）が増大傾向を示しているうえ、自動車の分担率が着実に増大する状況にあるなど、自動車による物流の増加が道路交通騒音問題のひとつの要因となっている。
　　旅客輸送については、大都市圏では鉄道等の公共交通機関の分担比率が大きいものの、相当の旅客自動車交通量があり、地方圏では自動車の分担比率が大きくなっている。
イ）道路ネットワークの問題点
　　大都市圏、地方圏のいずれにおいても、環状道路等の整備が未完成であるため、通過交通が都市内の道路に流入している。
b）交通量と道路構造との不釣り合い
　　幹線道路の中には、交通量に見合う車線数を持たないこと等の交通量と道路構造との不釣り合いにより、道路交通騒音問題が生じている道路があり、また緩衝空間としても有効な歩道等の幅員が小さいこと等により、十分な道路交通騒音対策をとることが困難な道路が存在する。
c）一部の道路利用者の規範意識の欠如
　　著しい速度違反、過積載運転、消音器の不備、空ぶかし運転等一部道路利用者におけるマナーの欠如が道路交通騒音を悪化させている。
② 幹線道路沿道におけるマンション等の住居立地
　　幹線道路の沿道には 3．(4) で述べた背景からマンション等の住居が立地してきており、その傾向は今後とも続くと考えられる。それらの住宅は、必ずしも騒音レベルが低い沿道に立地するとは限らないことから、道路交通騒音による問題が生じるおそれがある。
　　また、騒音の著しい沿道に防音性能の低い住居が立地し、その後道路交通騒音問題が生じている場合も見られる。
(2) 道路交通騒音対策の問題点
① 自動車専用道路以外の既設の幹線道路における道路構造対策の困難性
　　自動車専用道路以外の幹線道路（以下「一般幹線道路」という）のうち既設のものは、沿道へのサービスを行わなければならず、また、多くは都市化した地域にあり、新規の用地確保が困難な場合が多い。このため、遮音壁等交通流と沿道を遮断する道路構造対策及び環境施設帯等の新たな用地確保が必要な道路構造対策が不可能であったり、実現に長期間を要する場合が多い。このような場合、騒音レベルを大きく低下させることが実態的に困難であり、結果として、規制の都市内一般幹線道路の中には環境基準の達成状況の悪い路線が多数存在する。
② 沿道対策の困難性

沿道対策のうち、沿道法に基づく沿道整備道路の指定延長及び沿道整備計画の策定延長は現在の道路交通騒音の実態を踏まえると十分ではない。その原因としては、沿道整備計画において建築物に制限が定められることに対する反対や、建築物の制限を満足することが困難な場合があること等が考えられる。

③ 道路交通騒音の評価方法の問題点

現在の騒音データの収集方法は、当該地域の騒音を代表すると思われる地点又は騒音に係る問題を生じやすい地点のデータを混合して集計しているため、全国の道路交通騒音の状況の全体的な評価にはなじみにくいことが挙げられる。

また、緩衝建築物の建築等騒音に強い街並みの整備による沿道地域の騒音低減効果を反映する騒音データの収集方法等の調査体系が構築されていないこと及び幹線道路沿道におけるマンション等の中高層建築の中高層部における騒音の状況の把握が行われていないことがあげられる。

6. 今後の道路交通騒音対策の基本的考え方

以上のような状況認識のもと、今後の道路交通騒音対策については、以下に述べる考え方に則って施策が進められることが適切である。

（1）道路交通騒音対策の基本理念

自動車単体対策、道路構造対策、交通流対策（以下本報告では道路構造対策及び交通流対策の2対策を「道路・交通流対策」という）及び沿道対策を適切に組み合わせて、道路交通騒音問題を解決すべきである。第一義的には、道路交通騒音対策は、自動車単体対策及び道路・交通流対策により行われるべきであるが、自動車単体対策、道路・交通流対策相互及び沿道対策の分担の関係は固定的ではなく、交通流の状況、騒音の状況、道路種別及び沿道の土地利用の状況により柔軟に考慮すべきものと考えられる。例えば、都市における一般幹線道路の中には、沿道アクセスの必要性から遮音壁を連続させることが困難な路線、又は沿道土地利用の稠密性から新たな土地の確保を必要とする環境施設帯の設置等が困難な路線が多く存在する。このような場合、道路、交通流対策を行うことは当然であるが、それだけではなく沿道対策も鋭意行って着実に道路交通騒音による問題の発生を防止していくことが必要である。

（2）自動車単体対策

自動車単体の騒音については、平成4年11月30日の中央公害対策審議会中間答申「今後の自動車騒音低減対策のあり方について」及び平成7年2月28日の中央環境審議会答申「今後の自動車騒音低減対策のあり方について（自動車単体対策関係）」の両答申に示された低減目標の早期達成に向け鋭意努力を行うべきである。

（3）幹線道路沿道における住居立地

マンション等の住居は、沿道立地型のサービス施設、商業施設やオフィス等に比較して、より静穏な環境が必要な施設であると考えられる。従って、特に激甚な騒音が生じているか、あるいは生じることが予想される幹線道路の沿道においては、土地利用を非住居系に誘導することが望ましい。またその他の幹線道路の沿道においても、道路交通騒音による問題の発生の防止の観点から住居の立地は望ましくないが、3.（4）で述べた住宅供給の必要性等から住居の立地が避けられない実態もある。従って、幹線道路沿道への住居立地に当たっては、地域の特性に応じて、その構造を防音性能が高く、騒音の影響を受けにくいものとすることが必要である。

また、道路に面する建物を緩衝建築物として沿道区域と一体として計画することにより、静穏な住区を形成すること等によって、道路交通騒音による問題が発生しない良質な沿道環境を形成することが必要である。

(4) 沿道地域の実態に即した施策

地価、沿道立地の需要の種類（商業、住居等）等の沿道の地域特性は、ひとつの路線の中でも、また、ひとつの都市の中でも多様であると考えられ、そのような沿道地域の実態に即した効果的な沿道対策を講じることが必要である。

(5) 都市構造等の変革

環境保全の観点から望ましい交通体系を形成するためには、大都市への機能集中の抑制を図りつつ、公共交通機関の整備、新たな物流システムの導入、中距離の物流拠点間の幹線輸送を中心とした、鉄道及び海運の積極的活用を通じた適切な輸送機関の選択の推進等、自動車交通の需要を調整する交通需要マネジメント施策、広域物流ネットワークや広域物流拠点の形成や環状道路等の整備等都市内への大型貨物車の流入を避けるための施策を、都市構造、物流構造等を変革する観点から実施していくことが必要である。

このような都市構造や物流構造に係る施策は、道路交通騒音の激甚な沿道地域への緊急の対処方法としてより、中長期的取組として期待されるものであるが、このような変革を促進する手段のひとつとして、諸外国において実施または計画されている経済的な負担措置等をわが国に適用した場合の道路交通騒音防止上の効果について早急に検討を開始することが必要である。

7. 今後講ずべき道路交通騒音対策

(1) 既設の一般幹線道路における道路交通騒音対策の方向

① 地域レベルでの各行政主体及び住民の連携並びに基本的な方針づくりの必要性

既設の一般幹線道路の沿道の中には、5．(1) で述べたように、今後とも住居の立地が続くと考えられる地域もあり、そのような地域においては、将来道路交通騒音問題が生じる可能性は高くなると考えられる。このような既設の一般幹線道路の中には、先述したとおり、沿道へのアクセスの必要性や沿道の都市化の状況から、遮音施設を設置することが出来ず、自動車単体対策及び道路・交通流対策だけでは道路交通騒音を大幅に下げることが困難な道路が存在する。

また、道路構造対策のために道路用地を確保する際にも、土地区画整理等の都市計画手法の適用が必要な場合もある。これらのことは、自動車単体対策、道路・交通流対策及び沿道対策が一体となった対策の必要性を示している。

さらに、既設の一般幹線道路においては、同じ路線でも地域により、自動車交通、騒音及び沿道の状況がさまざまであることから、地域の実情を十分に踏まえた対策が必要となる。

このようなことから、沿道対策が必要な既設の一般幹線道路においては、市町村等地域レベルで、環境、都市、道路、警察、建築、交通等各行政主体及び住民の間の連携を強化することが重要である。また、道路・交通流対策と沿道対策が一体となり、かつ、道路直近の地域と背後地とが一体となった、地域を中心とする道路交通騒音対策に関する基本的な方針を策定することも必要である。

② 施策の考え方

第11次道路整備五箇年計画説明資料においては、21世紀初頭に幹線道路における夜間環境基準を概ね達成することが見込まれている。

しかし、既設の一般幹線道路のなかには、夜間に要請限度を超過する等騒音のレベルが高く、沿道に住居が集合している等対策が比較的困難であり、かつ緊急を要する区間が存在していることから、各種対策は、そのような区間から優先的に実施して行くことを基本とするべきである。

また、そのような区間であって、遮音壁や環境施設帯の設置のための用地確保の見通しが立たない等の理由により、環境基準の達成になお長期間を要する区間については、21世紀初頭までに、道路に面して立地する住宅等における騒音を夜間に概ね要請限度以下に、またその背後の沿道地域における騒音を夜間に概ね環境基準以下に抑えることを当面の目標として、その達成のために必要な諸施策を特定し、その計画的実施を図るべきである。

その際の基本的考え方は以下のとおりである。

a) 可能な限りの道路構造対策

交通量に見合う車線数及び道路幅員となるような道路の拡幅、環境施設帯及び道路交通騒音の緩衝空間としても有効な広幅員歩道の設置並びに交通流、騒音及び沿道の状況を勘案した遮音壁及び副道等の設置等の対策を計画的に鋭意推進していくべきである。

また、遮音壁や環境施設帯の設置が困難な場合においても、緑化を組み合わせた低遮音壁の設置、低騒音舗装、立体交差部における遮音壁の設置等の道路構造対策を実施することが必要である。

b) 防音性能に優れた住宅の誘導

特に道路交通騒音が著しく、かつ、抜本的な道路構造対策が困難な沿道に立地する住宅は、地域の特性に応じて、防音性能が高く騒音の影響を受けにくい建築物であることが必要である。また、そのような住宅の防音性能の向上を促進するべく、一般幹線道路の沿道における防音性能に配慮した住宅の構造・仕様に関する規定及び財政的な誘導措置を検討するべきである。

c) 道路交通騒音に強い沿道空間の形成の促進

多様な沿道条件に対応するため、沿道整備計画の策定、土地区画整理事業及び再開発事業等の多様な整備手法の活用により、道路交通騒音に強い街並みの形成を目指すことが必要である。

地区計画等の都市計画においても、幹線道路に面した地域においては、非住居系に誘導するための用途規制等を行うことにより、道路交通騒音防止のための配慮が必要である。

沿道整備道路の指定に当たっては、交通量、夜間騒音レベル等を考慮し、優先的に対応すべき区間から行うとともに、順次、指定道路を拡大することにより、沿道法の一層の活用を推進するべきである。

また、沿道整備計画の策定にあたっては、沿道の土地利用状況に応じて、多様で騒音に強い街並みを形成すべく、沿道法関連規定の柔軟な運用を行うべきである。

沿道土地利用を非住居系に誘導すべき地域（オフィス街等）においては、沿道法等に基づく住居系の用途制限の積極的な活用等により、極力将来の住居立地を回避することを検討するべきである。

以上、a)～c)までの施策を に述べた基本的な方針の中に盛り込んでいくべきである。

(2) 既設の自動車専用道路における道路交通騒音対策の方向

本分類の道路は、沿道アクセスが制約されているため、遮音壁の設置が行いやすいことから、自動車単体対策、道路・交通流対策により騒音問題を解決することを基本としつつ、必要に応じて(1)で述べた施策を講じていくべきである。

(3) 新設道路の計画時等における道路交通騒音対策の方向

道路の計画段階において、当該道路が市街地部以外を通過する場合には、可能な限り人家連担部を避けることが必要である。また、計画交通量に見合った道路幅員の確保、十分な幅員の歩道、環境施設帯、遮音壁等の設置を検討することにより、道路交通騒音の防止の観点からの十分な事前配慮が必要である。さらに、特に大都市圏での幹線道路の新設にあたっては、交通、騒音、沿道の状況等を勘案しつつ、必要に応じて、半地下化又は地下化を検討することが必要である。

沿道の都市計画の策定時においては、道路交通騒音の著しい地域又は著しくなると予想される地域においては、住宅以外の建築物の立地により、道路交通騒音による問題の発生を防止するため、沿道の状況を勘案しつつ、可能な限り非住居系用途地域の指定を行う等の措置が必要である。

(4) 各道路に共通の事項

① 交通流対策

a) 交通管理の実施

現に激甚な道路交通騒音の被害を受けている地域では、それぞれの地域の状況に応じて、夜間時間帯の速度規制、夜間、週末における都市部への大型貨物車の進入禁止あるいは進入規制等の交通規制の実施について検討するとともに、交通管制システム及び信号機の高度化や情報提供システムの整備等により道路交通騒音の軽減を図るべきである。

b) バイパス、環状道路の整備等による道路交通ネットワークの形成

都市内道路交通に関しては、一部都市内道路への交通負荷の偏りの解消による道路交通騒音の低減の観点から、沿道の環境保全に配慮しつつ、都市内道路ネットワークの整備を推進する必要がある。また、都市内に流入する交通の削減に資するバイパス及び環状道路の整備並びに大型物流施設の郊外への配置を、沿道の環境保全に配慮しつつ行う必要がある。

都市間道路交通に関しては、既存の都市間幹線道路への偏った交通負荷を軽減する観点からも、沿道の環境保全に配慮した高規格幹線道路等の着実な整備を図るべきである。

c) 道路利用者の規範意識の確立

著しい速度違反、過積載による違法運行等を防止し、道路利用者の規範意識を確立すべく、関係事業者に対する指導、監督を徹底し、さらに広報啓発活動及び取締りを鋭意行うべきである。

② 新技術の研究開発の促進

低騒音舗装、裏面吸音板等の新技術の普及に向けた研究・開発を鋭意推進すべきである。

特に、低騒音舗装については、舗装路面の経年変化に関する研究を行い、供用時の低騒音レベルを持続するような舗装技術の研究開発を行う必要がある。
　また、防音性能が高く、騒音の影響を受けにくい住宅についての研究・開発が必要である。
③　道路交通騒音対策を反映する騒音の評価方法等の必要性
　全国の道路交通騒音の状況を的確に評価するためのデータの収集方法等の調査体系について検討を行うことが適当である。
　また、緩衝建築物の建築等騒音に強い街並みの整備による沿道の騒音低減効果を反映する騒音データの収集方法等の調査体系について検討を行うことが適当である。
　さらに、幹線道路沿道におけるマンション等の中高層建築の中高層部における騒音の把握手法に関する検討を行うことが適当である。
　防音性能に優れた住居の誘導
　道路交通騒音が著しいか、あるいは著しくなると予想される道路沿道に立地する住宅は、地域の特性に応じて、防音性能が高く騒音の影響を受けにくい建築物とすることが必要である。
　また、そのための知識・技術に関する普及啓発、幹線道路沿道の騒音状況についての情報提供の仕組みについて検討することが必要である。
　さらに、一定の場合については、防音性能に配慮した住宅の構造・仕様に関する規定及び財政的な誘導措置について検討すべきである。

§17 今後の自動車騒音低減対策のあり方について（総合的施策）（資料）
（平成7年3月22日　中央環境審議会交通公害部会道路交通騒音対策専門委員会）

1. 58答申以降の進捗状況等（専門委員会報告3. 関係）
【自動車単体対策】
騒音の自動車単体規制が逐次強化されてきている。
① 加速走行騒音
　ア．自動車騒音規制（加速走行騒音）の推移は表1-1のとおりである。

表1-1　自動車騒音規制（加速走行騒音）の推移　　　　（単位：デシベル）

自動車の種別			46年規制	51・52年規制	54年規制	57〜62年規制【現行規制値】	許容限度設定目標値[目標値達成時期]
大型車	車両総重量が3.5トンを超え、原動機の最高出力が150キロワットを超えるもの	全輪駆動車等	92	89	86	83	82《△1》[10年以内]
		トラック					81《△1》[10年以内]
		バス					[6年以内]
中型車	車両総重量が3.5トンを超え、原動機の最高出力が150キロワット以下のもの	全輪駆動車	89	87	86	83	81《△2》[10年以内]
		トラック・バス					80《△3》[10年以内]
小型車	車両総重量が3.5トン以下のもの		85	83	81	78	76《△2》[10年以内]
乗用車	専ら乗用の用に供する乗車定員10人以下のもの	乗車定員6人超	84	82	81	78	76《△2》[10年以内]
		乗車定員6人以下					[6年以内]
二輪自動車	二輪の小型自動車（総排気量250ccを超えるもの）及び二輪の軽自動車（総排気量125ccを超え250cc以下のもの）	小型	86	83	78	75	73《△2》[10年以内]
		軽	84				73《△2》[6年以内]
原動機付自転車	第一種原動機付自転車（総排気量50cc以下のもの）及び第二種原動機付自転車（総排気量50ccを超え125cc以下のもの）	第二種	82	79	75	72	71《△1》[10年以内]
		第一種	80				71《△1》[6年以内]

（注）1. 目標値達成時期は、平成4年答申（4.11.30）からの時期を示す。
　　　2. 《　》内は、現行規制値からの削減量を示す。
　　　3. 62年規制以前については、「150キロワット」を「200馬力」と読み替える。
　　　4. 全輪駆動車等とは、全輪駆動車、トラクタ、クレーン車である。

② 定常走行騒音及び近接排気騒音
　イ．自動車騒音規制（定常走行騒音，近接排気騒音）の推移は表1-2のとおりである。

表 1-2　自動車騒音規制（定常走行騒音，近接排気騒音）の推移

(単位：デシベル)

自動車の種別		定常走行騒音			排気騒音			近接排気騒音
		26年規制	46年規制 【現行規制値】	許容限度設定目標値 ［目標値達成時期］	26年規制	46年規制	61〜元年規制 【現行規制値】	許容限度設定目標値 ［目標値達成時期］
大型車	車両総重量が3.5トンを超え、原動機の最高出力が150キロワットを超えるもの　全輪駆動車、トラック及びトレーン車			8.3《△1.0》［10年以内］			107（元年）	99《《△8》》［10年以内］
	トラック		80 (84.0)			80		
	バス			8.2《△2.0》［10年以内］ ［6年以内］				99《《△8》》［10年以内］ ［6年以内］
中型車	車両総重量が3.5トンを超え、原動機の最高出力が150キロワット以下のもの　全輪駆動車		78 (82.0)	80《《△2.0》》［10年以内］	85	78	105（元年）	98《《△7》》［10年以内］
	トラック・バス			79《△3.0》［10年以内］				98《《△7》》［10年以内］
小型車	車両総重量が3.5トン以下のもの		74 (78.0)	74《△4.0》［10年以内］		74	103（元年）	97《《△6》》［10年以内］
乗用車	専ら乗用の用に供する乗車定員10人以下のもの	85	70 (74.0)	72《△2.0》［10年以内］ ［6年以内］		70	103（63年）	98《《△7》》〈〈100〉〉《《△3》》［10年以内］ ［6年以内］
二輪自動車	二輪の小型自動車（総排気量250ccを超えるもの）及び二輪の軽自動車（総排気量125ccを超え250cc以下のもの）　小型		74 (78.1)	72《△6.1》［10年以内］		74	99（61年）	94《《△5》》［10年以内］
	軽		(75.1)	71《△4.1》［6年以内］				94《《△5》》［6年以内］
原動機付自転車	第一種原動機付自転車（総排気量50cc以下のもの）及び第二種原動機付自転車（総排気量50ccを超え125cc以下のもの）　第二種		70 (71.1)	68《△3.1》［10年以内］		70	95（61年）	90《《△5》》［10年以内］
	第一種		(69.6)	65《△4.6》［6年以内］				84《《△11》》［6年以内］
使用過程車	全車	85	85	85	85	85	新車と同一	新車と同一

(注)
1. 目標値達成時期は、平成4年答申（4.11.30）からの時期を示す。
2. 定常走行騒音の46年規制の欄は、（）内の数値は、測定速度及び測定位置の変更による現行規制値への換算値を示す。
3. 《》内は、定常走行騒音にあっては現行規制値からの換算値、近接排気騒音にあっては現行規制値からの削減量を示す。
4. （）内は、リヤエンジン車を示す。
5. 元年規制以前については、［150キロワット］を［200馬力］と読み替える。
6. 近接排気騒音規制は、排気騒音規制に替えて導入された。

【交通流対策】
高速自動車国道が大幅な延伸を見た。

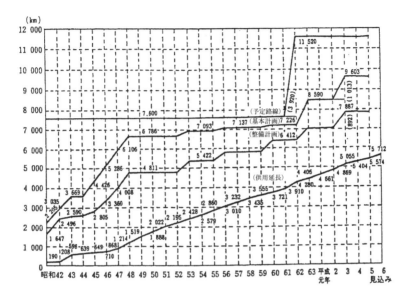

図1 高速自動車国道の建設、供用の推移（出典:「道路行政平成6年度版」全国道路利用者会議）

高速自動車国道等への貨物車の集約傾向が見られた。

表2 貨物車類走行台キロに占める自動車高速国道等の割合

(千台キロ/日)

地域	道路種別	S55	S58	S60	S63	H2
全国	全道路計	397 252	444 925	488 827	574 961	600 360
	高速道路計	42 640	52 618	53 967	72 830	83 300
	構成比（％）	10.7	11.8	11.0	12.7	13.9
東京圏	全道路計	66 742	73 312	85 560	95 419	99 019
	高速道路計	10 588	12 162	14 401	18 617	20 597
	構成比（％）	15.9	16.6	16.8	19.5	20.8

※貨物車類とは小型貨物車及び大型貨物車である。
※高速自動車国道等とは高速自動車国道及び都市高速道路をさす。
（資料:「平成2年道路交通センサス」建設省）

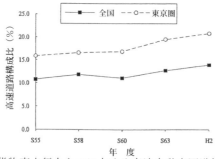

図2 貨物車走行台キロに占める高速自動車国道等の割合
※貨物車類とは小型貨物車及び大型貨物車である。
※高速自動車国道等とは高速自動車国道及び都市高速道路をさす。
（資料：「平成2年道路交通センサス」建設省）

【人流・物流の現状と推移】
　旅客輸送に於いても貨物輸送に於いても自動車のシェアの更なる拡大が見られた。

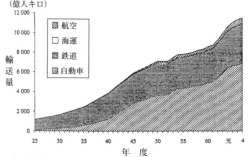

図3 旅客輸送の推移（資料：「運輸経済統計要覧平成5年版」（財）運輸経済研究センター）

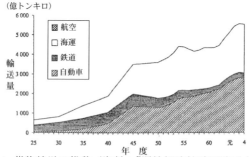

図4 貨物輸送の推移（資料：「運輸経済統計要覧平成5年版」（財）運輸経済研究センター）

17 今後の自動車騒音低減対策のあり方（総合的施策）（資料）

宅配便等小口貨物の急増と貨物車の輸送効率の低下が見られる。

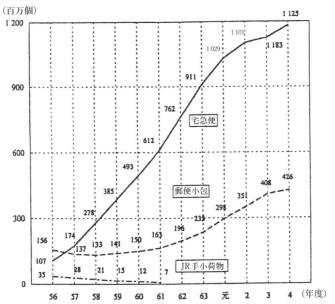

1 郵便小包は「郵政統計年報」、JR手小荷物は「鉄道統計年報」より作成
2 JR手小荷物は昭和61年で廃止

図5 少量物品取扱個数の推移（出典：「数字で見る物流 1993」（財）運輸経済研究センター）

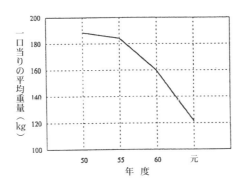

図6 路線トラック貨物取扱量の小口化
　　（出典：「路線トラック調査報告書」）

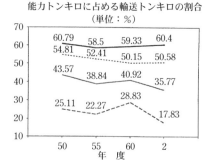

図7 自動車貨物輸送に係る輸送効率の経時変化（資料：「自動車輸送統計年報（陸運統計年報）」）

【道路構造対策】
　有料道路を中心に騒音壁の設置が着実に進められてきている。

表3　遮音壁、環境施設帯、緑化の状況

項　　目	平成4年度末延長
遮　音　壁	約3 100 km（のべ）
環境施設帯	約470 km（のべ）
道 路 緑 化	約33,000 km

（出典：「道路交通経済要覧平成5年版」（財）道路経済研究所）

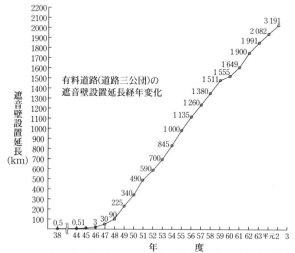

図8　有料道路における遮音壁設置延長の推移（出典：「道路交通経済要覧平成4年版」（財）道路経済研究所）

17 今後の自動車騒音低減対策のあり方(総合的施策)(資料)

【土地利用対策】

沿道法の指定延長は111.6km、沿道整備計画の策定延長は65.0kmにとどまっている。

表4 沿道整備道路の指定及び沿道整備計画の決定状況

(平成6年9月1日現在)

No.	道路名	沿道整備道路の指定状況		延長(km)	公告年月	沿道整備計画の決定状況 地区	延長(km)	公告年月
1	一般国道43号	尼崎市東本町~神戸市灘区味泥町		20.2	S57.8			
	高速神戸西宮線	神戸市灘区大石南町~西宮市今津水波町		12.6				
	高速大阪西宮線	尼崎市東本町~西宮市今津水波町		7.3				
2	環状7号線	大田区大森本町~江戸川区臨海町地先内		55.5		大田区環7	6.4	S63.1
						目黒区環7	2.7	S63.1
						世田谷区環7 野沢地区南部	1.0	S62.11
						世田谷区環7 野沢地区北部	0.7	S61.8
						世田谷区環7 三軒茶屋・上馬地区	0.9	S62.3
						世田谷区環7 代田南部・若林地区	1.7	S62.11
						世田谷区環7 代田北部地区	0.5	S62.11
		大田区大森本町~練馬区小竹町		23.2	S58.11	世田谷区環7 大原・羽根木地区	1.1	S62.3
		足立区新田				杉並区環7	4.2	S62.1
		~同区中川		10.9	S59.8	中野区環7	1.9	S60.6
		練馬区小竹町				練馬区環状7号線桜台・栄町・豊玉地区	2.1	S63.1
		~足立区新田		6.5	S62.12	練馬区羽沢・小竹地区	0.8	S62.1
		足立区中川				板橋区環状7号線	4.2	H1.10
		~葛飾区東新小岩		5.0	S62.12	北区環状7号線	2.4	H1.4
		葛飾区東新小岩				足立区環状7号線A地区	1.2	S62.4
		~江戸川区臨海町地先		9.9	H2.3	足立区環状7号線B地区	1.7	S63.1
						足立区環状7号線C地区	4.5	H1.3
						足立区環状7号線D地区	2.8	H1.3
						葛飾区環状7号線	4.8	H3.1
						江戸川区環状7号線	9.9	H4.12
						小 計	55.5	
3	羽田上高井戸岩淵線 (環状8号線)	練馬区春日町~同区北町		0.8	S61.3	練馬区北町・早宮地区	0.4	S59.11
		内 練馬区北町		0.4	S58.11	練馬区春日町二丁目地区	0.4	S61.8
		板橋区相生町~同区小豆沢		2.4	H1.9	板橋区環状8号線A地区	0.7	H2.12
		内 板橋区相生町~同区小豆沢		1.7	H5.7	板橋区環状8号線B地区	1.7	H6.4
		杉並区上高井戸~同区井草		6.5	H6.9			
		小 計		8.2		小 計	3.2	
4	一般国道4号	足立区梅田~同区西保木間		5.1	S59.8	国道4号A地区(日光街道)	3.7	S62.1
						国道4号B地区(日光街道)	1.4	H1.3
						小 計	5.1	
5	一般国道23号	四日市市北納屋町~同市西末広町		1.2	S59.9	国道23号四日市地区	1.2	S62.11
計		合 計		91.7 延べ (111.6)		合 計(27地区)	65.0	

(資料:道路ポケットブック 1994 全国道路利用者会議)

都市計画の決定・運用については、用途地域の指定時に、幹線道路沿道における配慮を行う旨通達されている。

表5　平成5年都市計画法改正に伴う建設省通達（抜粋）

用途地域指定時の配慮
（用途地域及び特別用途地区に関する都市計画の決定・運用について
　　　　　　　　　　　建設省都市局長通達（平成5年建設省都計発第92号））
・用途地域等決定運用方針　4幹線道路の沿道等　　［抜粋］

　　幹線道路の沿道については、当該地域の都市構造上の位置、土地利用の現況及び動向、当該道路の有する機能及び整備状況等を勘案して用途地域を定めるものとし、幹線道路の沿道にふさわしい業務の利便の増進を図る地域については、近隣商業地域、商業地域、準工業地域又は準住居地域のうちから適切な用途地域を選定すること。

　　この場合、自動車交通量が多い幹線道路に面する地域で、道路交通騒音が著しい地域又は著しくなると予想される地域については、近隣商業地域、商業地域又は準工業地域を、また、その他の自動車交通量が比較的少ない道路に面する地域のうち、用途の広範な混在等を防止しつつ、住居と併せて商業等の用に供する地域については準住居地域を、それぞれ定めること。

　　これらの幹線道路の沿道にふさわしい業務の利便の増進を図る地域にあっては、地域の実情に応じ、用途地域の区域を路線的に定めること。

17 今後の自動車騒音低減対策のあり方（総合的施策）（資料） 433

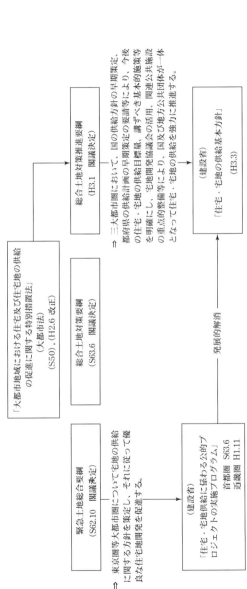

図 9 大都市圏における住居供給施策

2. 道路交通騒音の現状（専門委員会報告4. 関係）

【道路交通騒音の現状】

5年間継続測定地点（1600地点）で見ると、環境基準を達成できなかった地点は全国で、1402地点と、引き続き高い水準で推移しており、道路交通騒音は依然として厳しい状況にある。

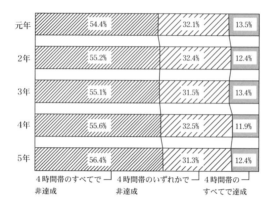

※平成元年から平成5年まで継続して測定している1600地点における測定結果

図10 環境基準達成状況の推移（出典：「道路周辺の交通騒音状況平成6年版」環境庁大気保全局）

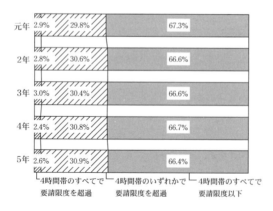

※平成元年から平成5年まで継続して測定している1600地点における測定結果

図11 要請限度超過状況の推移（出典：「道路周辺の交通騒音状況平成6年版」環境庁大気保全局）

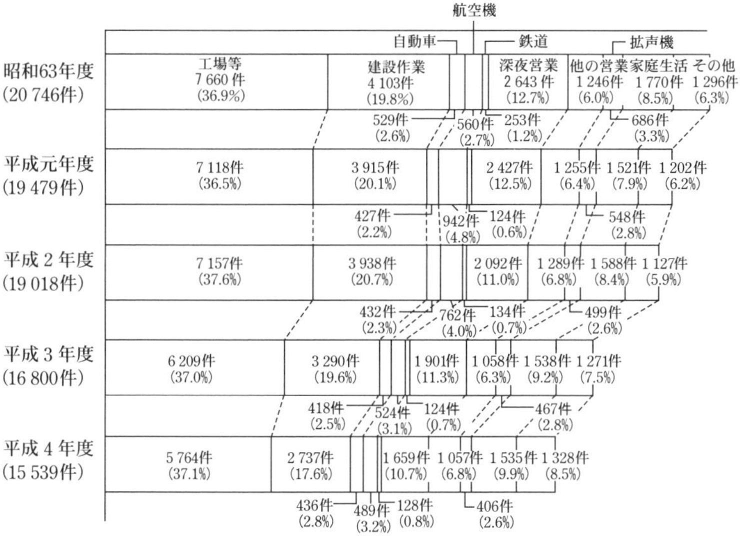

17 今後の自動車騒音低減対策のあり方（総合的施策）（資料）

図12 騒音に係る苦情件数の推移（出典：「環境白書平成6年版」環境庁）

3. 道路交通騒音に関する問題点（専門委員会報告5. 関係）
【輸送の状況】

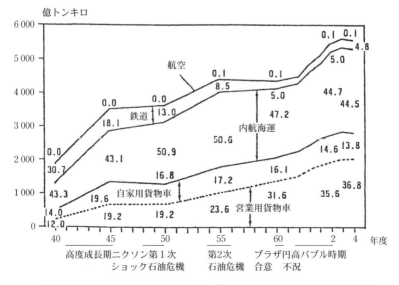

図13 国内貨物輸送の推移（出典：「運輸白書平成5年度版」運輸省）

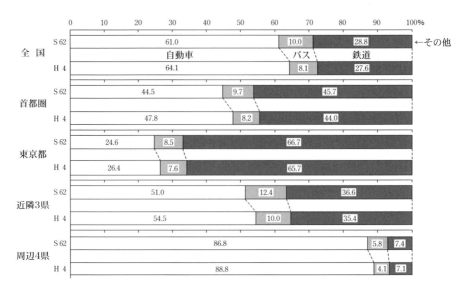

注：「バス」とは乗合バスと貸切バス、「その他」とは旅客船と航空による流動量を示す。
資料：運輸省「旅客地域流動調査」をもとに国土庁大都市圏整備局作成

図14 交通機関別分担の推移（資料：「旅客地域流動調査」運輸省）

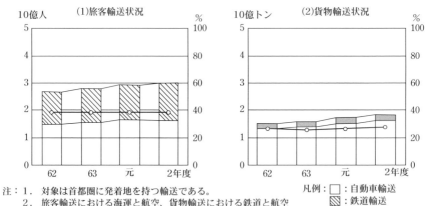

注：1．対象は首都圏に発着地を持つ輸送である。
　　2．旅客輸送における海運と航空、貨物輸送における鉄道と航空の比率は微少のため計上していない。

図15 首都圏関連の輸送状況（出典：「首都圏白書平成5年度版」国土庁）

17 今後の自動車騒音低減対策のあり方（総合的施策）（資料）　437

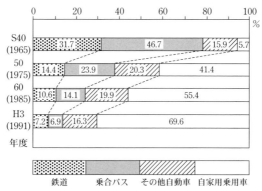

図 16　三大都市圏以外の地域の地域内旅客輸送分担率の推移（出典：運輸経済年次報告（平成5年度）運輸省）

【道路ネットワークの問題点】
　大都市圏では、特に環状方向の道路整備が不十分。

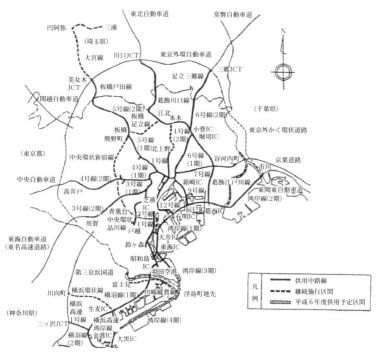

図 17　首都高速道路の整備状況（出典：「道路行政平成6年版」全国道路利用者会議）

表6 バイパス整備都市数

	対象都市	昭和62年度末	平成4年度末
完成都市数		48	81
一部完成都市数	374	108	120
未完成都市数		218	173

(注) 1. 三大都市圏を除く人口10万人未満の都市を対象とする。
2. 完成都市とは都市計画決定済又は事業中のバイパスが全て完成した都市、一部完成都市とは半分以上が完成した都市をいう。

(資料：建設省)

表7 環状道路の整備都市数

	対象都市	昭和62年度末	平成4年度末
完成都市数		1	5
一部完成都市数	115	21	32
未完成都市数		93	78

(注) 1. 三大都市圏を除く人口10万人未満の都市を対象とする。
2. 環状道路とは、DID周辺部に都市を囲むように位置する原則として4車線以上の道路をいう。
3. 完成都市とは都市計画決定済又は事業中の環状道路が全て完成した都市、一部完成都市とは半分以上が完成した都市をいう。

(資料：建設省)

4. 今後の道路交通騒音対策の考え方（専門委員会報告6. 関係）
【交通需要マネジメント（TDM）】

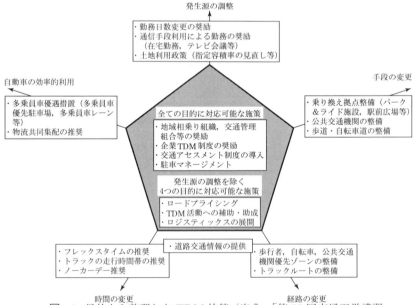

図18 目的から整理したTDM施策（出典：「第53回交通工学講習会テキスト」(社)交通工学研究会）

5. 今後講ずべき道路交通騒音対策（専門委員会報告 7. 関係）

【将来交通量を用いた対策効果の試算】

- 環境施設帯、遮音壁の設置等が困難と仮定した場合の、中間目標である夜間環境基準（道路に面する住居等）、夜間環境基準（背後の沿道地域）達成のための低騒音舗装等の対策の必要量、効果を推定した。
- 環境施設帯及び遮音壁は、実際には、地域の状況に応じて可能ならば設置して行く必要があるが、本試算においては検証の確実性を増すためにそれらの設置が出来ない状況を仮定している。
- その結果、自動車単体対策、道路網整備、低騒音舗装、低遮音壁の対策のみしか実施できなかったとしても夜間要請限度についても、夜間環境基準についても将来における対策対象延長の2割強に減らせることがわかった。
- 図19に将来交通推定フロー、表8、表9に推定結果を示す。

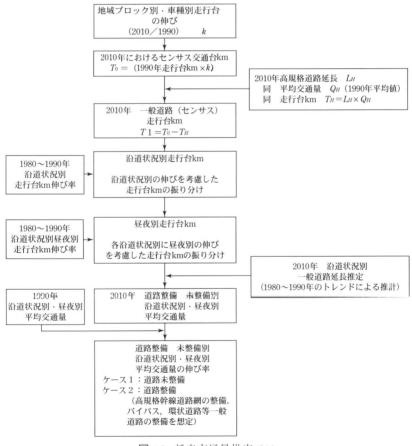

図 19 将来交通量推定フロー

表 8 環境施設帯、遮音壁の設置等が困難と仮定した場合における沿道（道路端）夜間要請限度超過延長と対策効果（用途地域内）

単位：km（延べ）

沿道類型		全調査延長	現状超過延長（H2）	対策対象延長 将来交通量／無対策	対策実施後の夜間要請限度超過延長			
					対策対象道路全部に実施		歩道≧1.5m	
					対策1（自動車単体規制＋道路網整備）	対策2＝対策1＋（低騒音舗装）	対策3＝対策2＋（低遮音壁）	全調査延長に対する比
2車線	A類型	20 714.3	4 852.4	6 292.6	3 524.6	2 520.1	1 498.0	
	（構成比）			(100.0)	(56.0)	(40.0)	(23.8)	7.2 %
	B類型	13 105.8	472.9	694.8	210.9	113.3	43.8	
	（構成比）			(100.0)	(30.4)	(16.3)	(6.3)	0.3 %
	合計	33 820.1	5 325.3	6 987.4	3 735.5	2 633.4	1 541.8	
	（構成比）			(100.0)	(53.5)	(37.7)	(22.1)	4.6 %
2車線超	A類型	4 779.0	1 712.9	2 179.0	1 303.3	955.0	570.0	
	（構成比）			(100.0)	(59.8)	(43.8)	(26.2)	11.9 %
	B類型	7 234.1	1 300.7	2 138.1	690.4	428.2	156.1	
	（構成比）			(100.0)	(32.3)	(20.0)	(7.3)	2.2 %
	合計	12 013.1	3 013.6	4 317.1	1 993.7	1 383.2	726.1	
	（構成比）			(100.0)	(46.2)	(32.0)	(16.8)	6.0 %
合計	A類型	25 493.3	6 565.4	8 471.6	4 827.9	3 475.1	2 068.0	
	（構成比）			(100.0)	(57.0)	(41.0)	(24.4)	8.1 %
	B類型	20 339.9	1 773.6	2 832.9	901.3	541.5	199.9	
	（構成比）			(100.0)	(31.8)	(19.1)	(7.1)	1.0 %
	合計	45 833.2	8 338.9	11 304.5	5 729.2	4 016.6	2 267.9	
	（構成比）			(100.0)	(50.7)	(35.5)	(20.1)	4.9 %

※ 調査延長は、用途地域内の高速・自専道を除く2車線以上の一般道（工専を除く）
※ 対策対象延長は将来交通量を用いた場合、道路端において、夜間要請限度を超過している区間の延長
※ （ ）内は、対策対象延長に対する構成比（％）
※ 道路網整備は、高規格幹線道路網の整備及びバイパス環状道路等の一般道路網整備を想定

表 9 環境施設帯、遮音壁の設置等が困難と仮定した場合における背後地（30m 地点）夜間環境基準超過延長と対策効果（用途地域内）

単位：km（延べ）

沿道類型		全調査延長	現状超過延長（H2）	対策対象延長 将来交通量／無対策	対策実施後の夜間環境基準超過延長			全調査延長に対する比
					対策対象道路全部に実施		歩道≧1.5m	
					対策1（自動車単体規制＋道路網整備）	対策2＝対策1＋（低騒音舗装）	対策3＝対策2＋（低遮音壁）	
2車線	A類型	20 714.3	8 295.7	9 984.0	6 412.6	5 088.8	2 219.5	
	（構成比）			(100.0)	(64.2)	(51.0)	(22.2)	10.7 %
	B類型	13 105.8	798.2	941.0	334.5	139.4	11.5	
	（構成比）			(100.0)	(35.5)	(14.8)	(1.2)	0.1 %
	合計	33 820.1	9 093.9	10 925.0	6 747.1	5 228.2	2 231.0	
	（構成比）			(100.0)	(61.8)	(47.9)	(20.4)	6.6 %
2車線超	A類型	4 779.0	2 677.2	3 068.1	2 049.2	1 635.1	766.7	
	（構成比）			(100.0)	(66.8)	(53.3)	(25.0)	16.0 %
	B類型	7 234.1	350.9	518.7	58.3	2.4	0.3	
	（構成比）			(100.0)	(11.2)	(0.5)	(0.1)	0.0 %
	合計	12 013.1	3 028.1	3 586.8	2 107.5	1 637.5	767.0	
	（構成比）			(100.0)	(58.8)	(45.7)	(21.4)	6.4 %
合計	A類型	25 493.3	10 972.9	13 052.1	8 461.8	6 723.9	2 986.2	
	（構成比）			(100.0)	(64.8)	(51.5)	(22.9)	11.7 %
	B類型	20 339.9	1 149.1	1 459.7	392.8	141.8	11.8	
	（構成比）			(100.0)	(26.9)	(9.7)	(0.8)	0.1 %
	合計	45 833.2	12 122.1	14 511.8	8 854.6	6 865.7	2 998.0	
	（構成比）			(100.0)	(61.0)	(47.3)	(20.7)	6.5 %

※ 調査延長は、用途地域内の高速・自専道を除く 2 車線以上の一般道（工専を除く）
※ 対策対象延長は将来交通量を用いた場合、道路端から 30m 地点において、夜間環境基準を超過している区間の延長
※ （ ）内は、対策対象延長に対する構成比（%）
※ 道路網整備は、高規格幹線道路網の整備及びバイパス環状道路等の一般道路網整備を想定

【沿道整備制度】

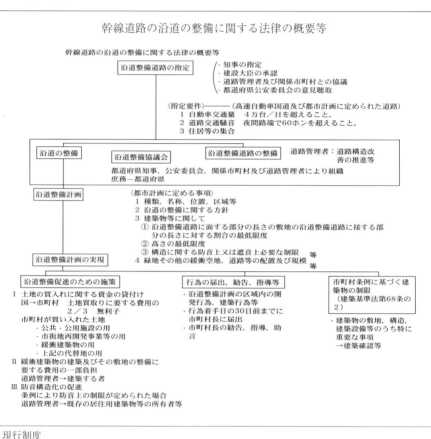

現行制度
《道路指定要件》
・幹線道路網を構成している、4車線以上の、道路内での対応が困難である道路
・交通量 4万台/日以上（大型車を考慮）
・夜間騒音値 60 db（A）以上
・沿道住居 50戸以上集合
《計画事項》
・遮音型街並み形成のための3つの制限（間口率・建物高さ・遮音構造）が最低限必要
《促進施策》
・土地買い取り資金の無利子貸付
・緩衝建築物（耐火構造、長さ20m、高さ9m）の建築費一部助成
・防音工事助成（夜間騒音 65 db（A）以上の住居が対象）

図20 沿道整備制度の概要

【低騒音舗装（排水性舗装）】
　排水性舗装は初期には大きな騒音低減が見込めるものの効果の持続性の確保が課題。

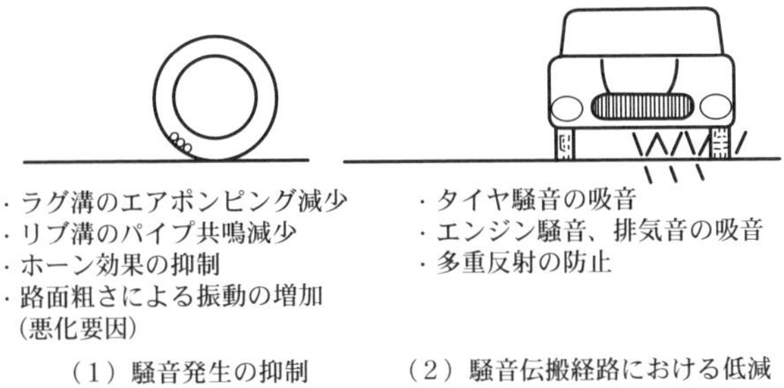

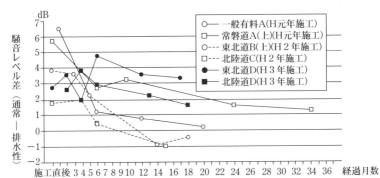

図21　排水性舗装による騒音低減のメカニズム（出典：島広志　他；排水性舗装の音響特性、自動車技術会学術講演会前刷集、1992）

図22　排水性舗装による騒音低減効果の経時変化（出典：永関久信　他；排水性舗装の騒音低減効果、第20回日本道路会議、1993）

§18 騒音に係る環境基準の設定について (第1次答申)
(昭和45年12月25日　生活環境審議会)

第1　環境基準の設定に関する基本原則

騒音に係る環境基準は、基本的に次の原則に基づいて設定するものとする。
1. 環境基準は、騒音の影響から人の健康を保護し、さらに生活環境を保全する観点から定められるものであること。
2. 環境基準は、騒音による公害を防止するための行政目標として定められるものであること。

第2　対象騒音

環境基準は、人の健康および生活環境に影響を及ぼす騒音に適用するものとする。
なお、鉄道騒音、航空機騒音および建設作業騒音を対象から除外し、これらの騒音については、ひきつづき検討をすすめるものとする。

第3　環境基準

環境基準は、地域の区分および時間の区分ごとに次表に示す条件を満たすべきものとする。
ただし、騒音規制法に基づく「特定工場等において発生する騒音の規制に関する基準」の第1種区域に相当する地域のうち、療養施設が集合している地域など、とくに静穏を要する地域であって都道府県知事が指定する地域（以下「AA地域」）における当該基準は、同表のA地域の時間の区分の応じて定める値から5ホン（A）を減じた値とする。

地域の区分	時間の区分			該当地域
	昼間	朝・夕	夜間	
A	50ホン(A)以下	45ホン(A)以下	40ホン(A)以下	別に都道府県知事が地域の区分ごとに指定する地域
B	60ホン(A)以下	55ホン(A)以下	50ホン(A)以下	

(注)「A地域」とは、騒音規制法に基づく「特定工場等において発生する騒音の規制に関する基準」の第1種区域のうちAA地域を除く区域および第2種区域に相当する地域、また「B地域」とは同基準の第3種区域および第4種区域（都市計画法第8条第2項に掲げる工業専用地区およびこれに準ずる地区を除く。）に相当する地域をいう。

なお、A地域およびB地域における道路に面する地域のうち、次表に掲げる地域については、当分の間、同表に示す中間目標値を適用するものとする。

地域の区分	時間の区分			該当地域
	昼　間	朝・夕	夜　間	
A1	55ホン(A)以下	50ホン(A)以下	45ホン(A)以下	A地域のうち、幅員5.5m以上で合計2車線以下の道路に面する地域
A2	60ホン(A)以下	55ホン(A)以下	50ホン(A)以下	A地域のうち、合計2車線をこえる道路に面する地域
B1	65ホン(A)以下	60ホン(A)以下	55ホン(A)以下	B地域のうち、合計2車線以下の道路に面する地域
B2	65ホン(A)以下	65ホン(A)以下	60ホン(A)以下	B地域のうち、合計2車線をこえる道路に面する地域

（注）車線とは、道路構造令第2条第1項第五号に定める車線をいう。

第4　測定方法等
　　騒音の測定方法、計量単位および測定機器は次のとおりとする。
 1. 測定方法は、JIS　Z—8731「騒音レベル測定方法」による。測定結果の評価については、原則として中央値を採用するものとする。
 2. 計量単位は、ホン（A）を用いる。
 3. 測定機器は、指示騒音計もしくは精密騒音計またはこれらに相当する測定機器を用いる。
　（注）計量単位については計量法その他現行法令上、一般に用いられているホン（A）によったが、今後早い機会に計量単位の表示として国際的に用いられているdB（A）を採用することが適当と考える。

第5　測定場所
　　測定は屋外で行なうものとし、その測定点としては、なるべく当該地域の騒音を代表すると思われる地点または、騒音に係る問題を生じ易い地点を選ぶものとする。
　　この場合、道路に面する地域については、原則として道路に面し、かつ、人の生活する建物から道路側1mの地点とする。
　　ただし、建物が歩道を有しない道路に接している場合は、道路端において測定する。
　　なお、著しい騒音を発生する工場、事業場の敷地内、建設作業場の敷地内、飛行場の敷地内、鉄道の敷地内およびこれらに準ずる場所は測定場所から除外する。

第6　測定時刻
　　測定時刻は、なるべくその地点の騒音を代表していると思われる時刻または騒音に係る問題を生じ易い時刻を選ぶものとする。
　　この場合、主として道路交通騒音の影響をうける道路に面する地域については、測定の回数を、朝・夕それぞれ1回以上、昼間、夜間それぞれ2回以上とし、とくに覚醒および就眠の時刻に注目して測定すべきである。

第7　環境基準の見直し

環境基準は騒音の人体に及ぼす影響についての知見の進展、騒音の生活環境に与える影響に関する社会的評価の変化および騒音の測定技術の進歩等に照らして、今後も必要に応じて検討が加えられるべきものとする。

騒音に係る環境基準設定に伴う課題について

今日、国民の日常生活に大きな影響を与えている騒音を防止することにより、国民の健康を保護し、さらに生活環境を保全することは最も重要な課題であり、環境基準の達成は緊急を要する問題となっている。

しかし、わが国の騒音の実態とくに道路交通騒音を中心とする都市騒音の現況をみると環境基準の達成は容易なことではない。

したがって、その達成のためにはまず政府において今後新たに開発される住宅地や現在騒音の影響のない住宅地等については絶対に騒音による影響を排除していくという決意が必要であり、またすでに騒音の影響をうけている地域についても鋭意改善していくという積極的な姿勢が打ち出されなければならない。

このような政府の明確な方針を基礎として、積極的な施策が講ぜられることが環境基準達成のために必要であり、同時に騒音を防止するために国民の格段の協力が要請される。

なお、施策の実施にあたっては、財政、金融、税制面において適切な助成を講じるとともに、中小企業に対しては特別の配慮を払う必要がある。

本答申は、人の健康および生活環境に影響を及ぼす騒音のうち、鉄道騒音、航空機騒音および建設作業騒音を除く騒音に係る環境基準の基本方針を示したものである。今回対象から除外した騒音については、ひきつづき検討をすすめ、成案を得次第答申を行なう予定であるが、除外騒音のうち、建設作業騒音は発生源の性質として同一の場所で発生する期間が限定され、かつ、その期間の後、再び同一の場所において反復的に発生することがないので、環境基準の対象として直ちに採り上げることにはなじまない性格をもっている。したがって、当面、建設作業騒音については、法規制による規制の強化徹底をすすめるべきものと考える。

第1　環境基準の達成期間

本環境基準は、原則として設定後ただちにその達成維持が図られるべきものとする。

道路に面する地域についても、ただちに環境基準を達成維持すべきものであるが、道路交通騒音の実態にかんがみて、5年以内を目途にこれを達成維持すべきものとする。中間目標値を設定した道路に面する地域については、5年以内を目途に、これを達成維持すべきものとし、中間目標値達成後は、更に可及的速やかに環境基準を実現するよう努力するものとする。

第2　環境基準達成のための施策

1. 規制の強化

騒音規制法による騒音の規制については騒音の実態と環境基準との関連で現行規制基準を見直し、必要があれば速やかに工場騒音、交通騒音等の規制基準の改訂、設定等、騒音の実態に応じて実効ある規制を行なう必要がある。

2. 土地利用の適正化

工場と住居を分離することを基本として土地利用の適正化を図るとともに騒音

発生工場等の新増設に対する調整等を推進すべきである。また、地域開発計画等の策定と実施にあたっては、騒音による公害防止について十分配慮を行なう必要がある。このため、都市計画法、建築基準法等土地、建物に関する法令の制定、運用にあたっては、環境基準達成の見地から万全が期せられなければならない。

3. 騒音防止施設の設置改善等の促進

　法令による規制の実効をあげるためには、工場等における防音装置の設置、低騒音機械の採用等を促進するとともにこれらの設置採用が困難である中小企業に対しては工場団地への移転等を配慮する必要がある。

　さらに、発生源における対策とともに地域に応じた緩衝緑地等公共施設の整備もあわせて実施されねばならない。

4. 道路交通騒音に対する総合的施策の推進

　道路交通騒音対策については困難な面が多いので、前述の騒音対策に加えて、交通規制および取締りの強化、自動車構造の改善、道路構造の改善、しゃ音壁等の整備、都市再開発の推進等、関係法令の改正強化に併せて、各種の施策を総合的に推進する必要がある。

　また、道路の新設にあたっては道路に面する地域が環境基準を達成できるよう道路計画、住宅計画、道路周辺の土地利用計画等について、あらかじめ騒音対策を考慮した適切な計画が実施され、かつ、常時適正に管理されなければならない。

5. 監視測定体制等の整備

　騒音の状況を的確には握評価し、騒音防止のための規制を適正に実施するため、騒音について常時必要な監視測定を行ないうるようその体制の整備強化を図る必要がある。

　また、騒音の人の健康および生活環境に及ぼす影響の調査、解析、騒音の防止技術、測定法の開発等をすすめるため研究体制を整備すべきである。

6. 地方公共団体に対する助成等

　騒音対策の円滑な推進を図るため、地方公共団体に対して必要な助成等を行なうべきである。とくに騒音に関する事務の大半が市町村で実施されていることにかんがみ国の援助が不可欠である。また、公害対策基本法に基づく公害防止計画の実施については、特別の配慮を払う必要がある。

7. 住民に対する啓蒙等

　騒音とくに夜間における騒音については、深夜営業の利用者の行為や家庭における音響機器、楽器、人声等が騒音源となるので、住民に対して騒音防止についての啓蒙を図る必要がある。

　また、道路騒音の防止に関しては、とくに自動車等の運転者の自覚と協力についての啓蒙を強く推進すべきである。

§19 今後の自動車騒音低減対策のあり方について
　　（自動車単体対策関係）　（答申）

（平成7年2月28日　中環審第40号）

　平成5年11月30日付け諮問第1号により中央環境審議会に対して諮問がなされた「今後の自動車騒音低減対策のあり方について」のうち、自動車単体対策関係については、下記のとおり結論を得たので答申する。

記

　平成3年6月11日付け諮問第108号で中央公害対策審議会に対し諮問のあった「今後の自動車騒音低減対策のあり方について」については、同審議会において平成4年11月30日に加速走行騒音の低減目標について中間答申を行ったところである。
　その後、同審議会騒音振動部会自動車騒音専門委員会では、引き続き定常走行状態における騒音低減対策及び使用過程車に対する騒音防止対策に関して検討を行ってきたところ、平成5年11月19日の環境基本法の制定により新たに中央環境審議会が設置されたことに伴い、平成5年11月30日付け諮問第1号により「今後の自動車騒音低減対策のあり方について」が改めて中央環境審議会に対して諮問されたので、同審議会騒音振動部会自動車騒音専門委員会において検討を継承し、その結果が別添の専門委員会報告に取りまとめられた。
　騒音振動部会においては、上記報告を受理し、審議した結果、今後の自動車騒音低減対策を的確に推進するためには、自動車騒音専門委員会の報告を採用し、自動車から発生する騒音の低減を図ることが適当であるとされた。
　よって、当審議会は、次のとおり答申する。

1. 許容限度設定目標値とその達成時期

　　新車時の定常走行騒音については、別表に示す許容限度設定目標値により低減を図ることが適当である。
　　また、近接排気騒音については、別表に示す許容限度設定目標値により低減を図ることが適当である。なお、この目標値は新車時に適用するとともに、使用過程時においても維持されるべきである。
　　これらの許容限度設定目標値の達成時期を現時点で明確に予測することは困難であるが、中間答申に示された加速走行騒音の目標値の達成時期と同時期に達成するよう努めることが適当である。なお、加速走行騒音の達成時期は、中間答申において、「車両総重量が3.5トンを超え、原動機の最高出力が150キロワットを超えるバス、乗車定員が6人以下の乗用車、二輪の軽自動車及び第一種原動機付自転車については遅くとも6年以内、その他のものについては遅くとも10年以内に達成するよう努めることが適当である」とされている。
　　一方、主要道路の沿道における自動車騒音の状況を考えると、中間答申に示された加速走行騒音の目標値及び別紙に示す許容限度設定目標値はできるだけ早期に達成される必要があるため、今後、技術評価を継続して行うこと等により技術開発の

促進を図るとともに、車種ごとの具体的な達成時期については、平成元年の中央公害対策審議会答申に示された自動車排出ガス許容限度の長期目標値達成のために必要な技術の実用化の時期との調和を図るよう配慮しつつ、その見通しを逐次明らかにしていく必要がある。

2. 今後の自動車騒音低減対策

　今後は、中間答申及び今回の答申で示した許容限度設定目標値の達成のための技術開発を推進していくことに加え、将来におけるより一層の騒音低減を図るため、自動車構造に関して新たな自動車騒音低減技術の開発・研究を推進していく必要がある。

　また、自動車の使用者に対して騒音防止についての正しい知識の普及・啓発を図っていくとともに、電気自動車、ハイブリッド自動車その他の低騒音化に資する新技術を導入した自動車の開発・普及、より低騒音の自動車への代替促進等についてもさらに推進していく必要がある。

　なお、これらの騒音低減対策に加え、自動車騒音の評価手法についても総合的な研究を進めていくことが望ましい。

　さらに、自動車騒音を望ましいレベルにまで低減するには、自動車単体騒音の低減のみでは、幹線道路の沿道地域を中心とした騒音の改善は十分なものとは言えないことから、交通公害部会において審議された交通流対策、道路構造対策、沿道対策等の騒音対策も併せて総合的な対策を推進していく必要がある。

別表

自動車の種別			許容限度設定目標値	
			定常走行騒音	近接排気騒音
普通自動車、小型自動車及び軽自動車（専ら乗用の用に供する乗車定員10人以下の自動車及び二輪自動車を除く。）	車両総重量が3.5トンを超え、原動機の最高出力が150キロワットを超えるもの	全ての車輪に動力を伝達できる構造の動力伝達装置を備えたもの、セミトレーラをけん引するけん引自動車及びクレーン作業用自動車	83デシベル	99デシベル
		全ての車輪に動力を伝達できる構造の動力伝達装置を備えたもの、セミトレーラをけん引するけん引自動車及びクレーン作業用自動車以外のもの	82デシベル	99デシベル
	車両総重量が3.5トンを超え、原動機の最高出力が150キロワット以下のもの	全ての車輪に動力を伝達できる構造の動力伝達装置を備えたもの	80デシベル	98デシベル
		全ての車輪に動力を伝達できる構造の動力伝達装置を備えたもの以外のもの	79デシベル	98デシベル
	車両総重量が3.5トン以下のもの		74デシベル	97デシベル
専ら乗用の用に供する乗車定員10人以下の普通自動車、小型自動車及び軽自動車（二輪自動車を除く。）	車両の後部に原動機を有するもの		72デシベル	100デシベル
	車両の後部に原動機を有するもの以外のもの		72デシベル	96デシベル
小型自動車（二輪自動車に限る。）			72デシベル	94デシベル
軽自動車（二輪自動車に限る。）			71デシベル	94デシベル
第二種原動機付自転車			68デシベル	90デシベル
第一種原動機付自転車			65デシベル	84デシベル

§20 今後の自動車騒音低減対策のあり方について（自動車単体対策関係）（報告）
（平成7年2月16日　中央環境審議会騒音振動部会自動車騒音専門委員会）

　中央公害対策審議会騒音振動部会自動車騒音専門委員会では、平成3年6月11日付け諮問第108号「今後の自動車騒音低減対策のあり方について」の検討を行い、加速走行騒音の低減目標について平成4年11月30日付けの中間報告として取りまとめたところである。
　その後、同専門委員会では、引き続き定常走行状態における騒音低減対策及び使用過程車に対する騒音防止対策に関する検討を進めてきたところ、平成5年11月19日の環境基本法の制定により新たに中央環境審議会が設置されたことに伴い、平成5年11月30日付け諮問第1号により「今後の自動車騒音低減対策のあり方について」が改めて中央環境審議会に対して諮問されたので、同審議会騒音振動部会自動車騒音専門委員会において検討を継承し、上記の中間報告以降、現地調査及び作業委員会を含め累計20回にわたる検討を経て、次のとおり検討結果を得たので報告する。

1. はじめに
　自動車騒音の低減を図るため、従来から自動車構造面の対策に加え、地域の状況に応じて、交通流対策、道路構造対策、沿道対策等の種々の対策が実施されてきているところである。しかし、自動車交通量の増大等から、主要道路の沿道における騒音の状況に改善の傾向は見られず、環境基準を達成していない地点や騒音規制法に基づく要請限度を超える騒音の著しい地点が、大都市地域や主要幹線道路の沿道を中心に多数見られ、自動車騒音の状況については、依然として厳しい状況にある。
　このような大都市や主要幹線道路等における自動車の交通状況及び自動車騒音の状況等からみて、自動車単体からの騒音の発生についてさらに低減を図ることが不可欠であると考えられることから、「今後の自動車騒音低減対策のあり方について」（平成4年11月30日付け中間答申）においては、市街地を走行する際の最大の騒音である加速走行騒音について、技術的に可能な限りの低減を図るための目標値が設定されたところである。
　この加速走行騒音の目標値を達成するため、今後、自動車のエンジン等から発生する騒音がさらに低減された場合、自動車から発生する騒音全体のうち、タイヤと路面の接触により発生するタイヤ騒音の寄与率が、特に定常走行状態において増加してくることが考えられる。
　また、新車に対して厳しい騒音規制を行っても、使用過程において騒音が増加するような改造等が行われると規制の効果が減殺されることから、使用過程車に対し、より効果的な騒音防止対策も重要となってくると考えられる。
　本専門委員会は、このような状況を踏まえ、今後の加速走行騒音規制の強化に併せて実施すべき定常走行状態における騒音の低減対策及び使用過程車に対する騒音防止対策について検討を行った。
　なお、中央環境審議会交通公害部会道路交通騒音対策専門委員会において、交通流対策、道路構造対策、沿道対策等の騒音対策について並行して審議が行われてき

たので、必要に応じて調整を図った。

2. 定常走行状態における騒音の低減のために有効な規制手法

現在、我が国では、定常走行状態における騒音の低減のため、新車と使用過程車に対し定常走行騒音規制が行われている。この定常走行騒音規制の強化を行うことが定常走行状態の騒音低減対策として考えられるが、使用過程車の場合は、測定場所の確保が困難である等実施上の問題が多い。

一方、欧州では、我が国の定常走行騒音規制に相当する規制は従来から行われていないが、定常走行状態における騒音に最も大きく影響していると考えられるタイヤ騒音に着目し、従来から規制が行われている加速走行騒音に加え、タイヤ単体に対する規制が検討されている。この規制は、欧州のECE・WP29（国連欧州経済委員会自動車安全公害専門家会議）において、日本も参画して検討されているものの、現時点においてまだ試験方法が確立していない。

上記の事情を考慮して検討した結果、定常走行状態における騒音を低減するためには、タイヤ騒音対策のみならず車両側の騒音対策も併せて評価できる現行の定常走行騒音規制について一部修正を加え、新車に対して適用することが最も適当であるとの結論を得た。

具体的には、現行の定常走行騒音規制の騒音測定方法について、測定車両の速度を現在の走行実態に見合った速度とするため、一部車種について別表1のとおり測定速度の値を改めるとともに、マイクロホンの位置について加速走行騒音の測定距離との整合を図るため、自動車の走行方向に直角に車両中心線から左側に現行では7.0メートルとされている位置を7.5メートルとすることが適当である。また、騒音測定路面については標準化が必要であり、今後、加速走行騒音及び定常走行騒音試験を実施するに当たっては、標準路面として、空隙率、吸音率、骨材粒径、材質等を規定している国際標準化機構の規格であるISO 10844「自動車の車外騒音測定のための試験用路面」に適合する路面を採用することが適当である。

3. 使用過程車の騒音低減のために有効な規制手法

使用過程車は、適正な整備を行っていれば、車両構造の経年変化・劣化による騒音の増加はほとんどないか極めて少ないと考えられるので、使用過程車における騒音増加の主な原因は、消音器（マフラー）等の改造と仕様の異なるタイヤへの変更によるものであると考えられる。

近接排気騒音規制は、消音器等の改造による騒音増加を抑制する手法として最も適当であり、道路運送車両法に基づく自動車の検査（いわゆる「車検」）や街頭での取締りにおいて、騒音が増加するような改造を有効に規制することが可能であると考えられる。

近接排気騒音の規制手法としては、現在行っているような車種区分ごとに一定の規制値を設ける絶対値による規制と、新車時の性能との比較において車両の型式ごとに規制値を定める相対値による規制があるが、相対値による規制では車両の型式ごとに個別の規制値を設けることになり、取締りが煩雑になること及び騒音測定値が同一でも新車時の騒音値の大小により合否に差が生じるため不公平感を与えることから、絶対値による規制を採用することが適当である。

また、消音器の部品認証・認定制度を採用することについては、消音器と車両の組み合わせにより騒音値が異なるため、消音器と車両の適合性を個々に確認する必要がある等問題点が多いこと及び近接排気騒音規制の強化により実質的に消音器改造の問題の改善が期待できることから、近接排気騒音規制の効果を見て必要に応じて検討を行うことが望まれる。

一方、仕様の異なるタイヤへの変更による使用過程車の騒音増加を抑制する手法としては、使用過程車に対する定常走行騒音規制の見直しも考えられるが、この規制は前述のとおり実施上の問題が多いことから有効な規制手法とは考えられない。したがって、使用過程車に対する定常走行騒音規制に代わる規制手法としては、欧州で検討中のタイヤ単体騒音規制等について、今後検討を行う必要がある。

4. 許容限度設定目標値とその達成時期

(1) 許容限度の設定目標値

本専門委員会は、加速走行騒音の目標値の達成時期に併せて達成しうる技術的に可能な限りの低減目標値について、騒音測定方法の変更も考慮しつつ、自動車騒音低減技術の現状、研究開発状況及びその実用化の可能性などを専門的立場から慎重に検討し、許容限度設定目標値を定めた。

具体的には、新車時の定常走行騒音については、別表2に示す許容限度設定目標値により低減を図ることが適当である。

また、近接排気騒音については、別表2に示す許容限度設定目標値により低減を図ることが適当である。なお、この目標値は新車時に適用するとともに、使用過程時においても維持されるべきであり、また、近接排気騒音によって街頭での取締り等を行う際には、道路上における測定環境等の多様な条件により生じる測定値の差を考慮する必要がある。

(2) 目標値の達成時期

別表2に示す許容限度設定目標値は、中間答申に示された加速走行騒音の目標値の達成に向けた技術開発など将来の騒音低減に係る技術開発の進展を前提として定めたものである。そのため、その達成時期について、現時点で明確に予測することは困難であるが、対策技術の多くが加速走行騒音対策と重複していることから、中間答申に示された加速走行騒音の目標値の達成時期と同時期に達成するよう努めることが適当である。なお、加速走行騒音の達成時期は、平成4年11月30日付けの中間答申において、「車両総重量が3.5トンを超え、原動機の最高出力が150キロワットを超えるバス、乗車定員が6人以下の乗用車、二輪の軽自動車及び第一種原動機付自転車については遅くとも6年以内、その他のものについては遅くとも10年以内に達成するよう努めることが適当である」とされている。

一方、主要道路の沿道における自動車騒音の状況を考えると、中間答申で示された加速走行騒音の目標値及び別表2に示す許容限度設定目標値はできるだけ早期に達成される必要があるため、車種ごとの具体的な達成時期については、技術評価を継続して行うこと等により技術開発の促進を図りつつ、その見通しを逐次明らかにしていくことが望まれる。なお、この場合、騒音と排出ガスの低減技術は互いに密接に係わっており、双方の技術開発の円滑、かつ、速やかな進展を図るためには、相応が連携した技術開発を行っていく必要があることから、平成元

年の中央公害対策審議会答申に示された自動車排出ガス許容限度の長期目標値達成のために必要な技術の実用化の時期との調和を図るよう配慮することが望ましい。

5．騒音低減効果

中間答申に示された加速走行騒音の目標値及び前項に示した目標値をいずれも達成した段階における自動車騒音の低減効果についての試算を行った。

その結果、交通量等が変わらないと仮定して、対象となる車両が全て現行規制に適合する車両から目標値に基づく規制に適合する車両に代替した場合には、定常走行状態となる直線路付近の沿道における自動車騒音の低減量は、0.9～1.3デシベル程度と見込まれる。

6．許容限度設定目標値の達成のために必要な自動車騒音低減技術

自動車の走行に伴って発生する自動車騒音は、発生部位別にエンジン騒音、冷却系騒音、吸気系騒音、排気系騒音、駆動系騒音、タイヤ騒音等に分けられ、これらの部位の騒音発生状況は走行状態等により変化する。

このため、騒音低減対策としてはこれらの音源ごとにそれぞれ適した対策を行う必要があるが、これまで、大きな騒音源であるエンジン騒音と排気系騒音について、様々な遮へい対策や消音器の大型化等の対策を重点的に行うことにより、大幅な騒音低減が図られてきた。

しかし、これら騒音全体に占める寄与率の高い音源に対する対策が重点的に行われてきた結果、今後、さらに騒音を低減するためには、従前以上に多岐にわたり、かつ、少量ずつの騒音低減効果しかない対策の積み重ねが必要となることから、一層の大幅な低減を求めることは技術的に非常に困難な状況にあると考えられる。

このため、今後さらに騒音の低減を行うためには、定常走行騒音では、寄与率が比較的高いタイヤ騒音について重点的に低減対策を図っていくとともに、各音源の寄与率を詳細に解析したうえでそれぞれに必要な騒音低減量を割り出し、各音源ごとの対策及び遮音の強化を図っていく必要がある。

また、近接排気騒音では、排気系騒音及びエンジン騒音の寄与率が高く、このうち、排気系騒音の大きさは、消音器の容量、位置、内部構造と排気管径でほぼ決定されると考えられるが、なかでも消音器の容量の増加が特に必要とされており、このためのスペースの確保が最大の課題である。

さらに、これ以外のあらゆる部位に対してきめ細かな対策を施すことにより、全体の騒音低減を図ることが必要になると考えられる。

(1) 大型車・中型車（車両総重量が3.5トンを超えるトラック、バス）

これまでの騒音対策としては、エンジン騒音、排気系騒音を中心に対策が行われてきており、今後は、エンジン騒音対策として、エンジン本体の剛性向上、エンジン周辺部分への遮へいカバーの追加、遮へいカバーへの吸音材の装着、遮へいカバーのシール性向上、エンジンの燃焼改善、エンジン各部の歯車改良等を、排気系騒音対策として、消音器の容量増加及び内部構造の改良、副消音器の追加、排気管の多層構造化、排気管へのフレキシブル管の採用等を、駆動系騒音対策として、変速機周辺部分への遮へいカバーの追加、変速機本体の剛性向上等を行う

とともに、より一層のタイヤ騒音対策を図ることにより、さらに騒音低減を図ることが可能であると考えられる。
　なお、これらの技術の採用に当たっては、耐久性・信頼性・冷却性能及び整備性の悪化の問題、また、対策による重量増加が大きいこと等の問題を解決していく必要があると考えられる。
(2) 小型車（車両総重量が 3.5 トン以下のトラック、バス）・乗用車
　これまでの騒音対策としては、エンジン騒音、吸気系騒音、排気系騒音を中心に対策が行われてきており、今後は、エンジン騒音対策として、エンジン本体の剛性向上、エンジン周辺部分への遮へいカバーの追加、エンジン室内への吸音材の装着、エンジンの燃焼改善、エンジン各部のクリアランス縮小等を、吸気系騒音対策として、エアクリーナの容量増加、レゾネータの追加、吸気ダクトの延長等を、排気系騒音対策として、消音器の容量増加及び内部構造の改良、副消音器の追加、排気管の多層構造化、排気管へのフレキシブル管の採用等を、駆動系騒音対策として、変速機本体の剛性向上、変速機歯車の歯型改良等を、タイヤ騒音対策として、トレッドパターンの改良、材質・構造の改良等を行うとともに、その他の対策と組み合わせることにより、さらに騒音低減を図ることが可能であると考えられる。
　なお、これらの技術の採用に当たっては、耐久性・信頼性、搭載性、走行性能及び制動性能の悪化等の問題を解決していく必要があると考えられる。
(3) 二輪車・原動機付自転車
　これまでの騒音対策としては、エンジン騒音、吸気系騒音、排気系騒音及び駆動系騒音を中心に対策が行われてきており、今後は、エンジン騒音対策として、エンジン本体の剛性向上、遮へいカバーの追加、エンジン各部のカバー類の防振、エンジンの燃焼改善等を、冷却系騒音対策として、ファンの低騒音化等を、吸気系騒音対策として、エアクリーナの容量増加及び剛性向上等を、排気系騒音対策として、消音器の容量増加及び内部構造の改良、排気管の二重化等を、駆動系騒音対策として、ドライブチェーンの低騒音化等を行うとともに、その他の対策としてフレーム及びリヤアームの剛性向上、制振構造化等を組み合わせることにより、さらに騒音の低減を図ることが可能であると考えられる。
　特に、定常走行騒音及び近接排気騒音の低減対策については、加速走行騒音と同様に騒音全体に対する寄与率の高いエンジン騒音（吸・排気）など各部の騒音源を順次対策することを原則として騒音の低減を図っていくことが必要であると考える。また、タイヤ騒音については、騒音全体に占める寄与率は 10～22％と低いが、さらに騒音低減対策を推進する場合は操縦安定性、燃費及び耐久性を考慮し、トレッドパターンの変更、タイヤ構造の変更等について低減対策を進めることが必要であると考えられる。
　なお、これらの技術の採用にあたっては、重量増加、耐久性・信頼性、搭載性の問題を解決していく必要があると考えられる。

7. その他
　(1) 騒音を抑制するための諸施策
　　自動車の構造について、中間答申で示された加速走行騒音の目標値並びに本報

告で示す定常走行騒音及び近接排気騒音の目標値を達成するよう、騒音低減対策が行われていても、その使用者が、騒音防止についての正しい知識を有していないと、騒音低減の効果が減殺されることが考えられる。

使用過程車の騒音の問題は、一部の運転者のモラルの問題でもあり、自動車使用者に対し、騒音を抑制するための運転方法（急発進、急加速、空ぶかし等を行わないこと）の啓発・教育・広報活動を推進し、自動車騒音の低減に係る意識の高揚を図る必要がある。特に、騒音が増加するようなタイヤや消音器への交換を行っている使用者に対しては、自動車騒音低減への理解と協力を求める必要がある。また、暖機時や駐車時における長時間のアイドリング運転は、騒音をはじめ、排出ガス、燃料経済性の観点からも好ましくないことを使用者に対して啓発していくことが必要である。

さらに、騒音が増加するような運転や不正改造を故意に行っている使用者に対しては、発生する騒音を防止するため、街頭での取締りの強化等が必要である。これに加え、自動車製作者においては、騒音が増加するような不正改造を抑制することができる構造の車両を開発することが必要である。

以上のほか、電気自動車、ハイブリッド自動車その他の低騒音化に資する新技術を導入した自動車の普及、より低騒音の自動車への代替促進等についてもさらに推進していく必要がある。

(2) 今後の自動車騒音の低減のための調査・研究及び開発

加速走行騒音、定常走行騒音及び近接排気騒音について、それぞれの目標値を達成することにより、騒音の低減が図られると、現在、騒音についての許容限度が設定されていない特殊自動車からの騒音や空調装置、排気ブレーキ、冷蔵冷凍装置等の付属装置から発生する騒音の影響が相対的に増大してくることが考えられることから、今後、これらについての騒音の実態及び対策技術の調査を行う必要がある。

また、今後、より一層の騒音低減を図っていくためには、自動車単体騒音の低減に係る新技術の開発・研究の促進が望まれる。このため、軽量で、かつ、高性能の吸音材や制振材の開発、能動制御型消音器等の新技術の研究、タイヤの構造、溝パターン及び材質の改良等による低騒音タイヤの開発、低騒音型エンジンシステム搭載の自動車の研究、周波数の制御により騒音を人にやさしい音質に変換する研究等に努力する必要がある。

さらに将来における自動車交通の高速化に対応するため、現行の道路交通法に基づく最高速度の範囲を超える高速走行時における騒音対策のあり方についての検討が必要である。

(3) 自動車交通騒音測定の充実等

騒音対策を適切に進めるためには、沿道における騒音実態及び騒音が人に与える影響等について正確に把握するとともに、対策効果を確認する必要がある。

このため、よりきめ細かく騒音の状況を把握できるよう、従来から行っている中央値（L_{50}）及び90パーセントレンジの上・下端値の測定に加えて、等価騒音レベル（L_{eq}）及びピーク値の測定、周波数分析等を行うことも検討する必要がある。

また、これら測定結果の評価手法の検討に加え、測定地点のあり方等について

も検討を行う必要がある。
(4) 諸外国における騒音規制の動向
　　我が国の自動車単体騒音の規制は、諸外国と比較してほとんどの車種において厳しいものとなっているが、騒音対策を進めるに当たっては、今後、ECE・WP29において検討中のタイヤ単体規制等諸外国における騒音規制の動向についても留意し、その規制の有効性と実施の可能性について検討を行う必要がある。

別表1

		現行測定速度	新測定速度
定常走行騒音	普通自動車、小型自動車(二輪自動車を含む。)及び軽自動車(二輪自動車を除く。)	原動機の最高出力時の回転数の60％の回転数で走行した場合の速度(その速度が35キロメートル毎時を超える自動車にあっては35キロメートル毎時)で測定	原動機の最高出力時の回転数の60％の回転数で走行した場合の速度(その速度が50キロメートル毎時を超える自動車にあっては50キロメートル毎時)で測定
	軽自動車(二輪自動車に限る。)及び原動機付自転車(第二種原動機付自転車に限る。)	原動機の最高出力時の回転数の60％の回転数で走行した場合の速度(その速度が35キロメートル毎時を超える自動車にあっては35キロメートル毎時)で測定	原動機の最高出力時の回転数の60％の回転数で走行した場合の速度(その速度が40キロメートル毎時を超える自動車にあっては40キロメートル毎時)で測定
	原動機付自転車(第一種原動機付自転車に限る。)	原動機の最高出力時の回転数の60％の回転数で走行した場合の速度(その速度が25キロメートル毎時を超える自動車にあっては25キロメートル毎時)で測定	

別表 2

自動車の種別			許容限度設定目標値	
			定常走行騒音	近接排気騒音
普通自動車、小型自動車及び軽自動車（専ら乗用の用に供する乗車定員10人以下の自動車及び二輪自動車を除く。）	車両総重量が3.5トンを超え、原動機の最高出力が150キロワットを超えるもの	全ての車輪に動力を伝達できる構造の動力伝達装置を備えたもの、セミトレーラをけん引するけん引自動車及びクレーン作業用自動車	83 デシベル	99 デシベル
		全ての車輪に動力を伝達できる構造の動力伝達装置を備えたもの、セミトレーラをけん引するけん引自動車及びクレーン作業用自動車以外のもの	82 デシベル	99 デシベル
	車両総重量が3.5トンを超え、原動機の最高出力が150キロワット以下のもの	全ての車輪に動力を伝達できる構造の動力伝達装置を備えたもの	80 デシベル	98 デシベル
		全ての車輪に動力を伝達できる構造の動力伝達装置を備えたもの以外のもの	79 デシベル	98 デシベル
	車両総重量が3.5トン以下のもの		74 デシベル	97 デシベル
専ら乗用の用に供する乗車定員10人以下の普通自動車、小型自動車及び軽自動車（二輪自動車を除く。）	車両の後部に原動機を有するもの		72 デシベル	100 デシベル
	車両の後部に原動機を有するもの以外のもの		72 デシベル	96 デシベル
小型自動車（二輪自動車に限る。）			72 デシベル	94 デシベル
軽自動車（二輪自動車に限る。）			71 デシベル	94 デシベル
第二種原動機付自転車			68 デシベル	90 デシベル
第一種原動機付自転車			65 デシベル	84 デシベル

§21 環境保全の観点から望ましい交通施設の構造及びその周辺の土地利用を実現するための方策について
（昭和57年12月24日　中央公害対策審議会交通公害部会土地利用専門委員会報告）

はじめに

　近年における目覚ましい交通の発達は、国土の開発、経済活動の発展等多様な効用をもたらしてきたが、その反面で、各地の交通施設周辺において深刻な交通公害問題が発生するに至っている。
　交通公害の防止のためには、各種の対策を総合的に推進、強化していく必要があるが、当専門委員会は、土地利用面からの交通公害対策のあり方について調査するために設置された。土地利用面からの交通公害対策とは、交通施設周辺の土地利用対策のみならず、交通施設の構造対策を含むものであり、これらの点について慎重に検討を行った結果、以下のとおり結論を得たので報告する。

第1　土地利用面から交通公害対策を考えるに当たっての基本的認識

1．交通公害の状況
　（交通公害の発生）
　　我が国では、近年の著しい経済成長とともに、自動車の急激な普及、ジェット旅客機の就航、新幹線鉄道の登場など交通機関が目覚ましい発達を遂げ、これに伴い道路、鉄道、空港等の交通施設が着々と整備されてきた。交通機関の発達及び交通施設の整備は、経済活動の発展、国民生活の向上と相まって、交通量の飛躍的な増大をもたらしたところであり、昭和56年度において、国内旅客輸送量は7,905億人キロ、国内貨物輸送量は4,275億トンキロであり、それぞれ30年度の輸送量に対し約5倍の水準に達している。（運輸省「陸運統計年報」）
　　また、これと同様に都市部への人口の集中と市街地の拡大が進んだ。例えば、55年における人口集中地区（DID）の人口は6,993万人、DID面積は10,016 km^2 であり、35年に対しそれぞれ1.7倍、2.6倍となっている。（総理府「昭和55年国勢調査報告」）
　　このような状況下で、幹線道路、新幹線鉄道、空港等の大規模な交通施設の周辺の市街地において深刻な交通公害問題が発生するに至った。
　（交通公害の現状）
　　交通公害の深刻化とともに、各種の交通公害対策が講じられるようになってきた。自動車等個々の交通機関の改良、交通機関の走行・運航方法の改善、交通施設の構造上の改善、周辺住宅等に対する障害防止対策等がそれであり、これらの対策は相応の効果を上げている面もあるが、交通公害問題を解決するまでには至っていない。
　　環境庁の試算によると、幹線道の沿線で夜間に環境基準を超える騒音を受けている人口は約600万人、同じく要請限度を超える騒音を受けている人口は約70万人である。東海道・山陽新幹線の沿線で騒音が75ホンを超える地域に所在する障害防止対策の対象世帯数は約4万世帯であり、1世帯当たりの人員を3.3人とすると、

約13万人が75ホン（商工業系地域に係る環境基準値）を超える騒音を受けているものと見込まれる。全国の主要な16の公共飛行場の周辺で75 WECPNL以上を基準に設定された第1種区域内にある障害防止対策の対象世帯数は約17万世帯であり、約56万人が75 WECPNL（商工業系地域等に係る環境基準値）以上の騒音を受けているものと見込まれる。また、各種の交通施設による公害問題に対し、差止め、損害賠償等を求める訴訟が提起されるなどの紛争や苦情が発生している。
（今後の動向）

　今後も交通量は、かつての高度経済成長期ほどではないとしても、経済の安定成長下で漸増していくものと考えられる。例えば、昭和52年11月策定の第三次全国総合開発計画（三全総）において想定されている65年度の国内旅客輸送量は11,700億人キロ、国内貨物輸送量は7,600億トンキロであり、56年度実績に対しそれぞれ5割増、8割増である。交通需要の量的拡大と迅速性等の質的向上に対応すべく各種交通施設の整備も進んでいくものと考えられる。また、大都市においては人口の集中は鈍化しているが、都心から周辺部への人口の移動に伴う外周部への市街地の拡大が進みつつあり、地方都市においては新たな人口の集中に伴い市街地の拡大が進みつつある。三全総によれば、65年のDID人口は8,633万人と想定され、これは55年に比べ2割強の増加となる。

　以上のような交通公害の現状と今後の交通量の増大、市街地の拡大等の動向にかんがみると、従来から講じられてきた発生源対策等を拡充、強化することはもとより、交通体系や土地利用の面からの施策も含め総合的な交通公害対策を推進し、交通公害の防止を図っていく必要がある。

2. 土地利用面からの交通公害対策の必要性

（交通施設と周辺土地利用との不整合）

　交通公害問題が現に深刻な地域、例えば国道43号沿道、大阪国際空港周辺、新幹線鉄道の一部沿線区間等の実情を見ると、大規模な交通施設が市街地を貫通し、又は市街地に接して立地し、公害を防止・軽減する設備や空間が乏しいまま、その周辺に公害による影響を受けやすい住宅等が多数存在している。交通施設と周辺土地利用との関係が交通公害問題を生じやすい不整合な状態になっていることが、交通公害問題の大きな発生要因の一つである。

　交通施設と周辺土地利用とが不整合になった原因を考えると、まず交通施設側の問題として、従来の交通施設整備事業では、かつて公害問題に対する社会的認識が希薄であったこともあり、高度経済成長期を通じて急増した交通需要に対応するため交通機能の向上を重視してきた結果、交通施設の配置や構造について公害防止の配慮が十分でなかった。

　また、周辺土地利用面の問題として、我が国の土地利用政策では交通公害の防止の観点から適正な土地利用を計画的かつ強力に実現するための立法的・行政的措置が十分でなく、大規模な交通施設の周辺において公害による影響を受けやすい市街地の形成を抑止することができなかった。

（土地利用面からの交通公害対策の推進）

　近年、交通公害の深刻化とともに、交通施設及び周辺土地利用に関する各種の交通公害対策が講じられつつあるが、我が国の複雑な土地問題等の制約もあって、こ

れらの対策はいまだ十分な展開を見るに至っていない。今後、交通公害の防止を図るためには、従来の交通施設整備事業のあり方を見直し、交通施設の適切な整備を進めるとともに、交通施設周辺における土地利用の適正化のための対策を強化することにより、交通施設と周辺土地利用との整合性を確保していく必要がある。

　このような対策を実施するに当たっては、対策に要する費用の増大、交通施設周辺の土地利用に関する制限等により、国民各層に一定の負担を求めることは避けられない。

　しかし、我が国が狭あいな国土の中で今後も多様な社会・経済活動を営んでいかなければならないことを考えると、土地利用面からの交通公害対策を進めることは、国民生活及び経済活動を支える交通施設にその機能を発揮させるとともに、合理的な土地利用を実現しつつ、良好な居住環境を実現していくうえで不可欠であることを銘記すべきである。

3. 交通施設構造対策と周辺土地利用対策

(1) 交通施設構造対策及び周辺土地利用対策の意義

　　現に交通公害問題が発生し、又は今後同様の事態となるおそれのある個々の地域において交通施設と周辺土地利用との整合性を確保するための対策としては、交通施設の構造上の対策（交通施設構造対策）及び交通施設の周辺の土地利用に関する対策（周辺土地利用対策）の二つの方法がある。

　　交通施設構造対策は、交通施設について公害を防止・軽減できるような構造面の質的向上を図る対策であって、交通施設の設置・管理者が講ずるものである。交通施設自体について緩衝用地、緩衝設備の確保等により公害の防止を図ることは、交通施設の安定した供用を将来とも確実なものとするうえで今や不可欠の条件であり、周辺土地利用対策との関係では、交通公害のいわば発生源側が講ずべきより基本的な対策と位置づけられる。

　　周辺土地利用対策は、交通公害により機能を害されるおそれが少なく、交通施設の周辺にふさわしい土地利用を計画的に誘導・配置し、更に必要に応じ公害の影響を受けやすい住宅等の土地利用を抑制・制限する対策である。交通施設構造対策は公害防止上より基本的な対策ではあるが、限られた国土を有効かつ合理的に利用しつつ、交通公害という深刻な問題の発生を防止する観点からは、今後、土地の利用に対する公共的な関与を強め、交通施設周辺の適正な土地利用を実現する対策を積極的に進めていく必要がある。周辺土地利用対策においては、地域の実情に応じつつ、交通公害の防止とともに地域の総合的な整備・発展を目指す必要があることから、具体的な対策の実施に当たっては関係地方公共団体が主要な役割を果たすべきである。

(2) 対策の適用場面

　　交通施設構造対策及び周辺土地利用対策については、交通施設構造対策がより基本的な対策として位置づけられることを踏まえつつ、個々具体の地域における対策の実現可能性を勘案して、有効・適切に講じていく必要があるが、両者の対策の今後のあり方を検討するに当たり、その主要な適用場面を考えると、原則的には次のように整理することができる。

　i) 交通施設の新設・改築に当たっては、既成市街地及び市街化の進むことが確

実な地域では、交通施設構造対策により公害の未然防止を図るべきである。
ii) 既設の交通施設のうち既成市街地内にあるものについては、より基本的な対策である交通施設構造対策を可能な限り進めるべきである。ただし、住宅等が密集している既存の周辺土地利用との関係等から交通施設構造対策のみによる対処に制約がある場合には、再開発等の周辺土地利用対策をあわせ講ずることにより、早急に公害問題の改善を図るべきである。
iii) 既設の交通施設（新設・改築後の交通施設を含む。）のうち、いまだ市街化されていない地域にあるものについては、交通施設の存在と整合する土地利用を形成していくことが可能であり、土地の有効利用の要請も考えると、適切な周辺の土地利用計画を検討し、土地利用規制や居住環境を整備するための事業を含む周辺土地利用対策を中心として公害の未然防止を図るべきである。
(3) 対策費用の負担

　交通公害を防止するための対策費用については、「汚染者負担の原則」にのっとり、交通公害の原因者が適切に負担すべきである。この場合にににおいて、交通公害の原因者すなわち交通機関を運用する事業者等が負担する対策費用は、交通機関が輸送する物資や交通機関が提供するサービスの価格を通じて、最終的には広く国民全体が負担することとなるが、このような負担は、交通施設周辺における環境の保全のために必要なものである。

　また、交通公害を防止するとともに地域の総合的な整備・発展に資する周辺土地利用対策については、原因者負担による財源とあわせて一般財源を充実すべきである。

4. 交通公害を防止するための広域的、計画的な対処

　交通公害問題は現在も各地で発生しているが、今後も交通量の増大、市街地の拡大等が見込まれることを考えると、大規模な交通施設と住宅地とを極力分離していく必要があり、このため、今後の交通施設整備事業及び宅地開発事業の実施に当たっては、公害防止の観点から適正な立地選定の配慮を行う必要がある。

　また、交通施設と土地利用とは、交通施設が地域開発を促し、土地利用が交通需要を喚起するという密接不可分な関係にある。そこで今後は、地域の秩序ある発展を促しつつ、交通公害の防止を図るため、広域的な地域の計画の中で、交通施設の配置と土地利用の基本的なあり方に関する長期的・総合的な調整を行うことを検討する必要がある。

第2　土地利用面から今後講ずべき交通公害対策

1. 道路交通公害対策

(1) 道路交通公害の特徴

（公害の特徴）

　道路交通公害としては、自動車の走行に伴う騒音、振動及び大気汚染がある。幹線道路では、概して夜間も相当の交通量があり、公害が夜間も発生するという問題がある。

　これらの公害の影響範囲は、道路に沿っておおむね帯状であり、道路から離れ

るに従いそのレベルが低減する。例えば騒音については、4車線・平坦構造で日交通量4万台クラスの一般道路の沿道における夜間の騒音レベルを、昭和51年6月の中央公害対策審議会答申に示された自動車騒音許容限度の第2段階目標の実現を前提とし、また沿道には建物等の遮へい物が全くないという条件の下で試算してみると、地上1.2mにおいて、車道端から10m以内では60ホン（住居系地域の要請限度値）を超すが、70mまで離れると50ホン（住居系地域の環境基準値）となる。

　騒音については、このような距離減衰があるほか、遮音壁、緩衝建築物等の遮へい物により後背部の騒音レベルを大幅に低減することができる。例えば上記試算の場合において、道路の路肩端に高さ3mの遮音壁を設置すれば、地上1.2mではすべて50ホン以下となり、地上4.2mで見ても50ホンを超える範囲は、遮音壁がないときは車道端から計算上150m以内であるが、上記遮音壁の設置により30m以内にまで狭めることができる。また、大気汚染については、植物による汚染物質の吸着、吸収等の現象があることも知られている。

（対策の方向）

この報告では、大量の自動車交通を担う幹線道路を対象とし、道路構造対策及び沿道土地利用対策について検討を行うが、これらの対策は、例えば夜間に大型車の通過交通が多い道路等公害の特に著しい道路について重点的に講じていく必要がある。

　道路交通公害の特徴を踏まえると、道路構造面では、緩衝用地を確保して植樹を行い、遮音壁や築堤を設置し、又は掘割構造等を採用することにより沿道への公害の程度を軽減することが考えられる。また、沿道土地利用面では、公害による影響を受けやすい住宅等を道路から離すこと、道路と住宅等との間に緩衝建築物、緩衝緑地等を配置すること等が考えられる。

　これを道路の種類ごとに見ると、高速道路等の自動車専用道路では、沿道からの道路利用が制限されており、このことは車道と沿道とを隔離する道路構造対策に有利な条件であると言える。その他の一般道路では、沿道からの道路利用の可能性が大きく、このため沿道に住宅を含め高密度な土地利用が形成される傾向があるが、交通量の多い幹線道路の沿道では、例えば自動車関連施設、流通業務施設等の道路との共存が有利な施設その他の公害により機能を害されるおそれの少ない業務用の施設を誘導することが考えられる。

　更に今後、このような土地利用面からの道路交通公害対策を効果的に実施していくためには、地域における土地利用計画を検討するなかで物流関連施設の配置等を適正化するとともに、これらの施設との連携をとりつつ、地域の道路網の中で各道路の機能を適切に分化するための道路の整備、交通の管理・誘導等に関する施策をあわせて進めていくことが重要である。

(2) 道路構造対策

　ア　新設・改築される幹線道路

　　　大量の自動車交通を担うこととなる幹線道路の新設及び改築（バイパスの建設を含む。）に当たっては、まず、適切な路線の選定を行うことが肝要である。その上で、既成市街地又は市街地の形成が確実な地域を通過する場合には、原則として、道路構造対策により公害の防止を図る必要がある。

この場合において、住宅地等沿道の良好な生活環境を保全すべき地域における道路構造対策としては、騒音、振動及び大気汚染のいずれをも低減し得るとともに、周辺地域における防災性、景観等の向上にも資するという観点から、道路用地を広くとり、車道の外側に緩衝用地を確保して必要に応じ遮音壁や築堤を設け、植樹を行ういわゆる環境施設帯の対策を基本とすべきである。また、道路の機能、沿道土地利用の状況等に応じ、掘割構造等の採用についても検討し、これらの道路構造上の対策により交通公害の未然防止を図るべきである。

イ 既設の幹線道路
(ア) 既成市街地にある道路
（自動車専用道路）
自動車専用道路については、沿道からの道路利用が制限されているという特徴があり、また将来とも主要な幹線道路として機能していくものと考えられるので、道路構造対策の強化を中心として公害問題の改善を図る必要がある。このため、遮音壁の設置、かさ上げ、吸音材の活用等により遮音性能の向上を図るほか、大気汚染等の低減をも図る観点から、段階的に環境施設帯を確保する等の措置を講ずるべきである。

（その他の道路）
自動車専用道路以外の一般道路のうち交通量が多く、現に深刻な交通公害が発生している区間については、環境施設帯の確保を含む道路の拡幅により公害を防止できる道路構造を備えることとするか、又はバイパスの整備等により現道から通過交通を排除するか、いずれかの道路側の対策を進めるべきである。

沿道からの道路利用が可能であることに由来する高密度な沿道土地利用の実態等から、このような道路側の対策に制約がある場合には、可能な限り植樹帯の整備等の道路構造の改善を行うとともに、後述する沿道整備等の沿道土地利用対策を導入することとすべきである。

(イ) その他の地域にある道路
既成市街地以外の地域にある幹線道路については、主に沿道土地利用対策により公害防止を図るべきであるが、道路側においても、沿道土地利用対策と連携をとりつつ沿道への公害を低減するため必要がある箇所には、遮音壁・築堤の設置等の効果的な道路構造の改善を行うべきである。

(3) 沿道土地利用対策
ア 沿道整備法に基づく施策の推進
幹線道路の沿道について、道路交通騒音による障害を防止し、適正かつ合理的な土地利用を図るための法制度として、「幹線道路の沿道の整備に関する法律」（沿道整備法）が昭和55年に公布・施行された。同法においては、都道府県知事が自動車交通量、道路交通騒音及び住宅等の集合に関する要件に該当する幹線道路を沿道整備道路として指定し、市町村がその沿道について沿道整備計画を定め、その計画を実現していくため、建築行為に関する届出・勧告又は制限、市町村による土地買入れに対する国の資金貸付け、道路管理者による緩衝建築物の建築費等の一部負担及び住宅の防音工事費の助成等の措置が講じられることとなっている。沿道整備の指針となる沿道整備計画は、詳細な都市計

画であって、建築物の間口率、高さ、構造、用途等と緩衝空地等の配置・規模を地域の特性に応じて定めることができる。

沿道整備法は、沿道土地利用面からの対策に関する新しい制度であり、現在のところ兵庫県下の国道43号（これと重複する阪神高速神戸西宮線・大阪西宮線を含む。）が沿道整備道路として指定されているだけであるが、今後積極的に対象道路の指定を行い、地域の特性に応じ、適切な沿道地域の整備を進めていく必要がある。

(ア) 既成市街地の沿道整備

既成市街地における沿道整備は、幹線道路に面して緩衝建築物を配置することにより、後背部の住宅地を道路交通騒音から保護することに主眼が置かれることになると考えられる。このような緩衝建築物は、道路側からの著しい騒音や大気汚染にさらされることが避けられないから、沿道指向型の業務用地又は後背住宅からも利用できる車庫、倉庫、公共・公益施設等の非住居系の用途に供されることが望ましい。

しかしながら、住宅の密集地における沿道整備では、新築される緩衝建築物の一部を関係住民の代替住宅とせざるを得ない等の理由から、緩衝建築物の住居としての利用を認めるほかない場合もあると考えられる。このような場合にあっても、可能な限り幹線道路の車道と緩衝建築物との間に歩道、植樹帯、駐車場等の緩衝空間を配置するとともに、緩衝建築物について十分な防音性能を確保することはもちろんのこと、その後背部に日照・緑化空間を確保することにより、より良好な居住環境を実現する必要がある。

このため、沿道整備を進めるに当たっては、沿道整備道路の構造改善を進めるとともに、沿道整備計画は関係地域住民等の理解と協力を得て適正な範囲で設定することが必要であり、更に市街地開発事業等の面的整備事業も併用することが望ましい。

(イ) 新市街地の沿道整備

沿道整備法は、相当数の住居等が集合することが確実と見込まれる幹線道路の沿道地域についても、適用できることとなっている。

沿道整備計画の内容は地域の特性を反映し得るものであるから、このような新市街地での沿道整備にあっては、道路交通公害の未然防止の観点から、騒音、大気汚染等の著しい幹線道路の直近部分には、公害による影響を受けやすい住宅等を配置しないこととすべきである。

この場合においては、例えば、幹線道路の直近には築堤を伴う緩衝緑地又は業務用の施設からなる緩衝建築物を配置し、これらによる遮音効果を勘案しつつ、その後背部に適切な高さの住宅等を立地させるような、土地区画整備事業等の面的整備事業を併用した沿道整備が考えられる。

イ 沿道土地利用規制の導入

(ア) 沿道土地利用規制の意義

現在、市街化されていない地域にあっても、幹線道路の沿道で住宅が散発的に立地し、やがて住宅を中心とする市街地が形成されていくこととなれば、新たな道路交通公害問題が発生することは避けられない。しかも、交通公害が深刻化してしまった時点で、公害防止のために沿道の再開発等を行うには、

膨大な費用と労力を要することとなる。そこで、幹線道路の沿道のうち今後市街化が進んでいくこととなる地域では、公害による影響を受けやすい住宅等の新規立地を事前に制限する土地利用規制を行うことにより、公害の未然防止を図ることが必要である。

このような沿道土地利用規制は、住宅等の新築を制限する一方、例えば流通業務、商業等の施設あるいは農地等の公害により機能を害されるおそれの少ない土地利用を助長するものであるから、幹線道路の沿道にふさわしい合理的な沿道土地利用の形成にも効用があると言える。また、沿道土地利用規制により公害を防止し、合理的な沿道土地利用を形成することは、大量の自動車が円滑に走行することを求められる幹線道路の機能の発揮にも資することとなろう。

(イ) 現行制度の状況

このため、現行制度の下でも、幹線道路の沿道では、市街化調整区域、農業振興地域等に係る土地利用規制を活用することにより、住宅等の散発的な立地を抑制すべきである。また、相当数の住宅等の集合が確実と見込まれる場合には、住宅等が散発的に立地していく箇所を含めて沿道整備法を適用し、ア(イ)で述べたような同法の適切な運用を図るべきである。

しかし、市街化調整区域等は、幹線道路の存在に応じて適用できることとはなっておらず、また沿道整備法についても、道路交通公害の程度に応じて土地利用の用途等を指定する基準を定めていないこと等から、本格的な沿道土地利用規制の制度とは言い難い。

このような我が国の現行制度の状況に対し、欧米諸国では、幹線道路の沿道土地利用規制について、既にさまざまな取組みを見せている。これらの諸外国の沿道土地利用規制の制度は大きく二つのタイプのものに分けることができる。その一つは「計画なき所に開発なし」を原則とする厳格な土地利用計画の制度の下で、沿道における公害の防止を図る観点から住宅等の新築を制限し、又は防音構造化を義務づけるものであり、もう一つは道路に関する法制度の中で道路交通の安全、円滑化等を目的としつつ沿道の建築規制を行い、結果的に道路交通公害の防止にも役立っているというものである。欧米諸国と我が国とでは基本的な土地利用政策の仕組みや国土条件に差があるが、これらの法制度は、我が国の今後の交通公害対策を考えるに当たって参考となろう。

(ウ) 今後検討すべき沿道土地利用規制

以上のとおり、幹線道路の沿道の土地利用規制は、道路交通公害の未然防止を図るうえで極めて重要であるとともに、合理的な沿道土地利用の形成、幹線道路の機能の発揮という面でも効用があると考えられるが、現行制度は有効な沿道土地利用規制を行ううえで限界がある。そこで、今後の制度的な課題として、次のような沿道土地利用規制の導入を検討すべきである。

(沿道土地利用規制の内容)

沿道土地利用規制の内容は、通過交通を中心とする大量の自動車交通を担う特定の幹線道路の沿道で、今後市街化の進展する可能性がある地域を対象とし、道路交通公害が特に著しい範囲では住宅、学校、病院等の新築を禁止

するものとし、また、騒音が著しい範囲では新築される上記の建築物の防音構造化を義務づけることとする。
（考えられる制度的仕組み）
　沿道土地利用規制の制度的仕組みとしては、次のようなものが考えられよう。
i）都市計画法制の体系による対処としては、
　沿道整備法の中に、既成市街地における再開発型の沿道整備の措置とは別に、今後市街化の進展する可能性がある地域に対する統一的な沿道土地利用規制の措置を盛り込むよう同法を拡充・強化するか、又は公害防止の観点から空港周辺の土地利用規制を行うための「特定空港周辺航空機騒音対策特別措置法」に準ずる特別立法を行うことが考えられる。
ii）道路関係法制の体系による対処としては、
　道路交通の円滑化あるいは道路機能の維持のためには、沿道における公害の防止が今や不可欠であることにかんがみ、交通の危険防止等を目的とする沿道区域（道路法第44条）及び特別沿道区域（高速自動車国道法第13条）に係る規制内容を公害防止の観点も含め拡充・強化することが考えられる。
（規制に伴う補償措置）
　以上のような沿道土地利用規制を実施する中で、特に住宅等の新築禁止に伴い既存の宅地等の利用に著しい制約が生ずる場合には、「特定空港周辺航空機騒音対策特別措置法」等の例に照らして見ても、原因者負担の考え方による適正な補償措置が必要であると考えられる。
ウ　沿道土地利用の適正化のためのその他の対策
（ア）沿道緩衝緑地帯の配置
　幹線道路の沿道に公害の緩衝空間を配置することは公害防止上有効であり、特に緩衝緑地については、幹線道路と住宅地とを離すとともに、そこに築堤等を設け、十分な植栽を施すことにより、騒音、振動及び大気汚染を低減することができ、更に市街地の防災や景観の向上にも資するものである。
　現在のところ、沿道における緩衝緑地の整備実績は少ないが、今後、周辺の土地利用状況を勘案し、総合的な地域環境を改善する観点から、都市公園としての沿道緩衝緑地の整備を進めるべきである。また、沿道緩衝緑地の整備促進を図るため、これまで相当の整備実績を上げている工場地域周辺の緩衝緑地に係る整備手法を参考として、公害防止事業団の積極的活用、整備事業に対する国の補助のかさ上げ等についても検討すべきである。
　なお、同様の観点から、幹線道路の沿道に公園、広場等を配置し、又は既存の緑地を保全することが望ましい。
（イ）都市計画における用途地域等の適正化
　沿道整備法の適用地域以外の幹線道路沿道にも、非住宅系の緩衝建築物を立地させることにより、後背住宅地の環境保全を図ることが望ましい。このため、地域の状況に応じ、沿道については、商業系等の用途地域を配置するとともに、容積率のかさ上げ等を行うことにより、緩衝建築物の立地を誘導すべきである。その際、後背住宅地についても、居住環境の整備のための事業を行うことが望ましい。

　　　　　また、幹線道路の沿道のうち自動車関連施設、流通業務施設等のいわゆる沿道指向型の施設を集中的に配置するのにふさわしい地域については、土地利用をこのような業務系の用途に特化していくように、特別用途地区の積極的な活用も図るべきである。
　　　　　なお、容積率等の取扱いについては、幹線道路の沿道に中・高層の集合住宅のみが散発的に進出して公害問題の拡大を引き起こすことがないよう、地域の土地利用の動向を見極めた上でのきめ細かな配慮をすべきである。
　　　(ウ) 幹線道路を軸とする防災対策との連携
　　　　　都市における防災対策の一環として、幹線道路の周辺を防火地域等に指定し、あるいは都市防災不燃化促進事業を導入することにより、耐火建築物の立地・誘導を図り、幹線道路を軸に災害発生時の延焼遮断帯を形成する対策が講じられつつある。耐火建築物はそれ自体構造的に防音性能が高く、これが沿道に連担して配置されれば後背部に対する遮音効果も期待できる。
　　　　　したがって、道路交通公害を防止するための沿道土地利用対策を推進するに当たっては、このような都市防災対策との有機的な連携を図ることとすべきである。

2. 新幹線鉄道公害対策
　(1) 新幹線鉄道公害の特徴
　　　新幹線鉄道公害としては、列車の走行に伴う騒音及び振動があり、これらの公害の影響範囲は鉄道に沿って帯状である。騒音及び振動は距離減衰があるほか、防音壁の設置・改良、軌道構造物の増強等により低減することができ、東海道、山陽及び東北・上越の各新幹線は、建設年代に応じ鉄道構造及び車両の改良が進められてきている。
　　　騒音については、最近の測定結果によれば、環境基準のレベルである 70 又は 75 ホン程度になるのは軌道から 100 m 程度離れた地点であるが、建設年代の古い東海道新幹線の沿線では軌道端から 20 m 以内で 80 ホンを超える場合が相当ある。振動については、東海道新幹線では軌道端から 20 m 程度まで 70 デシベル（昭和 51 年 3 月環境庁長官勧告に基づく対策指針値）を超える場合があり、山陽新幹線では同じく 10 m 程度まで 70 デシベルを超える場合があるが、東北新幹線では沿線において 70 デシベルを超えることはほとんどないと見られる。
　　　新幹線鉄道による公害は、列車の高速運転がなされる停車駅間の通過区間で発生している。このような区間では沿線からの鉄道利用の可能性がなく、このことは軌道と沿線とを隔離する鉄道構造対策を講じやすい条件と言える。一方、沿線土地利用面から、公害により機能を害されるおそれの少ない例えば工業・業務系の施設を配置するには、これを誘導するための公的な関与が必要である。
　(2) 鉄道構造対策
　　ア　新設の新幹線鉄道
　　　　今後新設される新幹線鉄道については、適正な立地選定を行うとともに、鉄道構造及び車両の改良を一層進め、更に周辺土地利用の状況に応じ必要がある場合には緩衝用地を確保することにより、公害の未然防止を図るべきである。
　　イ　既設の新幹線鉄道

既設の新幹線鉄道については、これまでも発生源対策が講じられてきたが、今後とも可能な限り音源・振動源対策に関する最新の技術の活用を図るべきである。
　　このうち、東海道新幹線の沿線で特に公害の程度が著しい住宅密集区間では、騒音を大幅に低減できるような防音壁の抜本的改良等についても検討し、適用可能な最善の鉄道構造対策を講ずるとともに、後述する沿線土地利用対策とあわせて公害問題の改善を図るべきである。
(3) 沿線土地利用対策
　ア　今後講ずべき対策
　　（既成市街地における対策）
　　　新幹線鉄道公害を防止するための現在の沿線対策としては、国鉄の「新幹線鉄道騒音・振動障害防止対策処理要綱」に基づき、沿線の既存住宅等に係る防音工事助成、防振工事助成及び移転補償・土地買取りが行われている。しかし、これらの障害防止対策は、国鉄が関係住民等の希望に応じて実施しているものであって、これのみでは沿線の合理的な土地利用を計画的に実現するうえで十分でない。
　　　そこで、既成市街地内の沿線区間では、国鉄及び関係地方公共団体の連携の下で、積極的な沿線整備に努めるべきである。すなわち、国鉄としては、障害防止対策、特に沿線住宅の移転補償を移転代替地・代替住宅の提供等の措置とあわせて強力に推進すべきである。また、関係地方公共団体としては、国鉄が行うこのような障害防止対策の推進措置に協力するとともに、地域の状況に応じて、沿線緩衝緑地の配置、再開発等による沿線整備対策を進めるべきである。
　　（その他の地域における対策）
　　　既成市街地以外の沿線区間では、住宅等の立地を抑制し、新幹線公害により機能を害されるおそれの少ない土地利用を実現するため、地域の状況に応じ、次のような措置を講ずべきである。
　　ⅰ) 市街化調整区域、農業振興地域等に係る土地利用規制を活用し、沿線への住宅等の立地を抑制する。
　　ⅱ) 地域の土地利用計画の中で、道路等の整備状況を勘案して、沿線に工業団地、流通業務団地、スポーツ施設等の公害により機能を害されるおそれが少なく、かつ大きな間口を占めることのできる施設の誘導・配置を図る。
　　ⅲ) 新たな住宅地の形成が避けられない場合には、都市計画法による地区計画を活用する等により、沿線の直近部分には業務用の施設、緩衝緑地等を配置し、その後背部に住宅を立地させる。
　イ　今後検討すべき課題
　　　既成市街地における沿道整備については、当面個別の地域ごとに現行法制の下で実施可能な対策を進めるべきであるが、今後のあり方としては関係地方公共団体、国鉄及び国の適切な役割分担の下で、沿線の再開発等に関する計画を定め、沿線整備に関する各種施策を効果的に講じていく必要があり、このため、所要の制度の導入を含め具体的は方策を検討すべきである。
　　　また、今後市街化の進展する可能性のある沿線地域については、公害の未然防止及び合理的な土地利用を図る観点から、新幹線鉄道公害の程度に応じて、

住宅、学校、病院等の新築を禁止し、又はこれらの建築物の防音構造化を義務づけるため、沿線土地利用規制の導入の検討すべきである。
(4) 在来鉄道に係る公害対策
新幹線鉄道以外のいわゆる在来鉄道についても、騒音・振動による公害問題が生じている地域があるので、その公害の実態等について調査・検討を急ぎ、公害防止対策を進めるべきである。

3. 航空機公害対策
(1) 航空機公害の特徴
航空機公害としては、飛行場周辺の広い範囲にわたり大きな影響を及ぼすという点では騒音が主なものである。

航空機騒音のうち、滑走時の地上騒音については築堤等による低減効果があるが、飛行中の騒音については地上施設による低減の効果が少なく、このため飛行場周辺では、航空機の離・着陸コースに沿って広い範囲にわたり航空機騒音が及ぶこととなる。例えば大阪国際空港周辺では、「公共用飛行場周辺における航空機騒音による障害の防止等に関する法律」(航空機騒音障害防止法)に基づき75 WECPNL 以上を基準として指定された第1種区域は約 3,100 ha に及んでおり、このうち 90 WECPNL 以上を基準として指定された第2種区域は約 700 ha である。

飛行場周辺の騒音影響範囲では、住宅等を極力離していく必要があり、これに代わって臨海港型工業、空港関連業務その他公害により機能を害されるおそれの少ない土地利用を誘導・配置することが考えられる。

(2) 飛行場構造対策
ア 新設の飛行場
飛行場の周辺では航空機騒音が離・着陸コースに沿って相当広範囲に及ぶこととなるので、飛行場の新設に当たっては、周辺地域の土地利用を勘案した適正な立地の選定が特に重要である。その上で、特に著しい騒音が及ぶことの避けられない滑走路の直近部分については、飛行場の一部として緩衝用地を事前に確保することとすべきである。緩衝用地を確保することによって騒音の特に著しい範囲への住宅等の立地を確実に排除できるほか、そこに築堤、植樹帯等を設けることにより航空機の地上騒音を低減することもできる。

イ 既設の飛行場
既設の飛行場については、既存の周辺土地利用との関係で飛行場用地を直ちに拡大することが困難な場合があることから、航空機騒音障害防止法に基づく障害防止対策として行い得る建物の移転及び土地の買取りを強力に進め、緑地帯その他の緩衝地帯を段階的に整備していくこととすべきである。

(3) 飛行場周辺土地利用対策
ア 周辺の整備
航空機騒音障害防止法に基づく空港周辺整備計画又は都市計画等の土地利用計画において、騒音影響地域に工業、流通業務等の土地利用を誘導・配置し、あるいは農業等の振興を図ることにより、騒音により機能を害されるおそれの少ない周辺土地利用を形成すべきである。

このうち、航空機騒音が特に著しい第2種区域については、既存住宅等の移転補償を代替地・代替住宅の提供等の措置とあわせて更に促進するとともに、適切な土地利用への転換を図る観点から大規模都市公園等騒音により機能を害されるおそれが少なく、かつ緩衝機能を有する施設の配置による対策についても検討すべきである。
　イ　周辺土地利用規制
　　空港周辺の土地利用規制については、「特定空港周辺航空機騒音対策特別措置法」（特騒法）がある。同法は、公共用飛行場のうち、おおむね10年後においてその周辺の広範囲な地域にわたり航空機の著しい騒音が及ぶこととなり、かつ、その地域において宅地化が進むと予想されるものを特定空港として政令指定し、都道府県知事が策定する航空機騒音対策基本方針を踏まえて、航空機騒音障害防止特別地区（80 WECPNL以上）では、住宅、学校、病院等の新築を禁止し、航空機騒音障害防止地区（75 WECPNL以上）では新築される住宅等について防音構造化を義務づけること等を内容とするものである。
　　特騒法に基づき現在、特定空港に指定されている新東京国際空港については、同法に定める具体的な措置を速やかに実施すべきである。また、その他の空港についても、今後周辺の宅地化が進むと予想される場合には、公害の未然防止を図るため、同法の適用を積極的検討すべきである。
　　一方、空港周辺に相当の市街地が既に形成され、現行の特騒法を全面的に適用することが著しく困難な場合もあると考えられる。しかし、航空機騒音が特に著しい第2種区域内においては、障害防止対策として既存住宅等の移転対策が行われつつある中で、新たな住宅等の立地が進んでいるという実態がある。例えば、周辺対策が特に集中的に行われている大阪国際空港の周辺においてさえ、昭和49年4月から54年12月までの間に第2種区域（第3種区域を除く90～95 WECPNLの地域）では、601件の住宅移転に対しその約半数に当たる269件の住宅新規立地があり、更に第3種区域（95 WECPNL以上の地域）においても342件の住宅移転に対し33件の住宅新規立地があった。このような住宅等の新規立地は、空港周辺の適正な土地利用を図るという観点からも問題があり、少なくとも第2種区域については、このような事態を是正するため、土地利用規制を含め有効かつ適切な方策を早急に検討する必要がある。
(4) 防衛施設である飛行場に係る対策
　　防衛施設である飛行場については、その機能や関係法令が公共用飛行場の場合と異なるが、騒音公害の防止を図る必要性は同様であるから、以上述べたところを考慮しつつ、防衛施設の特性に応じて所要の措置を講ずる必要がある。

4. 各種の交通施設を通じて講ずべきその他の対策
(1) 周辺整備の促進のための措置
　　交通公害問題が深刻な交通施設周辺の住宅密集地については、既存住宅等の移転、再開発等の周辺整備対策を、強力かつ円滑に推進していく必要がある。
　　このような周辺対策の実施に当たっては、関係住民、土地所有者等の利害関係者の合意形成が不可欠である。このため、周辺整備に関する計画の策定等に当たる関係地方公共団体が中心となって、交通公害問題を解決するとともに地域の整

備・発展を図るためには周辺の整備を進めることが必要であることを十分説明するなど、関係者の理解と協力を得るために一層の努力をすべきである。

また、既存住宅等の移転を進める際には、移転住民等の希望に応じて移転代替地・代替住宅を提供することが特に重要である。現在のところ、航空機騒音障害防止法に基づき周辺整備空港（大阪国際空港及び福岡空港）に関しては、空港周辺整備機構が代替地造成事業等を行うこととされており、また一部の地方公共団体においては障害防止対策としての住宅の移転補償等に際し公的住宅への入居あっせん等の努力がなされている例もある。今後周辺整備対策を推進するに当たっては、このような移転代替地・代替住宅の提供のための措置を一層積極的に進める必要があり、このため、関係地方公共団体及び交通施設設置・管理者が住宅・都市整備公団、地方住宅供給公社等の土地・住宅関係機関の協力を得て必要な移転代替地等を優先的にあっせんし、あるいは移転代替地等として利用可能な土地・住宅関係機関等の保有する土地等に関する情報を提供する等の所要の措置を講ずるべきである。

更に交通施設周辺の整備対策は、沿道整備法の具体的な適用等により今後新たな展開が図られていくこととなるので、国としては、このような周辺整備対策が円滑に促進されることとなるよう、きめ細かな措置に努めるべきである。その一環として、交通施設周辺における緩衝緑地の整備等のため、公害防止事業団を積極的に活用すること等について、検討すべきである。また、交通傷害の著しい地域から住宅等を移転し、周辺整備のために土地を提供する者等に対する税制上の優遇措置を充実するとともに、住宅建築等に対する公的資金援助についても、このような公害防止上好ましいものについては所要の配慮を加えることを検討する必要がある。なお、交通公害の著しい地域への住宅新築のような好ましくないものについては、公的資金援助を抑制する方向で見直す必要がある。

(2) 交通施設構造に関する技術開発

より低公害な交通施設構造を実現する技術については、今後とも改善、進歩を図る必要がある。例えば、道路や鉄道における遮音壁等の材質・構造の改良、低騒音・低振動素材の活用、地中防振壁の実用化等に向けて、技術開発を更に促進すべきである。

5. 交通公害を防止するための広域的、計画的な措置

(1) 個別事業計画における公害防止の配慮

今後新たな交通公害問題の発生を回避するためにには、著しい交通公害を及ぼすおそれのある交通施設と交通公害による影響を受けやすい住宅地とを極力分離していくことが必要である。このため、新たな交通施設の整備計画においては、周辺地域の土地利用の現状及びその動向を十分見極めた上で、適正な立地選定を行うべきである。また、住宅団地等の開発計画においても、関係地方公共団体又は開発主体が、既存の交通施設及び計画中の交通施設の配置状況を十分勘案して、新たな交通公害問題を引き起こすこととならないよう適切な立地選定を行うべきである。

なお、大規模な交通施設の新設、改築等の事業に関しては、その実施に際し、環境に及ぼす影響について事前に十分調査、予測及び評価を行うこと等により十

分な公害防止等の対策を講じ、交通公害の未然防止を図る必要がある。このような観点から、関係各省庁の行政運用や一部地方公共団体の条例等により特定の事業や地域ごとに区々に環境影響評価が行われているが、統一的な法制度を早急に確立し、適切かつ円滑な環境影響評価の実施を図る必要がある。

(2) 広域計画の推進

広域的な地域について考えると、交通施設と土地利用の将来像を一体的に明らかにしつつ、両者の関係を可能な限り事前に調査していくことは、交通公害の防止のために有効であり、かつ地域の秩序ある発展を図るという観点からも重要なことと言える。

すなわち、今後も地域の発展等に伴い増大し、多様化する交通需要に対応するため物流及び人流に係る交通ネットワークの体系的な整備が必要であるが、その際、幹線道路、鉄道、飛行場、港湾等の根幹的な交通施設は、各施設間の有機的な連絡を保ちつつ、地域の土地利用のあり方を勘案して適切に配置していく必要がある。また、地域の土地利用についても、このような根幹的な交通施設の体系を勘案して、トラックターミナル、工場、倉庫等大量の交通需要を発生する施設と住宅を含む一般市街地とを適切に配置していく必要がある。

したがって、今後の課題としては、広域的な地域の計画の中で、基本的な交通施設の体系と土地利用のあり方とを有効・適切に調整するという方向を強め、もって地域の秩序ある発展を促しつつ、交通公害の防止を図ることを検討する必要がある。

6. 財源の確保

(1) 原因者負担による財源

交通施設の整備事情費は、道路にあっては自動車関係諸税及び財政投融資資金等（これは有料道路の通行料金収入により償還される。）を、鉄道にあっては乗客等からの運賃料金を、空港にあっては航空会社からの空港使用料を、それぞれ主な財源とする仕組みがとられており、その事業費の一部を用いて、交通公害のための交通施設構造の改善及び障害防止対策等が行われることになっている。

今後、交通公害対策を一層推進・強化するため、まず、これらの交通施設整備事業費の中で所要の公害対策費用を確保するとともに、更に、交通公害の原因者が公害の発生程度に応じて公害対策費用を適切に負担することとなるよう交通施設の種類ごとに所要の検討を行うべきである。

(2) 一般財源の充実

周辺土地利用対策は、交通公害の防止とともに地域の総合的な整備・発展に資するものであるから、周辺土地利用対策の推進に必要な一般財源の充実をあわせ図るべきである。このことは、現在の一般財源を構成する税収の中に交通施設による開発利益、すなわち交通施設の共用による事業活動の発展、地価の上昇等が反映されている点から見ても、合理的と言えよう。

[資料1] 交通施設と周辺土地利用の状況
図1-1 国道43号神戸市内の自動車交通量及び沿道人口密度の推移

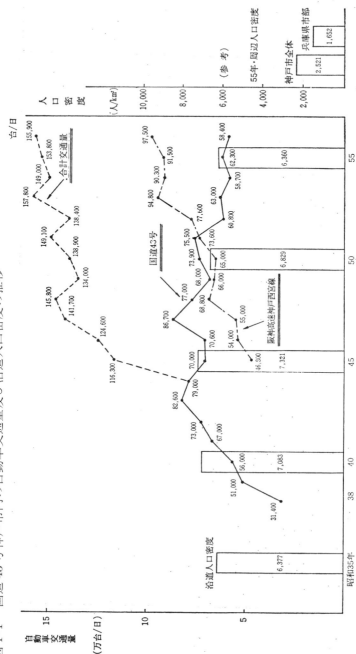

(備考) 自動車交通量は兵庫国道工事事務所資料により、沿道人口密度は国勢調査による国道43号に接する統計区の平均人口密度である。

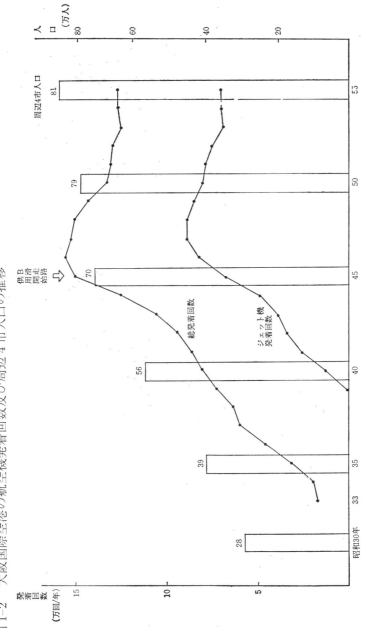

図 1-2 大阪国際空港の航空機発着回数及び周辺4市人口の推移

(備考) 1 航空機発着回数は、大阪国際空港港事務所調べによる。
2 周辺4市とは豊中市、池田市、伊丹市及び川西市であり、その人口は国勢調査の結果による。

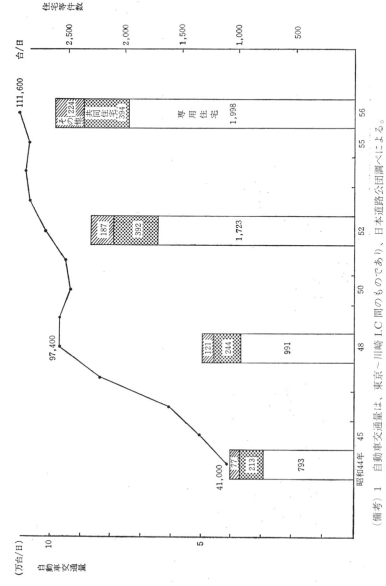

図 1-3　東名高速道路・川崎市内の自動車交通量及び沿線 100m 以内の住宅等件数の推移

(備考) 1　自動車交通量は、東京～川崎 IC 間のものであり、日本道路公団調べによる。
2　住宅等件数は、川崎市内の延長 5.3km 区間における沿道 100m 以内のものであり、環境庁調べによる。

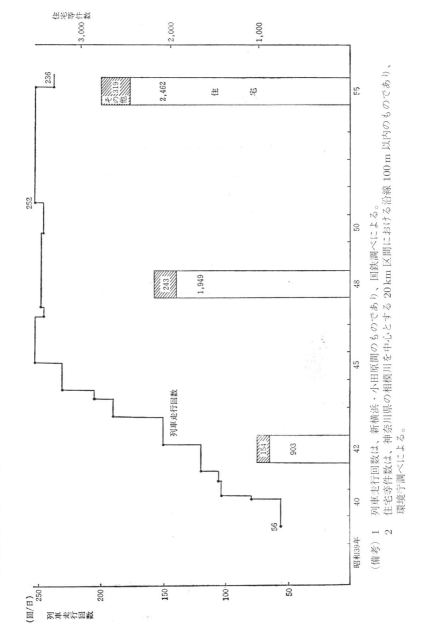

図 1-4　東海道新幹線・神奈川県中央部 20 km 区間の列車走行回数及び沿道 100 m 以内の住宅等件数の推移

(備考) 1　列車走行回数は、新横浜・小田原間のものであり、国鉄調べによる。
2　住宅等件数は、神奈川県の相模川を中心とする 20 km 区間における沿線 100 m 以内のものであり、環境庁調べによる。

[資料2] 道路交通公害の状況
1　道路交通騒音の試算例（夜間，日本音響学会の予測式による。）
(1)　4車線・日交通量4万台クラスの一般道路

前提条件（交通量 1,000台/時（昼夜率 1.5）　大型車混入率 30%
速度 50 km/時　第2段階規則）

図 2-1　遮音壁がない場合

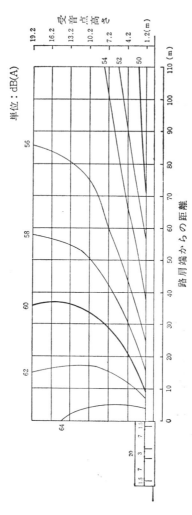

21　望ましい交通施設の構造及びその周辺の土地利用を実現するための方策　　479

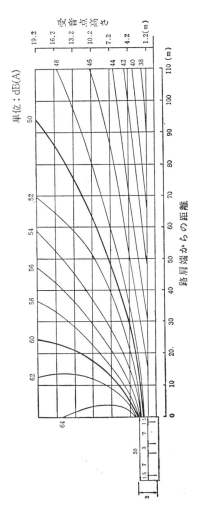

図2-2　遮音壁（高さ3m）がある場合

(2) 4車線・日交通量5万台クラスの高速道路

前提条件 (交通量 1,400台/時 （昼夜率 1.5） 大型車混入率 60％)
速度 80km/時 第2段階規制

図2-3 高架構造で遮音壁がある場合

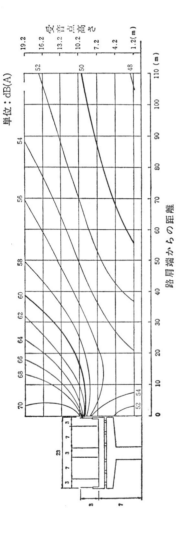

21 望ましい交通施設の構造及びその周辺の土地利用を実現するための方策

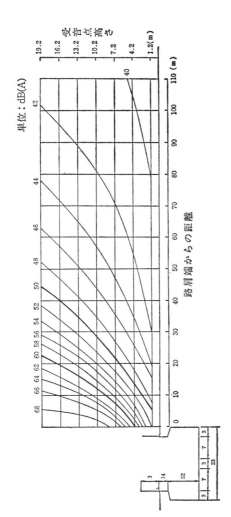

図 2-4 掘削構造で遮音壁がある場合

2 道路交通振動の状況

図2-5 国道1号・岡崎市内での測定結果

$\begin{pmatrix} 4車線 & 49,000台/日 & 大量者混入率 & 38\% \\ 昭和54年10月～11月のうち3日間 & 環境庁調査 \end{pmatrix}$

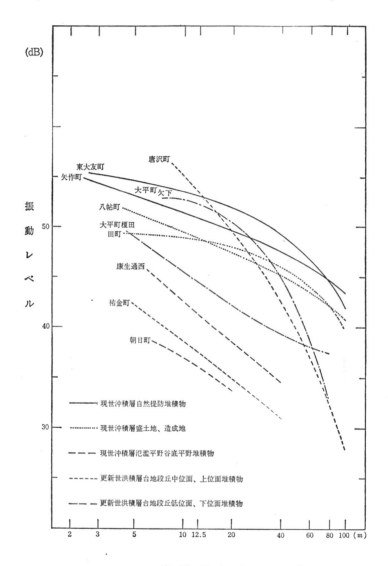

3 沿道における窒素酸化物の濃度の測定例
(1) 都道環状8号線・世田谷区上野毛・瀬田地区

$$\left(\begin{array}{l}6\text{車線}\quad 68{,}000\text{台／日}\quad 大型車混入率21\% \\ 昭和56年6月16日〜22日（7日間）\quad 世田谷区測定\end{array}\right)$$

図 2-6　二酸化窒素（NO_2）及び窒素酸化物
（NO_X）の濃度変化（沿道両方向）

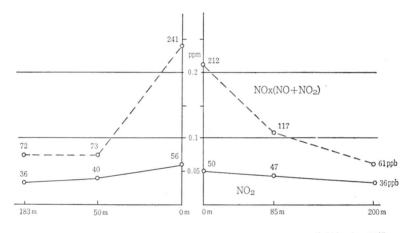

道路端からの距離

(2) 国道23号・四日市市北納屋町

$$\left(\begin{array}{l}4\text{車線}\quad 43{,}000\text{台／日}\quad 大型車混入率\quad 45\% \\ 昭和55年11月27日〜30日（4日間）\quad 環境庁調査\end{array}\right)$$

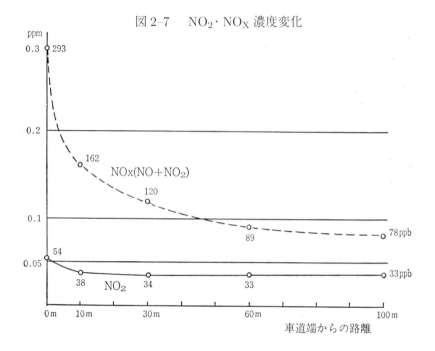

図2-7 　$NO_2 \cdot NO_X$ 濃度変化

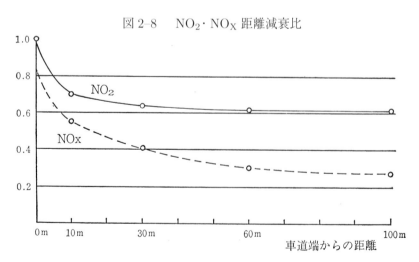

図2-8 　$NO_2 \cdot NO_X$ 距離減衰比

[資料3] 沿道整備の構想等
図3-1 国道43号に係る沿道整備のイメージ図の一例

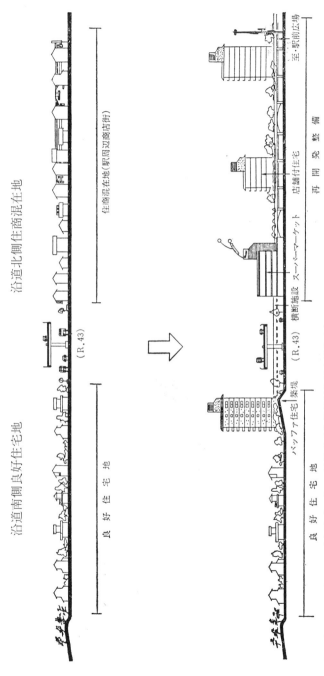

(出典) 昭和53年10月兵庫県「国道43号沿道環境整備対策調査報告書」

図 3-2　新市街地における沿道整備のイメージ
（フランス　ビュクロ・グラン・プレ地区での対策事例）

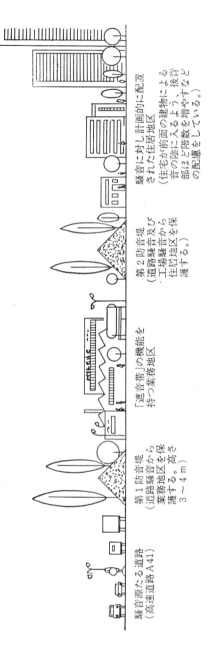

ビュクロ・グラン・プレ地区では、高速道路 A41 の拡幅計画があり、同時にこれに接する 40 ha が ZAC（協議整備区域）に指定され、市街化が進みつつあった。同地区の道路騒音対策は、主に沿道の土地利用面で対処された。

（出典）1972 年 12 月　フランス施設省・都市交通研究所資料

〔資料4〕欧米諸国における沿道土地利用規制の制度等

1　イギリス
　(1) 都市田園計画法及び1973年環境省等通達「計画と騒音」
　　　都市田園計画法に基づき、県（Country）レベルの基本計画（Structure Plan：20〜30のタイム・スケールで、基本的な土地利用、交通施設の配置等に関する政策を示す。）及び市町村（District）レベルの地域計画（Local Plan：土地利用、交通処理及び環境改善のための詳細な計画）という二段階の開発計画が策定され、建築等のあらゆる開発行為は、原則としてすべてこれらの開発計画を踏まえた地方計画機関の許可を受けなくてはならない仕組みになっている。
　　　これらの開発計画及び開発許可の指針として、環境省・ウェールズ省は1973年1月の通達「計画と騒音」において、「現在又は予見しうる将来において受忍できない騒音にさらされる場合には、騒音に敏感な施設の新規開発は許可すべきではない。」とし、道路交通騒音に関し、次のような基準を示している。
　　(a) 騒音が屋外で L_{10}（18時間）※70ホンを越える土地は、可能な限り住宅の新規建築に使用されてはならない。なお、このレベルは望ましい基準ではなく、受忍限度（limit of the acceptable）であるから、他の計画目標を犠牲にするおそれがない場合には、より低いレベルを採用すべきである。
　　(b) 大都市地域では防音壁等の設置により騒音を低減すべきであるが、敷地位置や開発密度から(a)を達成できない場合は、建物を防音構造とすべきである。住宅等の室内騒音は、いかなる場合にも L_{10}（18時間）50ホン以上であってはならず、望むらくは40ホン以下とすべである。
　　　※L_{10}（18時間）とは、1日当たり18時間（運用上6時から24時までとされているらしい。）の騒音測定を行った際の、高い方から10％目の騒音値を指す。日本の評価方法である中央値（L_{50}）に対し、5ホン程度高い値となる。
　(2) 道路法による沿道建築制限
　　　道路法に基づき、道路管理及び道路交通に対し支障を生ずるおそれのある沿道土地利用に制限を加えるため、道路管理者は、視距確保のための建築制限(59年法第81条)、沿道建物に対する建築線規制(80年法第74条)等を行うことができる。

2　西ドイツ
　(1) 連邦長距離道路法による沿道建築制限
　　　連邦長距離道路法に基づき、連邦アウトバーンの車道外縁から40m以内、連邦道路の車道外縁から20m以内では、一切の地上建築が禁止される。連邦アウトバーンから40〜100m、連邦道路から20〜40mの範囲で建物の新築、改築等を行う際は、連邦担当行政庁の承認が必要であり、当該行政庁は、交通の安全・円滑、道路の拡張計画、道路の構造等の観点から必要がある場合には、これを承認せず、又は条件を付して承認する。（第9条第1〜3項）
　(2) 連邦建設法による土地利用規制
　　　連邦建設法に基づき土地利用計画（Fプラン：市町村全域について基本的な土地利用用途の区分、交通用地等を示す。）及び建設詳細計画（Bプラン：街区等を

単位に建物の用途、階数、建築線等、交通用地等を詳細に指定する。）による厳格な土地利用規制が行われている。これらの計画は「人間に値する環境に寄与する」ものでなければならず、（第1条第6項）、「有害な環境影響の防止」が重視される。幹線道路の周辺では、Fプランにより林地、農地、業務系の用途地域を配置し、Bプランにより住居地域でも建築線の指定（住宅の後退建築）等を行うことができる。なお、Bプランが策定されていない未市街地では、建築行為が原則として禁止される。

3　フランス
　　都市計画法典による沿道土地利用規制
　　都市計画法典に基づき、都市整備基本計画（SDAU：都市の開発整備の基本方針を提示する。）及び土地占有計画（POS：用途地域等を指定し、詳細な建築制限等を規定する。）の二段階の都市計画が定められる。「立地する建築物が重大な公害、特に騒音公害をこうむることとなる場合には、その建築を許可せず、又は特別の条件（防音構造）の下で許可する」（R111–3.1）ものとされ、具体的には、詳細な都市計画であるPOSにおいて、高速道路等の通過道路又は大型車交通量の多いその他の幹線道路の両側200m以内は、通常の用途地域に重ねて「公害地域」の指定を受け、当該地域内では住宅及び療養・教育施設の建築が禁止され、又はこれらの建物について二重窓による防音構造の義務づけが行われる。
　　なお、POSが策定されていない地域では、自動車専用道路から40m以内（住宅については50m以内）、その他の幹線道路から25m以内（住宅については35m以内）での建築行為が禁止される（R111–5・6）。

4　アメリカ
　(1)　地方自治体によるゾーニング規制等
　　　アメリカにおいて土地利用制限の権限は州に属し、具体的には州の委任を受けて郡や市が用途地域の指定（ゾーニング規制）、敷地割規制等の土地利用規制を行っている。連邦道路局は、1974年に地方自治体のための手引書として「道路騒音及び土地利用マニュアル」を作成し、ゾーニング規制については、幹線道路の沿道に例えば騒音65ホン以上あるいは500フィート（約150m）以内といった基準で騒音影響地域を指定し、騒音と両立不可能な土地利用を排除すること等を推奨している。
　　　なお、土地利用の制限を行うゾーニング規制と憲法で保障される土地の所有権との関係について、連邦最高裁判所は、「（ゾーニング規制を定めた自治体の）条例を憲法違反と判断する場合には、その規制が明らかに恣意的で非合理であり、公共の衛生、安全、道徳あるいは一般的福祉に実質的関係がないことが判示される必要がある」（ユークリッド村事件、1926年）との判断基準を示し、この判決を契機に、各自治体は環境保全のためのゾーニング規制等に積極的に取り組んでいる。
　(2)　住宅の建築に対する連邦資金援助の配慮
　　　連邦機関である住宅・土地開発省（HUD）は、一定の騒音基準（原則としてL_{dn}[※]65ホン以下）を満たさない地域での騒音に敏感な住宅、学校、病院等の新

築に対し連邦の資金援助を抑制する政策をとっている。(1979 年 7 月 HUD 規則「騒音クライテリアと基準」)

　※L_{dn} とは、夜間の騒音に 10 ホンのペナルティをつけて 1 日の騒音を平均し、評価する値である。

[資料 5] 新幹線鉄道公害の状況
図 5-1 東海道新幹線・名古屋市内における騒音の状況

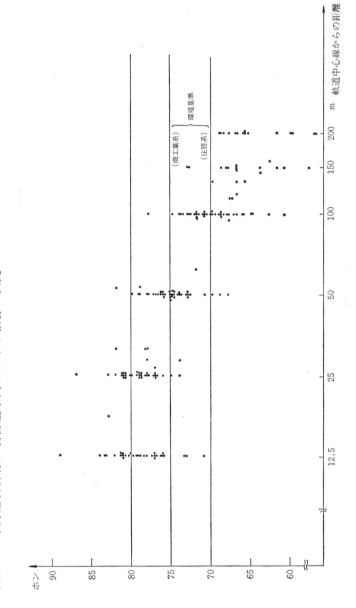

(備考) 昭和 57 年 8 月～12 月、名古屋市の測定結果を用い、列車速度 150km/時以上の 39 箇所のデータを表示したものである。

21 望ましい交通施設の構造及びその周辺の土地利用を実現するための方策　491

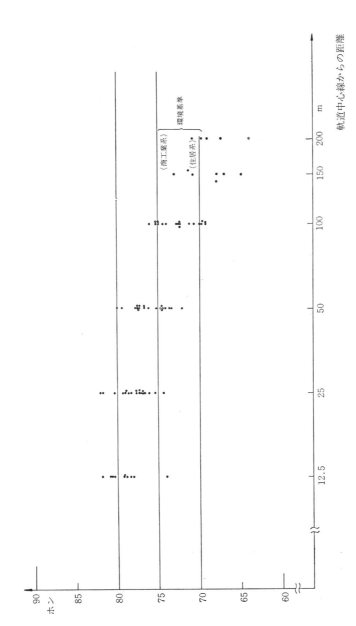

図 5-2　東北新幹線の沿線における騒音の状況

(備考) 昭和57年6月～7月 (開業直後)、環境庁の調査結果により、列車速度150km/時以上の19箇所のデータを表示したものである。

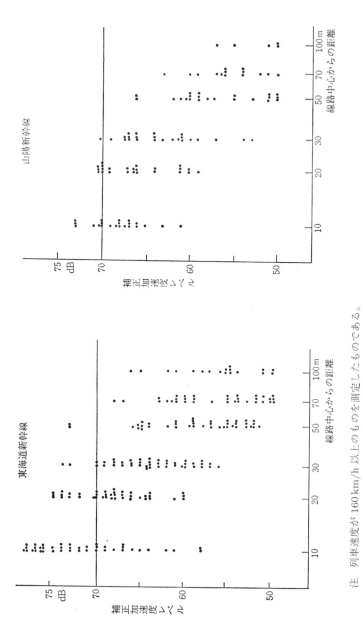

図 5-3　東海道・山陽新幹線の沿線における振動レベル

注　列車速度が 160 km/h 以上のものを測定したものである。

(出典) 昭和 51 年 2 月中央公害対策審議会・振動専門委員会報告添付資料

21 望ましい交通施設の構造及びその周辺の土地利用を実現するための方策　493

表6-2　地中防音壁による防振効果

測定ケース		振動レベル低減効果
複層地中壁 $H=5\,\mathrm{m}$, $W=0.4\,\mathrm{m}$		壁背後17m付近まで平均−5dB程度
コンクリート壁 $H=5\,\mathrm{m}$	$W=0.4\,\mathrm{m}$	壁背後8m付近まで平均−5dB程度
	$W=0.8\,\mathrm{m}$	壁背後8m付近まで平均−6dB程度
コンクリート壁 $H=10\,\mathrm{m}$, $W=0.4\,\mathrm{m}$		壁背後20m付近まで平均−5dB程度
変形空溝 $H=5\,\mathrm{m}$, $W=0.3\,\mathrm{m}$	剛結	壁背後5m付近まで平均−8dB程度
	防振キャップ	壁背後5m付近まで平均−7dB
	滴水	壁背後7m付近まで平均−6dB
	砂充填	壁背後5m付近まで平均−6dB
	矢板撤去	効果なし

注）H は深さ、W は厚さ、効果の数字は目安である。
（備考）新幹線総合試験線での試験結果であり、昭和55年10月「鉄道技術研究資料」による。

[資料6] 新幹線鉄道構造対策等による効果の例
図6-1　全覆・半覆防音壁による防音効果

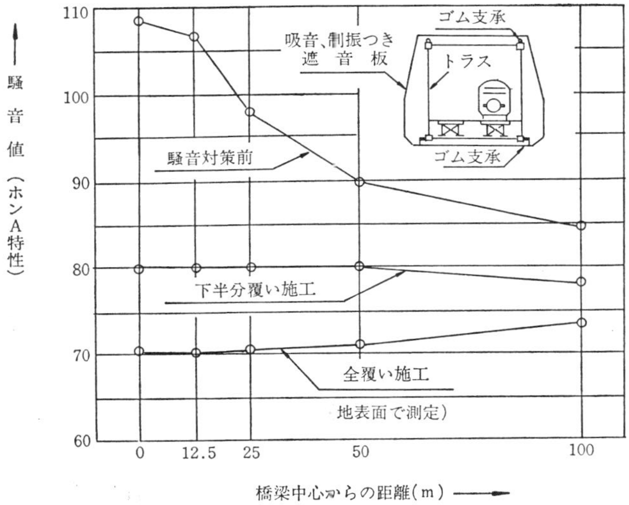

騒音値（ホンA特性）
110
100
90
80
70
60

橋梁中心からの距離（m）
0　12.5　25　50　100

騒音対策前
下半覆い施工
全覆い施工
地表面で測定

吸音制振遮音板
ゴム支承
トラス
ゴム支承

（備考）東海道新幹線葛川橋梁での対策例であり、昭和52年2月日本鉄道施設協会「鉄道騒音振動対策の研究」による。

〔資料7〕航空機騒音の状況等
図7-1　大阪国際空港に係る騒音区域指定図

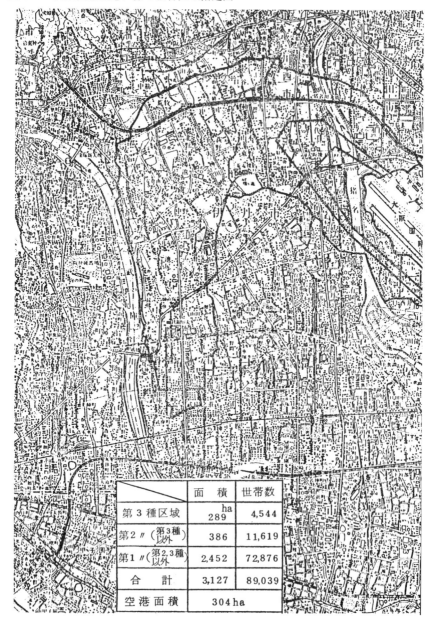

	面積	世帯数
第3種区域	ha 289	4,544
第2〃（第3種以外）	386	11,619
第1〃（第2,3種以外）	2,452	72,876
合　計	3,127	89,039
空港面積	304ha	

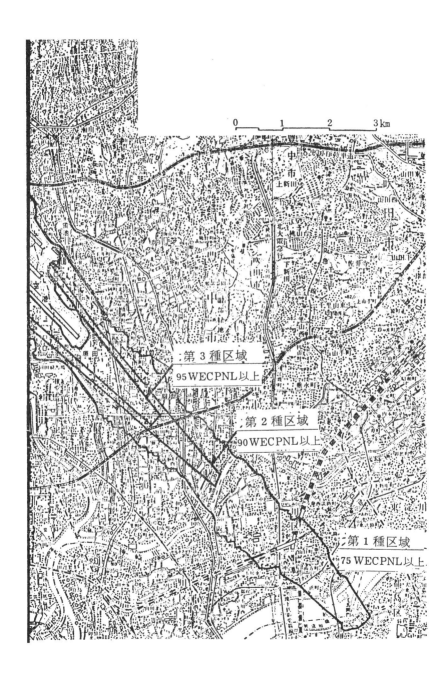

図 7-2 大阪国際空港周辺における建物の新築・除去状況

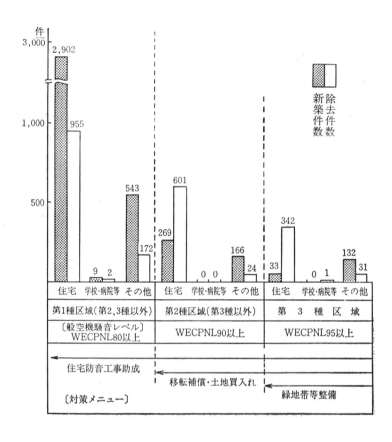

(備考) 1 昭和 49 年 4 月から 54 年 12 月までについて、大阪府及び兵庫県の調査結果を環境庁が集計したものである。
2 第 1 種区域は、57 年 3 月の区域拡大前における WECPNL 80 以上の区域を対象にしている。

§22 風力発電施設から発生する騒音に関する指針について

平成 29 年 5 月 26 日
環水大大発第 1705261 号

都道府県知事
市長・特別区長　殿

環境省水・大気環境局長

風力発電施設から発生する騒音に関する指針について

　再生可能エネルギーの導入加速化は我が国の環境政策において極めて重要であり、風力による発電は、大気汚染物質や温室効果ガスを排出せず、国内で生産できることからエネルギー安全保障にも寄与できる重要なエネルギー源の一つです。風力発電施設は国内外を問わず設置数が大きく増加していますが、一方で、そこから発生する騒音等については、不快感の原因となることや健康影響の懸念等が指摘されています。このため、環境省では、平成 25 年度から水・大気環境局長委嘱による「風力発電施設から発生する騒音等の評価手法に関する検討会」を設置し、風力発電施設から発生する騒音等を適切に評価するための考え方について検討を進め、平成 28 年 11 月 25 日に検討会報告書「風力発電施設から発生する騒音等への対応について」を取りまとめました。今般、同報告書を踏まえ、風力発電施設から発生する騒音等について、当面の指針を別紙のとおり定めたので通知します。貴職におかれては、下記に示した本指針策定の趣旨等及び別紙の指針、並びに風力発電施設から発生する騒音等の測定方法について別途通知する「風力発電施設から発生する騒音等測定マニュアル」を、騒音問題を未然に防止するために対策を講じ生活環境を保全する上での参考としていただくとともに、関係の事業者等へ周知いただくなど格段の御配意をお願いいたします。各都道府県におかれましては、この旨、管下町村に対して周知いただきますようお願いいたします。

　なお、本通知は地方自治法第 245 条の 4 第 1 項に基づく技術的な助言であることを申し添え添えます。

記

第 1. 検討会において整理された主な知見及び指針策定の趣旨
(1)　検討会において整理された主な知見

　風力発電施設は、風向風速等の気象条件が適した地域を選択する必要性から、もともと静穏な地域に設置されることが多い。そのため、風力発電施設から発生する騒音のレベルは、施設周辺住宅等では道路交通騒音等と比較して通常著しく高いものではないが、バックグランドの騒音レベルが低いために聞こえやすいことがある。また、風力発電施設のブレード（翼）の回転に伴い発生する音は、騒音レベルが周期的に変

動する振幅変調音（スウィッシュ音）として聞こえることに加え、一部の風力発電施設では内部の増速機や冷却装置等から特定の周波数が卓越した音（純音性成分）が発生することもあり、騒音レベルは低いものの、より耳につきやすく、わずらわしさ（アノイアンス）につながる場合がある。

全国の風力発電施設周辺で騒音を測定した結果からは、20Hz 以下の超低周波音については人間の知覚閾値を下回り、また、他の環境騒音と比べても、特に低い周波数成分の騒音の卓越は見られない。

これまでに国内外で得られた研究結果を踏まえると、風力発電施設から発生する騒音が人の健康に直接的に影響を及ぼす可能性は低いと考えられる。また、風力発電施設から発生する超低周波音・低周波音と健康影響については、明らかな関連を示す知見は確認できない。ただし、風力発電施設から発生する騒音に含まれる振幅変調音や純音性成分等は、わずらわしさ（アノイアンス）を増加させる傾向がある。静かな環境では、風力発電施設から発生する騒音が 35～40dB を超過すると、わずらわしさ（アノイアンス）の程度が上がり、睡眠への影響のリスクを増加させる可能性があることが示唆されている。また、超低周波数領域の成分の音も含めた実験の結果、周波数重み付け特性として A 特性音圧レベルが音の大きさ（ラウドネス）の評価に適している。

なお、諸外国における騒音の指標を調べたところ、多くの国が A 特性音圧レベルを用いている。また、周囲の背景的な騒音レベルから一定の値を加えた値を風力発電施設から発生する騒音の限度としている国が複数みられる。

(2) 指針策定の趣旨

(1) に示した知見を基に、検討会では、風力発電施設からの騒音については、通常可聴周波数範囲の騒音として取り扱い、わずらわしさ（アノイアンス）と睡眠影響に着目して、屋内の生活環境が保全されるよう屋外において昼夜の騒音をそれぞれ評価することが適当であると整理され、風力発電施設から発生する騒音の評価の目安が提案されたところである。これを踏まえ、環境省では、風力発電施設から発生する騒音による生活環境への影響を未然に防止するための指針を別紙のとおり策定した。

また、風力発電施設から発生する騒音は、当該施設が稼働する風が吹く際に発生するため、上記指針に係る測定については、雑音を抑制するため強い風を避ける通常の環境騒音の測定とは異なる測定手法が必要であるため、別途通知する測定に関するマニュアルを作成した。

本指針及び測定に関するマニュアルは、風力発電施設の設置事業者及び運用事業者等による具体的な対策実施等に資するとともに、地方公共団体による関係する事業者や住民等への対応の際の参考となることを期待し、定めるものである。風力発電施設から発生する騒音による影響を未然に防止するため、本指針及び測定に関するマニュアルの活用に努められたい。

第2. 騒音に関する環境基準との関係

風力発電施設から発生する騒音は、風力発電施設の規模、設置される場所の風況等でも異なり、さらに騒音の聞こえ方は、風力発電施設からの距離や、その地域の地形、植生や舗装等の地表の被覆状況、土地利用の状況等により影響される。本指針における指針値はこのような風力発電施設から発生する騒音の特性を踏まえ、全国一律の値とするのではなく、風力発電施設の設置事業者及び運用事業者等による地域の状況に応じた具体的な対策の実施等に資するために策定したものであり、行政の政策上の目標として一般的な騒音を対象とし、生活環境を保全し、人の健康を保護する上で維持されることが望ましいものとして定められている騒音に係る環境基準（平成 10 年 9 月 30 日環境庁告示第 64 号、最終改正平成 24 年 3 月 30 日環境省告示第 54 号）と

は性格及び位置付けが異なる。従って、騒音に係る環境基準の類型指定がなされており、風力発電施設が設置されている地域においては、一般的な騒音に対しては引き続き当該環境基準に基づき生活環境を保全し、人の健康を保護するための施策を講じるとともに、風力発電施設から発生する騒音については、本指針に基づき、未然防止の観点から、当該地域の状況に応じた具体的な対策等が講じられるよう努められたい。

以上

(別紙)

風力発電施設から発生する騒音に関する指針

　風力発電施設は、静穏な地域に設置されることが多いため、そこから発生する騒音等のレベルは比較的低くても、周辺地域に聞こえやすいことがある。また、風力発電施設からは、ブレード（翼）の回転によって振幅変調音（スウィッシュ音）が、また、一部の施設では内部の増速機や冷却装置等から純音性成分が発生することがあり、これらの音によりわずらわしさ（アノイアンス）を増加させ、睡眠への影響のリスクを増加させる可能性があることが示唆されている。一方で、風力発電施設から発生する20Hz以下の超低周波音については、人間の知覚閾値を下回ること、他の騒音源と比べても低周波数領域の卓越は見られず、健康影響との明らかな関連を示す知見は確認されなかった。

　このような知見を踏まえ、風力発電施設の設置又は発電施設の新設を伴う変更に際し、風力発電施設から発生する騒音等に関して、騒音問題を未然に防止するための参考となる指針を次のとおり定める。

1. 対象
　主として商業用に用いられる一定規模以上の風力発電施設の稼働に伴い発生する騒音を対象とする。

2. 用語
　本指針における用語の意味は以下のとおりである。
　○残留騒音：一過性の特定できる騒音を除いた騒音
　○風車騒音：地域の残留騒音に風力発電施設から発生する騒音が加わったもの

3. 風車騒音に関する指針値
　風力発電施設は山間部等の静穏な地域に設置されることが多く、まれに通過する自動車等の一過性の騒音により、その地域の騒音のレベルは大きく変化する。また、風車騒音は風力発電施設の規模、設置される場所の風況等でも異なり、さらに騒音の聞こえ方は、風力発電施設からの距離や、その地域の地形や被覆状況、土地利用の状況等により影響される。

　これらの特徴を踏まえ、風車騒音に関する指針値は、全国一律の値ではなく、地域の状況に応じたものとし、残留騒音に5dBを加えた値とする（図1及び図2）。ただし、地域によっては、残留騒音が30dBを下回るような著しく静穏な環境である場合がある。そのような場合、残留騒音からの増加量のみで評価すると、生活環境保全上必要なレベル以上に騒音低減を求めることになり得る。そのため、地域の状況に応じて、生活環境に支障が生じないレベルを考慮して、指針値における下限値を設定する（図1）。具体的には、残留騒音が30dBを下回る場合、学校や病院等の施設があり特に静穏を要する場合、又は地域において保存すべき音環境がある場合（生活環境の保全が求められることに加えて、環境省の「残したい日本の音風景100選」等の、国や自治体により指定された地域の音環境（サウンドスケープ）を保全するために、特に静穏を要する場合等）においては下限値を35dBとし、それ以外の地域においては40dBとする。

4. 残留騒音及び風車騒音の測定方法とそれらの騒音と指針値との比較の考え方

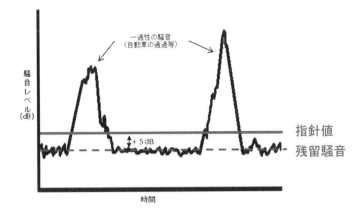

図1 指針値と残留騒音のイメージ

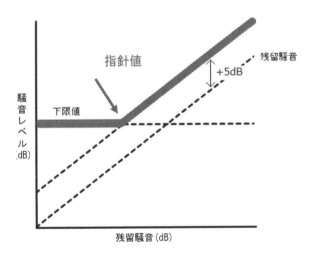

図2 指針値のイメージ

　騒音の評価尺度はいずれもA特性音圧レベルを用いるものとする。通常の環境騒音の測定においては雑音を抑制するため強い風を避けることとされているが、本指針における残留騒音及び風車騒音は風力発電施設が稼働する風のある条件で測定する必要があることから、原則として、別途通知する「風力発電施設から発生する騒音等測定マニュアル」に定める方法により、地域の風況等の実態を踏まえ適切に行うこととする。

　残留騒音及び風車騒音は、人の生活環境を保全すべき地域において、屋内の生活環境が保全されるように、屋外において風車が稼働する代表的な風況下において、昼間（午前6時から午後10時まで）と夜間（午後10時から翌日の午前6時）の値をそれ

ぞれ求める。得られた残留騒音の値に 5 dB を加えた値を指針値とする。ただし、残留騒音が 30dB を下回る場合等（前述の「3. 風車騒音に関する指針値」を参照）は、下限値（地域によって 35dB 又は 40dB）を指針値とする。その上で、得られた風車騒音を指針値と比較するものとする。

5．注意事項
　本指針の適用に当たっては、以下の点に注意すること。
- 本指針は、騒音に関する環境基準、許容限度や受忍限度とは異なる。
- 測定方法が異なる場合、測定結果を単純に比較することは出来ない。
- 本指針は、風力発電施設から発生する騒音等に関する検討を踏まえて設定したものであるため、その他の騒音の評価指標として使用することはできない。

6．指針の見直し
　本指針については、設定に際しての基礎資料を適宜再評価することにより、必要に応じて改定する。

7．その他
　騒音については聞こえ方に個人差があり、また地域によって風力発電施設の立地環境や生活様式、住居環境等が異なることから、指針値を超えない場合であっても、可能な限り風車騒音の影響を小さくするなど、地域の音環境の保全に配慮することが望ましい。

おわりに

　騒音規制法制定後から 30 年近く経過した平成 10 年に、環境基準の改定から自動車騒音の常時監視の追加など多くの改定があり、日本騒音制御工学会図書出版部会で解説書の企画が計画され 2002 年に初版を発行しました。それから 20 年ほど経過して様々な改定を取り入れて 3 版を出版することとなりました。本書が皆様の活動にお役に立てれば幸いです。

2019 年 4 月

　　　　　　　　　公益社団法人 日本騒音制御工学会 図書出版部会

執筆者名簿 ［第 3 版］ （2019 年 3 月現在）

末岡技術士事務所	末岡　伸一
元神奈川県環境科学センター	石井　　貢
千葉県環境研究センター	大橋　英明
東京農業大学	内田　英夫
元川崎市	沖山　文敏
芝浦工業大学	門屋真希子
川崎市	鴨志田　均
元宮城県保健環境センター	菊地　英男
松戸市	桑原　　厚

執筆者名簿 ［第 2 版］ （2006 年 8 月現在）

東京都環境科学研究所	末岡　伸一
環境省水・大気環境局大気生活環境室	藤本　正典
同	齋藤　輝彦

執筆者名簿 ［第 1 版］ （2004 年 10 月現在）

環境省環境管理局大気生活環境室	上河原　献二
同	石井　鉄雄
同	大野　　崇
同	佐野　公則
環境省環境管理局自動車環境対策課	島村　喜一
同	楠元　哲彦
同	野田　主馬
川崎市環境局公害部	沖山　文敏
東京都環境科学研究所	末岡　伸一

騒音規制の手引き ［第3版］
―騒音規制法逐条解説／関連資料集―

2002年10月30日	1版1刷	発行
2006年11月30日	2版1刷	発行
2019年 5月10日	3版1刷	発行

定価はカバーに表示してあります．

ISBN978-4-7655-3474-1 C3052

編　者　公益社団法人日本騒音制御工学会

発行者　長　　滋　　彦

発行所　技報堂出版株式会社

日本書籍出版協会会員
自然科学書協会会員
土木・建築書協会会員
Printed in Japan

〒101-0051 東京都千代田区神田神保町1-2-5
電話　営業　(03)(5217)0885
　　　編集　(03)(5217)0881
　　　FAX　(03)(5217)0886
振替口座　00140-4-10
http://gihodobooks.jp/

Ⓒ The Institute of Noise Control Engineering of Japan , 2019

装幀　ジンキッズ／印刷・製本　三美印刷

落丁・乱丁はお取替えいたします．

JCOPY ＜出版者著作権管理機構　委託出版物＞

本書の無断複写は著作権法上での例外を除き禁じられています．複写される場合は，そのつど事前に，出版者著作権管理機構 (電話 03-3513-6969, FAX 03-3513-6979, e-mail: info@jcopy.or.jp) の許諾を得てください．

まだくらい夜明けまえ、池や田んぼの中で、おとなのおすのメダカは、めすのメダカに、たまごをうんでもらおうと、ダンスをしてさそっています。

（けっこんするとき、おすはめすを、せびれとしりびれでだくのです。）

めすは、おすのしりびれのやさしいしげきで、たまごをうみます。

でも、すきなおすがいないと、たまごをうみません。

めすのたまごをだすところと、おすのあなをくっつけて、けっこんします。

「あっ！」たまごがでてきました。けっこんは、20びょうくらいです。

(野外では、うまれて４か月くらいで、たまごをうみます。たまごは、１かいにおよそ40こぐらい、死ぬまでに4000こぐらいうみます。)

水草に，うみつけられたたまご。
1日もたつと，たまごの中では赤ちゃんに，目がでてきました。

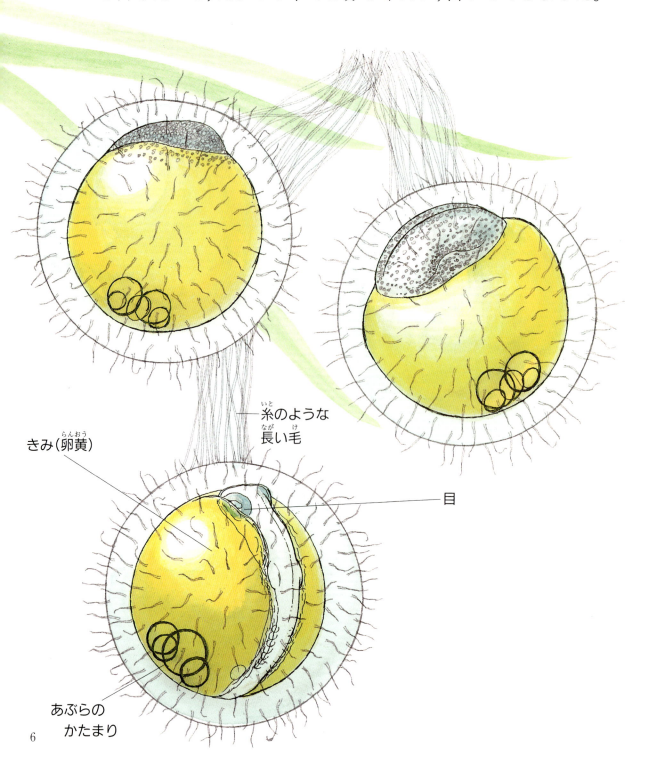

3日目になると，"みみ"や，小さい"むなびれ"もでてきました。

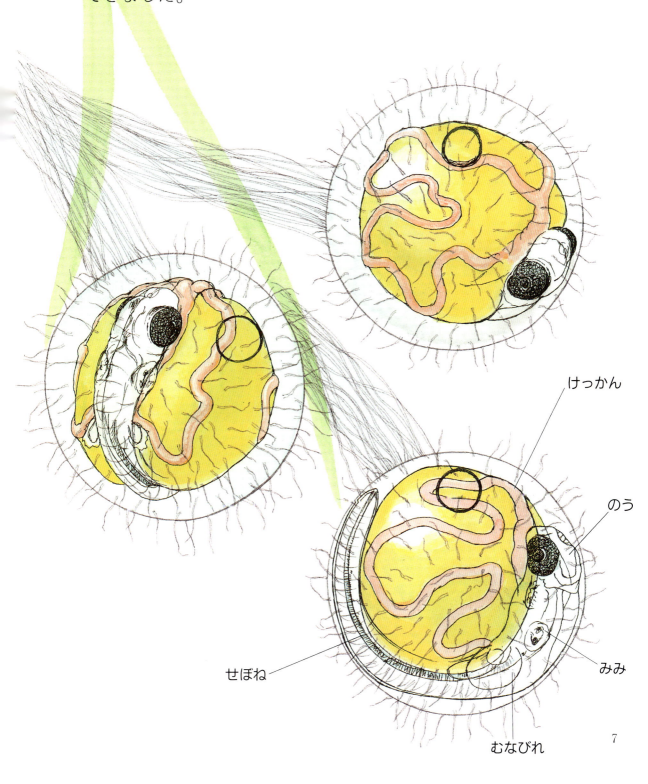

5日目になると，たまごの〝きみ〟もすこし小さくなり，おなかの中に，これから生きていくうえでたいせつな〝ないぞう〟もでてきます。

　「ほら，見て！」〝けっかん〟も，ながくなっています。

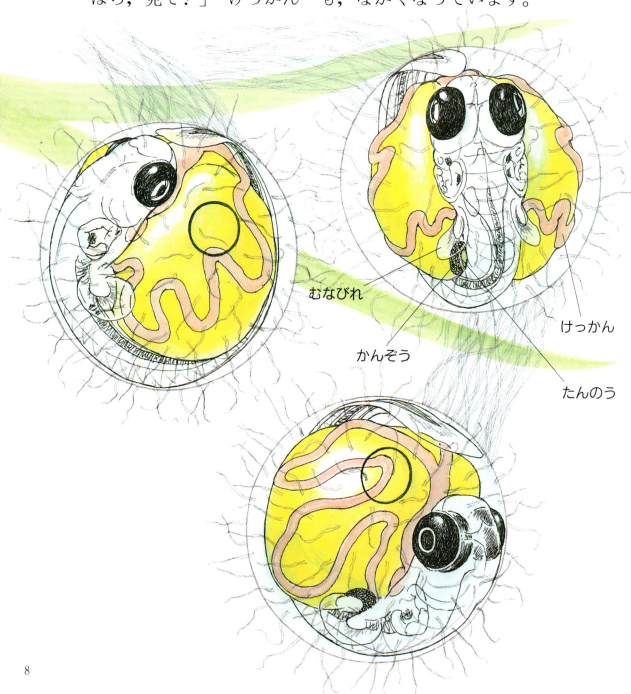

7日目になると，おかあさんのおっぱいのかわりの，たまごの"きみ"もすいとられて小さくなり，そのかわりからだが，ずいぶん大きくなってきました。

赤ちゃんは，せまいたまごの中で，きゅうくつそうだね。"むなびれ"も"口"も，うごかしているよ。

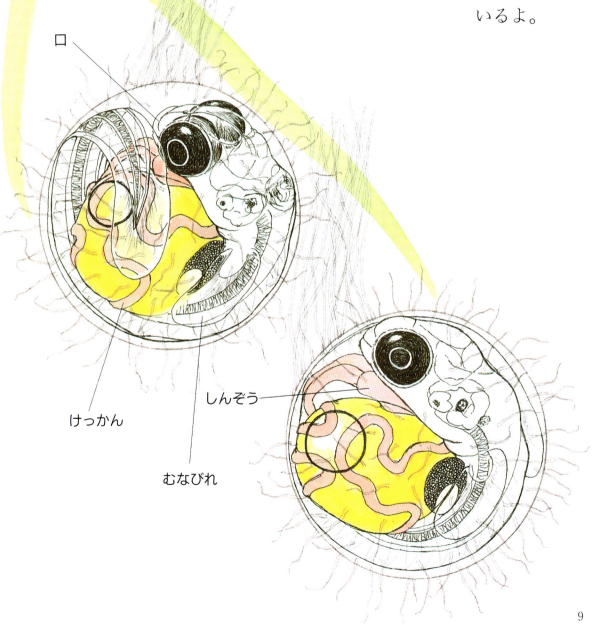

口
けっかん
むなびれ
しんぞう

もう，9日目になりました。

「あっ！」赤ちゃんが，いま，たんじょうしました。

"口"もひらき，"ひれ"もうごかして，およげるようになってきました。

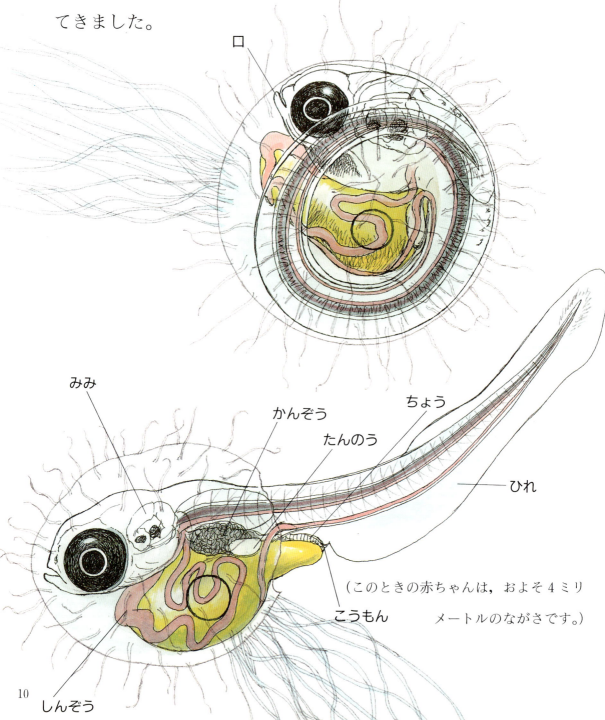

(このときの赤ちゃんは，およそ4ミリメートルのながさです。)

とうとうたまごのからをやぶって、およぎだしました。
でも、よく見ると"ひれ"は、まだちゃんとできていません。

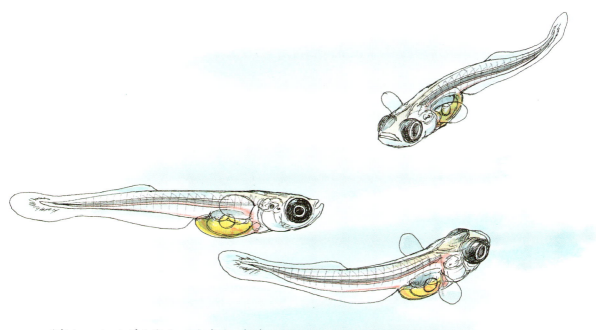

(赤ちゃんメダカをたべようと、ねらっているてきがたくさんいます。だから、外へでても、あんしんしてはいけません。このとき、からだはまだ4.5ミリメートルのながさしかありません。)

「わあー！　たくさんのともだち。これがメダカの学校か。するとぼくは，メダカの学校１年生だ。」

「たいへん。人間がつかまえにきた。早く、早くいっしょに、にげよう。」

池や田んぼが、メダカのすまいや、あそび場です。

ここには、こわいトンボの子どものヤゴや、ザリガニなどがいっしょにすんでいます。

メダカの1年生を、いつでもたべようとねらっています。水面も、ゆだんがなりません。サギなどの鳥が、ねらっています。

「おなかに,まだたまごの"きみ"がついてるけど,あきちゃった。もっと,ほかのものをたべてみたいな。」
「ゾウリムシは,小さくてたべやすそうだ。」

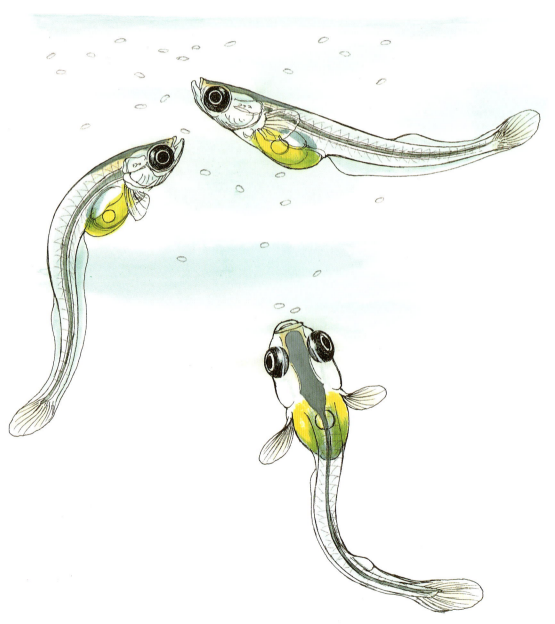

(このころ,からだはおよそ5ミリメートルのながさです。)

「ぼくたちまだ小さいから, おとなのメダカに, えさとまちがってたべられないように, アシや水草のあいだににげようよ。」

やっと、"せびれ"、"おびれ"、"しりびれ"が、しっかりできました。

ひふにも、"うろこ"ができはじめたけど、まだからだの中が、外からすけて見えます。

（このころ、からだはおよそ7ミリメートルのながさです。）

だいぶ大きくなりました。

「ひふにも、"うろこ"ができているけど、きみは、おとこの子？　それともおんなの子？」

このころはまだ、おすと、めすのちがいはわかりません。

（このころ、からだはおよそ15ミリメートルのながさです。）

生まれてから,3か月ほどたちました。
「あらっ,あなたはおとこの子なの?」
「そう,"しりびれ"と,"せびれ"を見てごらん。それにさけ目がはいっているし,からだのはばもきみよりも広いだろう。
　でも,"はらびれ"はみじかいよ。」

おす

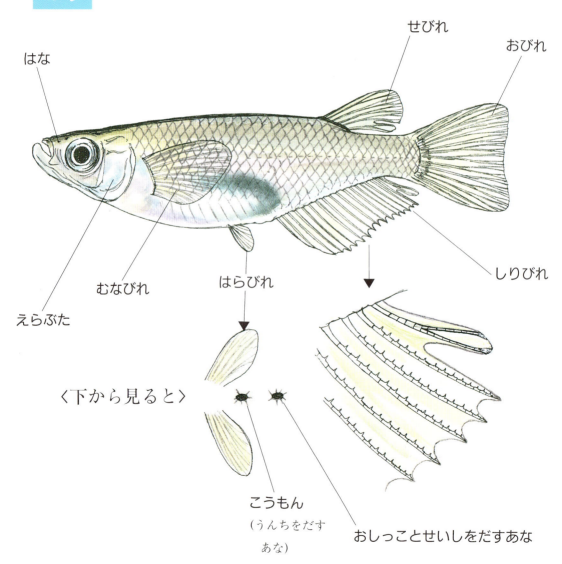

「ほら見て，ぼくには"きば"がある。だけど，きみはめすだからおしりに，おっぱいのような"ふくらみ"があるね。そこが，おすとめすとではちがうんだね。」

めす

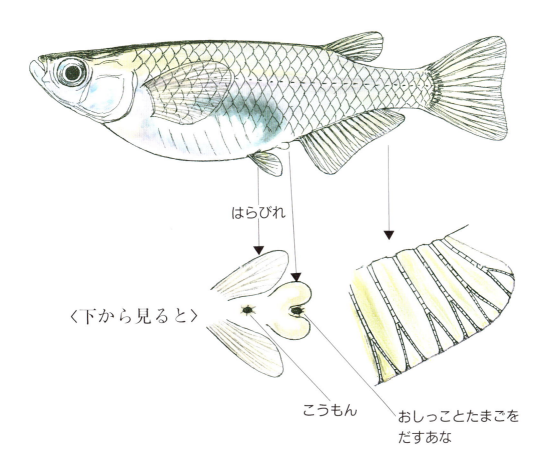

はらびれ

〈下から見ると〉

こうもん

おしっことたまごをだすあな

「ぼくたちメダカにはくびがないので,あたまはうごかないけど,"目"はあたまの横についていて,よくうごくから,まえ・うしろ,みぎ・ひだり,"せなか"も,"はら"もぜんぶ見えるんだ。」

水面のえさをたべやすいように、下あごがでています。

でも、水のそこのものをたべるときは、さかだちしなくてはなりません。

空も水もすみわたり，ススキが風(かぜ)にさわさわとなるころ，1年生のメダカはすっかりたくましくなり，オスどうしがしっぽでたたきあって，けんかしながらあそんでいます。

（メダカはおこると，いろが黒(くろ)くなるんだね。）

●１年生の身体検査

「"みみ"は、どこにあるの？」

「およぐとき、じゃまにならないように、あたまのほねの中にはいっているんだ。」

「そとからは、みえないね。」

「むしばは、ないね。」

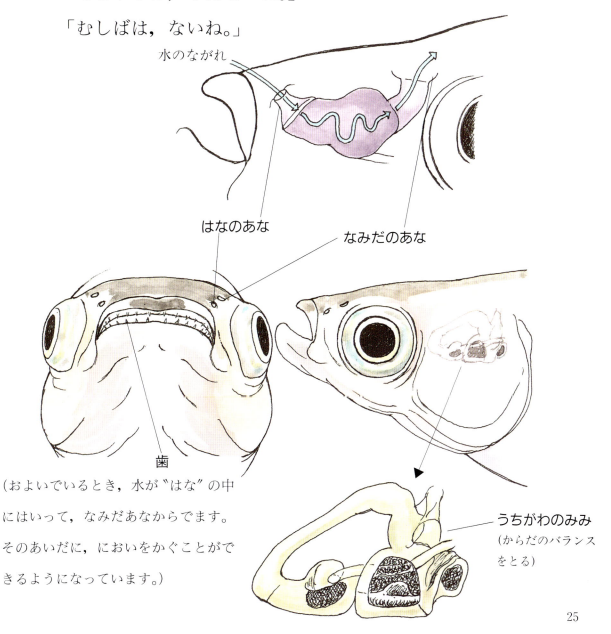

水のながれ

はなのあな

なみだのあな

歯

うちがわのみみ
（からだのバランスをとる）

（およいでいるとき、水が"はな"の中にはいって、なみだあなからでます。そのあいだに、においをかぐことができるようになっています。）

●メダカと人間の、からだの中のつくり

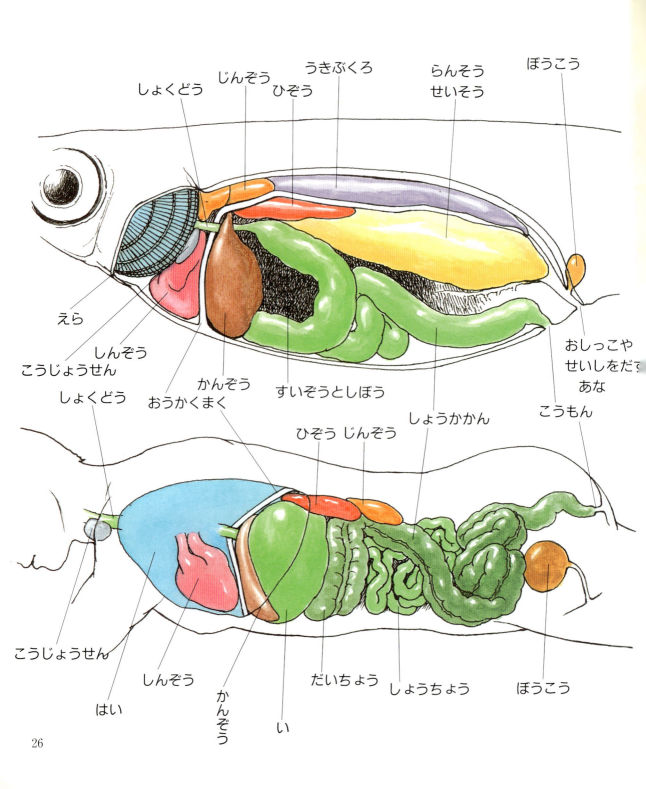

メダカも夜は、ものかげでねむります。
ひれを、すこしうごかしながらねむります。横になってねむることはありません。

　いろづいた木の葉が池にしずむころ，メダカの学校は冬休みになります。

　メダカたちは，水のそこでものかげにかくれ，あたたかくなる春の新学期がくるのをまちます。

メダカのすべて（おとうさん，おかあさん，先生がたへ）

メダカのなかまたち

　現在，日本列島，朝鮮半島，中国大陸にすんでいるニホンメダカと同じメダカのなかまには，インドにすむインドメダカ，チモール島にすむチモールメダカ，ジャワ島やボルネオ島にすむジャワメダカ，タイにすむタイメダカとメコンメダカ，ルソン島にすむフィリッピンメダカ，スラベシ島にすむセレベスメダカ，ニグリマスメダカ，プロファンディコラメダカ，マタネンシスメダカ，マルモラータスメダカ，オルトグナサスメダカ，中国・海南島にすむハイナンメダカなどが知られています。

　ニホンメダカ以外のメダカのなかまは，すべて熱帯魚です。これらメダカは，どれも成魚になっても全長20〜40mmで，からだが小さいという点や，体形では子どもを産む胎生魚のグッピーやタップミノウにいくらかにていますが，卵を産みますので，それらとはまったくちがう種類です。

　最も研究がなされているニホンメダカには，80をこえる変異種が知られており，その変異種の1つであるヒメダカは，体色が緋（あか）色で，江戸時代から飼われていたものです。

　野生メダカは，黒い色素（メラニン）をもつ色素細胞とともに，赤味をおびた色素（キサントフィル）をもつ色素細胞とが皮膚にあるので，茶色っぽい黒色をしているのです。

　ヒメダカは，その黒っぽい野生のメダカと同じニホンメダカですが，野生メダカのように黒い色素をつくれないので，オレンジがかったあか色をしています。皮膚にはこれらの色素細胞以外に，白い色素細胞や金属色・虹色に見える色素細胞があり，メダカの体色がこれらの色素細胞の数とか色素の広がり具合いで，いろいろ違った色合いに見えるのです。青メダカ，白メダカ，灰メダカ，ミルキーメダカ，クリームメダカなどがその例です。

青い部分がメダカの生息地域

メダカの生息域と環境

　メダカは，もともとアジアにしかすんでいません。前述の生息地域からもわかるように，ニホンメダカ以外のメダカは，すべて熱帯魚ですから，10℃前後以下の水温ではすめません。メダカのなかまは，アジアの熱帯から温帯に及ぶ，広い範囲の塩水の汽水から淡水までの水域にすんでいます。ニホンメダカだけが寒さに強く，アジアの最も北にすんでいます。また，ジャワメダカのように海水のはいりこむマングローブにすんでいるのもいれば，スラベシ島のメダカのように湖にすんでいるものもいます。ニホンメダカは田んぼとか，小さい池の日当たりのよい，水温の上がりやすい浅瀬を好んですんでいます。

　特に，水田の淡水域により多くすんでいることから，メダカは英語でメダカ以外にライスフィッシュとよばれており，正式な名前である学名は $Oryzias$ で，イネの学名 $Oryza$ に由来しています。

　日本は稲作の減反政策によって，水田が減少し，治水管理しやすいように用水路の三面コンクリート舗装・パイプライン化で水田が湿田から乾田へと変わり，メダカの生息域が急激にせばめられています。メダカがすめるところは大地の乾燥化・温暖化をおさえるのに重要な水田，沼沢池，小川，河川などです。それらの水をもたらしているのが森林です。森やこれらメダカのすめる水域は，保水力をもち，地下水の保持に役立っている環境ですから，メダカの生息状況がその環境にあるかどうかを知る指標になっています。したがって，メダカがすめるところをふやすことは，地球そのもの，および他の生き物にとって重要なことは言うまでもありません。

　川は改修されるごとに，コンクリート舗装をして流れを速めるとか，流れを緩くしても段差をつくり，泳ぎの速くないメダカは遡上できないようにしているため，メダカのように遊泳力の弱い生き物は，海へと追いつめられているのが現状です。

　このようなメダカのすめない川によって，工場や民家などで汚染された水は，バクテリア・病原菌をふくんだままいっきに海へ流されるため，海産生物が病気になったり，有機物が多すぎるために赤潮などの発生をまねいています。

　それはかりか，小さい淡水性プランクトンが発生できる淡水域がないため，川が運んでくる海の生き物のえさ不足をもたらし，海をやせさせています。川は蛇行させて段差をなくし，海にいたるまでのとちゅうにメダカや，淡水性プランクトンが繁殖できるアシやマコモの生えた遊池水域を設けて，そこで水の浄化と，淡水性プランクトンの供給を行って水を海に帰す形態をとってほしいものです。

　メダカがすめ，遡上できる川や沼沢池をふやすことが，ヒトと大自然が一体化する条件でもありましょう。

メダカの飼育管理と病気

　メダカは，わたしたち人間と同じ背骨のあるせきつい動物です。ですから，風邪をひいたり，お腹をこわして下痢をしたり，からだに癌ができたりします。水の中には，寄生するミズカビ類や微小な動物がたくさんいて，それらがからだの表面や消化器官内について，

傷つけたり，栄養を吸い取って，メダカのからだを弱らせて病気にしてしまいます。

　夏でも，水温が低いと病気になりやすいし，治りにくいのです。とは言っても，ぎゃくに水温が高すぎると，体力を消耗して死にやすくなります。ただし，病気になったときは，30〜35℃で数日の薬浴させます。からだの中に，病原菌をたくさんもっている糸ミミズのような生き餌を一度にたくさんあたえすぎると，消化不良と病原菌が出す毒素で死ぬことがあります。

　メダカをつかまえて，家にもち帰ってくるときに，入れ物にメダカが多いから，水が多いほうがよいと思って水をたくさん入れると，酸素は水面近くしか多くないので，酸欠でからだが弱って，全部のメダカが死んでしまうことがあります。

　メダカを運ぶときは，大きなビニールの袋に入れ，1〜5cmの水深にして，よく振って空気をたくさん入れておくとよいのです。メダカを飼っていて，水を一度にかえて，水質と水温が急変するために，お腹をこわして下痢をするとともに風邪をひかせてしまい，死なせてしまうことがしばしばありますので注意しましょう。

　孵化して10mmに成長するまでの稚魚はからだが弱く，多くの稚魚を死なせてしまいます。小さな容器にあまり多く入れ過ぎないようにすることと，池の水か水道水を2〜3日日光にさらした水に，うっすら緑になる程度にミドリムシなどの緑藻類を加えると，それを食べるのでじょうぶに育てられます。

　自然では，水はすこしずつ流れて入れかわっています。ですから，食べ残しをコップですくい取り，そして糞をスポイトで取り除き，水は毎日少しずつかえ，光がよく当たるところで飼うとよいでしょう。水温が40℃より低ければ，直射日光があたるところがよく，水面が広い大きな水槽で飼育すると，酸欠にならず，またよく運動ができて生育が速くなります。

メダカの有用性

　水の中にすむ魚であるメダカは，大気の汚染がもたらす水質の汚染によって病気が多発しやすく，水質の指標動物として活用されて，環境管理に役立っています。

　たとえば，水質が悪いと発癌しますから，メダカは癌の研究に使われています。また，向井千秋さんとともに，スペースシャトルで宇宙に行ったのも耳新しいところでしょう。メダカが生物を代表して，無重力の環境で正常に繁殖・発生できることを証明したのです。

　メダカはからだが小さくて，狭いところで，しかもえさや水が少なくて飼育できるとか，水温を25℃前後にして，照明を14時間以上にすれば年中産卵させることができることや，卵が透明で，胚の発生が観察しやすいし，飼育条件をよくすると3〜4か月で親になるなど，生命科学の研究材料として多くの特長をもっているため，全世界で研究に活用されています。特に，これまで分類学，発生学，遺伝学，生理学などの研究に注目されてきました。たかがメダカ，されどメダカであります。養殖されているヒメダカは，研究材料として以外に，熱帯魚や海産魚のえさとしても出荷されています。

岩松　鷹司（いわまつ　たかし）
1938年高知県生まれ。東京農業大学卒業後，名古屋大学大学院理学研究科博士課程修了（理学博士）ののち，愛知教育大学助手を経て，現在同大学教授（専門は発生生理学）。また，この間に文部省教科図書検定調査審議会調査員，大学入試センター教科専門委員会部会長，文部省学術審議会専門委員などをつとめている。
著書に「メダカ学」（サイエンティスト社），「メダカ・動物発生段階図譜」（共著，共立出版）「メダカ学全書」（大学教育出版）ほか多数。
日本動物学会，日本発生生物学会，日本繁殖生物学会の会員。

森上　義孝（もりうえ　よしたか）
東京に生まれ，神奈川に育つ。多摩美術大学デザイン科卒業。在日米軍医療本部生物イラストレーション室勤務を経て，現在フリーで，動植物のイラストレーションを描きつづけている。
主な作品は，「川のまわりの生きもの」（フレーベル館），「ファーブル昆虫記―絵本版　おとしぶみ，かまきり」（チャイルド本社）ほか多数。現在雑誌「BE-PAL」（小学館）連載中。朝日広告賞（第19回），全国カレンダー展通産大臣賞（グランプリ）等を受賞。
日本児童出版美術家連盟，日本野鳥の会会員。

装幀＝東京図鑑

子ども　たのしいかがく

メダカのたんじょう

NDC487.71

作＝岩松鷹司　　絵＝森上義孝

1998年5月5日――第1刷発行
1999年5月10日――第3刷発行

発行者＝金子賢太郎

発行所＝大日本図書株式会社
〒104-0061　東京都中央区銀座1－9－10
電話・(03)3561－8678（編集），8679（販売）
振替・00190-2-219

印刷＝錦明印刷株式会社　　製本＝大村製本株式会社

ISBN4-477-00885-6　　©1998　T. Iwamathu & Y. Moriue　　printed in Japan
32p　24cm×19cm